"十二五"职业教育国家规划教材

经全国职业教育教材审定委员会审定

高职高专计算机规划教材·案例教程系列

# Dreamweaver CS6 网页设计

# 案例教程

张晓蕾　主　编

沈大林　陈小明　王浩轩

王爱赖　万　忠　　副主编

U0310582

中国铁道出版社有限公司

CHINA RAILWAY PUBLISHING HOUSE CO., LTD.

<h1 style="text-align:center">内 容 简 介</h1>

Dreamweaver CS6 是用于网页制作和网站管理的软件,利用该软件能够快速创建格式规范的网页文档。该软件集成程度非常高,开发环境精简而高效,适合各个阶段、各个水平的用户使用。

全书提供了 35 个案例和 10 个综合实训,以及大量的思考练习题。每个案例自成一节,以节为教学单元,对知识点进行细致的编排,并结合知识点介绍了相关的案例,知识和案例紧密结合。每个教学单元由"案例描述""设计过程""相关知识"和"思考与练习"4 部分组成,读者可以边进行案例制作,边学习相关知识和技巧,轻松掌握 HTML 和中文 Dreamweaver CS6 的使用方法和技巧。本书内容由浅入深、通俗易懂,知识含量高,可使读者快速入门,且能达到较高水平。

本书适合作为高职高专院校计算机专业的教材,还可作为培训学校的培训教材,以及网页制作爱好者的自学用书。

**图书在版编目(CIP)数据**

Dreamweaver CS6 网页设计案例教程/张晓蕾主编.
—北京:中国铁道出版社,2015.6(2019.7 重印)
"十二五"职业教育国家规划教材 高职高专计算机
规划教材. 案例教程系列
ISBN 978-7-113-19921-0

Ⅰ. ①D… Ⅱ. ①张… Ⅲ. ①网页制作工具-高等职
业教育-教材 Ⅳ. ①TP393.092

中国版本图书馆 CIP 数据核字(2015)第 024328 号

书　　名:Dreamweaver CS6 网页设计案例教程
作　　者:张晓蕾 主编

策　　划:祁 云　　　　　　　　　　读者热线:(010)63550836
责任编辑:祁 云 冯彩茹
封面设计:白 雪
责任校对:汤淑梅
责任印制:郭向伟

出版发行:中国铁道出版社有限公司(100054,北京市西城区右安门西街 8 号)
网　　址:http://www.tdpress.com/51eds/
印　　刷:北京铭成印刷有限公司
版　　次:2015 年 6 月第 1 版　2019 年 7 月第 3 次印刷
开　　本:787 mm×1 092 mm　1/16　印张:18　字数:427 千
印　　数:5 001~6 000 册
书　　号:ISBN 978-7-113-19921-0
定　　价:38.00 元

高职高专计算机规划教材·案例教程系列

## 高职高专计算机规划教材·案例教程系列

# 丛书序

　　1982 年大学毕业后，我开始从事职业教育工作。那是一个百废待兴的年代，是职业教育改革刚刚开始的时期。开始进行职业教育时，我们使用的是大学本科纯理论性教材。后来，联合国教科文组织派遣具有多年职业教育研究和实践经验的专家来北京传授电子技术教学经验。专家抛开了我们事先准备好的教学大纲，发给每位听课教师一个实验器，边做实验边讲课，理论完全融于实验的过程中。这种教学方法使我耳目一新并为之震动。后来，我看了一本美国麻省理工学院的教材，前言中有一句话的大意是："你是制作集成电路或设计电路的工程师吗？你不是！你是应用集成电路的工程师！那么你没有必要了解集成电路内部的工作原理，而只需要知道如何应用这些集成电路解决实际问题。"再后来，我学习了素有"万世师表"之称的陶行知先生"教学做合一"的教育思想，也了解这些思想源于他的老师——美国的教育家约翰·杜威的"从做中学"的教育思想。以后，我知道了美国哈佛大学也采用案例教学，中国台湾省的学者在讲演时也都采用案例教学……这些中外教育家的思想成为我不断探索职业教育教学方法和改革职业教育教材的思想基础，点点滴滴融入到我编写的教材之中。现在我国职业教育又进入了一个高峰期，职业教育的又一个春天即将到来。

　　现在，职业教育类的大多数计算机教材应该是案例教程，这一点似乎已经没有太多的争议，但什么是真正的符合职业教育需求的案例教程呢？是不是有例子的教材就是案例教程呢？许多职业教育教材也有一些案例，但是这些案例与知识是分割的，仅是知识的一种解释。还有一些百例类丛书，虽然例子很多，但所涉及的知识和技能并不多，只是一些例子的无序堆积。

　　本丛书采用案例带动知识点的方法进行讲解，学生通过学习实例掌握软件的操作方法、操作技巧或程序设计方法。本丛书以每一节为一个单元，对知识点进行了细致的取舍和编排，按节细化知识点，并结合知识点介绍了相关的实例。本丛书的每节基本是由"案例描述""设计过程""相关知识"和"思考与练习"4 部分组成。"案例描述"部分介绍了学习本案例的目的，包括案例效果、相关知识和技巧简介；"设计过程"部分介绍了实例的制作过程和技巧；"相关知识"部分介绍了与本案例有关的知识；"思考与练习"部分给出了与案例有关的拓展练习。读者可以边进行案例制作，边学习相关知识和技巧，轻松掌握软件的使用方法、使用技巧或程序设计方法。

　　本丛书的优点是符合教与学的规律，便于教学，不用教师去分解知识点和寻找案例，更像一个经过改革的课堂教学的详细教案。这种形式的教学有利于激发学生的学习兴趣，培养学生学习的主动性，并激发学生的创造性，能使学生在学习过程中充满成就感和富有探索精神，使学生更快地适应实际工作的需要。

　　本丛书还存在许多有待改进之处，可以使它更符合"能力本位"的基本原则，可以使知识的讲述更精要明了，使案例更精彩和更具有实用性，使案例带动的知识点和技巧更多，使案例与知识点的结合更完美，使习题更具趣味性……这些都是我们继续努力的方向，也诚恳地欢迎每一位读者，尤其是教师和学生参与进来，期待你们提出更多的意见和建议，提供更好的案例，成为本丛书的作者，成为我们中的一员。

　　　　　　　　　　　　　　　　　　　　　　　　　　　　　沈大林

前　言

本书为"十二五"职业教育国家规划教材。

Dreamweaver 是 Macromedia 公司开发的，用于网页制作和网站管理的软件，是一种所见即所得网页编辑器。目前 Dreamweaver 最流行的版本是 Adobe Dreamweaver CS6。它可以进行多个站点的管理，设置 HTML 语言编辑器，支持 DHTML 和 CSS，可导入 Excel 和 Access 建立的数据文件，以及 SWF、FLV 等格式的文件等，还可以编辑动态页面等。

本书共 11 章，第 1 章介绍了中文 Dreamweaver CS6 工作区的基本组成和特点，文档的基本操作，建立本地站点和页面属性设置等；第 2 章通过 7 个案例简要介绍了 HTML；第 3 章通过 4 个案例介绍了在网页中插入和编辑文字，制作表格，插入图像、导航条、时间、插件、特殊字符、SWF 格式和 FLV 格式对象的方法；第 4 章通过 3 个案例介绍了 AP Div、框架与网页布局的有关知识和操作方法；第 5 章通过 3 个案例介绍了定义和使用 CSS 样式，以及使用 Div 标签和 CSS 进行网页布局的方法；第 6 章通过 5 个案例介绍了在网页中插入表单和 Spry 构件的方法；第 7 章通过 3 个案例介绍了部分行为的应用方法；第 8 章通过 3 个案例介绍了超级链接、创建和使用模板，以及创建和使用库项目的方法；第 9 章通过 2 个案例介绍了开发网站的流程、申请主页空间和域名及发布网站以及站点管理和维护的方法；第 10 章通过 4 个案例介绍了动态网页基础；第 11 章通过 1 个案例介绍了数据库网页基础。全书提供了 35 个案例和 10 个综合实训，以及大量的思考与练习题。

本书采用案例驱动的教学方式，融通俗性、实用性和技巧性于一身，由浅入深、循序渐进地进行讲解。本书以一节（相当于 1~4 课时）为一个教学单元，对知识点进行了细致的舍取和编排，按节归纳和细化了知识点，并结合知识点介绍了相关的实例，使知识和实例相结合。除第 1 章外，每节均由"案例描述""设计过程""相关知识"和"思考与练习"4 部分组成。"案例描述"部分介绍了本案例所要达到的效果、制作案例的思路和主要学习的知识和技术；"设计过程"部分介绍了案例的制作方法和制作技巧；"相关知识"部分介绍了与本案例有关的知识，具有总结和提高的作用；"思考与练习"部分作为课外练习，并结合"相关知识"完成总结和提高。每章（除第 1 章外）的最后还提供了一个综合实训，供学生检验和测试本章的学习效果。

在编写过程中，作者努力遵从教学规律、面向实际应用、理论联系实际、便于自学等原则，注意提高学生的学习兴趣和创造力，注重培训学生分析和解决问题的能力。读者可以边进行案例制作，边学习相关的知识和技巧。采用这种方法，特别有利于教师进行教学和学生自学，可以使读者快速入门，且能达到较高水平。

在教学中，可以先通过播放案例，同时介绍案例的效果，介绍通过学习本案例可以掌握的主要知识和技术；再边进行案例制作，边学习相关知识和技巧。以后，根据教学的具体情况（主要是学生学习情况）可采用不同方法来进行案例的教学：可以按照前面的方法进行教学；可以让学生按照教材介绍进行操作和自学；可以让学生按照自己的方法操作完成，再与教材中介绍的方法对照；可以组成 2 人小组共同制作；也可以作为课外练习。

在完成一个单元的教学后，可以根据学习的情况，由学生自己或教师进行评测并给出这一个单元学习的成绩。在一章教学（包括完成实训任务）完成后，可以根据各单元学习和实训任务的完成情况，由学生自己或教师进行评测并给出这一章的学习成绩。

下面提供一种课程安排，仅供参考。总共 72 课时，每周 4 课时，共 18 周。

| 周序号 | 章 节 | 教 学 内 容 | 课时 |
|---|---|---|---|
| 1 | 第 1 章 | 中文 Dreamweaver CS6 工作区的基本组成和特点，文档的基本操作，建立本地站点和页面属性设置等 | 4 |
| 2 | 第 2 章案例 1～4 | HTML 特点，网页常用结构标记，文字和图像显示 | 4 |
| 3 | 第 2 章案例 5～7 | 其他常用的 HTML 标记 | 4 |
| 4 | 第 3 章案例 8～9 | 在网页中插入和编辑文字，插入图像和鼠标经过图像等对象的方法 | 4 |
| 5 | 第 3 章案例 10～11 | 制作表格，插入导航条、时间、插件、特殊字符、SWF 格式和 FLV 格式对象的方法 | 4 |
| 6 | 第 4 章案例 12～14 | AP Div、框架与网页布局的有关知识和操作方法 | 4 |
| 7 | 第 5 章案例 15～17 | 介绍了定义和使用 CSS 样式，以及使用 Div 标签和 CSS 的网页布局的方法 | 4 |
| 8 | 第 6 章案例 18～19 | 在网页中插入表单的方法 | 4 |
| 9 | 第 6 章案例 20～22 | 在网页中插入 Spry 构件的方法 | 4 |
| 10 | | 期中上机考试，当堂制作一个网页作品 | 4 |
| 11 | 第 7 章案例 23～25 | 动作名称及其作用、事件名称及其作用、"显示-隐藏层"动作等 | 4 |
| 12 | 第 8 章案例 26～27 | 超链接、设置锚点、锚点链接等 | 4 |
| 13 | 第 8 章案例 28 | 更新模板、创建库项目 | 4 |
| 14 | 第 9 章案例 29～30 | 站点管理和网站发布 | 4 |
| 15 | 第 10 章案例 31～34 | 安装 Web 服务器、显示日期和时间、用表单传递信息、制作留言板 | 4 |
| 16 | 第 11 章案例 35 | 制作通讯录系统网页 | 4 |
| 17 | | 综合练习，复习 | 4 |
| 18 | | 期末上机考试，当堂制作一个网页作品 | 4 |

本书由张晓蕾任主编，沈大林、陈小明、王浩轩、王爱赪、万忠任副主编。参加本书编写的主要人员有：杨素生、张伦、孟举、赵玺、张瑞显、阮志琼、郑淑晖、陶宁、张秋、陈恺硕、许崇、杨旭、郭政、于建海、王威、曾昊、郑原、沈昕、肖柠朴、关点、关山等，其他参加编写工作的还有新昕教学工作室的人员，在此表示感谢。

由于编者水平有限，书中难免存在疏漏和不足之处，敬请广大读者批评指正。

编 者

2015 年 3 月

# 目 录

# 第 1 章　中文 Dreamweaver CS6 基础

本章介绍了中文 Dreamweaver CS6 工作区的特点，文档的基本操作，页面属性设置、建立本地站点和描图等内容，为全书的学习打下一个良好的基础。

## 1.1　中文 Dreamweaver CS6 工作区简介

### 1.1.1　中文 Dreamweaver CS6 工作区设置

#### 1. 中文 Dreamweaver CS6 欢迎界面

单击"开始"→"所有程序"→"Adobe Dreamweaver CS6"命令，即可启动中文 Dreamweaver CS6，弹出欢迎界面，如图 1-1-1 所示。在未打开任何文档时，会自动弹出 Dreamweaver CS6 的欢迎界面。Dreamweaver CS6 欢迎界面主要由"打开最近的项目""新建""主要功能""Dreamweaver 帮助"4 部分组成。

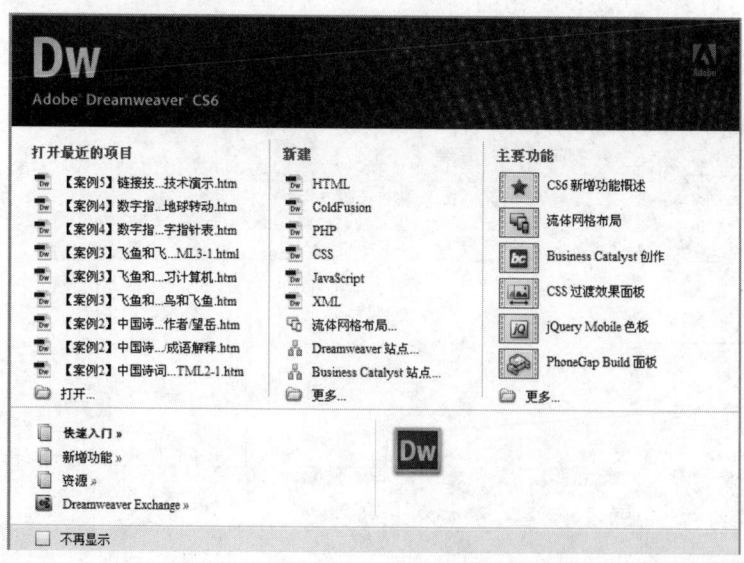

图 1-1-1　Adobe Dreamweaver CS6 欢迎界面

（1）"打开最近的项目"栏：此栏中列出了最近打开过的文档名称，单击其中的选项可以快速弹出相应的网页文档。单击"打开"按钮，弹出"打开"对话框，利用该对话框可以选择要打开的网页文档，再单击"打开"按钮，即可打开选定的文档。

（2）"新建"栏：此栏中列出了大部分可以创建的文档，利用它可以快速创建一个新的文档或者一个站点。例如，单击"HTML"按钮，可以进入 HTML 网页设计状态；单击"PHP"按钮，可进入 PHP 编辑状态。

（3）"主要功能"栏：单击"主要功能"栏内的按钮，可以进入 www.adobe.com 网页，显示 Adobe 的"Dreamweaver CS6"帮助网站中相应的内容。

（4）"扩展"栏：单击"快速入门""新增功能""资源"或"Dreamweaver Exchange"按钮，可以链接到相应网页，提供相应的帮助信息。

（5）"不再显示"复选框：如果选择该复选框，则下次启动 Dreamweaver CS6 后或在没有任何文档打开时，不会再显示欢迎界面。

如果希望显示欢迎界面，可以单击"编辑"→"首选参数"命令，弹出"首选参数"对话框，单击"常规"选项，选择"显示欢迎屏幕"复选框，单击"确定"按钮，关闭"首选参数"对话框。再启动中文 Dreamweaver CS6 并未打开任何文档时，又可以弹出欢迎界面。

## 2．中文 Dreamweaver CS6 工作区简介

单击欢迎界面内"新建"栏中的"HTML"按钮，进入中文 Dreamweaver CS6 工作区，如图 1-1-2 所示。由图 1-1-2 可以看出，Dreamweaver CS6 的工作区主要由应用程序栏、菜单栏、文档窗口、状态栏、"文档"工具栏、"属性"面板、"插入"工具栏（或"插入"面板）和面板组与面板等组成。单击"查看"→"显示面板"或"隐藏面板"命令，可以显示或隐藏面板组和"属性"面板。单击"查看"→"工具栏"→"××"命令，可以打开或关闭"文档""标准"或"样式呈现"工具栏。单击"窗口"→"属性"或"插入"命令，可以打开或关闭"属性"面板与"插入"工具栏。单击"窗口"→"××"（面板名称）命令，可以打开或关闭相应的面板。

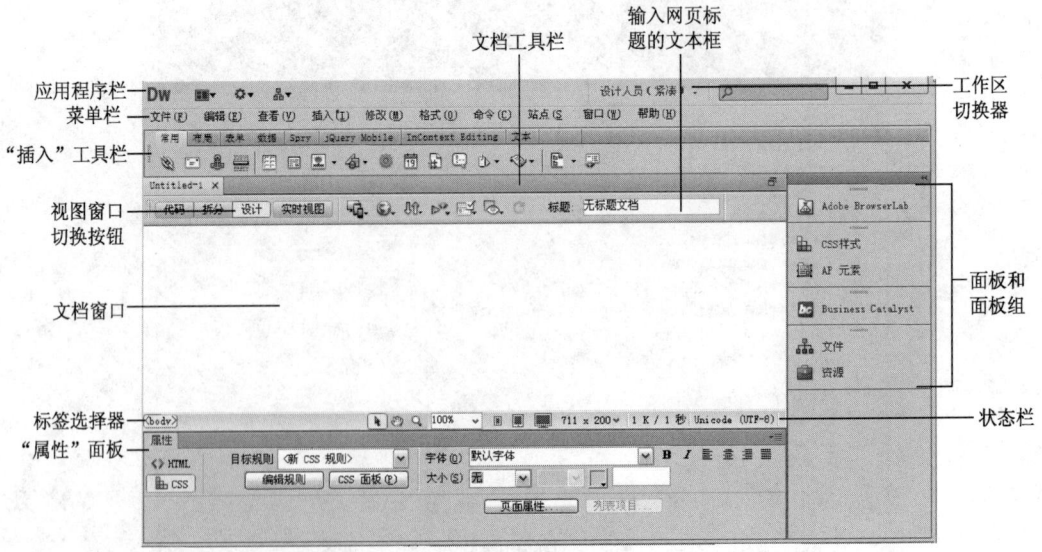

图 1-1-2　采用"设计人员"风格的 Dreamweaver CS6 工作区

## 3．工作区布局

（1）改变 Dreamweaver CS6 工作区：单击"窗口"→"工作区布局"→"××"命令，

可以切换一种 Dreamweaver CS6 工作区布局。例如，单击"窗口"→"工作区布局"→"设计器"命令，可切换到设计器工作区状态。单击"工作区切换器"按钮，在弹出的菜单中可以切换一种工作区布局。

（2）保存工作区：调整工作区布局（例如：打开或关闭一些面板、工具栏，调整面板的位置等）后，单击"窗口"→"工作区布局"→"新建工作区"命令，弹出"新建工作区布局"对话框，在"名称"文本框中输入名称（例如，"第 1 个教学工作区"），如图 1-1-3 所示。再单击"确定"按钮，保存当前工作区布局。

以后，只要单击"窗口"→"工作区布局"→"××××"命令（例如，单击"窗口"→"工作区布局"→"重置'第 1 个教学工作区'"命令），即可进入相应风格的工作区。单击"窗口"→"工作区布局"→"管理工作区"命令，弹出"管理工作区"对话框，如图 1-1-4 所示，利用该对话框可以更改或删除工作区名称。

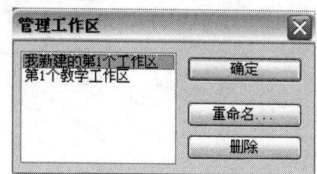

图 1-1-3　"新建工作区"对话框　　　　图 1-1-4　"管理工作区"对话框

### 4．首选参数设置

单击"编辑"→"首选参数"命令，弹出"首选参数"对话框，如图 1-1-5（a）所示。Dreamweaver CS6 的许多设置需要使用该对话框，以后将不断涉及该对话框的使用。例如，单击该对话框"分类"列表框中的"常规"选项，切换到"常规"选项卡，可以设置一些文档和编辑默认功能。

例如，选中"分类"列表框中的"新建文档"选项，此时"首选参数"对话框如图 1-1-5（b）所示。在"默认扩展名"文本框中可以输入网页文件的默认扩展名；在"默认文档"和"默认文档类型（DTD）"下拉列表框中可以选择默认的文档类型。另外，还可以设置其他一些参数。

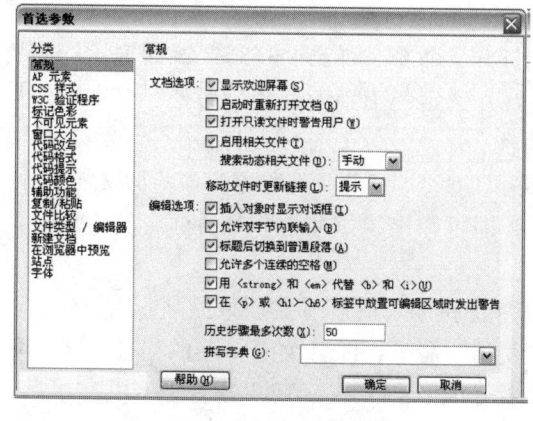

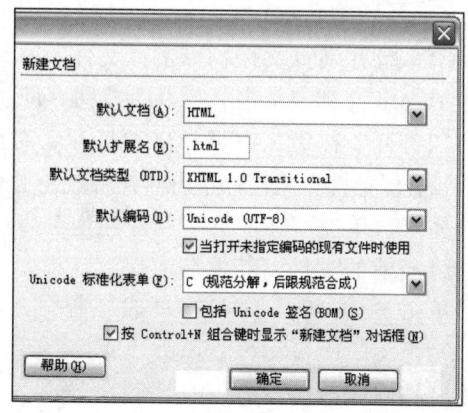

（a）　　　　　　　　　　　　　　　　（b）

图 1-1-5　"首选参数"（新建文档）对话框

## 1.1.2 新建文档和文档基本操作

### 1. 新建网页文档

新建网页文档：单击欢迎界面"新建"栏中"HTML"按钮，进入 HTML 网页设计状态。单击"更多"按钮，弹出"新建文档"对话框，如图 1-1-6 所示，在左边栏中可以选择"空白页"选项或其他类型选项，在"页面类型"栏中可选择文档类型，在"布局"栏中可选择一种布局风格和其他设置。单击"创建"按钮，即可创建相应的文档。

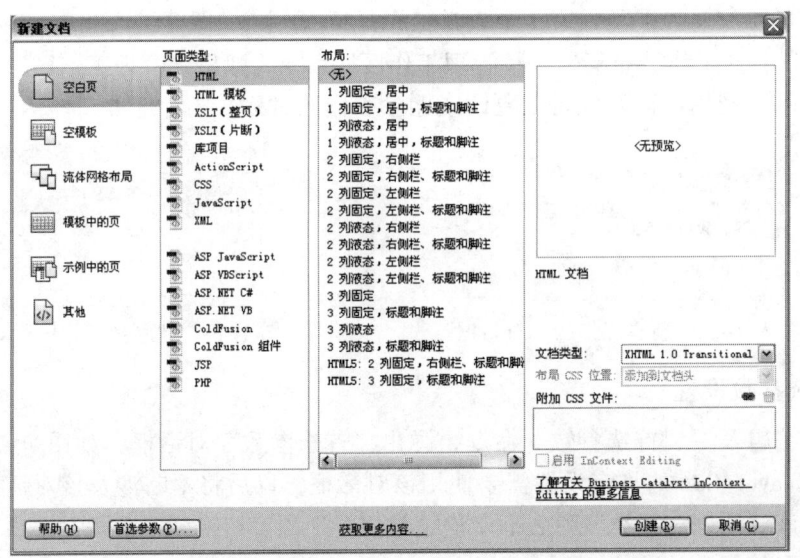

图 1-1-6 "新建文档"对话框

默认情况下，选中左边栏中的"空模板"选项，在"页面类型"栏中选择"HTML"选项，在"布局"栏中选择"无"选项，单击"创建"按钮，即可创建一个空页面。

单击"文件"→"新建"命令，也可弹出"新建文档"对话框。

### 2. 文档基本操作

（1）打开网页文档：单击"文件"→"打开"命令，弹出"打开"对话框，选中要打开的 HTML 文档，单击"打开"按钮，即可打开选定的 HTML 文档。另外，单击欢迎界面中的"打开"按钮，也可弹出"打开"对话框。

（2）保存网页文档：单击"文件"→"保存"命令，可以原名称保存当前的文档。

另外，单击"文件"→"另存为"命令，即可弹出"另存为"对话框，利用该对话框可以将当前的文档以其他名字保存。

单击"文件"→"保存全部"命令，可将正在编辑的所有文档以原名保存。

（3）关闭网页文档：单击"文件"→"关闭"命令，即可关闭打开的当前文档。如果当前文档在修改后没有存盘，则会弹出一个提示对话框，提示用户是否保存文档。

另外，单击"文件"→"全部关闭"命令，可关闭所有打开的文档。

## 思考与练习 1-1

1. 启动中文 Dreamweaver CS6，弹出欢迎界面，了解欢迎界面后再进入中文 Dreamweaver CS6 工作区，了解它的基本组成和特点以及"属性"面板的基本特点。

2. 将一种工作区布局以名称"第 2 教学工作区"保存。然后，将工作区布局改为"经典"工作区布局，再将工作区布局改为"第 2 教学工作区"工作区布局状态。

3. 打开"历史记录"和"框架"面板，再关闭"插入"工具栏。

4. 采用不同的方法打开浏览器并观看一个网页内容。

## 1.2　文档窗口、"属性"面板和"插入"工具栏

### 1.2.1　文档窗口

文档窗口用来显示和编辑当前的文档页面。当文档窗口处于还原状态时，其标题栏内显示网页的标题、网页文档所在的文件夹的名称和网页文档的名称，"文档"工具栏和"标准"工具栏在文档窗口外；在文档窗口最大化时，其标签内显示文档的名称，"文档"工具栏和"标准"工具栏在文档窗口内。文档窗口底部有状态栏，可提供多种信息。

在调整网页中一些对象的位置和大小时，利用标尺和网格工具可以使操作更准确。

#### 1. 状态栏

状态栏位于文档窗口的底部（没给出左边的标签检查器），如图 1-2-1 所示。

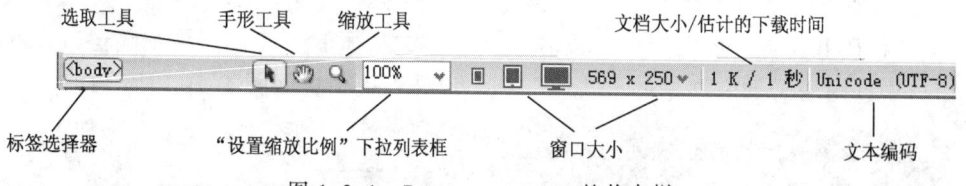

图 1-2-1　Dreamweaver CS6 的状态栏

（1）标签选择器：即 HTML 标签选择器，位于状态栏的最左边，以 HTML 标记显示方式来表示光标当前位置处的网页对象信息。一般光标当前位置处有多种信息，可显示出多个 HTML 标记。不同的 HTML 标记表示不同的 HTML 元素信息。例如，<body>表示文档主体，<img>表示图像，<object>表示插入对象等。单击某个 HTML 标记，Dreamweaver CS6 会自动选取与该标记相对应的网页对象，用户可对该对象进行编辑。

（2）选取工具：用来选取文档窗口内的对象。

（3）手形工具：在对象大于文档窗口时，用来移动对象的位置。

（4）缩放工具：单击文档窗口，可增加文档窗口的显示比例；按住【Alt】键的同时单击文档窗口（此时放大镜内显示"–"），可减小文档窗口的显示比例。

（5）"设置缩放比例"下拉列表框：用来选择文档窗口的显示比例。

（6）"窗口大小"栏：单击下拉按钮会弹出一个菜单，单击一个命令，可按照选定的大小改变窗口的大小。单击"手机大小""平板电脑大小"和"桌面电脑大小"3 个图标

按钮 ▣ ▣ ▦ 中的任一个图标按钮，可以切换到相应的不同大小的文档窗口。

（7）"文档大小/估计的下载时间"栏：给出文档的字节数和网页预计下载的时间。

### 2. 文档视图窗口

文档窗口有"设计""代码"和"代码和设计"几种视图窗口，分别适用于不同的网页编辑要求。打开一个网页，了解其中 3 种视图窗口的特点：

（1）"设计"视图窗口：单击"文档"工具栏中"设计"按钮 设计 ，切换到该视图窗口，用于可视化页面开发的设计环境，如图 1-2-2 所示。

（2）"代码"视图窗口：是一种用于输入和编辑 HTML、JavaScript 语言代码环境。在"设计"视图窗口中拖动选中第 1 行文字，单击"代码"按钮 代码 ，在"代码"视图窗中会选中相应的代码，如图 1-2-3 所示。单击"查看"→"刷新设计视图"命令，可以刷新设计视图状态下显示的网页。

图 1-2-2 "设计"视图窗口

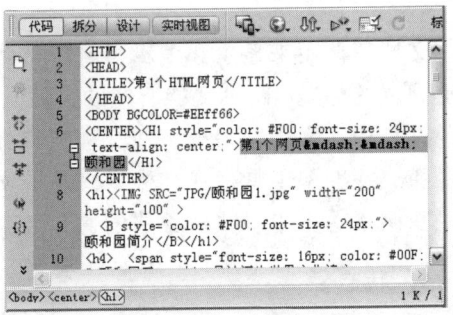

图 1-2-3 "代码"视图窗口

（3）"代码和设计"视图窗口：单击"拆分"按钮 拆分 ，切换到该视图窗口，可以在单个窗口中同时看到同一文档的"代码"和"设计"视图，如图 1-2-4 所示。

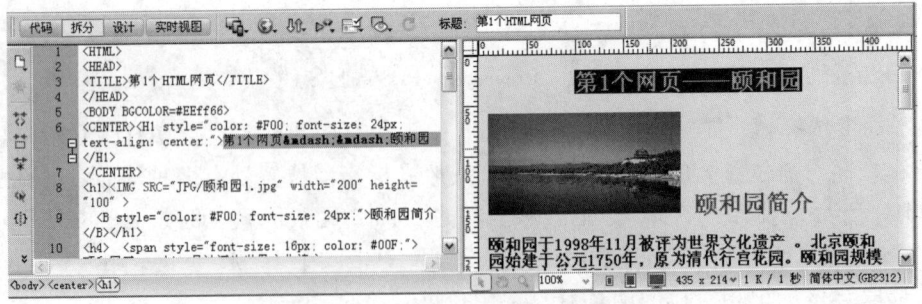

图 1-2-4 "代码和设计"视图窗口

选中"设计"窗口中的对象时，"代码"窗口内的光标会定位在相应的代码处；选中"设计"窗口内的内容时，"代码"窗口内也会选中相应的代码。反之也会有相应的效果，有利于修改 HTML 代码。如果要切换文档窗口的视图，还可以单击"查看"→"代码"（或"设计"、"代码和设计"）命令或按【Ctrl+-】组合键。

### 3. 标尺

（1）显示标尺：单击"查看"→"标尺"→"显示"命令，可在文档窗口的左边和上边显示标尺，如图 1-2-5 所示。单击"查看"→"标尺"级联菜单中的"像素""英寸"或"厘米"命令，可以更改标尺的单位。

（2）重设原点：从标尺左上角处小正方形开始向右下方拖动，此时鼠标指针呈十字线状，拖动鼠标到文档窗口合适的位置后松开鼠标左键，即可改变原点位置。如果要将标尺的原点位置还原，可单击"查看"→"标尺"→"重设原点"命令。

### 4．网格

（1）显示和隐藏网格线：单击"查看"→"网格设置"→"显示网格"命令，可在显示和隐藏网格之间切换。显示网格和标尺后的"文档"窗口如图 1-2-5 所示。

（2）网格的参数设置：单击"查看"→"网格设置"→"网格设置"命令，弹出"网格设置"对话框，如图 1-2-6 所示，利用该对话框，可以进行网格间隔、颜色、形状，以及是否显示网格和是否靠齐网格等设置。

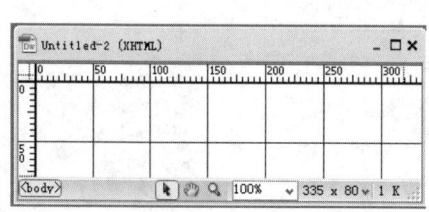

图 1-2-5　标尺和网格

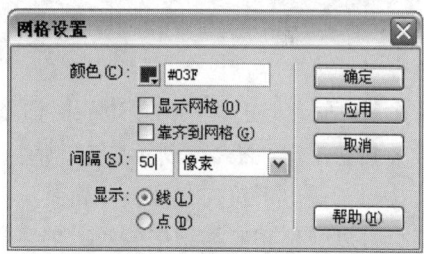

图 1-2-6　"网格设置"对话框

（3）靠齐功能：如果"靠齐到网格"命令呈未选中状态或未选择"网格设置"对话框中的"靠齐到网格"复选框，则移动 AP Div 或改变 AP Div 大小时，最小单位是 1 像素；否则，最小单位是 5 像素，在移动 AP Div 时可以自动与网格对齐。

AP Div 是一个可以放置对象的容器，可以方便地移动容器内对象的位置，关于 AP Div 将在第 4 章进行详细介绍。

## 1.2.2 "属性"面板和"插入"工具栏

### 1．"属性"面板

利用"属性"面板可以显示并精确调整网页中选定对象的属性。"属性"面板具有智能化的特点，选中网页中不同的对象，其"属性"面板的内容也会随之发生变化。例如，单击网页中插入的图像，则图像"属性"面板如图 1-2-7 所示。

图 1-2-7　图像"属性"面板

单击"属性"面板右下角的▽按钮，可展开"属性"面板；单击右下角的△按钮，可收缩"属性"面板。双击"属性"面板内部或标题栏，可在展开和收缩下半部分之间切换。

### 2."插入"工具栏

如果单击"窗口"→"工作区布局"→"经典"命令,会在菜单栏下边显示"插入"工具栏(制表符状态),如图 1-2-8 所示。右击"常用"标签,弹出快捷菜单,单击"显示为菜单"命令,可以将"插入"栏切换到菜单显示外观状态,如图 1-2-9 所示。单击"常用"下拉按钮,弹出下拉列框,单击"显示为制表符"按钮,可以将"插入"工具栏切换到制表符状态,如图 1-2-8 所示。

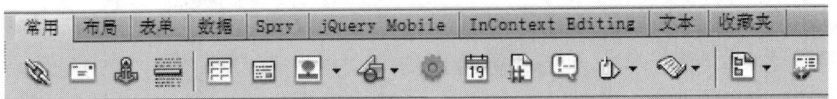

图 1-2-8 "插入"工具栏(制表符状态)

图 1-2-9 "插入"工具栏(菜单状态)

拖动"插入"工具栏内左边的图标到右下方,可使该工具栏成为独立浮动面板,如图 1-2-10 所示。单击该面板内"常用"下拉按钮,调出下拉列表框,单击其中的一个对象类型名称或图标,可以弹出相应类型中各对象的名称所组成的"插入"面板。例如,单击"布局"对象类型名称,可以弹出由一些"布局"对象名称组成的"插入"面板。

在制表符状态下,有 9 个标签,每个标签内有多个对象类型名称和图标。单击标签可以切换选项。

单击"插入"面板内的对象类型名称或图标,或者拖动对象类型名称或图标到文档窗口中,可将相应的对象插入到网页中。对于有些对象,会弹出一个对话框,进行设置后,单击"确定"按钮即可插入对象。

如果在插入对象的同时按住【Ctrl】键,可以不弹出对话框,而是直接插入一个空对象。以后要对该空对象进行设置时,可双击该对象或在其"属性"面板中进行设置。

在菜单状态下,单击左边的箭头按钮,弹出的菜单中有 9 个与插入对象有关的命令,单击某命令后,其右边会出现相关的按钮,单击按钮即可进行相关的操作。

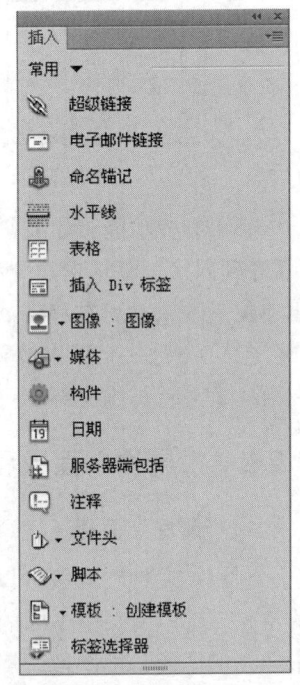

图 1-2-10 "插入"面板

# 思考与练习 1-2

1. 打开一个网页文档,在网页内显示标尺,将原点重设后再恢复;隐藏标尺。
2. 在网页内显示间隔为 60 像素、颜色为蓝色的网格线,再隐藏网格线。
3. 打开一个网页文档,使文档窗口在 3 种状态之间切换。
4. 调出"插入"工具栏,并在"制表符"状态和"菜单"状态之间相互切换。

# 1.3　面板基本操作和"历史记录"面板

## 1.3.1　面板的基本操作

### 1.面板的折叠/展开和位置调整

（1）调整面板位置：拖动面板组标题栏，可以移动面板组；拖动面板标题栏或面板标签，可以移动面板；如果面板在面板组内，可以将其移出该面板组成为独立的面板，如图 1-3-1 所示。如果将面板拖动到其他面板组或面板内，如图 1-3-2 所示，可以将被拖动的面板加入该面板组或面板，构成一个新面板组，如图 1-3-3 所示。

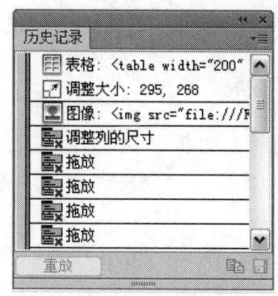

图 1-3-1　独立的面板

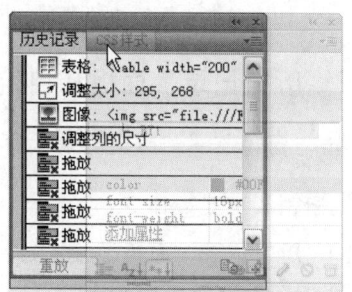

图 1-3-2　将面板拖动到其他面板内

（2）折叠/展开面板：Dreamweaver CS6 有一些功能强大的面板。单击面板组中的面板标签，可以切换到相应的面板。单击面板组或面板右上角的 按钮，可以将面板组或面板收缩，如图 1-3-4 所示。单击面板组或面板右上角的 按钮，可以将面板组或面板展开。双击收缩的面板组或面板标题栏，可以将面板和面板组展开；单击展开的面板组或面板标题栏，可以将面板组或面板收缩。

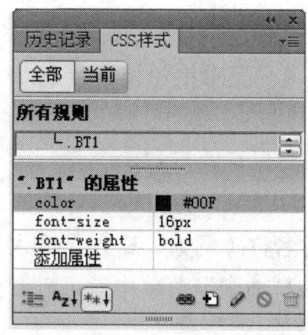

图 1-3-3　构成面板组

图 1-3-4　面板组收缩

### 2.面板的大小调整与关闭

（1）调整面板的大小：将鼠标指针移到面板的边缘，当鼠标指针变成双向箭头时，单击并拖动面板的边框，达到所需的大小后松开左键即可。

（2）关闭面板：单击面板（组）标题栏右上角的 按钮。另外，右击面板标题栏，弹出快捷菜单，如图 1-3-5 所示，单击"关闭"命令，也可以关闭面板组；单击"关闭标签组"命令，可关闭当前面板。单击面板内右上角的 按钮，可调出面板菜单，不同面板的面板菜单也会不一同。例如，"历史记录"面板菜单如图 1-3-6 所示。利用面板菜单内的命令可以关闭面板和面板组。单击"窗口"→"××"（面板名称）命令，使该命令取消，也可以关闭指定的面板。

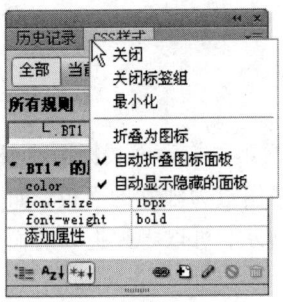

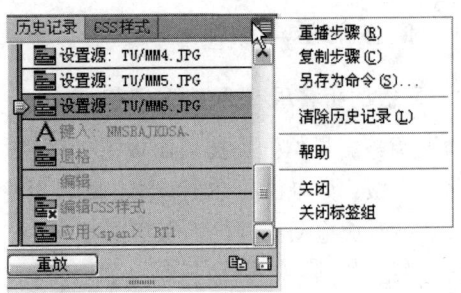

图 1-3-5　面板快捷菜单　　　　　图 1-3-6　"历史记录"面板菜单

## 1.3.2　"历史记录"面板和自定义命令

单击"窗口"→"历史记录"命令，弹出"历史记录"面板，见图 1-3-1。

### 1．撤销和重复操作

（1）"历史记录"面板记录了每一步操作，如图 1-3-1 所示。利用它可以撤销一些操作。例如，要返回前面的操作效果时，只需将该面板内左侧的指针拖动到前面的操作步骤即可，如图 1-3-6 所示。另外，单击"编辑"→"撤销"命令，可以撤销刚刚进行的操作；单击"编辑"→"重做"命令，可以重复刚刚撤销的操作。

（2）重复操作：按住【Ctrl】键，选中该面板内的 2 条需要重复的步骤，如图 1-3-7 所示，再单击该面板中的"重放"按钮。

### 2．自定义命令

利用"历史记录"面板重复步骤只能应用于同一个文件内的对象，如果要应用到其他文件，可以将这些步骤保存为命令，在其他文件中即执行"命令"菜单中的相应命令，调用这些步骤。利用"历史记录"面板自定义命令的方法如下：

（1）按住【Ctrl】键，选中"历史记录"面板中需要保存的步骤。

（2）单击"历史记录"面板右下角的按钮，弹出"保存为命令"对话框，如图 1-3-8 所示（还没有输入命令名称）。在文本框中输入命令的名称（例如，输入"输入文字"），再单击"确定"按钮，即可将选中步骤保存为命令。这时在"命令"菜单中就可以看到刚刚命名的命令，以后就可以像使用系统命令那样使用这个自定义命令了。

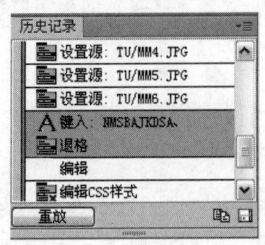

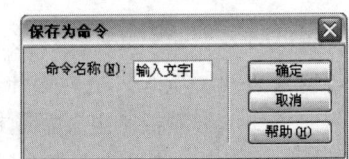

图 1-3-7　选择 2 条操作　　　　　图 1-3-8　"保存为命令"对话框

（3）删除自定义命令：单击"命令"→"编辑命令列表"命令，弹出"编辑命令列表"对话框，可以修改自定义命令名称。单击"删除"按钮，可以删除选中的命令。

# 思考与练习 1-3

1. 将"AP 元素"面板和"CSS 样式"面板组合成一个面板组，再将"CSS 样式"面板与"历史记录"面板组合成一个面板组。

2. 打开一个网页，进行添加文字等操作，练习使用命令来撤销刚刚进行的操作，然后再恢复刚刚撤销的操作；练习使用"历史记录"面板撤销多步操作。

3. 使用"历史记录"面板创建一个名为"文字变色"的命令。

# 1.4　页面属性设置、建立本地站点和描图

## 1.4.1　URL 和文档的路径名

### 1. 文档路径名

（1）绝对路径：绝对路径是写出全部路径，系统按照全部路径进行文件的查找。绝对路径中的盘符后用":\"或":/"，各个目录名之间以及目录名与文件名之间，应用"\"或"/"分隔开。绝对路径名的写法及其含义如表 1-4-1 所示。

表 1-4-1　绝对路径名的写法及其含义

| 绝对路径名 | 含　　　义 |
| --- | --- |
| http://www.ds.cn/LJ/TL1.html | TL1.html 在域名为 www.ds.cn 的服务器中 LJ 目录下 |
| F:\WY125\LJ\TL1.html | TL1.html 放在 F 盘的 WY125 目录下的 LJ 子目录中 |

（2）相对路径：相对路径是以当前文件所在路径和子目录为起始目录，进行相对的文件查找。通常都采用相对路径，这样可以保证站点中的文件整体移动后，不会产生断链现象。相对路径名的写法及其含义如表 1-4-2 所示。

表 1-4-2　相对路径名的写法及其含义

| 相对路径名 | 含　　　义 |
| --- | --- |
| TL1.html | TL1.html 是当前目录下的文件名 |
| WY125/TL1.html | TL1.html 是当前目录中"WY125"目录下名为"TL1.html"的文件 |
| WY125/LJ/TL1.html | TL1.html 是当前目录中"WY125/LJ"目录下名为"TL1.html"的文件 |
| ../TL1.html | TL1.html 是当前目录上一级目录下名为"TL1.html"的文件 |
| ../../TL1.html | TL1.html 是当前目录上两级目录下名为"TL1.html"的文件 |

### 2. URL

在单机系统中，定位一个文件需要路径和文件名；对于遍布全球的 Internet，显然还需要知道文件存放在哪个网络的哪台主机中才行。另外，单机系统中，所有的文件都由统一的操作系统管理，因而不必给出访问该文件的方法；而在 Internet 上，各个网络，各台主机的操作系

统都不一样，因此必须指定访问该文件的方法。

URL 即统一资源定位器，文件名的扩展，指出了文件在 Internet 中的位置。它存在的目的是统一万维网服务（WWW）上的地址编码，给每一个网页指定唯一的地址。在查询信息时，只要给出 URL 地址，WWW 服务器就可以根据它找到网络资源的位置，并将它传送给计算机。单击网页中的链接时，即将 URL 地址的请求传送给了 WWW 服务器，WWW 是由无数的 Web 服务器构成的。

一个完整的 URL 地址通常由通信协议名（访问该资源所采用的协议，即访问该资源的方法）、Web 服务器地址（存放该资源主机域名地址，在因特网上，主机名可以用主机域名地址或 IP 地址，通常以字符形式出现）、文件在服务器中的路径和文件名 4 部分组成。例如"http://www.ds.cn/WY125/LJ/TL1.html"，其中"http://"是通信协议名，"www.ds.cn"是 Web 服务器地址（主机域名地址），"/WY125/LJ/"是文件在服务器中的路径，"TL1.html"是文件名。

与单机系统绝对路径和相对路径的概念类似，URL 也有绝对 URL 和相对 URL 之分。上文所述的是绝对 URL。相对 URL 是相对于最近访问的 URL。比如正在观看一个 URL 为"http://www.td.cn/WY125/LJ/TL1.html"的网页文件，如果想调用同一目录下的另一个网页文件"TL2.html"，可以直接使用"TL2.html" URL，这时"TL2.html"就是一个相对 URL，它的绝对 URL 为"http://www.ds.cn/WY125/LJ/TL2.html"。

## 1.4.2　建立本地站点和页面属性设置

### 1. 建立本地站点

建立本地站点就是将本地主机磁盘中的一个文件夹定义为站点，然后将所有文档都存放在该文件夹中，以便于管理。建立本地站点的方法如下：

（1）单击"站点"→"新建站点"命令，弹出"站点设置对象"对话框，如图 1-4-1 所示。单击"文件"面板中的"管理站点"链接文字或者单击"站点"→"管理站点"命令，弹出"管理站点"对话框，单击该对话框内的"新建站点"按钮，也可以弹出"站点设置对象"对话框。

（2）在"站点设置对象"（站点）对话框内的"站点名称"文本框中输入站点的名称（例如，"教学站点 1"）。在"本地站点文件夹"文本框中输入本地文件夹路径（例如，"F:\WY125\"），该文件夹作为站点的根目录，要求该文件夹必须已建立的文件夹。

也可以单击"本地站点文件夹"文本框右边的文件夹图标，弹出"选择根文件夹"对话框，利用该对话框可以选择本地文件夹。

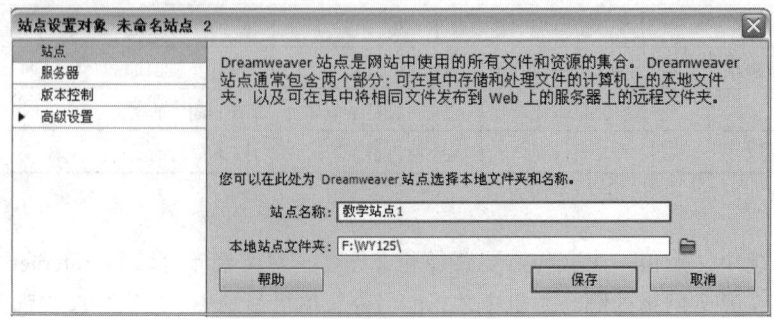

图 1-4-1　"站点设置对象"（站点）对话框一

（3）单击"站点设置对象"（站点）对话框内的"本地信息"选项，切换到"站点设置对象"（高级设置–本地信息）对话框，如图 1-4-2 所示。

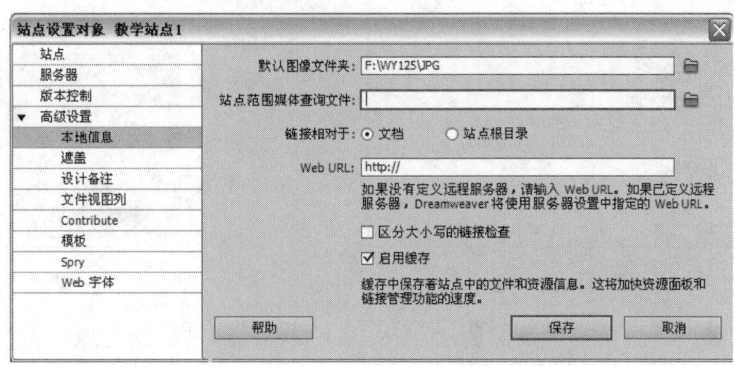

图 1-4-2　"站点设置对象"（高级设置–本地信息）对话框

（4）在"默认图像文件夹"文本框中输入存储站点图像的文件夹路径，单击该文本框右边的文件夹图标，弹出"选择图像文件夹"对话框，利用它选择默认图像文件夹（F:\WY125\JPG）。将图像添加到文档时，Dreamweaver 将使用该文件夹路径。

（5）单击"站点设置对象"对话框中的"保存"按钮，初步完成本地站点的设置。此时"文件"面板内会显示出本地站点文件夹内的文件，如图 1-4-3 所示。

图 1-4-3　"文件"面板

### 2．页面属性设置

在创建一个空页面后，将鼠标指针移到网页文档窗口的空白处右击，弹出一个快捷菜单，再单击"页面属性"命令，弹出"页面属性"对话框，如图 1-4-4 所示。另外，单击网页文档内空白处，再单击"属性"面板中的"页面属性"按钮，也可以弹出"页面属性"对话框。

利用"页面属性"对话框，可以设置页面的标题文本、页面字体、页面背景色或图像、页面大小与位置、背景图像的透明度等。设置网页参数的方法简介如下：

（1）背景颜色设置：单击"背景颜色"按钮，会弹出颜色面板，如图 1-4-5 所示。利用该颜色面板可以设置网页的背景颜色。

单击颜色面板中的按钮，可设置为无背景色。单击按钮，弹出一个面板菜单，单击其中的命令，可以更换颜色面板中色块的颜色。如果在颜色面板中没有找到合适的颜色，可以单击颜色面板右上角的图标，弹出 Windows 的"颜色"对话框，如图 1-4-6 所示，利用该对话框可以设置所需要的颜色。

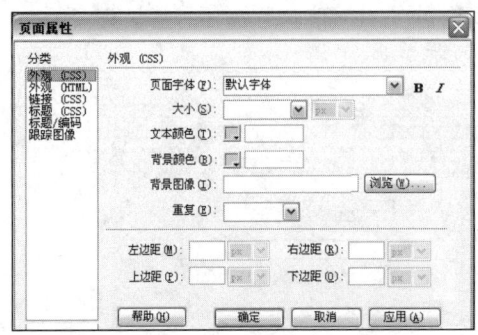
图 1-4-4　"页面属性"对话框

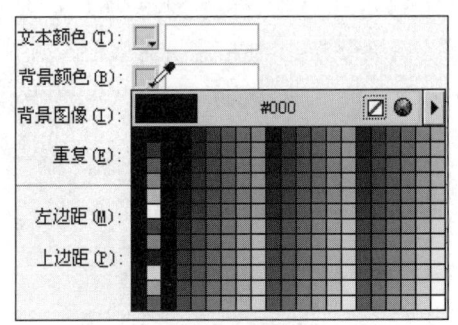
图 1-4-5　颜色面板

（2）背景图像设置：单击"页面属性"（外观）对话框中"背景图像"文本框右边的"浏览"按钮，弹出"选择图像源文件"对话框，如图 1-4-7 所示。利用该对话框选择网页背景图像，再单击"确定"按钮，即可给网页背景填充选中的图像。如果图像文件不在本地站点的文件夹内，则在单击"确定"按钮后，会提示用户将该图像文档复制到本地站点的图像文件夹内。

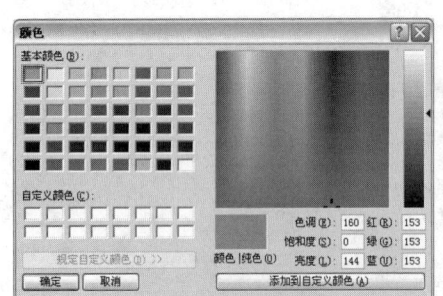
图 1-4-6　Windows 的"颜色"对话框

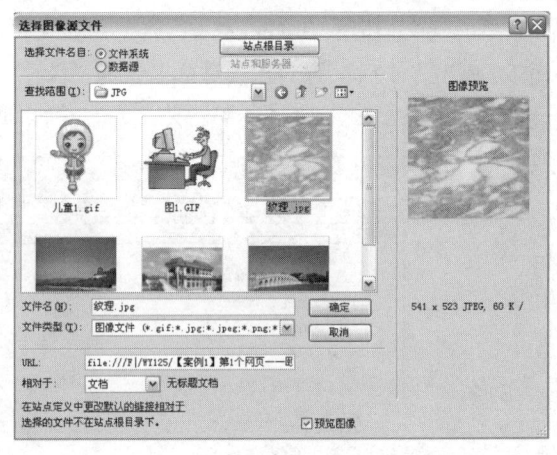
图 1-4-7　"选择图像源文件"对话框

（3）文本颜色设置：单击"文本颜色"按钮，会调出一个颜色面板，利用它可以设置文本颜色，其方法与设置背景颜色的方法一样。

（4）页面四个方向的边距设置：通过 4 个文本框可以设置页面 4 个方向的边距，单位为像素。

（5）页面文本的字体和大小设置：利用该对话框中的"页面字体"和"大小"下拉列表框可以设置页面中文本的字体和文本大小。

（6）页面文字设置：选中"分类"列表框中的"标题/编码"选项，此时的"页面属性"对话框如图 1-4-8 所示。利用该对话框可以设置网页标题、文档的类型和网页的编码等，在对话框底部还显示"站点"文件夹的位置等信息。

（7）标题大小和颜色设置：选择"页面属性"对话框中"分类"列表框中的"标题"选项，此时"页面属性"对话框如图 1-4-9 所示。在"标题字体"下拉列表框中选择一种标题的字体（此处选择"（同页面字体）"选项），在"标题 1"至"标题 6"栏可以设置标题的大小和颜色。

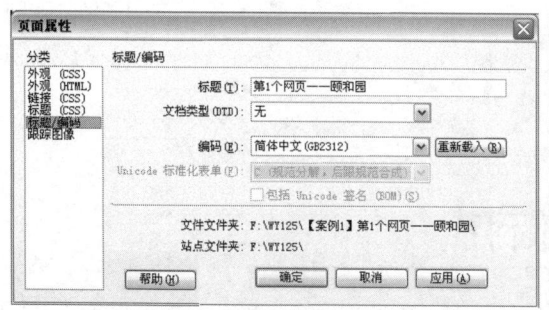

图 1-4-8　"页面属性"对话框

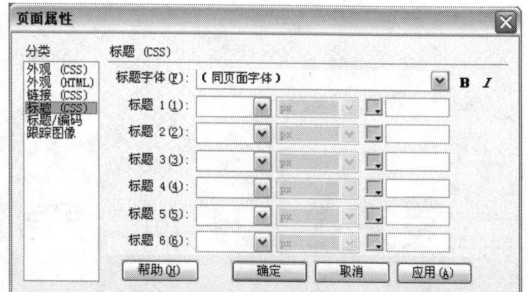

图 1-4-9　"页面属性"对话框

（8）链接字属性的设置：选择"页面属性"对话框中"分类"列表框中的"链接"选项，此时切换到"页面属性"（链接）对话框。可以利用该对话框内的"链接字体"下拉列表框和"链接颜色"文本框设置链接字（热字）的字体、大小、风格、颜色等。"变换图像链接"文本框的作用是当图像不能显示时，页面将显示设置的颜色。"已访问链接"文本框的作用是设置单击后链接字的颜色。"活动链接"文本框的作用是设置获得焦点的链接字的颜色。"下画线样式"的作用是设置链接字的下画线样式。

（9）跟踪图像属性设置：选择"页面属性"对话框中"分类"列表框中的"跟踪图像"选项，此时切换到"页面属性"（跟踪图像）对话框。利用该对话框可以设置跟踪图像的属性，跟踪图像又称描图。"跟踪图像"文本框用来设置在页面编辑过程中使用描图图像的地址和名称。"透明度"标尺的作用是调整描图的透明度。

# 思考与练习 1-4

1. 什么是 URL？一个完整的 URL 地址由哪 4 部分组成？

2. 什么是绝对路径？什么是相对路径？

3. 打开"第 1 个网页——颐和园.htm"网页，给该网页添加"颐和园"网页标题，给该网页背景填充一幅背景纹理图像。

# 第**2**章 HTML 语言简介

通过学习使用 HTML 设计的网页案例,了解 HTML 的特点,掌握 HTML 常用的标记,以及使用这些标记设计网页的方法。虽然目前有许多"所见即所得"且操作较方便的网页制作工具,不需要直接用 HTML 编写网页文档,但很多时候,了解一些 HTML 知识,将有利于学习网页制作工具和提高网页制作水平。

## 2.1 【案例 1】第 1 个网页——颐和园

### 案例描述

"第 1 个网页——颐和园"网页是一个简单介绍颐和园的网页,该网页在浏览器中的显示效果如图 2-1-1 所示。它有一级标题"第 1 个网页——颐和园"、二级标题和三级标题文字,在二级标题文字的左边还有一幅颐和园图像。通过本案例的学习,可以初步了解 HTML,掌握输入 HTML 代码、建立 HTML 文档和显示 HTML 网页的方法。

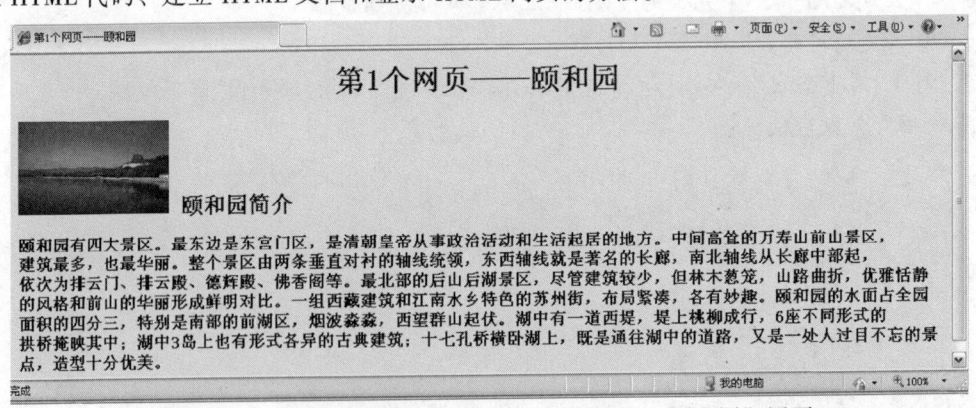

图 2-1-1  在 IE 浏览器中查看"第 1 个网页——颐和园"网页

### 设计过程

#### 1. 输入和保存 HTML 代码

(1)在"F:\WY12\【案例 1】第 1 个网页——颐和园"文件夹内建立一个"JPG"文件夹,保存网页中要插入的"颐和园 1.jpg"图像文件。

（2）HTML 代码：单击 Windows 桌面上的"开始"按钮，单击"所有程序"→"附件"→"记事本"命令，弹出"记事本"软件，并输入代码，在其页面中输入如下 HTML 代码：

```
<HTML>
<HEAD>
<TITLE>第 1 个网页——颐和园</TITLE>
</HEAD>
<BODY BGCOLOR=#EEff66>
<CENTER><H1>第 1 个网页——颐和园</H1></CENTER>
<H2><IMG SRC="JPG/颐和园 1.jpg" width="169" height="100" >
     <B>颐和园简介</B><br>
</H2>
<h3>颐和园有四大景区。最东边是东宫门区，是清朝皇帝从事政治活动和生活起居的地方。中间高
耸的万寿山前山景区，<br>
建筑最多，也最华丽。整个景区由两条垂直对衬的轴线统领，东西轴线就是著名的长廊，南北轴线
从长廊中部起，<br>
依次为排云门、排云殿、德辉殿、佛香阁等。最北部的后山后湖景区，尽管建筑较少，但林木葱笼，
山路曲折，优雅恬静<br>
的风格和前山的华丽形成鲜明对比。一组西藏建筑和江南水乡特色的苏州街，布局紧凑，各有妙趣。
颐和园的水面占全园<br>
面积的四分之三，特别是南部的前湖区，烟波淼淼，西望群山起伏。湖中有一道西堤，堤上桃柳成
行，6 座不同形式的<br>
拱桥掩映其中；湖中 3 岛上也有形式各异的古典建筑；十七孔桥横卧湖上，既是通往湖中的道路，
又是一处让人过目不忘的景<br>
点，造型十分优美。</h3>
</BODY>
</HTML>
```

**注意**：HTML 文档中的各种英文标记要在英文输入方式下输入，字母不分大小写。

另外，也可以在 Dreamweaver 内的"代码"视图窗口中输入。

（3）保存 HTML 代码：单击"文件"→"另存为"命令，弹出"另存为"对话框，在"保存在"下拉列表框中选中"F:\WY12\【案例 1】第 1 个网页——颐和园"文件夹，在"保存类型"下拉列表框中选中"所有文件"选项，在"文件名"文本框中输入"第 1 个网页——颐和园.htm"，如图 2-1-2 所示。然后单击"保存"按钮。

**注意**：一定要输入 HTML 文件的扩展名，有".htm"和".html"两种。

保存后的文件如图 2-1-3 所示。

图 2-1-2　"另存为"对话框

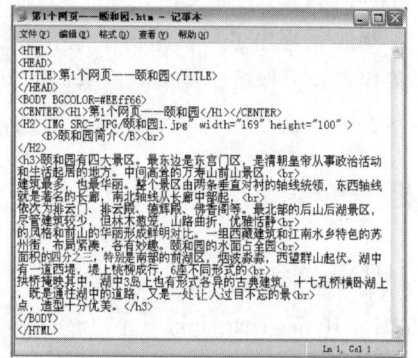

图 2-1-3　"记事本"软件内输入的 HTML 代码

## 2．浏览网页

浏览网页的方法有如下 4 种：

（1）双击网页 HTML 文档图标，例如，双击"第 1 个网页——颐和园.html"网页 HTML 文档图标，弹出默认的浏览器窗口，同时打开选中的网页，见图 2-1-1。

（2）在 Dreamweaver CS6 内打开一个网页文档，例如，打开"第 1 个网页——颐和园.html"网页文档，按【F12】键，可用默认的浏览器浏览网页。

（3）单击"开始"→"运行"命令，弹出"运行"对话框，此时"打开"文本框中还没有内容。单击"浏览"按钮，弹出"浏览"对话框，在其"文件类型"下拉列表框中选中"所有文件"选项，选择要打开的网页文档，例如，选择"F:\WY125\第 1 个网页——颐和园"文件夹内的"第 1 个网页——颐和园.html"文档，如图 2-1-5 所示。单击"打开"按钮，返回"打开"对话框，在"打开"文本框中已有选中的文件目录与名字，如图 2-1-4 所示。单击"确定"按钮，即可在浏览器中打开选择的网页文档，见图 2-1-1。

（4）双击浏览器图标，弹出浏览器窗口，单击"文件"→"打开"命令，弹出"打开"对话框，与图 2-1-4 所示相似。单击"浏览"按钮，弹出一个对话框，与图 2-1-5 所示相似。选择 HTML 文件，单击"打开"按钮，返回"打开"对话框。单击"确定"按钮，即可在浏览器中打开选择的网页文档。

图 2-1-4 "运行"对话框

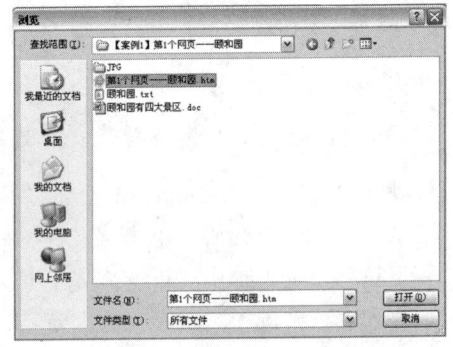

图 2-1-5 "浏览"对话框

## 3．修改网页

（1）启动 Windows"记事本"软件，打开网页文档。此时可以修改网页文档。也可以在 Dreamweaver 内打开网页文档，在"代码"视图窗口中也可以修改网页文档。

（2）修改完程序之后，单击"记事本"软件窗口内的"文件"→"保存"命令，即可将修改后的程序保存。然后，右击浏览器内的网页，弹出快捷菜单，单击"刷新"命令，或单击"查看"→"刷新"命令，均可看到修改后的网页。

# 相关知识

## 1．HTML 文件特点

HTML（Hyper Text Make-up Language，超文本标记语言）不是一种程序语言，而是一种描述文档结构的标记语言，它与操作系统平台的选择无关，只要有浏览器就可以运行 HTML 文档。

HTML 使用一些约定的标记对 WWW 上的各种信息进行标记浏览器会自动根据这些标记，在屏幕上显示出相应的内容。自从 1990 年它首次用于网页制作后，几乎所有的网页都是由 HTML 或以其他语言（如 JavaScript 语言等）镶嵌在 HTML 中编写的。

目前，较流行的浏览器有微软公司的 Internet Explorer（即 IE 和）Netscape 公司的 Netscape Navigator 等。要注意，不同浏览器对同一个 HTML 文档的解释会不太一样。

HTML 文件是标准的 ASCII 文件，它看起来像是加入了许多被称为链接签（Tag）的特殊字符串的普通文本文件。从结构上讲，HTML 文件由元素（Element）组成，组成 HTML 文件的元素有许多种，用于组织文件的内容和指导文件的输出格式。绝大多数元素是"容器"，即它们有起始标记和结尾标记。元素的起始标记叫作起始链接签（Start Tag），元素的结束标记叫作结尾链接签（End Tag），在起始链接签和结尾链接签中的部分是元素体。每一个元素都有名称和可选择的属性，元素的名称和属性都在起始链接签内标明。

一个元素的元素体中可以有其他的元素。"属性名""="和"属性值"合起来构成一个完整的属性，一个元素可以有多个属性，各个属性用空格分开。

需要说明的是，HTML 是一门发展很快的语言，早期的 HTML 文件并没有如此严格的结构，因而现在流行的浏览器为了保持对早期 HTML 文件的兼容性，也支持不按上述结构编写的 HTML 文件。另外，各种浏览器对 HTML 元素及其属性的解释也不完全一样。一般来讲，HTML 的元素有下列 3 种表示方法：

（1）<元素名>文件或超文本</元素名>。

（2）<元素名 属性名="属性值…">文本或超文本<元素名>。

（3）<元素名>。

第 3 种写法仅用于一些特殊的标识，例如换行标识<br>，它仅仅通知浏览器在此处换行，因而不需要界定作用范围。部分标识拥有自己的属性，能够为页面上的 HTML 标识提供附加信息。属性通常由属性名和值成对出现，只可添加于起始标识中，格式如下：

```
name="value"
```

其中 name 为属性名称，value 为所设置的属性值。例如：

```
<body bgcolor="blue">
```

标识<body>定义了 HTML 页面的主体标识，附加的 bgcolor 属性可以告诉浏览器网页的背景颜色，上面标识的意思是将网页的背景色设置为蓝色。

属性值通常被包含在双引号中。在某些情况下，属性值本身包含引号，此时可以使用单引号代替通常使用的双引号。

标识名称不区分大小写，例如<Html>、<html>和<HTML>表示相同的意思。万维网联盟（World Wide Web Consortium，W3C）在 HTML4 中提倡使用小写标识。

## 2. 网页基本结构标记

（1）<HTML>…</HTML>：是最基本的标识，用来通知客户端该文档是 HTML 文档，该标识在 HTML 文档中不可缺少。<HTML>表示 HTML 文档开始，</HTML>表示 HTML 文档结束。注意：HTML 文档中的起始链接标签"<"和标识名称之间不能有空格。

（2）<HEAD>…</HEAD>：是网页头部标识，标明文档的头部信息，可以提高网页文档的可读性。一般包括标题、段落、列表等。它可以忽略，但一般不推荐这样做。

（3）<BODY>…</BODY>：是网页主题内容标识，用来指明网页文档的主体区域。其中包含了网页的正文内容，一般不可缺少。

上述 3 个标记用于描述页面的整体结构，它们不影响页面的显示效果，是帮助 HTML 工具对 HTML 文档进行解释和过滤的。

（4）<TITLE>…</TITLE>：是网页标题，必须放在<HEAD>…</HEAD>标识之内。

TITLE 标识是文件头中的标识，也只能出现在文件头中。TITLE 标明该 HTML 文件的题目，是对网页内容的概括，可以使读者从中判断出该文件的大概内容。文件的题目一般不会显示在网页窗口中，而是在标题栏以窗口的名称显示出来。除了标识窗口外，当将某一个网页存入书签或文件时，TITLE 还用作书签名或缺省的文件名。其长度没有限制，但过长的题目会导致折行，一般情况下它的长度不应超过 64 个字符。

（5）<BODY BGCOLOR="#RRGGBB">：使用<BODY>标识中的 BGCOLOR 属性，可以设置网页的背景颜色。使用的格式有以下两种：

```
<BODY BGCOLOR="#RRGGBB">
<BODY BGCOLOR="颜色的英文名称">
```

在第 1 种格式中，RR、GG、BB 分别用来表示颜色中的红色、绿色和蓝色成分的多少，数值越大，颜色越深，它们取值分别为 00～FF 的十六进制数。红、绿、蓝 3 色按一定比例混合，可以得到各种颜色。例如，RR=FF，GG=FF，BB=00，表示为黄色；RRGGBB 取值为 000000，则为黑色；RRGGBB 取值为 FFFFFF，则为白色。

第 2 种格式是直接使用颜色的英文名称来设定网页的背景颜色。例如：

<BODY BGCOLOR="blue">：用来设置网页的背景颜色为蓝色。

<BODY BGCOLOR="red">：用来设置网页的背景颜色为红色。

<BODY BGCOLOR="white">：用来设置网页的背景颜色为白色。

（6）<IMG>：是图像标识，用来加载图像与 GIF 动画。<IMG>标识最重要的属性是 SRC，用来指明图像与 GIF 动画文件的路径。其格式如下。

```
<IMG SRC="文件路径"> width="图像宽度像素数" height="图像高度像素数"
```

（7）<BR>：是换行标识，表示以后的内容移到下一行。也是单向标识，没有</BR>。

（8）<PRE>…</PRE>：是保留文本原来格式的标识。可以将其中的文本内容按照原来的格式显示。否则浏览器会自动取消文本中的连续多个空格、回车换行等内容。

（9）<B>…</B>：是粗体标识。可使其中的文字变为粗体。

**3．其他常用标记**

（1）<Hn>…</Hn>：是正文的标题标识。此外，还有第一、二、三、四、五、六级标题标识，分别为<H1>…</H1>、<H2>…</H2>、<H3>…</H3>、<H4>…</H4>、<H5>…</H5>和<H6>…</H6>。一般情况下，浏览器对标题作如下解释：

H1 黑体，特大字体，居中，上下各有两行空行。

H2 黑体，大字体，上下各有一到两行空行。

H3 黑体（斜体），大字体，左端微缩进，上下空行。

H4 黑体，普通字体，比 H3 更多缩进，上边一空行。

H5 黑体（斜体），与 H4 相同缩进，上边一空行。

H6 黑体，与正文有相同缩进，上边一空行。

（2）标题标识有对齐属性，ALIGN = #，"#"一般取值为"Left"（标题居左）、"Center"（标题居中）和"Right"（标题居右）。例如，<H2 ALIGN =Center> 标题 2 </H2>。

（3）<P>…</P>：是段落标识，可以将其内的文字另起一段显示，段与段之间有一个空行。段落标识可以有多种属性，比较常用的属性是 ALIGN = #。"#"可以是"Left""Center"或"Right"，其含义同上文。浏览器是基于窗口的，用户可随时改变显示区的大小，所以 HTML 将多个空格以及回车等效为一个空格，这和通常的文字处理器不同。

（4）<CENTER>文字</CENTER>表示文字居中；<LEFT>文字</LEFT>：文字居左；<RIGHR>文字</ RIGHT>：文字居右。

（5）注释标识：用来在 HTML 源文件中插入注释，注释在显示时会被浏览器忽略，在浏览器窗口中是不可见的。它以"<!–"开头，以"–>"结束，即"<!– 这里是注释 –>"，可以添加在 HTML 代码的任何位置。

## 思考与练习 2-1

1．HTML 文件的特点是什么？如何创建 HTML 文件？如何浏览 HTML 文件网页内容？

2．<BODY>…</BODY>是什么标识，用来指明文档中的什么。使用<BODY>标识中的什么属性，可以设置网页的背景颜色。

3．<BR>、<PRE>…</PRE>、<B>…</B>、<P>…</P>都是什么标识。

4．在本案例网页的基础之上，使用在 Dreamweaver CS6 内的"代码"视图窗口，制作一个"颐和园"网页，该网页内包括 2 幅颐和园图像和介绍颐和园的更多文字内容。

# 2.2 【案例 2】"中国诗词佳句——作者"网页

## 案例描述

在"中国诗词佳句–作者"网页中显示了几句著名的诗句，当鼠标指针移到诗句之上时，会显示该诗句的作者、朝代和诗句源于的作品名称，如图 2-2-1 所示。本节通过案例的学习，可以进一步了解网页中一些文本标记，合理使用这些标记，可以使网页的显示效果更加出色。

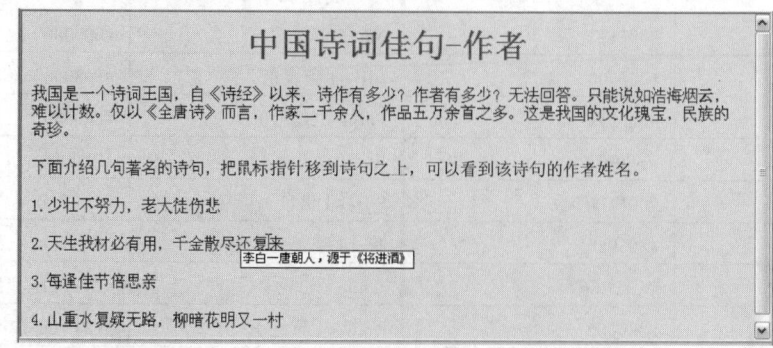

图 2-2-1 "中国诗词佳句–作者"网页的显示效果

## 设计过程

打开"记事本"程序，输入如下 HTML 代码：

```
</HEAD>
<BODY BGCOLOR="#FFFF00">
 <H1 ALIGN="CENTER"><FONT COLOR="#FF000">中国诗词佳句-作者</H1>
<!-下面是正文内容!>
 <P><FONT COLOR="#0000FF">我国是一个诗词王国，自《诗经》以来，诗作有多少？作者有多少？
无法回答。只能说如浩海烟云，难以计数。仅以《全唐诗》而言，作家二千余人，作品五万余首之
多。这是我国的文化瑰宝，民族的奇珍。</P>
 <P>下面介绍几句著名的诗句，把鼠标指针移到诗句之上，可以看到该诗句的作者姓名。</P>
 <P TITLE="赵壹—东汉人，源于《长歌行》">1.少壮不努力，老大徒伤悲</P>
 <P TITLE="李白—唐朝人，源于《将进酒》">2.天生我材必有用，千金散尽复来</P>
 <P TITLE="王维—唐朝人，源于《九月九日忆山东兄弟》">3.每逢佳节倍思亲</P>
 <P TITLE="陆游—宋朝人，源于《游山西村》">4.山重水复疑无路，柳暗花明又一村</P>
</BODY>
</HTML>
```

将该 HTML 文档以名字"中国诗词佳句-作者.htm"保存在"【案例 2】中国诗词佳句-作者"文件夹内。

## 相关知识

### 1．文字的大小、颜色和字体

（1）字体大小：HTML 文件可以有 7 种字号，1 号最小，7 号最大。默认字号为 3，可以用"<FONT SIZE=字号>"设置字号。设置文本的字号有两种办法，一种是设置绝对字号，即使用标志"<FONT SIZE=字号>"；另一种是设置文本的相对字号，即使用标志"<FONT SIZE=±n>"。用第 2 种方法时"+"号表示字号变大，"-"号表示字号变小。

（2）文字颜色：文字的颜色可以用<FONT color="#rrggbb">指定，其中的 rrggbb 可以是 6 位十六进制数，分别指定红、绿、蓝的值。也可以在标识中直接使用标准颜色的英文名称直接指定文字的颜色，如表 2-2-1 所示。

表 2-2-1　网页中的 16 种标准颜色

| 色彩名 | 十六进制值 | 色彩名 | 十六进制值 |
|---|---|---|---|
| Aqua（水蓝色） | #00FFFF | Navy（藏青色） | #000080 |
| Black（黑色） | #000000 | Olive（茶青色） | #808000 |
| Blue（蓝色） | #0000FF | Purple（紫色） | #800080 |
| Fuchsia（樱桃色） | #FF00FF | Red（红色） | #FF0000 |
| Green（绿色） | #00FF00 | Silver（银色） | #C0C0C0 |
| Gray（灰色） | #808080 | Teal（茶色） | #008080 |
| Linen（亚麻色） | #FAF0E6 | While（白色） | #FFFFFF |
| Maroon（褐红色） | #800000 | Yellow（黄色） | #FFFF00 |

例如，"字体大小和颜色"网页（HTML2-1.htm）代码如下，显示效果如图 2-2-2 所示。

```
<HTML>
<HEAD>
<TITLE>字体大小和颜色</TITLE>
<BODY>
<FONT SIZE=7 COLOR=#00FF00字体大小和颜色</FONT>字体大小和颜色<BR>
<FONT SIZE=5 COLOR=#FF0000字体大小和颜色</FONT>字体大小和颜色<BR>
<FONT SIZE=3 COLOR=#0000FF字体大小和颜色</FONT>字体大小和颜色<BR>
</BODY>
</HTML>
```

图 2-2-2　"字体大小和颜色"网页显示效果

（3）文字字体：文字字体可以用<FONT FACE="字体名称 1,字体名称 2">指定。FACE 属性的值可以有 1 个或多个，即可以设置多个字体。首选第 1 种字体显示，在第 1 种字体不存在时使用第 2 种字体显示，依此类推。例如：

```
<FONT FACEE="黑体,宋体">文字的字体</FONT><BR>
```

## 2．文字风格

网页中的文字可以有多种多样的效果，使文字具有不同的风格，使网页更加绚丽。部分文字风格标识符如表 2-2-2 所示。

表 2-2-2　文字风格标识符

| 标 识 符 | 功　能 | 标识符 | 功　能 |
|---|---|---|---|
| <B></B> | 粗体 | <STRIKE></STRIKE> | 删除线 |
| <BIG></BIG> | 大字体 | <SUB></SUB> | 下标 |
| <I></I> | 斜体 | <SUP></SUP> | 上标 |
| <S></S> | 删除线 | <TT></TT> | 固定宽度字体 |
| <CODE></CODE> | 等宽效果 | <U></U> | 下画线 |
| <STRONG></STRONG> | 特别强调、粗体 | <EM></EM> | 强调、斜体 |
| <SMALL></SMALL> | 较小 | <BIG></BIG> | 较大 |

例如，"各种字体风格"网页代码如下（HTML2-2.htm），显示效果如图 2-2-3 所示。

```
<HTML>
<HEAD><TITLE>各种字体风格</TITLE></HEAD>
<BODY>
<B>各种字体风格</B>　　各种字体风格<BR>
<I>各种字体风格</I>　　各种字体风格<BR>
<U>各种字体风格</U>　　各种字体风格<BR>
<TT>各种字体风格</TT>　　各种字体风格<BR>
</BODY>
```

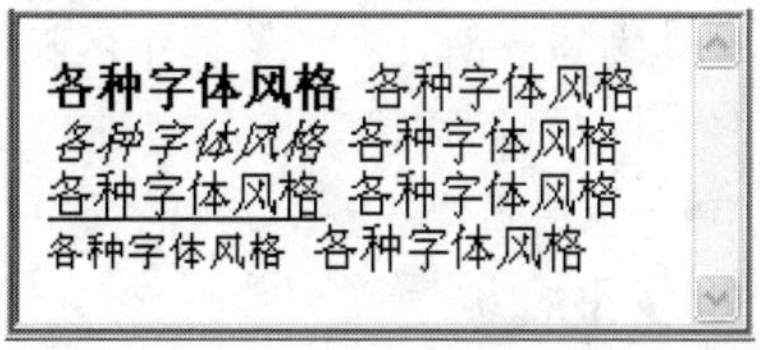

图 2-2-3　"各种字体风格"网页效果

```
</HTML>
```

### 3．边框包围的文字

可以通过<FIELDSET>标记定义文字的边框。输入下面的 HTML 代码（保存在名称为"HTML2-3.htm"的文件中），可以显示出图 2-2-4 所示的网页效果：

```
<HTML>
<HEAD>
<TITLE>图像的大小和边框</TITLE>
</HEAD>
<BODY>
<FIELDSET>
<FONT>增加了边框的文字</FONT>
</FIELDSET>
</BODY>
</HTML>
```

图 2-2-4　增加边框的文字显示效果

# 思考与练习 2-2

1．制作一个"中国成语解释"网页，该网页在浏览器中显示了几句著名的成语，当鼠标指针移到成语文字之上时，会显示该成语的解释，如图 2-2-5 所示。

2．制作一个"望岳"网页，该网页在浏览器中的显示效果如图 2-2-6 所示。

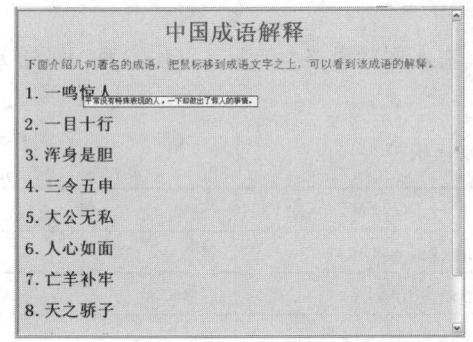

图 2-2-5　"中国成语解释"网页的显示效果

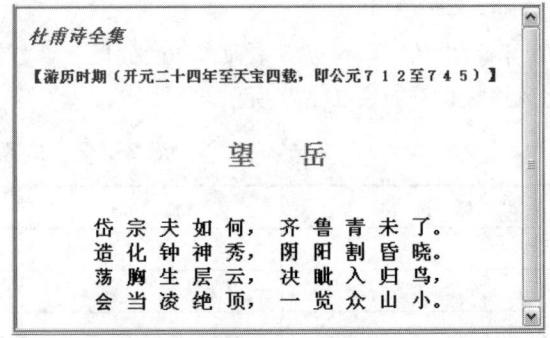

图 2-2-6　"望岳"网页的显示效果

# 2.3　【案例 3】"蝴蝶"网页

## 案例描述

"蝴蝶"网页在浏览器中的显示效果如图 2-3-1 所示。网页中的两种蝴蝶动画除了大小不同以外，画面周围边框的粗细程度也不同。通过本案例的学习，可以进一步了解网页中插入 GIF 动画和图像的方法，给图像和 GIF 动画添加边框的方法，背景平铺图像的方法，以及调整图像大小的方法等。

图 2-3-1　"蝴蝶"网页

## 设计过程

在"【案例3】蝴蝶"文件夹中有 GIF 和 JPG 两个文件夹，GIF 文件夹内保存有"蝴蝶1.gif""蝴蝶2.gif"两个动画文件，JPG 文件夹内保存有"T2.gif"图像文件。打开"记事本"程序，输入如下 HTML 代码：

```
<HTML>
<READ>
<TITLE>蝴蝶</TITLE>
</HEAD>
<BODY  BACKGROUND="JPG/HUA.jpg">
<IMG SRC="GIF/蝴蝶1.gif" HEIGHT=120  WIDTH=120 BORDER=6>
<IMG SRC="GIF/蝴蝶1.gif" HEIGHT=90   WIDTH=90 BORDER=4>
<IMG SRC="GIF/蝴蝶1.gif" HEIGHT=50   WIDTH=50 BORDER=2>
<IMG SRC="GIF/蝴蝶2.gif" HEIGHT=120  WIDTH=120 BORDER=6>
<IMG SRC="GIF/蝴蝶2.gif" HEIGHT=90   WIDTH=90 BORDER=4>
<IMG SRC="GIF/蝴蝶2.gif" HEIGHT=50   WIDTH=50 BORDER=2>
</BODY>
</HTML>
```

将 HTML 文档以名字"蝴蝶.htm"保存在"【案例3】蝴蝶"文件夹内。

## 相关知识

### 1. 调整图像大小和给图像添加边框

在网页中插入图像时使用的标记是<IMG>，用来加载 GIF 图像与动画，"SRC"属性用来输入图像的路径。在网页中加载 GIF 动画的方法与加载 GIF 图像的方法一样。GIF 动画文件的扩展名也是.gif，文件格式是 GIF89A。

（1）调整图像大小：使用<IMG>标记中的 HEIGHT 和 WIDTH 属性可以调整图像的大小。HEIGHT（决定图像的高）和 WIDTH（决定图像的宽）的取值单位为像素。

（2）给图像添加边框：使用<IMG>标记中的 BORDER 属性可以给图像添加边框。BORDER 的取值单位为像素，当它的取值为 0 或者不加 BORDER 属性时，则没有边框。

通过<IMG>标记中的 HEIGHT 和 WIDTH 属性调整图像，虽然可以改变图像在网页中的大小，但是调整过大会使图像严重失真。合理设置 HEIGHT 和 WIDTH 属性，才能得到最好的显示效果。

### 2. 背景平铺图像和图像文字说明

（1）设置背景平铺图像：使用<BODY>标记中的 BACKGROUND 属性，可设置网页的平铺背景图像，其格式如下：

```
<BODY BACKGROUND="图像文件名或URL">
```

（2）添加图像文字说明：为了增强图像在网页中的显示效果，可以为图像添加文字说明。当鼠标指针移到图片上方时，会出现说明文字。在关闭浏览器中的载入图像命令时，说明文字可以替代图像。使用<IMG>标记的 ALT 属性可为图像添加文字说明。

下面的案例是在网页内设置背景平铺图像和给图像添加文字说明。在"记事本"文档中输入如下 HTML 程序（HTML3-1.html），在浏览器中的显示效果如图 2-3-2 所示。

```
<HTML>
<HEAD>
<TITLE>平铺图像和给图像添加文字</TITLE>
</HEAD>
<BODY BACKGROUND="JPG\BJ.jpg">
<PRE>
<H1 ALIGN=CENTER> 图像平铺网页背景</H2>
</PRE>
<IMG SRC="JPG/F1.jpg"  ALT="风景图像" >
</BODY>
</HTML>
```

图 2-3-2 "HTML3-1.html"网页

### 3. 调整图像和文本的相对位置

在网页中，经常需要将图像和文本放在一起进行显示。使用<IMG>标记的 ALIGN 属性可以调整图像与文本的相对位置。使用<IMG>标记中的 VSPACE 和 HSPACE 属性可以调整图像与文本间的距离。VSPACE（图与文上下距离）和 HSPACE（图与文左右距离）的单位均为像素。

<IMG>标记中的 ALIGN 属性用于调整图像与文字的对齐方式，主要含义如下所述：

（1）ALIGN 项默认时：图像的底部与其他文本或图像的底部对齐。

（2）ALIGN=top：图像的顶部与其他文本或图像的顶部对齐。

（3）ALIGN=middle：图像的中间与其他文本或图像的中部对齐。

（4）ALIGN=bottom：图像的底部与其他文本或图像的底部对齐。

（5）ALIGN=left：图像位于屏幕左边。

（6）ALIGN=right：图像位于屏幕右边。

下面的案例是在网页内显示不同的图像与文本相对位置属性的图像，在"记事本"文档中输入如下 HTML 程序（HTML3-2.HTML），在浏览器中的显示效果如图 2-3-2 所示：

```
<HTML>
<HEAD>
<TITLE>文本和图像的相对位置</TITLE>
</HEAD >
<BODY>
<P>
<IMG SRC="GIF\蝴蝶1.GIF" HEIGHT=80 WIDTH=80
ALIGN=top VSPACE =0  HSPACE=0>
    文本和图像顶部对齐
</P><P>
```

图 2-3-3 "HTML3-2.html"网页

```
<IMG SRC="GIF\蝴蝶 1.GIF" HEIGHT=80 WIDTH=80
ALIGN=middle VSPACE=10 HSPACE=10>
   文本和图像中部对齐
</P><P>
<IMG SRC="JPG\F1.JPG" ALIGN=bottom VSPACE=20
 HSPACE=20 HEIGHT=80 WIDTH=100>
   文本和图像底部对齐
</P></BODY>
</HTML>
```

## 思考与练习 2-3

1. 制作一个"飞鱼和飞鸟"网页，该网页在浏览器中的显示效果如图 2-3-4 所示。网页中的飞鱼和飞鸟动画除了大小不同以外，画面周围边框的粗细程度也不同。

图 2-3-4 "飞鱼和飞鸟"网页的显示效果

2. 制作一个"学习计算机"网页，该网页在浏览器中的显示效果如图 2-3-5 所示。

图 2-3-5 "学习计算机"网页的显示效果

## 2.4 【案例 4】"翻页画册"网页

### 案例描述

"翻页画册"网页的显示效果如图 2-4-1 所示。可以看到两个相同的"翻页画册.swf"和两个相同的"动画翻页画册.swf"动画在不停播放，同时网页中也还播放 MIDI 音乐。两个 SWF 动画文件保存在"【案例 4】翻页画册"文件夹内的"SWF"文件夹中。在网页中插入 SWF 格式的动画和 MIDI 音乐等多媒体后，可以使网页的多媒体效果更加出色，而且 SWF 格式动画和 MIDI 音乐的文件很小，非常有利于在网络上传输。

在浏览器中显示 SWF 动画的前提是计算机中已经安装了播放 SWF 格式文件的插件。如果没有安装该插件，可以在网站中下载。本节通过案例的学习，可以掌握在网页中插入 SWF 格式动画和 MIDI 音乐的方法。

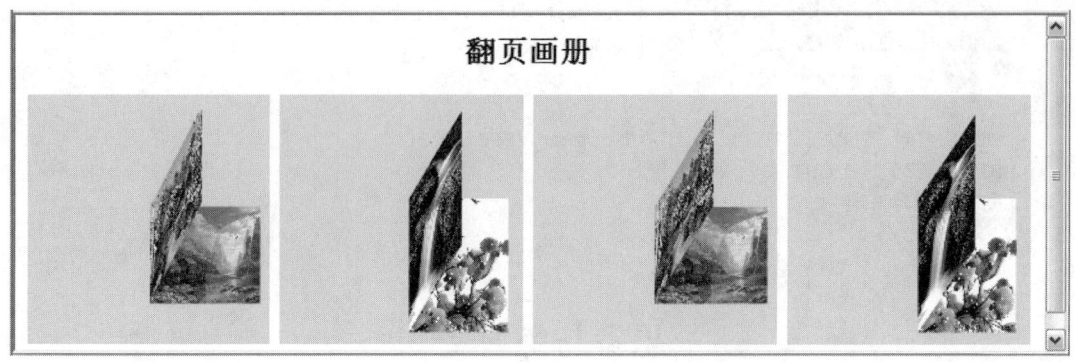

图 2-4-1 "翻页画册"网页的显示效果

## 设计过程

（1）在"【案例 4】翻页画册"文件夹内有"SWF"和"MIDI"文件夹，"SWF"文件夹内保存有"翻页画册.swf"和"动画翻页画册.swf"文件，在"MIDI"文件夹中保存有"MIDI0.MID"文件。

（2）打开"记事本"程序，输入如下 HTML 代码：

```
<HTML>
<READ>
<TITLE>翻页画册</TITLE>
<BGSOUND SRC="MIDI/MIDI0.MID" loop="-1">
</HEAD>
<H2 ALIGN=center>翻页画册</H2>
<EMBED SRC ="SWF/翻页画册.swf"  >
<EMBED SRC ="SWF/动画翻页画册.swf"  >
<EMBED SRC ="SWF/翻页画册.swf">
<EMBED SRC ="SWF/动画翻页画册.swf"  >
</BODY>
</HTML>
```

（3）将该 HTML 文件以名字"翻页画册.htm"保存在"【案例 4】翻页画册"文件夹内。

## 相关知识

### 1. 添加背景音乐

使用<BGSOUND>标记可以在网页中插入背景音乐。<BGSOUND>标记可以放在<HTML>与</HTML>标记内的任何地方。引导音乐文件的属性是 SRC，其格式如下：

```
<BGSOUND SRC ="文件目录与文件名或URL">
```

### 2. 在网页中插入 Flash 动画

在网页中包含多媒体对象最常用的两个标记是<EMBEN>标记和<OBJECT>标记。

（1）<EMBEN>标记：使用<EMBEN>标记不仅可以在网页中插入 Flash 动画，还可以使用户下载并显示由插件支持的其他多媒体应用程序。使用<EMBED>标记可以在网页中插入 Flash

对象与添加背景音乐的方法一样，<EMBED>标记可以放在<HTML>与</HTML>标记内的任何地方。引导 Flash 动画文件的属性是 SRC，格式如下：

```
<EMBED SRC ="文件目录与文件名或 URL">
```

当浏览器遇到<EMBEN>标记时，会加载其中指定的文件并确定它的 MIME 类型。MIME 信息告知浏览器正在下载的文件类型。然后浏览器查找与该 MIME 类型一致的插件，如果有就使用，如果没有则会显示一条错误信息，并提示用户下载该插件。

（2）<OBJECT>标记：该标记可以使网页中包含 Java Apple、多媒体文件。当浏览器遇到<OBJECT>标记时，会加载相应的文件并根据该标记包含属性的值来显示它。

## 思考与练习 2-4

1. 制作一个"Flash 播放"网页，该网页在浏览器中显示一个"图像切换.swf"动画，一个"数字指针表.swf"SWF 格式动画，一个"光环绕地球转.swf"动画。

2. 调整【案例 4】"翻页画册"网页中 Flash 动画的大小，更换 MIDI 音乐。

## 2.5　【案例 5】"链接技术演示"网页

### 案例描述

"链接技术演示"网页显示如图 2-5-1 所示。在该网页中列出了前面制作的各个网页的链接。单击其中任意一个链接即可调出相应的页面。本节通过案例的学习，掌握在网页中加入超文本链接、创建图像或动画链接的方法。

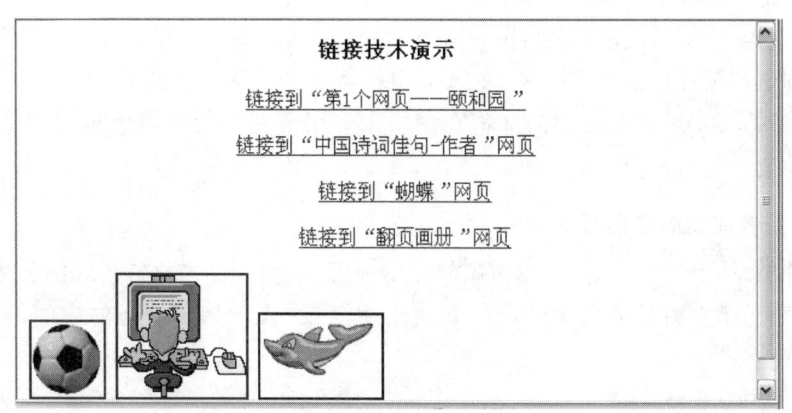

图 2-5-1　"链接技术演示"网页显示效果

### 设计过程

打开"记事本"程序，输入如下 HTML 代码：

```
<HTML>
<HEAD>
<TITLE> 链接技术演示</TITLE>
```

```
</HEAD >
<BODY>
<H3 ALIGN=CENTER>链接技术演示</H3>
<P ALIGN="CENTER"><A HREF="第 1 个网页——颐和园.htm">链接到"第 1 个网页——颐和园"
</A></P>
<P ALIGN="CENTER"><A HREF="中国诗词佳句-作者.htm">链接到"中国诗词佳句-作者"网
页 </A></P>
<P ALIGN="CENTER"><A HREF="蝴蝶.htm">链接到"蝴蝶"网页</A></P>
<P ALIGN="CENTER"><A HREF="翻页画册.htm">链接到"翻页画册"网页</A></P>
<A HREF="中国成语解释.htm"><IMG SRC="GIF\足球.GIF"></A>
<A HREF="学习计算机.htm"><IMG SRC="GIF\学计算机2.GIF"></A>
<A HREF="飞鸟和飞鱼.htm"><IMG SRC="GIF\鲸鱼.GIF"></A>
</BODY>
</HTML>
```

将该文档以名字"链接技术演示.htm"保存在"【案例 5】链接技术演示"文件夹内。

## 相关知识

### 1．链接文件使用的 HTML 标记

链接又称超文本链接。在网页中加入超文本链接，就是通过单击一部分文字、图像或图像中的一个区域，即可弹出另一个网页或本网页的另一部分内容。

HTML 文件的链接是通过链接标记<A>…</A>来实现的。在<A>标记中除标记名"A"外还包括一些属性。HREF 是链接标记中一个最常用的属性。该属性用来指出所要链接的文件的路径（或目录）和名称或 URL，其简单的结构形式如下：

<A HREF="被链接的文件名或 URL">文字<A>

所有写在起始标记<A>和结束标记</A>之间的文字构成一个实际的链接，当网页在浏览器内显示时，这些文字将以蓝色高亮度或带有下画线的形式出现。如果需要链接的文件都放在本机磁盘上，则这种链接称为本地链接，它不必链接网络，只要本地的计算机上有一个编辑器和浏览器就足够了。如果需要链接的文件在网络上，则需要进行网络链接，并需要知道网址（URL）。

### 2．使用图像或动画的链接

使用图像或动画的链接就是在单击图像或动画后，即可弹出与之链接的网页文件或本网页中的一段内容。建立图像或动画链接的方法是在链接标记<A>…</A>的中间加入一个<IMG SRC>标记，其格式如下。

<A HREF="被链接的网页的文件名"><IMG SRC="图像或动画的文件名"></A>

加入了链接的图像或动画会自动产生一个外框，以示与一般的图像或动画的区别。

## 思考与练习 2-5

1．修改【案例 5】"链接技术演示"网页，使它增加两行文字链接和两幅图像链接。

2．制作一个"文字、图像和动画链接"网页。在该网页中列出了一些网页的文字链接、图像链接和动画链接。单击其中任意一个链接即可弹出相应的页面。

# 2.6　【案例 6】"中国的世界文化遗产"网页

## 案例描述

"中国的世界文化遗产"网页显示了我国的部分文化遗产，如图 2-6-1 所示。由于网页中的内容比较多，在一个窗口内不能完全显示，所以在网页中增加了"锚点"的链接。在标题下面列出了网页中的遗产名称，单击其中任意一个文字即可链接到相应的位置。单击"颐和园"超超链接文字后，网页的显示效果如图 2-6-2 所示。

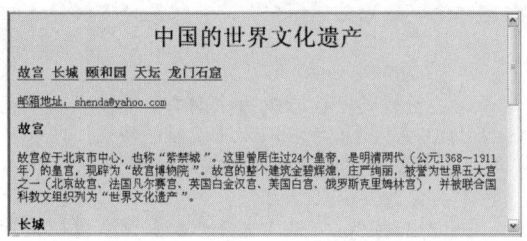
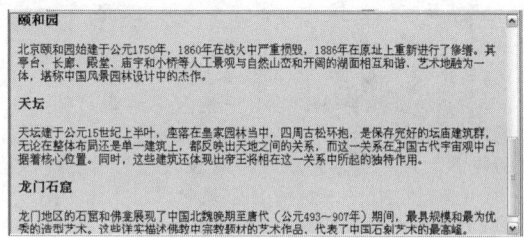

图 2-6-1　"中国的世界文化遗产"网页效果之一　图 2-6-2　"中国的世界文化遗产"网页效果之二

单击"邮箱地址：shenda@yahoo.com"超链接文字后，系统将自动启动邮件客户程序（默认时启动 Outlook Express），并将指定的邮件地址填写到"收件人"栏中，用户可以编辑并发送该邮件，如图 2-6-3 所示。

图 2-6-3　Outlook Express 的发送电子邮件界面

本节通过案例的学习，可以掌握在同一个网页中建立链接的方法，以及建立电子邮件链接的方法和链接到其他页面锚点的方法。

## 设计过程

打开"记事本"程序，输入如下 HTML 代码：

```
<HTML>
<HEAD>
<TITLE>中国的世界文化遗产</TITLE>
```

```
</HEAD >
<BODY BGCOLOR=#FFFF00>
<H1 ALIGN="CENTER">中国的世界文化遗产</H1></CENTER>
<H3><A HREF="#GG">故宫</A>
<A HREF="#CC">长城</A>
<A HREF="#YHY">颐和园</A>
<A HREF="#TT">天坛</A>
<A HREF="#LMSK">龙门石窟</A></H3>
<A HREF="MAILTO:shenda@yahoo.com ">邮箱地址: shenda@yahoo.com </A>
<H3><A NAME="#GG">故宫</A></H3>
```
</P>故宫位于北京市中心，也称"紫禁城"。这里曾居住过 24 个皇帝，是明清两代（公元 1368～ 1911 年）的皇宫，现辟为"故宫博物院"。故宫的整个建筑金碧辉煌，庄严绚丽，被誉为世界五大宫之 一（北京故宫、法国凡尔赛宫、英国白金汉宫、美国白宫、俄罗斯克里姆林宫），并被联合国科教文组 织列为"世界文化遗产"。<P>

```
<H3><A NAME="#CC">长城</A></H3>
```
</P>约公元前 220 年，一统天下的秦始皇，将修建于早些时候的一些断续的防御工事连接成一个完 整的防御系统，用以抵抗来自北方的侵略。在明代（公元 1368～1644 年），又继续加以修筑，使长城 成为世界上最长的军事设施。它在文化艺术上的价值，足以与其在历史和战略上的重要性相媲美。<P>

```
<H3><A NAME="#YHY">颐和园</A></H3>
```
</P>北京颐和园始建于公元 1750 年，1860 年在战火中严重损毁，1886 年在原址上重新进行了修 缮。其亭台、长廊、殿堂、庙宇和小桥等人工景观与自然山峦和开阔的湖面相互和谐、艺术地融为一体， 堪称中国风景园林设计中的杰作。<P>

```
<H3><A NAME="#TT">天坛</A></H3>
```
</P>天坛建于公元 15 世纪上半叶，座落在皇家园林当中，四周古松环抱，是保存完好的坛庙建筑 群，无论在整体布局还是单一建筑上，都反映出天地之间的关系，而这一关系在中国古代宇宙观中占据 着核心位置。同时，这些建筑还体现出帝王将相在这一关系中所起的独特作用。<P>

```
<H3><A NAME="#LMSK">龙门石窟</A></H3>
```
</P>龙门地区的石窟和佛龛展现了中国北魏晚期至唐代（公元 493～907 年）期间，最具规模和最 为优秀的造型艺术。这些详实描述佛教中宗教题材的艺术作品，代表了中国石刻艺术的最高峰。

```
</BODY>
</HTML>
```
　　将该 HTML 文件以名称"HTML6.htm"保存在"DRAWTD"目录下。用浏览器打开该网页， 即可看到"中国的世界文化遗产"网页的显示效果（见图 2-6-1）。

## 相关知识

### 1．在同一个网页中建立链接的 HTML 标记

在同一个网页文件中建立链接，需要做以下工作：

（1）在文件的前面需要列出链接的标题文字，它们相当于文章的目录。同时将这些文字与 相应的锚名（即定位名）建立链接。所谓"锚名"，是指网页中能被链接到的一个特定位置。 建立链接时，要在锚名前加一个"#"符号，其格式如下。

`<A HREF="#锚名">标题名字</A>`

（2）为被链接的内容起一个名字，该名字叫锚名。其格式如下：

`<A NAME="#锚名">`

锚名的定义要放在相应标题对应的内容前面。

### 2．建立电子邮件链接

如果将 HREF 属性值指定为"MAILTO:电子邮件地址"，就可以获得电子邮件链接的效果。

例如，使用下面的 HTML 代码可以设置电子邮件的超链接。

```
<A HREF="MAILTO:shenda@yahoo.com ">邮箱地址: shenda@yahoo.com </A>
```

当浏览网页的用户单击了指向电子邮件的超链接后，系统将自动启动邮件客户程序，并将指定的邮件地址填写到"收件人"栏中，用户可以编辑并发送该邮件（见图 2-4-3）。如果是第一次启动 Outlook Express，会要求进行软件设置。

### 3. 链接到其他页面中的锚点

通过前面的案例，可以看出从一个文件链接到另外一个文件与同一个文件中的链接的格式有所不同。那么能使用一个命令链接到其他文件的指定位置吗？

在网页中建立文字链接的 HTML 代码是<A HREF="被链接的文件名或 URL">文字<A>。只要将"被链接的文件名或 URL"替换为"要链接的文件名或 URL 加#加锚点名称"即可。例如，<A HREF="HTMLABC.htm#TT">天坛<A>标记，即可建立一个到 HTMLABC.htm 网页文档中的"天坛"锚点的链接。

## 思考与练习 2-6

1. 修改【案例 6】网页文档，添加几个中国的世界文化遗产文字，再建立锚点链接。

2. 参考【案例 6】网页的制作方法，制作一个"世界名花"网页，网页上边显示各节的名称，下边显示各节的内容。单击锚名，可使网页显示相应节的内容。

## 2.7 【案例 7】"Flash 技术说明"网页

### 案例描述

"Flash 技术说明"网页的显示效果如图 2-7-1（a）所示。该网页被分为 3 部分，网页顶部显示标题，左边显示技术名称，右边显示一段引导用户的文字。单击页面左边列出的技术名称文字，即可在右面的页面中显示出相应的技术说明，如图 2-7-1（b）所示。通过本案例的学习，可以掌握创建框架和框架窗口之间链接的有关知识。

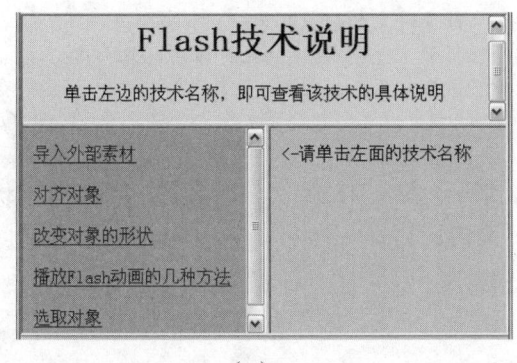
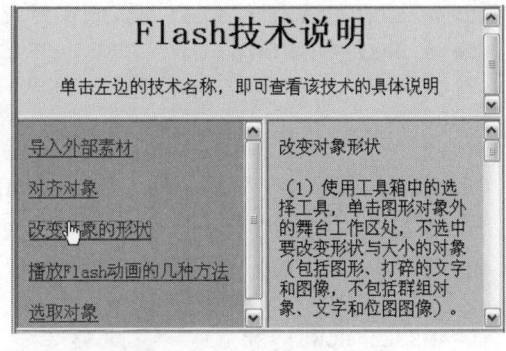

（a）　　　　　　　　　　　　　（b）

图 2-7-1 "Flash 技术说明"网页的显示效果

设计过程

（1）打开"记事本"程序，输入如下 HTML 代码，将该 HTML 文件以名字"TOP.htm"保存在"【案例 7】Flash 技术说明"文件夹内：

```
<HTML>
<HEAD>
</HEAD>
<BODY BGCOLOR=#FFFF00>
<H1 Align="center">Flash 技术说明</H1>
<P Align="center">单击左边的技术名称，即可查看该技术的具体说明</P>
</BODY>
</HTML>
```

（2）打开"记事本"程序，输入如下 HTML 代码。将该 HTML 文件以名字"RIGHT.htm"保存在"【案例 7】Flash 技术说明"文件夹内：

```
<HTML>
<HEAD>
</HEAD>
<BODY BGCOLOR=#CCCCFF>
<p>&lt;-请单击左面的技术名称</p>
</BODY>
</HTML>
```

（3）在"【案例 7】Flash 技术说明"文件夹内保存名称分别为"HTML7A.htm""HTML7B.htm""HTML7C.htm""HTML7D.htm""HTML7E.htm"的网页文档，它们分别是显示一些关于 Flash 技术的文字说明。

（4）打开"记事本"程序，输入如下 HTML 代码。将该 HTML 文件以名字"LEFT.htm"保存在"【案例 7】Flash 技术说明"文件夹内：

```
<HTML>
<HEAD>
</HEAD>
<BODY  BGCOLOR=#00FFFF>
<P><A HREF="HTML7A.htm" TARGET="RIGHT">导入外部素材</A></P>
<P><A HREF="HTML7B.htm" TARGET="RIGHT">对齐对象</A></P>
<P><A HREF="HTML7C.htm" TARGET="RIGHT">改变对象的形状</A></P>
<P><A HREF="HTML7D.htm" TARGET="RIGHT">播放 Flash 动画的几种方法</A></P>
<P><A HREF="HTML7E.htm" TARGET="RIGHT">选取对象</A></P>
</BODY>
</HTML>
```

（5）打开"记事本"程序，输入如下 HTML 代码。将该 HTML 文件以名字"Flash 技术说明.htm"保存在"【案例 7】Flash 技术说明"文件夹内：

```
<HTML>
<HEAD>
<FRAMESET ROWS="20%,80%" COLS="*">
    <FRAME SRC="TOP.htm" name="TOP">
    <FRAMESET ROWS="*" COLS="40%,60%">
        <FRAME SRC="LEFT.htm" name="LEFT">
```

```
        <FRAME SRC="RIGHT.htm" name="RIGHT">
    </FRAMESET>
</FRAMESET>
<NOFAMES></NOFAMES>
</HEAD>
</HTML>
```

## 相关知识

### 1. 设置框架和修饰框架

（1）设置框架：框架就是把一个网页页面分成几个单独的区域（即窗口），每个区域显示一个独立的网页，该部分可以是一个独立的 HTML 文件。因此，框架可以实现在一个网页内显示多个 HTML 文件。对于一个有 n 个区域的框架网页来说，每个区域有一个 HTML 文件，整个框架结构也是一个 HTML 文件，因此该框架网页有 n+1 个 HTML 文件。设置框架需要用 <FRAMESET>…</FRAMESET>标记来取代<BODY>…</BODY>标记。<FRAMESET>标记有两个属性：

◎ ROWS="n1,n2,n3……"：纵向设置框架。

◎ COLS="n1,n2,n3……"：横向设置框架。

其中，n1,n2,n3 为开设的框架占整个页面的百分数。

（2）修饰框架：修饰框架需要使用<FRAME>标记，它在<FRAMESET>…</FRAMESET>标记之间。<FRAME>标记有 7 个属性：

◎ SRC="URL"属性：链接一个 HTML 文件，如果没有该属性，则窗口内无内容。

◎ NAME="窗口名称"属性：给窗口命名。

◎ MARGINWIDTH=n 属性：用来控制窗口内的内容与窗口左右边缘的间距。n 为像素个数，默认值为 1。

◎ MARGINHEIGHT=n 属性：用来控制窗口内的内容与窗口上下边缘的间距。n 为像素个数，默认值为 1。

◎ SCROLLING=YES、NO 或 AUTO 属性：用来确定窗口是否添加滚动条。选择 YES 时，为显示滚动条；选择 NO 时，为不显示滚动条；选择 AUTO 时，根据内容是否可以在窗口内全部显示出来，来决定是否显示滚动条。默认为 AUTO。

◎ NORESIZE 属性：如果设置此属性，则窗口不可被用户通过鼠标调整大小；如果没有设置此属性，则窗口可以被通过户用鼠标调整大小。

◎ FRAMEBORDER=n 属性：可以控制是否显示框架边框。当 n 取值为 1 时，表示生成 3D 边框（此为默认设置）；当 n 取值为 0 时，则不显示边框。只有将所有相邻框架的边框都设置为 0，才能隐藏边框。

### 2. 网页框架举例

（1）开设纵向窗口：纵向开设 3 个窗口，各占 50%、30%和 20%，各窗口内分别加载 HTML 文件为 HTML7A.htm、HTML7B.htm 和 HTML7C.htm。在浏览器中观察该网页的结果如图 2-7-2 所示。

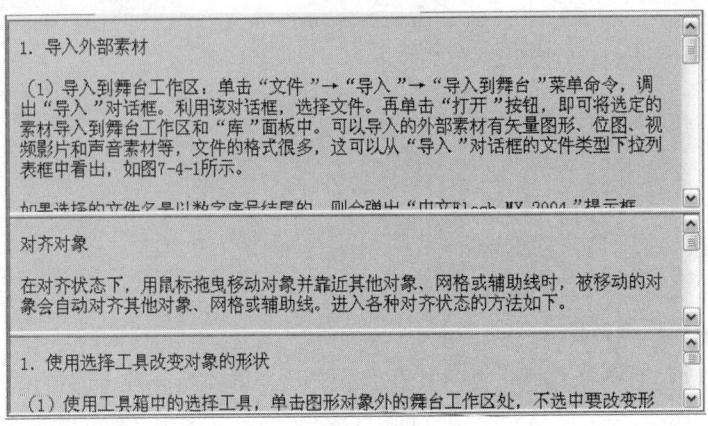

图 2-7-2　开设纵向窗口

打开"记事本"程序，输入如下 HTML 代码。将该 HTML 文件以名字"HTML7-2.htm"保存在"【案例 7】Flash 技术说明"文件夹内：

```
<HTML>
<HEAD>
<FRAMESET COLS="50%,30%,20%">
    <FRAME SRC="HTML7A.htm">
    <FRAME SRC="HTML7B.htm">
    <FRAME SRC="HTML7C.htm">
</FRAMESET>
</HEAD>
</HTML>
```

（2）开设横向窗口：横向开设 3 个窗口，各占 50%、30% 和 20%，各窗口内分别加载 HTML 文件为 HTML7A.htm、HTML7B.htm 和 HTML7C.htm。显示效果如图 2-7-3 所示。

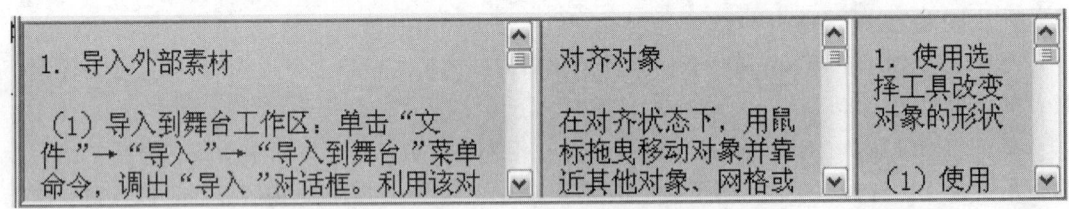

图 2-7-3　开设横向窗口

打开"记事本"程序，输入如下 HTML 代码。将该 HTML 文件以名字"HTML7-2.htm"保存在"【案例 7】Flash 技术说明"文件夹内下：

```
<HTML>
<HEAD>
<FRAMESET COLS="50%,30%,20%">
    <FRAME SRC="HTML7A.htm">
    <FRAME SRC="HTML7B.htm">
    <FRAME SRC="HTML7C.htm">
</FRAMESET>
</HEAD>
</HTML>
```

（3）同时开设横向和纵向窗口：纵向开设两个窗口，各占 40% 和 60%，上边的窗口横向开设两个窗口，各占 50%和 50%，下边的窗口横向开设两个窗口，各占 40%和 60%。分别加载 HTML 文件为 HTML7A.htm、HTML7B.htm 和 HTML7C.htm 和 HTML7D.htm。在浏览器中观察该网页的结果如图 2-7-4 所示。

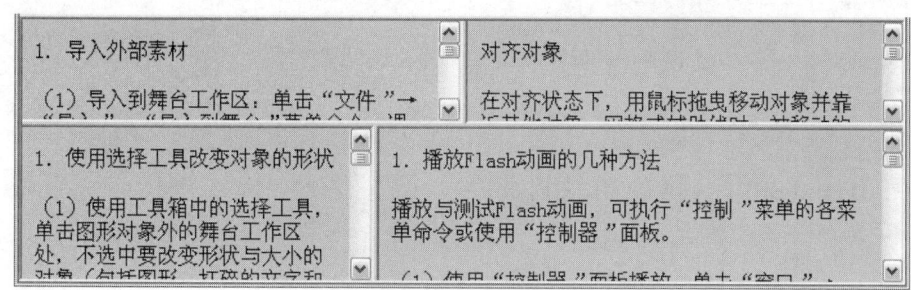

图 2-7-4　同时开设横向和纵向窗口

打开"记事本"程序，输入如下 HTML 代码。将该 HTML 文件以名字 HTML7-3.htm 保存在"【案例 7】Flash 技术说明"文件夹内：

```
<HTML>
<HEAD>
<FRAMESET ROWS="40%,60%">
  <FRAMESET COLS="50%,50%">
    <FRAME SRC="HTML7A.htm">
    <FRAME SRC="HTML7B.htm">
  </FRAMESET>
  <FRAMESET COLS="40%,60%">
    <FRAME SRC="HTML7C.htm">
    <FRAME SRC="HTML7D.htm">
  </FRAMESET>
</FRAMESET>
</HEAD>
</HTML>
```

### 3．窗口间的链接

实现窗口间的链接需要使用 TARGET 属性。TARGET 属性可以在 HTML 的多个标记内使用。其中，常用的方式有如下两种：

（1）在<A>标记中使用的格式如下：

```
<A HREF="URL"TARGET="窗口的名字">
```

例如，横向开设两个窗口，各占 40%和 60%，名字分别为 CK1 和 CK2。左边窗口加载的 HTML 文件为 HTMLLEFT.htm，右边窗口加载的 HTML 文件为"第 1 个网页——颐和园.htm"。左边窗口中有 4 行链接文字。如果单击左边窗口内的"中国诗词佳句-作者"链接文字，则可以在右边窗口（名为 CK2）内显示出"中国诗词佳句-作者"文件的内容。如果单击左边窗口内的"学习计算机"链接文字，则可以在右边窗口内显示出"学习计算机.htm"文件的内容。如果单击左边窗口内的"翻页画册"链接文字，则可以在右边窗口内显示出"翻页画册.htm"文件的内容。如果单击左边窗口内的"中国成语解释"链接文字，则可以在右边窗口内显示出"中国成语解释.htm"文件的内容。

打开"记事本"程序，输入如下 HTML 代码。将该 HTML 文件以名字"HTML7-4.htm"保存在"【案例 7】Flash 技术说明"文件夹内的"窗口间的链接"文件夹中：

```
<HTML>
<HEAD>
<FRAMESET  COLS="40%,60%">
  <FRAME SRC="HTMLLEFT.htm" NAME="CK1">
  <FRAME SRC="第 1 个网页——颐和园.htm" NAME="CK2">
</FRAMESET>
</HEAD>
</HTML>
```

其中，HTMLLEFT.htm 的 HTML 文档如下：

```
<HTML>
<BODY>
<H2 ALIGN=center>左框架窗口内的链接文字</H2>
  <A HREF=第 1 个网页——颐和园.htm TARGET="CK2">第 1 个网页——颐和园</A><BR>
  <A HREF=中国诗词佳句-作者.htm TARGET="CK2">中国诗词佳句-作者</A><BR>
  <A HREF=学习计算机.htm TARGET="CK2">学习计算机</A><BR>
  <A HREF=翻页画册.htm TARGET="CK2">翻页画册</A><BR>
  <A HREF=中国成语解释.htm TARGET="CK2">中国成语解释</A><BR>
</BODY>
</HTML>
```

在浏览器中的显示效果如图 2-7-5 所示，单击"学习计算机"链接文字后的效果如图 2-7-6 所示。

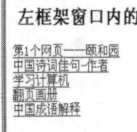

图 2-7-5  "HTML7-4.htm"网页效果      图 2-7-6  单击"学习计算机"链接文字后的效果

（2）在<BASE>标记中使用：如果链接的文件均在一个窗口内显示，则可以使用<BASE>标记。<BASE>标记的格式如下：

```
<BASE TARGET="window-name">
```

其中，window-name 可以是窗口的名字，也可以是：

_blank：在一个新的浏览器窗口中打开链接的文档。

_parent：在框架的父框架或父窗口中打开链接的文档。

_self：默认打开方式，将链接的文档载入链接所在的同一框架或窗口。

_top：将链接的文档载入整个浏览器窗口，从而删除所有框架。

# 思考与练习 2-7

1. 参考【案例 7】网页的制作方法，制作一个"Dreamweaver 技术说明"网页。

2. 参考【案例 7】网页的制作方法，制作一个"北京名胜"网页。

# 2.8　综合实训 1　HTML 网页浏览

## 实训效果

"HTML 网页浏览"网页的显示效果如图 2-8-1 所示。该网页被分为 3 部分，其中，网页的顶部显示网页的标题，左边显示一些网页的名称，"牡丹花的特点和用途""中国成语解释""机器猫和游鱼""荧光数字表"和"中国的世界文化遗产"。右边显示了一段引导用户的文字"<-请单击左面的网页名称"。单击页面左边列出的网页名称文字，即可在右面的页面中显示出相应的网页，例如，单击"牡丹花的特点和用途"链接文字，即可在右边显示"牡丹花的特点和用途.htm"网页，如图 2-8-2 所示。

要求"牡丹花的特点和用途.htm"网页内有网页背景图像、一级标题和二级标题文字、插入 GIF 格式动画和段落文字；"中国成语解释.htm"内有几句著名的成语，当鼠标指针移到成语文字之上时，会显示该成语的解释；"机器猫和游鱼"网页背景图像是一幅纹理图像，有 3 幅机器猫图像和 3 个游鱼动画，大小不一样，周围边框的粗细不同；"荧光数字表.htm"网页内有一个"荧光数字表.swf"Flash 动画，并有背景音乐。

图 2-8-1　"HTML 网页浏览"网页的显示效果 1

图 2-8-2　"HTML 网页浏览"网页的显示效果 2

## 实训提示

（1）在"综合实训 1—HTML 网页浏览"文件夹内提供了各种素材，在该文件夹内制作"牡丹花的特点和用途.htm""中国成语解释.htm""机器猫和游鱼.htm"、"荧光数字表.htm"网页。再将【案例 6】中国的世界文化遗产"文件夹内的"中国的世界文化遗产.htm"网页复制并粘贴到"综合实训 1—HTML 网页浏览"文件夹内。

（2）在"综合实训 1—HTML 网页浏览"文件夹内，参考【案例 7】的方法，制作"LEFT.htm""RIGHT.htm""TOP.htm"和"HTML 网页浏览.htm"网页。

 实训测评

| 能力分类 | 能　　　　　力 | 评　分 |
|---|---|---|
| 职业能力 | 使用 HTML 中常用标记、文件路径名和 URL | |
| | 插入文字、设置文字大小、颜色、字体和风格、添加注释 | |
| | 插入图像、调整图像大小和给图像加边框、背景平铺图像和图像文字说明、调整图像和文本的相对位置 | |
| | 添加背景音乐和插入 SWF 格式动画 | |
| | 创建网页中的文字、图像和动画的链接 | |
| | 创建网页中的锚名链接、建立电子邮件链接 | |
| | 创建具有框架结构的网页、建立窗口间的链接 | |
| 通用能力 | 自学能力、总结能力、合作能力、创造能力等 | |
| 综合评价 | | |

# 第 3 章 插入表格和其他对象

通过本章案例的学习，可以掌握输入和编辑文本、插入和编辑图像、鼠标经过图像、表格、SWF 动画、FLV 视频、插件、ActiveX 和 Applet 等对象的操作方法和技巧。

## 3.1 【案例 8】"著名建筑和著名风景"网页

### 案例描述

"著名建筑和著名风景"网页显示效果如图 3-1-1 所示。可以看出，该网页内除了有一幅长城图像外，都是有关长城的文字。这些文字可以在 Dreamweaver CS6 内直接输入，也可以将"记事本"或 Word 中的文字复制到剪贴板，再粘贴到网页文档窗口内，然后进行文字属性的设置和修改。除了设置颜色、文字大小和字体等属性外，还需要修改标题等。

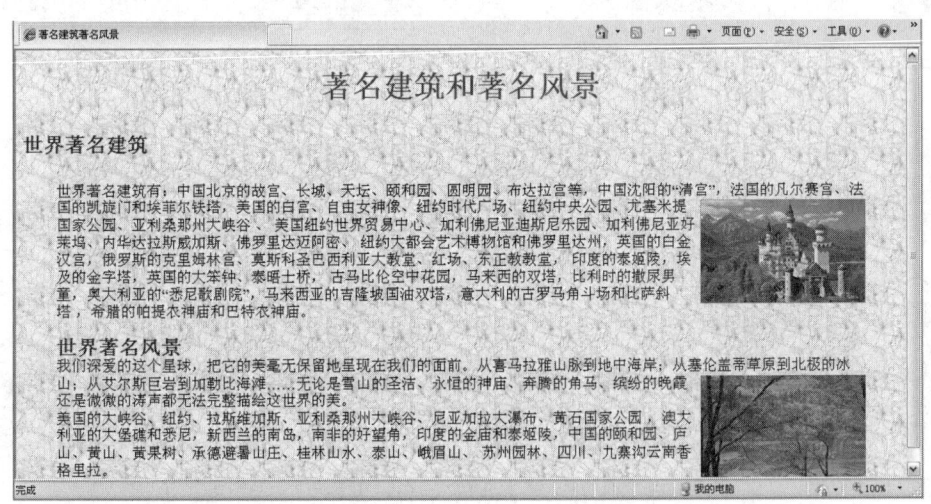

图 3-1-1 "著名建筑和著名风景"网页显示效果

### 设计过程

#### 1. 输入文字

（1）新建一个空白网页文档，以名称"著名建筑和著名风景.htm"保存在"【案例 8】著名建筑和著名风景"文件夹内。切换到 Dreamweaver CS6 文档的"设计"视图窗口。

（2）单击"设计"视图窗口内部，输入"著名建筑和著名风景"文字，然后拖动选中这些文字，如图 3-1-2 所示。

（3）在文字的"属性"面板中，单击"HTML"按钮，在"格式"下拉列表框中选择"标题 1"选项，使文字为标题 1 格式；单击 **B** 按钮，使文字加粗，如图 3-1-3 所示。

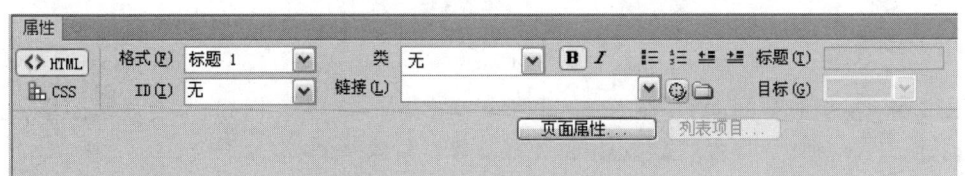

图 3-1-2  选中文字

图 3-1-3  "著名建筑和著名风景"文字的"属性"（HTML）面板设置

（4）单击 "CSS"按钮，在"目标规则"下拉列表框中选中"<内联样式>"选项，单击"文本颜色"按钮 ，弹出颜色面板，单击红色色块，设置文字的颜色为红色；在"大小"下拉列表框中选择 36，在其右边的"单位"下拉列表框中选择"px"选项；在"字体"下拉列表框中保留"默认字体"选项；单击"居中对齐"按钮 ，使文字居中排列。此时的"属性"面板设置如图 3-1-4 所示。

图 3-1-4  "著名建筑和著名风景"文字的"属性"（CSS）面板设置

（5）按【Enter】键，输入文字"世界著名建筑"，选中这些文字，在文字的"属性"（HTML）面板的"格式"下拉列表框中选择"标题 4"选项。

单击"CSS"按钮，在"目标规则"下拉列表框中选中"<内联样式>"选项，设置文字为蓝色，文字大小为 24 px，单击"居左对齐"按钮 ，使文字居左对齐。"属性"（CSS）面板设置如图 3-1-5 所示。

图 3-1-5  "世界著名建筑"标题文字的"属性"（CSS）面板设置

（6）按【Enter】键，将光标定位到下一行左边。将 Word 文档中关于"世界著名建筑"的一些介绍文字复制到剪贴板中。切换到 Dreamweaver CS6，单击"编辑"→"粘贴"命令，再将剪贴板中的文字粘贴到网页文档窗口内的光标处，选中这些文字。

（7）在文字的"属性"（HTML）面板"格式"下拉列表框中选择"段落"选项，在"类"下拉列表框中选中"无"选项，单击"内缩进块"按钮 ，使文字缩进。

（8）单击"CSS"按钮，在"目标规则"下拉列表框中选中"<内联样式>"选项，在"字体"下拉列表框中选中"默认字体"选项，设置文字为黑色，文字大小为 18 px，居左对齐。"属性"（CSS）面板设置如图 3-1-6 所示。

图 3-1-6  段落文字的"属性"（CSS）面板设置

按照上述方法，继续输入其他文字，同时进行这些文字的属性设置，如图 3-1-7 所示。

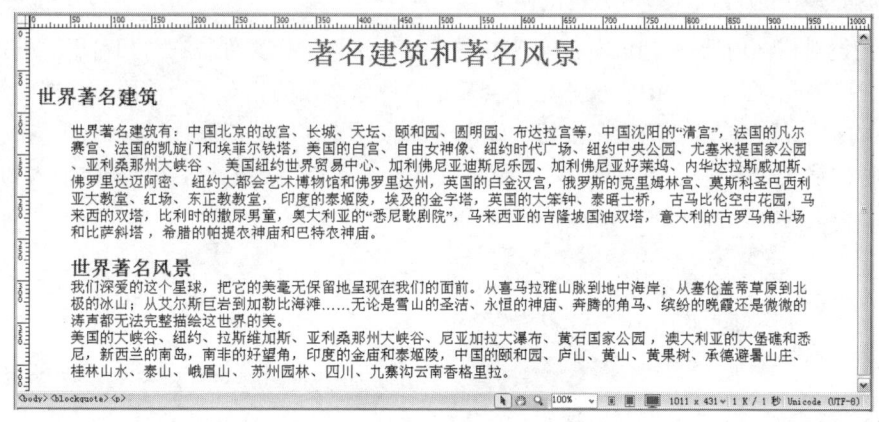

图 3-1-7  网页内输入和编辑后的文字

## 2．更改字体

（1）单击"字体"下拉按钮，弹出"字体"下拉列表框，如图 3-1-8 所示。单击某一个字体组合的名称，即可设置该字体组合。

（2）单击"字体列表"列表框中的"编辑字体列表"按钮，弹出"编辑字体列表"对话框，选中"可用字体"列表框中的"宋体"选项，单击 ≪ 按钮，在"选择的字体"列表框中添加"宋体"选项，即创建了一个"宋体"字体组合，如图 3-1-9 所示。

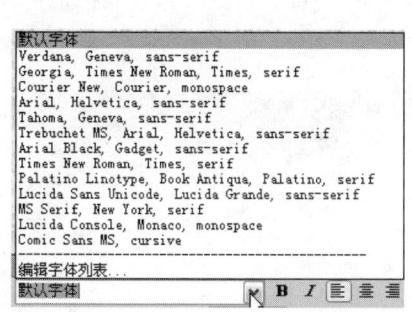

图 3-1-8  "字体"下拉列表框

图 3-1-9  "编辑字体列表"对话框

（3）单击"编辑字体列表"对话框中的 + 按钮，在"字体列表"列表框中添加新的"编辑字体列表"选项。按照上述方法，将"华文行楷"和"隶书"字体添加到"选择的字体"和"字体列表"列表框中，创建一个"华文行楷 隶书"字体组合。单击"确定"按钮，完成两个字体组合的添加工作。

（4）选中第 1 段段落文字，在"属性"（CSS）面板的"字体"下拉列表框中选中"宋体"字体组合选项。按照相同方法处理其他两段段落文字。

（5）拖曳选中红色标题文字，在"属性"（CSS）面板的"字体"下拉列表框中选中"华文行楷 隶书"选项。按照相同方法处理其他 3 个蓝色标题文字。

### 3．插入图像和设置页面设置

（1）单击第 1 段文字的末尾处，将光标定位在此处。单击"插入"→"图像"命令，弹出"选择图像源文件"对话框，如图 3-1-10 所示。

（2）在该对话框内选中"JPG"文件夹中的"JZ1.jpg"图像文件，在"相对于"下拉列表框中选择"文档"选项，在"URL"文本框中会显示该图像文件的相对于当前网页文档的路径和文件名"JPG/JZ1.jpg"。单击"确定"按钮，弹出"图像标签辅助功能属性"对话框，在"替换文字"组合框中输入"图像"，如图 3-1-11 所示。单击"确定"按钮，将选中图像插入到光标处。

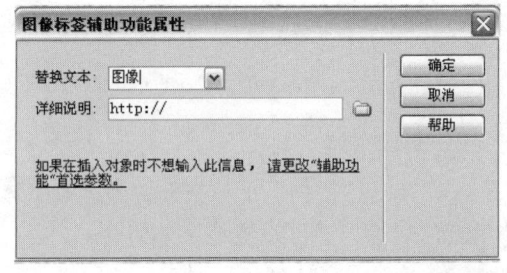

| 图 3-1-10　"选择图像源文件"对话框 | 图 3-1-11　"图像标签辅助功能属性"对话框 |
|---|---|

（3）选中插入的图像，拖动图像四周的黑色方形控制柄调整大小。也可以在其"属性"面板内单击 按钮，使该按钮变为 状态，在"宽"和"高"文本框中分别输入图像宽或高的数值为 200 和 120，如图 3-1-12 所示。利用"宽"和"高"文本框右边的下拉列表框可以选择"px"和"%"选项。

图 3-1-12　图像"属性"面板

（4）右击插入的图像，调出快捷菜单，单击"对齐"→"右对齐"命令，使图像居右对齐。拖动图像到第 1 段文字的右边，效果见图 3-1-1。

（5）按照上述方法插入"JPG/FJ1.jpg"图像，调整宽和高分别为 200 px 和 120 px，设置图像居右对齐，拖动图像到第 1 行段落文字的右边，效果如图 3-1-1 所示。

（6）单击窗口内部，单击"属性"面板中的"页面属性"按钮，弹出"页面属性"对话框，导入"JPG"文件夹中的"BEIJING.jpg"纹理图像，作为网页的背景图像；设置网页标题为"著名建筑和著名风景"。

## 相关知识

### 1．创建网页文字的其他方法

（1）键盘输入文字：最简单和最直接的输入方法是通过键盘输入。在 Dreamweaver CS6"设计"视图文档窗口中，对文本的许多操作与在 Word 中的操作基本一样。例如，选取、删除和复制文字等。在网页文档窗口内可以通过拖动来选中文字；按住【Ctrl】键的同时拖动选中的文字，可以复制文字。还可以采用剪贴板进行复制与移动操作。

在"设计"视图文档窗口中，按【Enter】键的效果相当于插入代码<p>（从状态栏的左边可以看出），除了换行外，还会多出一个空行，表示将开始一个新的段落。如果觉得这样换行后间距过大，可在输入文字后，按【Shift+Enter】组合键，这相当于插入代码<br>，表示在当前行的下面产生一个新行，但仍属于当前段落，并与该段的格式相同。

（2）复制粘贴文字：在其他窗口中选中一些文本，按【Ctrl+C】组合键，将文字复制到剪贴板上；然后，回到 Dreamweaver CS6"设计"视图，按【Ctrl+V】组合键，将其粘贴到光标所在的位置，不仅可以保留文字，还可以保留段落的格式和文字的样式。

（3）使用"插入"工具栏：单击"插入"工具栏中的"文本"选项，切换到"文本"工具栏，如图 3-1-13 所示。

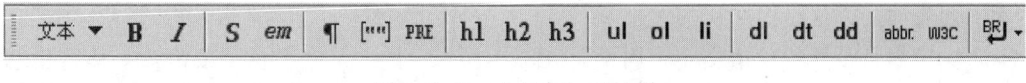

图 3-1-13　"文本"工具栏

### 2．文本属性的设置

文本的属性（标题格式、字体、字号、大小、颜色、对齐方式、缩进和风格等）可以由文本"属性"面板和"格式"菜单来设定。单击"HTML"按钮后，文本"属性"面板如图 3-1-3 所示；单击"CSS"按钮后，文本"属性"面板如图 3-1-4 所示。

（1）文字标题格式的设置：根据 HTML 代码的规定，页面的文本有 6 种标题格式，它们所对应的字号大小和段落对齐方式都是设置好的。在"格式"下拉列表框中可以选择各种格式，各选项的含义如下：

◎ "无"选项：无特殊格式的规定，仅决定于浏览器本身。

◎ "段落"选项：正文段落，在文字的开始与结尾处有换行，各行的文字间距较小。

◎ "标题 1"至"标题 6"选项：是标题 1 至标题 6，约为中文 1～6 号字大小。

◎ "预先格式化的"选项：预定义的格式。

（2）创建字体组合：Dreamweaver CS6 使用字体组合的方法，取代了简单地给文本指定一种字体的方法，字体组合是多个不同字体依次排列的组合。在设计网页时，可给文本指定一种字体组合。在网页浏览器中浏览该网页时，系统会按照字体组合中指定的字体顺序自动寻找用户计算机中安装的字体。采用这种方法可以兼容各种浏览器和安装不同操作系统的计算机。创建字体组合具体操作方法进一步介绍如下：

◎ 在"字体"下拉列表框中可以选择 Dreamweaver 提供的各种字体组合选项，如图 3-1-8 所示。单击某一个字体组合的名称，即可设置该字体组合。

◎ 单击图 3-1-8 所示列表框中的"编辑字体列表"按钮，弹出"编辑字体列表"对话框，如图 3-1-9 所示。

◎ 在"可用字体"列表框中选择字体，然后双击该字体名称，即可在"选择的字体"列表框和其下边的文本框中显示出相应的字体名字；也可以选中某一个字体名字，单击 ≪ 按钮，将选中的字体添加到"选择的字体"列表框和其下边的文本框中。

按照上述方法，依次向"选择的字体"列表框中加入字体组合中的各种字体。同时，在"字体列表"列表框最下边会显示出新的字体组合。单击"确定"按钮，即可完成字体组合的创建。

◎ 如果要删除字体组合中的一种字体，在"选择的字体"列表框中选中该字体，再单击 ≫ 按钮；如果要删除一个字体组合，可在"字体列表"列表框中选中该字体组合，再单击"编辑字体列表"对话框中的 － 按钮。

◎ 如果要增加字体组合，可以单击"编辑字体列表"对话框中的 ＋ 按钮，在"字体列表"列表框中会增加"编辑字体列表"选项。

（3）文字其他属性设置：利用"属性"面板可以设置文字的大小、颜色、对齐方式、缩进和风格等属性，方法如下：

◎ 文字大小设置：数字越大，文字也越大。在"属性"（CSS）面板中，选中"大小"下拉列表框中的一个数字或直接输入数值，即可完成文字大小的设置。在"大小"下拉列表框中还可以通过选择"xx-small"（极小）到"xx-large"（极大）以及"smaller"（较小）和"large"（较大）列表项的方法设置文字的大小。

◎ 文字颜色设置：单击文字"属性"（CSS）面板中的"文本颜色"按钮 ▣，弹出颜色面板，可以设置文字的颜色。

◎ 文字风格设置：选中网页中的文字，单击"粗体"按钮 **B**，即可将选中的文字设置为粗体；单击"斜体"按钮 *I*，即可将选中的文字设置为斜体。

利用命令也可以改变文字风格。单击"格式"→"样式"命令，弹出"样式"菜单，单击该菜单内的一个文字风格命令，可以将选中的文字样式进行相应的改变。

◎ 文字缩进设置：要改变段落文字的缩进量，可以选中文字，再单击文字"属性"面板中的 ▤（减少缩进，向左移两个单位）按钮或 ▤（增加缩进，向右移两个单位）按钮。

◎ 文字对齐设置：文字对齐是指一行或多行文字在水平方向对齐。在选中页面内的文字后，单击文字"属性"面板中的 ▤（左对齐）、▤（居中对齐）、▤（右对齐）和 ▤（两端对齐）按钮即可对齐。如果将文字直接输入到页面中，则会相对于浏览器的边界线进行对齐。

◎ 文字样式：在"类"下拉列表框中可以选择一种文字样式。

### 3. 图文混排

当网页内有文字和图像混排时，系统默认的状态是图像的下沿和其所在文字行的下沿对齐。如果图像较大，则页面内的文字与图像的布局会很不协调，需要调整它们的布局。调整图像与文字混排的布局需要使用图像"属性"面板。

右击网页内插入的图像，调出快捷菜单，如图 3-1-14 所示，有 10 个命令，用来进行图像与文字相对位置的调整。这些命令的含义如下：

◎ "浏览器默认值"：使用浏览器默认的对齐方式，不同的浏览器会稍有不同。

◎ "基线"：图像的下缘与文字的基线水平对齐。基线不到文字的最下边。

◎ "对齐上缘"：图像的顶端与当前行中最高对象（图像或文本）的顶端对齐。

◎ "中间"：图像的中线与文字的基线水平对齐。

◎ "对齐下缘"：图像的下缘与文字的基线水平对齐。

◎ "文本顶端"：图像的顶端与文本行中最高字符的顶端对齐。

◎ "绝对中间"：图像的中线与文字的中线水平对齐。

◎ "绝对底部"：图像下缘与文字底边对齐。文字底边是文字的最下边。

◎ "左对齐"：图像在文字的左边缘，文字从右侧环绕图像。

◎ "右对齐"：图像在文字的右边缘，文字从左侧环绕图像。

文字的顶端、中线、底部、左边缘和右边缘之间的关系如图 3-1-15 所示。

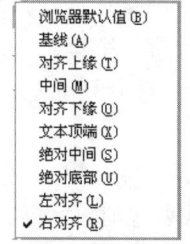

图 3-1-14　快捷菜单

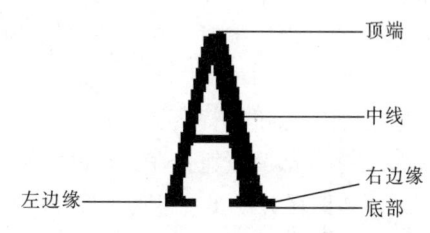

图 3-1-15　文字对齐含义

### 4．文字的查找与替换

单击"编辑"→"查找和替换"命令，弹出"查找和替换"对话框，如图 3-1-16 所示。

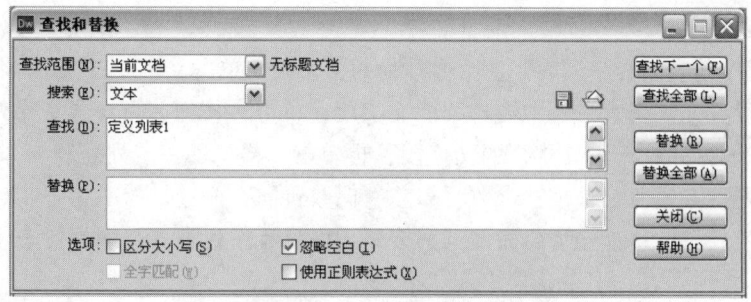

图 3-1-16　"查找和替换"对话框

（1）"查找范围"下拉列表框用来选择查找的范围，其内有 6 个选项：

◎ "所选文字"选项：用来设置在当前网页中所选中的文字中查找。

◎ "当前文档"选项：用来设置在当前文档中查找。

◎ "打开的文档"选项：用来设置在 Dreamweaver 中已经打开的文档中查找。

◎ "文件夹"选项：用来设置在指定的文件夹中查找。

◎ "站点中选定的文件"选项：用来设置在当前站点选中的文件中查找。

◎ "整个当前本地站点"选项：用来设置在当前站点中查找。

（2）"搜索"下拉列表框：用来选择查找内容的类型，有 4 个选项：

◎ "文本"选项：用来设置在网页中的文本中查找文本。

◎ "源代码"选项：用来设置在 HTML 源代码中查找文本。

◎ "文本（高级）"选项：用来设置用高级方式查找文本。

◎ "指定标签"：用来设置查找 HTML 标记。

（3）"查找"列表框：用来输入要查找的内容。

（4）"替换"列表框：可输入要替换的字符或选择要替换的字符。

（5）对话框的下部有 4 个复选框，其含义如下：

◎ "区分大小写"：选中后，可以区分大小写。

◎ "忽略空白"：选中后，可以忽略文本中的空格。

◎ "全字匹配"：选中后，查找的内容必须与被查内容完全匹配。

◎ "使用正则表达式"：选中后，可以使用规定的表达式。

（6）对话框右侧有 6 个按钮，其作用如下：

◎ "查找下一个"按钮：查找从光标处开始第一个要查找的字符，光标移至此处。

◎ "查找全部"按钮：在指定的范围内，查找全部符合要求的字符，并在"查找和替换"对话框下边延伸出的列表内显示。双击列表内的某一项，可定位到相应字符处。

◎ "替换"按钮：替换从光标处开始第一个查找到的字符。

◎ "替换全部"按钮：在指定的范围内，替换全部查找到的字符。

◎ 📄（保存）按钮：单击该按钮，会弹出一个保存查找内容的对话框，输入文件名，单击"保存"按钮，即可将要查找的文字保存到文件中。

◎ 📂（打开）按钮：单击该按钮，会弹出包括查找内容文件的对话框，输入文件名，单击"打开"按钮，即可将文件中的查找文字加载到"替换"文本框中。

### 5．文字的列表设置

（1）设置列表：

◎ 设置无序列表和有序列表：选中要排列的文字段，单击文字"属性"面板（HTML）内的 ☷ 按钮，可设置无序列表；选中要排列的文字段，单击 ☶ 按钮，可设置有序列表。

◎ 定义列表方式：选中要排列的文字段，再单击"格式"→"列表"→"定义列表"命令。采用这种列表方式的效果是：奇数行靠左，偶数行向右缩进，如图 3-1-17 所示。

（2）修改列表属性：首先将列表的文字按照无序或有序列表方式进行列表。然后：

◎ 将光标移到列表文字中，再单击"格式"→"列表"→"属性"命令，弹出"列表属性"对话框，如图 3-1-18 所示。

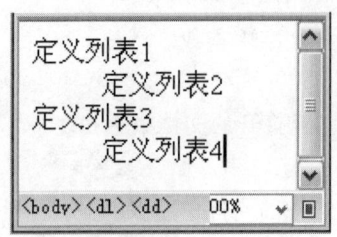

图 3-1-17　奇数行靠左，偶数行向右缩进

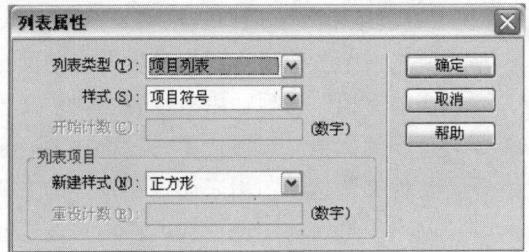

图 3-1-18　"列表属性"对话框

◎　在"列表类型"下拉列表框中选择"项目列表""编号列表""目录列表"和"菜单列表"4 种类型中的一种。项目列表的段首为图案标志符号，是无序列表；编号列表的段首是数字，是有序列表。选择"编号列表"选项后，该对话框中的隐藏选项会变为有效。

◎　在"样式"下拉列表框中可以选择列表的风格，其中各选项的含义是："[默认]"选项是默认方式，段首标记为实心圆点；"项目符号"选项是段首标记为项目的图案符号；"正方形"选项是段首标记为实心方块的图形符号。

◎　在"新建样式"下拉列表框中也有上述 4 种类型，用来设置光标所在段和以下各段的列表属性。

◎　在"列表类型"下拉列表框中选择"编号列表"列表项目后，在"样式"下拉列表框中可以选择列表的风格。选择"[默认]"选项和"数字"选项，段首标记为阿拉伯数字；选择"小写罗马数字"选项，段首标记为小写罗马数字；选择"大写罗马数字"选项，段首标记为大写罗马数字；选择"小写字母"选项或"大写字母"选项，段首标记为英文小写或大写字母。

◎　在"开始计数"文本框中可以输入起始的数字或字母，以后各段的编号将根据起始数字或字母自动排列。

◎　在"重设计数"文本框中输入光标所在段和以后各段列表的起始数字或字母。

## 思考与练习 3-1

1.　制作一个"中国名胜长城"网页，如图 3-1-19 所示。

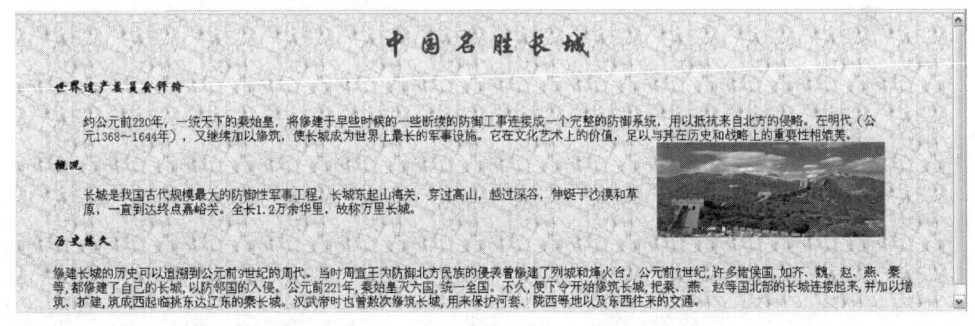

图 3-1-19　"中国名胜长城"网页显示效果

2.　参考【案例 8】网页的制作方法，制作一个"世界著名风景——大堡礁"网页。

## 3.2　【案例 9】"澳大利亚大堡礁"网页

### 案例描述

"澳大利亚大堡礁"网页如图 3-2-1 所示，其内有 4 幅 DBJ 图片和相应的文字说明。将鼠标指针移到第 3 幅图像上时，该图像会翻转为另外一幅大堡礁图像，如图 3-2-2（a）所示。该图像的替换文字是"这是一幅大堡礁图像"。单击该图像，会弹出"澳大利亚大堡礁简介.html"网页，如图 3-2-2（b）所示。

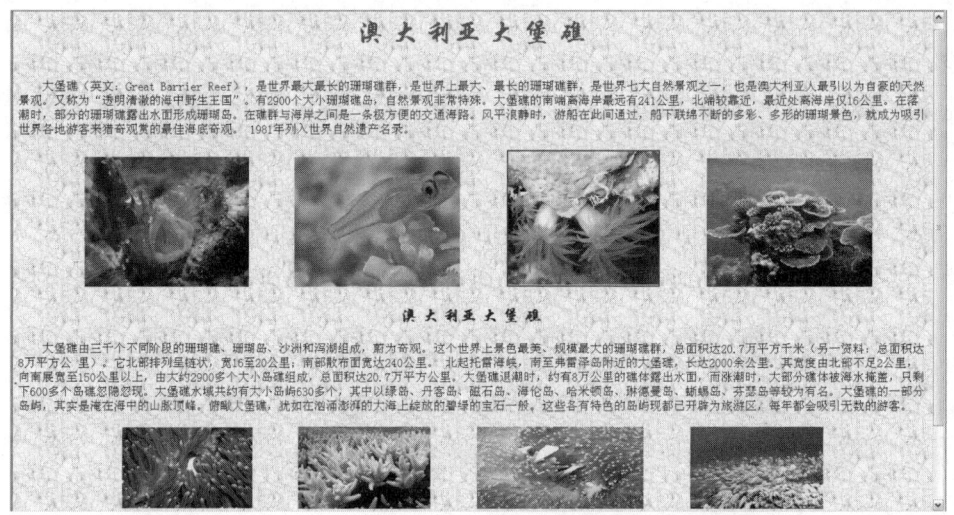

图 3-2-1 "澳大利亚大堡礁"网页显示效果

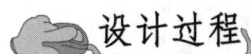

（a） （b）

图 3-2-2 翻转图像和"DBJ 简介.htm"网页显示效果

## 设计过程

### 1. 制作基本网页

（1）单击网页文档"设计"视图窗口内部，单击"属性"面板中的"页面属性"按钮，弹出"页面属性"对话框，利用该对话框给网页添加背景图像。再以名称"澳大利亚大堡礁.html"保存在"【案例 9】澳大利亚大堡礁"文件夹内。

（2）按照制作【案例 8】网页中文字的创建方法，在"澳大利亚大堡礁.html"网页中输入文字"澳大利亚大堡礁"标题文字和其他段落文字。"澳大利亚大堡礁"标题文字采用标题 1格式、红色、居中、华文行楷字体，段落文字采用段落格式、宋体、蓝色、18 px。

（3）将光标定位在第 1 段文字的下边，单击"插入"→"图像"命令，弹出"选择图像源文件"对话框，选择"PIC"文件夹内的"DBJ1.jpg"图像文件，在"相对于"下拉列表框中选择"文档"选项，在"URL"文本框中会给出该图像文件相对于当前网页文档的路径和文件名"PIC/DBJ1.jpg"。单击"确认"按钮，将选定图像加入到页面光标处。

（4）按照上述方法再插入"PIC"文件夹内的"DBJ2.jpg""DBJ3.jpg"和"DBJ5.jpg"3 幅图像。单击第 1 幅图像，在其"属性"面板"高"和"宽"文本框中分别输入"250"和"190"，将选中的图像调整为高 250 像素，宽 190 像素。接着调整其他 3 幅图像，使它们的高度均为

250 像素、宽度均为 190 像素。

（5）将光标定位在第 1 幅图像的右边，加载一幅"PIC/BEIJING.jpg"图像（即背景图像），在其"属性"面板的"高"文本框中输入"100"，在"宽"文本框中输入"70"。其目的是在第 1 幅和第 2 幅图像之间插入一些空格，使两幅图像有一定的间隔。

（6）按住【Ctrl】键的同时拖动背景图像到第 2、3、4 幅图像之间，复制背景图像到第 2、3、4 幅图像之间，如图 3-2-1 所示。

（7）在 4 幅图像的下边，输入文字"埃及金字塔"，它们采用段落格式、蓝色、居中、18 px 大小，加粗，如图 3-2-1 所示。

（8）单击第 3 幅图像，在其"属性"面板的"替换"文本框中输入"这是一幅澳大利亚大堡礁图像"文字，在"链接"文本框中输入"澳大利亚大堡礁简介.html"文字，如图 3-2-3 所示。

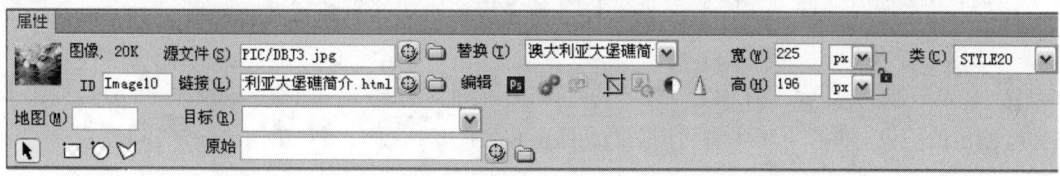

图 3-2-3　图像"属性"面板

（9）请读者自行完成制作"澳大利亚大堡礁简介.html"网页，该网页保存在"【案例 9】澳大利亚大堡礁"文件夹内。

### 2．制作鼠标经过图像

（1）单击"常用"工具栏中的"图像"下拉列表框中的"鼠标经过图像"按钮，弹出"插入鼠标经过图像"对话框，如图 3-2-4 所示（还没有设置）。"图像名称"文本框中默认的图像名字是"Image1"，可以更改，以后可以使用脚本语言对它进行引用。

（2）单击该对话框中"原始图像"栏右边的"浏览"按钮，弹出"原始图像"对话框，选择一幅图像文件"PIC/DBJ3.jpg"，即加载了原始图像。

（3）单击"鼠标经过图像"栏右边的"浏览"按钮，弹出"鼠标经过图像"对话框，选择一幅图像文件"PIC/DBJ4.jpg"，即加载了翻转图像。

（4）在"插入鼠标经过图像"对话框的"替换文本"文本框中输入"澳大利亚大堡礁简介"文字，如图 3-2-4 所示。单击"确定"按钮，即可制作好翻转图像。

（5）单击"按下时，前往的 URL"右边的"浏览"按钮，弹出"按下时，前往的 URL"对话框，选择"澳大利亚大堡礁简介.html"网页文件，设置链接的网页。

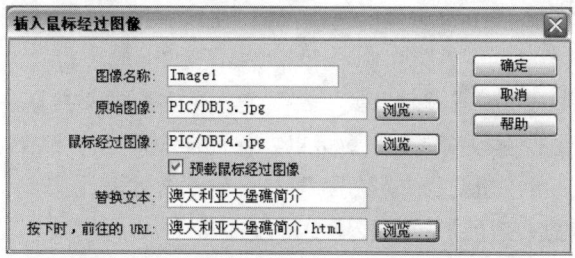

图 3-2-4　"插入鼠标经过图像"对话框

（6）单击网页中原来的第 3 幅图像，按【Del】键将其删除。选中翻转图像，在其"属性"

面板的"高"和"宽"文本框中分别输入"250"和"190"，翻转图像的"属性"面板与图 3-2-3 所示相同。

（7）选择"预载鼠标经过图像"复选框（默认状态），当页面载入浏览器时，会先载入翻转图像，而不必等到鼠标指针移到图像上边时才下载翻转图像。

## ⬤ 相关知识

### 1. 在网页中插入图像的方法

（1）单击"插入"→"图像"命令，弹出"选择图像源文件"对话框。另外，单击"常用"工具栏内的"图像"按钮🖼，或拖动🖼按钮到网页内，均弹出"选择图像源文件"对话框。如果"图像"按钮🖼处显示的不是该按钮，可以单击该按钮的下拉按钮，在弹出的下拉列表框中单击"图像"按钮。

（2）选中图像文件后，如果在"相对于"下拉列表框中选择了"文档"选项，则"URL"文本框中会给出该图像文件相对于当前网页文档的路径和文件名，例如，"PIC/DBJ2.jpg"。如果选择了"站点根目录"选项，则"URL"文本框中会给出以站点目录为根目录的路径，例如，"/ PIC/DBJ2.jpg"。选择"站点根目录"选项后，即使整个站点文件夹移动了位置，也不会出现断链现象。

（3）单击"确认"按钮，可关闭该对话框，并将选定的图像加入到页面的光标处。

（4）另外，可以在 Windows 的"我的电脑"或资源管理器窗口中，拖动一个图像文件的图标到网页文档窗口内，也可以将图像加入到页面内的指定位置。双击页面内的图像，可以弹出"选择图像源"对话框，供用户更换图像。

（5）拼图显示图像：如果网页中有较大的图像，则浏览器通常是将图像文件的内容全部下载后，才在网页中显示该图像，这会使网页的浏览者等待较长的时间。为此，可采用拼接图像的方法。拼接图像的方法就是用图像处理软件（如 Photoshop 等）将一幅较大的图像切割成几部分，每部分图像分别以不同的名字保存成文件。在网页中将它们依次插入，并"无缝"地拼接在一起，形成一幅完整图像。采用这种方法，并不能使整幅图像的下载时间减少，但它可以让浏览者看到图像的下载过程，减少等待中的枯燥情绪。

注意：切割图像时一定要认真，不要出现选出的虚线矩形中有白边或少选的现象。

### 2. 利用图像"属性"面板编辑图像

选中页面中加入的图像后，图像的"属性"面板如图 3-2-3 所示。其设置方法如下：

（1）ID：在"属性"面板左上角会显示选中图像的缩略图，右边会显示它的字节数。在"ID"文本框中输入图像名字，以后可以使用脚本语言（JavaScript 等）对它进行引用。

（2）精确调整图像大小：当"宽"或"高"文本框右边的小按钮呈🔒状态时，在"宽"或"高"文本框中输入图像宽或高的数值，可以在保证原宽高比不变的情况下精确调整图像的大小。单击🔒按钮，使该按钮变为🔓状态，可以分别修改"宽"和"高"文本框中的数值。在"宽"和"高"文本框右边的下拉列表框中可以选择"px"和"%"选项。

可以在"宽"和"高"文本框中输入数值后，接着输入单位名称。在数字右边加入%，表示图像占文档窗口的宽度和长度百分比，图像的大小会跟随文档窗口的大小自动进行调整。例如，不管页面大小，只想占页面宽度的 30%，可在"宽"文本框中输入 30%。

系统默认的单位是 px（像素），如果要使用其他单位，则在数字右边再输入单位名称，例如，in（英寸）、mm（毫米）、pt（磅）、pc（派卡）等。

如果要还原图像大小的初始值，可删除"宽"和"高"文本框中的数值；要想将宽度和长度全部还原，则可单击"重置为原始大小"按钮 。

（3）图像的路径："源文件"文本框中给出了图像文件的路径。文件路径可以是绝对路径，也可以是相对路径（例如，JPG/L1.jpg，相对网页文档所在的目录）。单击"源文件"文本框右边的 按钮，弹出"选择图像源文件"对话框，可以更换图像。

（4）链接："链接"文本框中给出了被链接文件的路径。超链接所指向的对象可以是一个网页，也可以是一个具体的文件。设置图像链接后，用户在浏览网页时只要单击该图像，即可打开相关的网页或文件。建立超链接有如下 3 种方法：

◎　直接输入链接地址 URL。

◎　拖动"指向文件"图标 到"站点"窗口要链接的文件上。

◎　单击该文本框右边的按钮 ，弹出"选择文件"对话框，利用它可以选定文件。

（5）在图像中添加文字提示说明：选中图像，在图像"属性"面板的"替换"下拉列表框中输入图像文字说明（例如，"这是一幅荷花图像"）。用浏览器调出图像页面后，将鼠标指针移到加文字说明的图像上，会显示相应的提示文字；在发生断链现象时，在图像位置处会显示相应的提示文字，如图 3-2-5 所示。

（6）利用网页中图像"属性"面板内的图像编辑工具，如图 3-2-6 所示，可以对图像进行编辑。图像编辑工具中各工具栏的作用如下：

◎　编辑图像：选中图像，单击"编辑"按钮 ，启动 Photoshop 程序，同时打开选中的图像，利用 Photoshop 即可编辑网页中选中的图像。

◎　编辑图像设置：选中图像，单击"编辑图像设置"按钮 ，弹出"图像优化"对话框，如图 3-2-7 所示，可以编辑图像和优化图像。

◎　裁切图像：单击"裁切"按钮 ，选中的图像四周会显示 8 个黑色控制柄。拖动这些控制柄，按【Enter】键即可裁切图像。

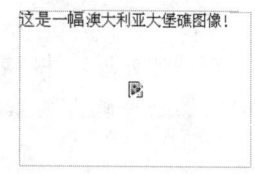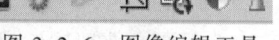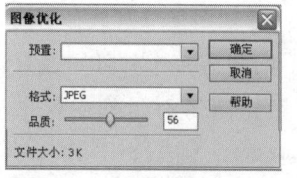

图 3-2-5　显示文字提示　　　图 3-2-6　图像编辑工具　　　图 3-2-7　"图像优化"对话框

◎　调整图像的亮度和对比度：单击"亮度和对比度"按钮 ，弹出"亮度和对比度"对话框，可以调整选中图像的亮度和对比度。

◎　调整图像的锐度：单击"锐度"按钮 ，弹出"锐度"对话框，可以调整选中图像的锐度。

◎　重新取样：调整图像后"重新取样"按钮 变为有效，单击它可使图像重新取样。

**3．图像的移动、复制、删除和调整大小**

（1）简单调整图像大小：选中要调整的图像，按住【Shift】键，同时拖动图像周围的小控制柄，可以在保证图像长宽比不变的情况下调整图像大小。

（2）移动和复制图像：单击要编辑的图像，这时图像周围出现几个黑色方形小控制柄。拖动图像到目标点，可移动图像；按住【Ctrl】键的同时拖动图像到目标点，可复制图像。

（3）删除图像：选中要删除的图像，按【Delete】键即可。

#### 4．设置附属图像处理软件

设置外部图像处理软件为 Dreamweaver CS6 附属图像处理软件的方法如下：

（1）单击"编辑"→"首选参数"命令，弹出"首选参数"对话框。再单击"分类"列表框中的"文件类型/编辑器"选项，此时"首选参数"对话框如图 3-2-8 所示。

图 3-2-8　"首选参数"（文件类型/编辑器）对话框

（2）选中"扩展名"列表框中的一个选项，再选中"编辑器"列表框中原来链接的外部文件名选项，然后单击"编辑器"列表框上边的 ➖ 按钮，删除选中的扩展名；单击➕按钮，可以在"扩展名"列表框中添加扩展名。

（3）单击"编辑器"列表框上边的➕按钮，弹出"选择外部编辑器"对话框，选择外部图像处理软件的执行程序，再单击"打开"按钮，将该外部图像处理软件设置成 Dreamweaver CS6 的附属图像处理软件编辑器并且可以设置多个外部图像处理软件；单击➖按钮，可以删除原来链接的外部图像处理软件。

（4）设置多个外部图像处理软件后，选中"编辑器"列表框中的一个图像处理软件的名字，再单击"编辑器"列表框上边的"设为主要"按钮，设置选中的图像处理软件为默认的 Dreamweaver CS6 的附属图像处理软件编辑器。

（5）单击"确定"按钮，即可完成外部图像处理软件编辑器的设置。

# 思考与练习 3-2

1．制作一个"世界名花—荷花"网页，其内有大量的荷花图像和相应的文字说明，显示效果如图 3-2-9 所示。当鼠标指针移到第 1 幅图像时，图像会翻转为另外一幅荷花图像。单击该图像，会弹出"荷花简介.htm"网页。所有图像的替换文字都是"这是一幅荷花图像"。

2．参考【案例 9】的制作方法，制作一个"北京名胜"网页。

图 3-2-9　"世界名花—荷花"网页的显示效果

# 3.3　【案例 10】"世界名胜列表"网页

## 案例描述

　　"世界名胜列表"网页的显示效果如图 3-3-1 所示。标题文字"世界名胜列表"两边各有一个 GIF 格式动画。下边是一个表格，表格内第一行 7 个单元格内分别是一幅世界名胜图像，再下边是介绍世界名胜所在国家、名称和简介的表格。

图 3-3-1　"世界名胜列表"网页显示效果

## 设计过程

### 1. 制作标题栏和表格

　　（1）将光标定位在第 1 行，单击"常用"工具栏内的 ▣ 按钮，弹出"选择图像源"对话框，选中"JPG"目录下的"JPG/P1.gif"动画文件，在"相对于"下拉列表框中选择"文档"选项。单击"确定"按钮，将选定图像插入到光标处。在其"属性"面板的"高"和"宽"文本框中分别输入"85"和"113"。

（2）在第 1 幅图像右边插入"JPG"文件夹内的一幅"KB.jpg"空白图像。适当调整空白图像的高度和宽度。在左边空白图像的右边插入一幅"JPG"文件夹内的"世界名胜列表.jpg"图像，再适当调整该图像的宽和高分别为"568"和"85"像素。

（3）按住【Ctrl】键的，同时拖动空白图像到标题文字的右边，复制一幅空白图像。然后，按照上述方法，在空白图像右边插入"JPG"文件夹内的"JPG/P3.gif"动画。

（4）按【Enter】键，将光标移到下一行。单击"常用"工具栏内的"表格"按钮，弹出"表格"对话框。按照图 3-3-2 所示进行设置，再单击"确定"按钮，即可制作出一个 15 行、3 列、边框粗 5 像素、表格宽 900 像素的表格，如图 3-3-3 所示。

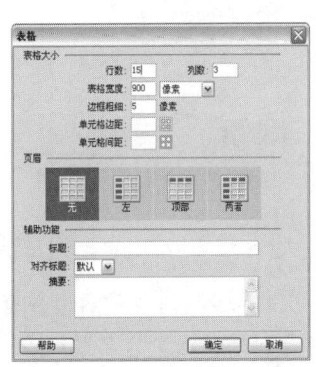
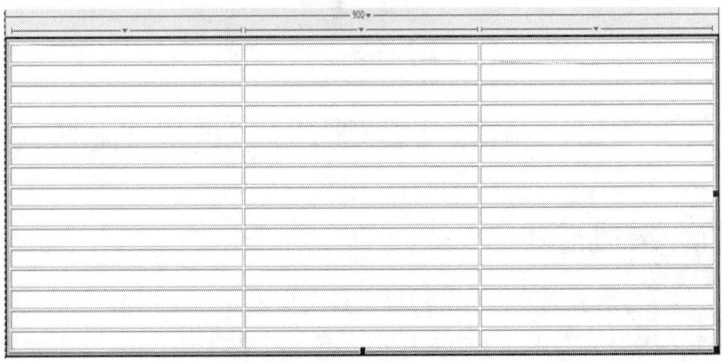

图 3-3-2　"表格"对话框　　　　　图 3-3-3　插入的表格

（5）将鼠标指针移到第 2 条垂直表格线，当鼠标指针呈 ↔ 形状时，水平向左拖动，调整第 1 列表格使其变小一些；采用同样的方法调整第 2 列表格使其变小一些。

（6）选中第 1 列第 3、4、5 行 3 个单元格，如图 3-3-4 所示。单击其"属性"面板内的"合并选中单元格"按钮，将选中的单元格合并，如图 3-3-5 所示。

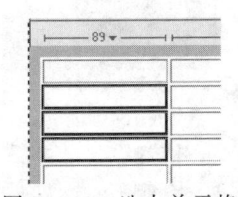

（7）按照上述方法，将第 1 列第 6、7、8 行 3 个单元格合并，将第 1 列第 9、10 行两个单元格合并，将第 1 列第 11、12 行两个单元格合并，将第 1 列第 13、14 行两个单元格合并，将第 1 行第 1、2、3 列 3 个单元格合并，效果如图 3-3-6 所示。

图 3-3-4　选中单元格

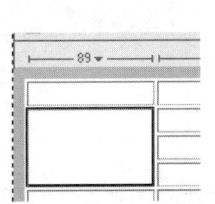

图 3-3-5　合并单元格　　　　图 3-3-6　"世界名胜列表"表格调整后的效果

**2．设置表格颜色和单元格插入对象**

（1）选中第 1 行所有单元格。在表格的"属性"面板的"背景颜色"文本框中输入

"#FFCCCC"，如图 3-3-7 所示。按【Enter】键，将第 1 行所有单元格设置为浅粉色背景。

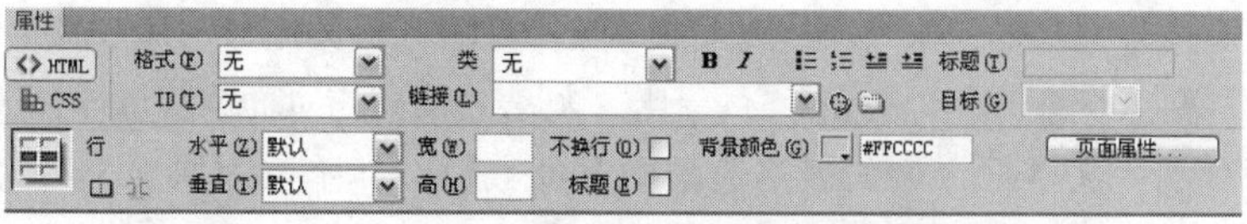

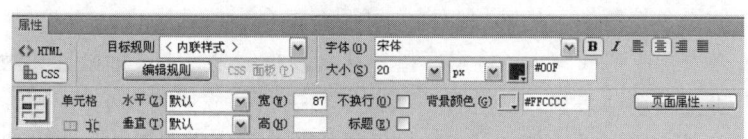

图 3-3-7 表格单元格的"属性"（HTML）面板

（2）使用同样的方法，给第 1 列的第 2 行到第 7 行单元格设置浅粉色背景，给第 2、3 列第 3、4、5、13、14 行单元格设置黄色背景，给第 2、3 列第 6、7、8 行单元格设置浅绿色背景，给第 2、3 列第 9、10、15 行单元格设置浅蓝色背景。

（3）在表格的各单元格中输入宋体、不同颜色和大小的文字（见图 3-3-1）。第 2 行单元格和第 1 列单元格中的文字颜色为蓝色，其他单元格中文字的颜色为黑色。

（4）单击第 1 行单元格，单击"常用"工具栏内的 按钮，弹出"选择图像源"对话框。选中"JPG"目录下的"JPG/tam.jpg"图像文件，在"选择图像源"对话框的"相对于"下拉列表框中选择"文档"选项。然后，单击"确定"按钮，即可将选定的图像加入到页面的光标处。在其"属性"面板的"高"文本框中输入 140，在"宽"文本框中输入 100。

（5）按照上述方法，在"JPG/tam.jpg"图像的右边插入"JPG/cc.jpg"图像。按住【Ctrl】键的同时分 7 次拖动第 1 行单元格内插入的"JPG/tam.jpg"图像到"JPG/cc.jpg"图像的右边，复制 7 幅"JPG/tam.jpg"图像。

（6）单击第 1 行单元格内的第 3 幅图像，在其"属性"面板的"源文件"文本框中输入"JPG/yhy.jpg"，即可将复制的插入图像更换为"JPG"文件夹中的"yhy.jpg"图像文件。按照相同的方法，将其他复制的 6 幅图像分别更换为其他图像，这些图像的大小不用再调整，高均为 140 像素，宽均为 100 像素。

（7）单击第 2 行第 1 列单元格内部，输入文字"国 家"。再选中"国 家"文字，在其"属性"（CSS）面板的"目标规则"下拉列表框中选中"<内联样式>"选项，在"大小"下拉列表框中输入 20，单击 B 按钮，再单击"居中对齐"按钮 ；设置文字颜色为蓝色，如图 3-3-8 所示。

图 3-3-8 表格单元格的"属性"CSS 面板

（8）选中"国 家"文字，按住【Ctrl】键的同时分 5 次拖动到第 1 列其他单元格内。然后将复制的文字内容进行修改。

（9）采用相同的方法，在其他单元格内输入或粘贴其他文字，再进行文字属性的设置。可以采用上述文字复制修改的方法，在其他单元格内创建文字。

## 相关知识

### 1."表格"对话框各选项的作用

"表格"对话框各选项的作用如下：

（1）"行数"和"列数"文本框：输入表格的行数和列数，例如，设置 15 行、3 列。

（2）"表格宽度"文本框：输入表格宽度，单位为像素或百分比，在其右边的列表框中选择。例如，设置表格宽度 700 像素。如果选择"百分比"，则表示表格占页面或其母体容量宽度的百分比。

（3）"边框粗细"文本框：输入表格边框的宽度数值，其单位为像素。当它的值为 0 时，表示没有表格线。例如，设置 8。

（4）"单元格边距"文本框：输入的数表示单元格之间两个相邻边框线（左与右、上和下边框线）间的距离。例如，设置 5。

（5）"单元格间距"文本框：输入单元格内的内容与单元格边框间的空白数值，其单位为像素。这种空白存在于单元格内容的四周。

（6）"页眉"选项组：用来设置表格的页眉单元格。被设置为页眉的单元格，其中的字体将被设置成居中和黑体格式。例如，设置 1。

（7）"辅助功能"选项组："标题"文本框用来输入表格的标题，"摘要"文本框用来输入表格的摘要。

### 2．表格基本操作

（1）选择表格：选择表格和表格中的单元格有以下几种方法。

◎ 选择整个表格：将鼠标指针移到表格左上角边框处，当鼠标指针右下方出现一个小表格时单击，可选中整个表格，表格右边、下边和右下角会出现方形黑色控制柄。

◎ 选择多个表格单元格：按住【Ctrl】键，同时依次单击所有要选择的表格单元格。

◎ 选择表格的一行或一列单元格：将鼠标指针移到一行的最左边或移到一列的最上边，当鼠标指针呈黑色箭头时单击，即可选中一行或一列。

◎ 选择表格的多行或多列单元格：按住【Ctrl】键，将鼠标依次移到要选择的各行或各列，当鼠标指针呈黑色箭头时单击，可选中多行或多列。还可以将鼠标指针移到要选择的多行或多列的起始处，当鼠标指针呈黑色箭头时拖动，也可选择多行或多列单元格。

（2）调整整个表格的大小：单击表格的边框，选中该表格，此时表格右边、下边和右下角会出现 3 个方形的黑色控制柄，拖动控制柄，可调整整个表格的大小。

（3）调整表格中行或列的大小：将鼠标指针移到表格线处，当鼠标指针变为双箭头横线或双箭头竖线时，可拖动调整表格线的位置，从而调整表格行或列的大小。

（4）插入一行或一列：选中行（或列），右击表格并弹出快捷菜单，单击"表格"→"插入行"或"表格"→"插入列"命令，即可在选中行的上边插入一行表格，或者在选中列的左边插入一列表格。

（5）插入多行或多列：选中行（或列）右击，弹出快捷菜单，单击"表格"→"插入行或列"命令，弹出"插入行或列"对话框，如图 3-3-9 所示。利用该对话框可以插入多行或多列表格。

（6）删除表格中的行与列：右击要删除的行（或列），弹出快捷菜单，单击"表格"→"删除行"或"表格"→"删除列"命令，即可删除选定的行或列。例如，选中图 3-3-10 所示表格中最下边的 1 行，再删除该行，其效果如图 3-3-11 所示。

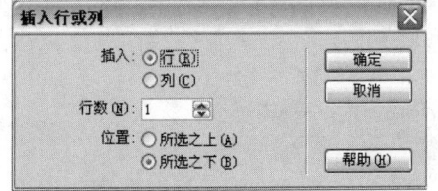

图 3-3-9　"插入行或列"对话框

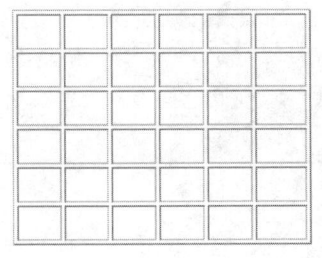

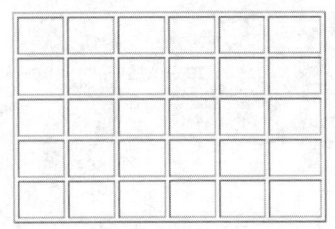

图 3-3-10　表格　　　　　　图 3-3-11　删除表格下边 1 行后的效果

另外，单击"编辑"→"清除"命令，即可删除选定的行或列。

（7）复制和移动表格的单元格：选中要复制或移动的单元格，单击"编辑"→"复制"或单击"编辑"→"剪切"命令。然后，将光标移到要复制或移动处，再单击"编辑"→"粘贴"命令。

**3．设置整个表格的属性**

将鼠标指针移到表格的外边框，当鼠标指针形状呈表格状后单击，即选中整个表格，此时表格的"属性"面板如图 3-3-12 所示。

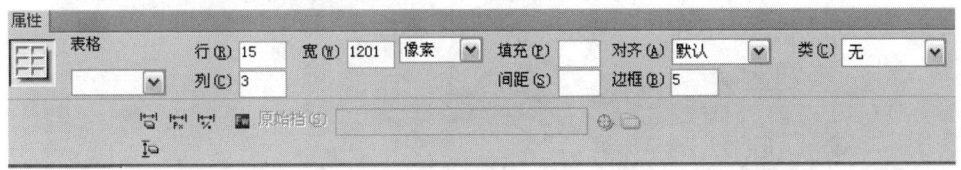

图 3-3-12　表格的"属性"面板

表格"属性"面板中各选项的作用如下：

（1）"表格"下拉列表框：用来选择和输入表格的名字。

（2）"行"和"列"文本框：用来输入表格的行数与列数。

（3）"宽"文本框：用来输入表格的宽度数。它们的单位可利用其右边的下拉列表框来选择，其中的选项有"%"（百分数）和"像素"。

（4）"填充"文本框：用来输入单元格内容与单元格边框间的空白数，单位为像素。

（5）"间距"文本框：用来输入单元格之间两个相邻边框线间的距离。

（6）"对齐"下拉列表框：用来设置表格的对齐方式。该下拉列表框中有"默认""左对齐""居中对齐"和"右对齐"4 个选项。

（7）"边框"文本框：用来输入表格边框宽度，单位为像素。

（8）"类"下拉列表框：用于设置表格的样式。

（9）4 个按钮： 按钮用来清除列宽， 按钮用来清除行高， 按钮用来将表格宽度的单位转换为像素， 按钮用来将表格高度的单位改为百分比。

**4．设置表格单元格的属性**

选择几个单元格，此时的"属性"（HTML）面板如图 3-3-13 所示，"属性"（CSS）面板如图 3-3-8 所示。其中，上半部分用来设置单元格内文本的属性，它与文本"属性"面板的选项基本一样。其下半部分用来设置单元格的属性，各选项的作用如下：

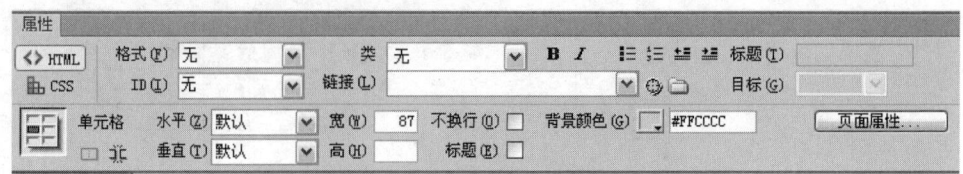

图 3-3-13　表格单元格的"属性"面板

（1）"合并所选单元格"按钮：选择要合并的单元格，单击按钮，即可将选择的单元格合并。将图 3-3-11 所示表格左上角的 3 行 3 列单元格合并，如图 3-3-14 所示。

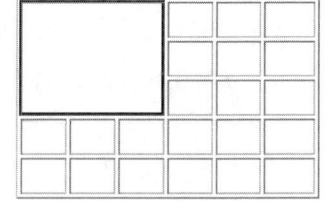

（2）"拆分单元格"按钮：选中一个单元格，再单击按钮，弹出"拆分单元格"对话框，如图 3-3-15 所示。选中"行"单选按钮，表示要拆分为几行；选中"列"单选按钮，表示要拆分为几列。在"行数"文本框中选择行或列的值数，单击"确定"按钮即可。将图 3-3-14 所示的表格中左上角的单元格拆分为两行，其效果如图 3-3-16 所示。

图 3-3-14　合并单元格

（3）"水平"和"垂直"下拉列表框：用来选择水平对齐方式和垂直对齐方式。

（4）"宽"和"高"文本框：设置单元格宽度与高度。

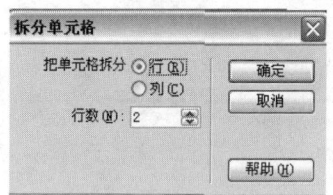

图 3-3-15　"拆分单元格"对话框

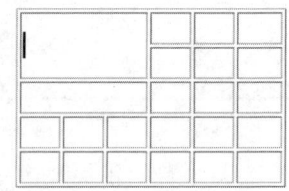

图 3-3-16　拆分后的单元格

（5）"不换行"复选框：选择该复选框，则当单元格内的文字超过单元格的宽度时，不换行，自动将单元格的宽度加大到刚刚可以放下文字；没选中该复选框，则当单元格内的文字超过单元格的宽度时，自动换行。

（6）"标题"复选框：如果选择该复选框，则单元格中的文字以标题的格式显示（粗体、居中）；如果没选中该复选框，则单元格中的文字不以标题的格式显示。

（7）"背景颜色"按钮与文本框：用来给表格单元格添加背景色。

### 5. 表格和单元格快捷菜单

（1）表格宽度：选择表格后，在表格的上边或下边会用绿色显示出表格宽度，单击表格宽度内的三角按钮，弹出下拉列表框，如图 3-3-17 所示。

（2）单元格宽度：选择表格后，在表格宽度内会显示出每一列单元格的宽度，单击单元格标签的三角按钮，弹出下拉列表框，如图 3-3-18 所示。利用下拉列表框中的命令，可以对表格的单元格进行选择、清除和插入操作。

（3）"表格"和"单元格"下拉列表框中部分命令的作用如下：

◎"清除所有高度"命令：将表格内所有单元格的高（即单元格内对象与单元格上下边界线的间距）清除。

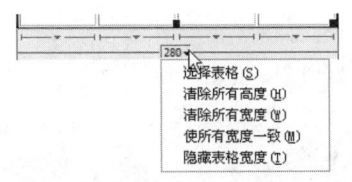

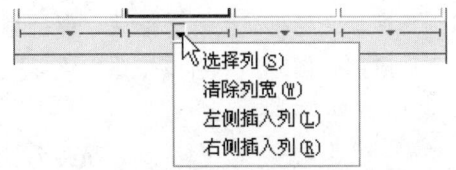

图 3-3-17　表格标签和它的下拉列表框　　　　图 3-3-18　单元格标签和它的下拉列表框

◎ "清除所有宽度"命令：将表格内所有单元格的宽度（即单元格内对象与单元格左右边界线的间距）清除。

◎ "使所有宽度一致"命令：使所有单元格的宽度一样。

◎ "隐藏表格宽度"命令：使绿色表格宽度隐藏。右击选中的表格，弹出快捷菜单，单击 "表格" → "表格宽度"命令，可以重新显示出表格宽度。

◎ "清除列宽"命令：设置表格内的选列的所有单元格的宽度相同。

◎ "左侧插入列"命令：在选中的列左边插入一列。

◎ "右侧插入列"命令：在选中的列右边插入一列。

### 6．表格数据的排序

（1）对表格单元格中数据排序的要求：对表格单元格中的数据排序，要求表格的行列是整齐的，而且未进行合并和拆分过。单击 "命令" → "排序表格"命令，弹出 "排序表格"对话框，如图 3-3-16 所示。利用该对话框可以对表格中的数据进行排序。

图 3-3-20 左（a）所示表格为按照图 3-3-19 中的设置进行排序后的结果。从图 3-3-20 可以看出，首先按照左起第 1 列的数值进行升序排序，在数值相同的情况下，再按左起第 2 列的字母降序排序，同时第 1 行也参加排序。

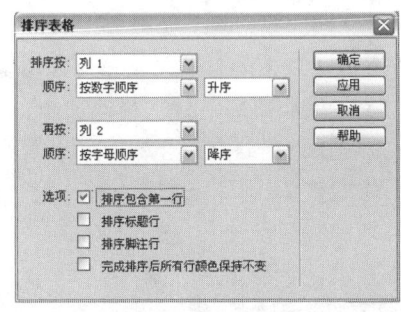

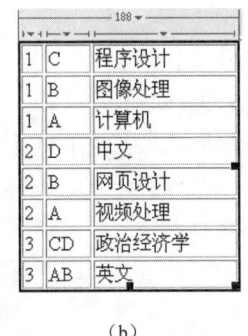

（a）　　　　　（b）

图 3-3-19　"排序表格"对话框　　　　图 3-3-20　待排序的表格和排序后的表格

（2）"排序表格"对话框选项的含义如下：

◎ "排序按"下拉列表框：选择对第几列进行排序。列号为 "列 1" "列 2" 等。

◎ "顺序"下拉列表框：在左边的下拉列表框中选择按字母或数字排序。在右边的下拉列表框中选择按升序或降序排序。字母排序不分大小写。

◎ "再按"和 "顺序"下拉列表框：按照 "排序按"排序时，如果有相同的数据，则按照该下拉列表框的选择排序。

◎ "选项"选项组：选择 "排序包含第一行"复选框后，表格的第 1 行也参加排序，否则不参加排序。选择第 4 个复选框后，保持排序后的单元格的行特点不变。

◎ "应用"按钮：单击该按钮，可以完成排序，再单击该按钮还可以还原。

# 思考与练习 3-3

1. 参考【案例 10】的方法，制作一个"值班表"网页。

2. 制作图 3-3-21 所示的表格，用来作为一个网页的布局表格。

3. 制作一个"新西兰的南岛"网页，利用表格编排，如图 3-3-22 所示。

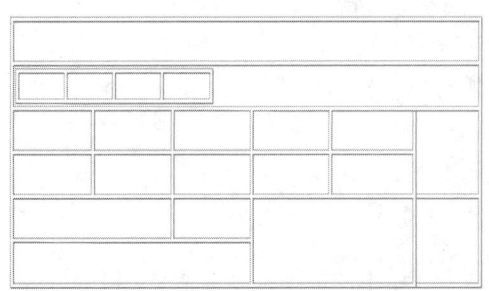

图 3-3-21    网页的布局表格          图 3-3-22    "新西兰的南岛"网页

# 3.4  【案例 11】"中国名胜图像欣赏 1"网页

## 案例描述

"中国名胜图像欣赏 1"网页的一幅画面如图 3-4-1 所示。页面的背景是黄色鲜花图案，第 1 行两边各有一个小 GIF 格式动画，中间是一个"中国名胜滚动图像"SWF 格式动画；第 2 行是导航栏，其内有 6 个文字按钮，导航栏下面是 2 行 10 幅小图像；在左下方有一个荧光数字表，播放音乐的播放器，标题文字图像为"中国名胜图像欣赏"；在右下方有一个 FLV 格式视频播放器播放着"鸽子"影片，其下边是制作网页的日期和时间。

图 3-4-1    "中国名胜图像欣赏 1"网页

将鼠标指针移到导航文字图像按钮之上时，文字图像按钮会由红色变为蓝色，单击这些按钮后可以弹出新网页，显示相应的大图像。单击小图像，也会弹出显示相应大图像的网页。

## 设计过程

### 1. 设计界面和插入图像

（1）在"【案例 11】中国名胜图像欣赏 1"文件夹内创建"PIC1""TU1""SWF"和"MT"4 个文件夹。在"TU"文件夹内存放"中国长城大.jpg"……"香格里拉大.jpg"10 幅高清晰度图像和"中国长城小.jpg"……"香格里拉小.jpg"10 幅小图像（高 130 像素、宽 200 像素）；在"PIC1"文件夹内存放一些 GIF 格式的动画文件、"BJ1.jpg"的黄花背景大图像文件、"BJ3.jpg"的黄花背景小图像文件、"中国名胜图像欣赏.gif"标题图像文件和 6 个按钮的 12 幅文字图像文件等；在"MT"文件夹内保存一些 WAV、MP3、SWF 和 FLV 格式的媒体文件。

（2）新建一个网页文档，以名称"中国名胜图像欣赏.htm"保存到"【案例 11】中国名胜图像欣赏 1"文件夹内。

（3）插入一个 5 行 5 列的表格，然后进行表格的合并和拆分。在表格的"属性"面板内设置"填充"和"间距"均为 0 像素，"边框"为 1 像素。合并第 1 行的 5 个单元格，合并第 2 行的 5 个单元格，合并第 5 行左边 3 个单元格，合并第 5 行右边两个单元格。最后创建的布局表格如图 3-4-2 所示。

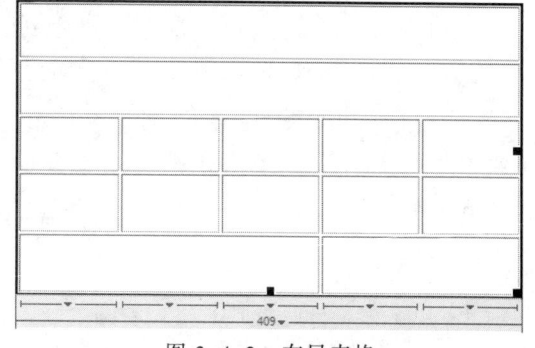

（4）在第 1 行单元格内导入"PIC1"文件夹中的"儿童 1.gif"和"儿童 2.gif"动画。在这两个插入对象的"属性"面板的"宽"和"高"文本框中均输入"100"，调整它们的大小（见图 3-4-1）。

图 3-4-2　布局表格

（5）在第 3 行第 1 个单元格内插入"TU1"文件夹中的"天安门小.jpg"小图像。单击插入的"天安门小.jpg"图像，再单击其"属性"面板内"链接"文本框右边的按钮，弹出"选择文件"对话框，选择"TU1"文件夹，选择"天安门大.jpg"图像文件，在"相对于"下拉列表框中选择"文档"选项。单击"确定"按钮，建立"天安门小.jpg"图像与"天安门大.jpg"图像的链接。"属性"面板如图 3-4-3 所示。

图 3-4-3　"天安门小.jpg"图像的"属性"面板

（6）按住【Ctrl】键，单击第 3 行第 1 个单元格内插入的"天安门小.jpg"图像，将它拖动到第 3 行和第 4 行其他单元格内，复制 9 幅"天安门小.jpg"图像。然后，单击第 3 行第 2 个单元格内的"天安门小.jpg"图像，将其"属性"面板内"源文件"文本框中的"TU1/天安门小.jpg"改为"TU1/北京故宫小.jpg";将"链接"文本框中的"TU1/天安门大.jpg"改为"TU1/北京故宫大.jpg"。

按照上述方法，修改其他 8 幅复制图像"属性"面板内"源文件"和"链接"文本框的内容。采用这种方法可以不用每次都调整图像大小等属性，提高了制作效率。

（7）单击第 2 行单元格内部，将光标定位在该单元格内。单击"常用"工具栏中的"鼠标经过图像"按钮 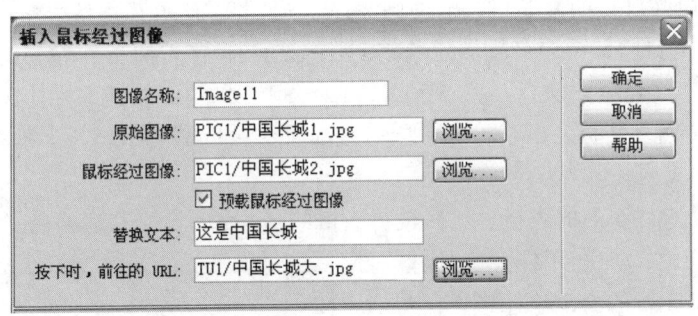，弹出"插入鼠标经过图像"对话框，在"图像名称"文本框中默认的图像名字是"Image11"，其他设置如图 3-4-4 所示。然后，单击"确定"按钮，在小表格内第 1 个单元格内插入一个"中国长城"文字图像的按钮，通常是红色文字，鼠标经过时文字变为蓝色。

图 3-4-4 "插入鼠标经过图像"对话框

（8）按照上述方法，在第 2 行小表格内第 1 个单元格内右边依次插入 5 个"鼠标经过图像"按钮。再在两个"鼠标经过图像"按钮之间插入"PIC1"文件夹中的"BJ3.jpg"图像。最终效果见图 3-4-1。

## 2．插入媒体

（1）单击第 1 行两个 GIF 格式动画之间，将光标定位到此处，单击"插入"→"媒体"→"SWF"命令，弹出"选择 SWF"对话框，选择"SWF"文件夹中的"中国名胜滚动图像.swf"动画，如图 3-4-5 所示。单击"确定"按钮，将选中的 SWF 格式动画插入到光标处，显示一个 SWF 图标 。

（2）单击第 5 行第 1 个单元格内部，单击"插入"→"媒体"→"SWF"命令，弹出"选择 SWF"对话框，选择"SWF"文件夹中的"荧光数字表 1.swf"动画。单击"确定"按钮，插入选中的 SWF 格式动画，显示一个 SWF 图标 。

（3）单击第 5 行第 1 个单元格内插入的 SWF 格式动画图标右边，按【Shift+Enter】组合键，将光标定位在下一行左边，单击"插入"→"媒体"→"插件"

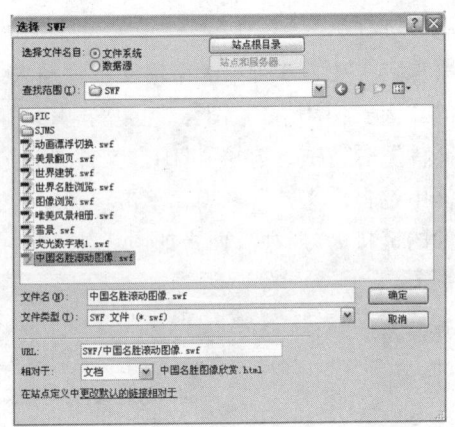

图 3-4-5 "选择 SWF"对话框

命令，弹出"选择文件"对话框，在"文件类型"下拉列表框中选中"所有文件（*.*）"选项，再在"MT"文件夹中选中"Music1.WAV"文件。单击"确定"按钮，插入选中的媒体文件，显示一个插件图标 。

（4）单击插件图标，在其"属性"面板的"宽"和"高"文本框中分别输入"490"和"80"，调整它的宽度为 490 像素，高为 80 像素，其大小决定了播放器的大小。

（5）在第 5 行第 1 个单元格内插入的 SWF 格式动画图标右边单击，按【Shift+Enter】组合键，将光标定位在下一行左边，插入"PIC1"文件夹内的"中国名胜图像欣赏.gif"图像。

（6）单击第 5 列第 2 个单元格内部，单击"插入"→"媒体"→"FLV"命令，弹出"插入 FLV"对话框，单击"浏览"按钮，弹出"选择 FLV"对话框，在"MT"文件夹中选中"鸽子.flv"文件，如图 3-4-6 所示。单击"确定"按钮，关闭"选择 FLV"对话框，在"插入 FLV"对话框内的"URL"文本框中输入"MT/鸽子.flv"。

（7）接着在"插入 FLV"对话框的"外观"下拉列表框中选择一种视频播放器的外观；单击"检测大小"按钮，在"宽度"和"高度"文本框中分别输入"鸽子.flv"视频的高度和宽度数值。也可以在"宽度"和"高度"文本框中分别输入 FLV 视频的宽和高，单位为像素。此时，"插入 FLV"对话框如图 3-4-7 所示。单击"确定"按钮，将"鸽子.flv"插入第 5 列第 2 个单元格内，显示一个插件图标。

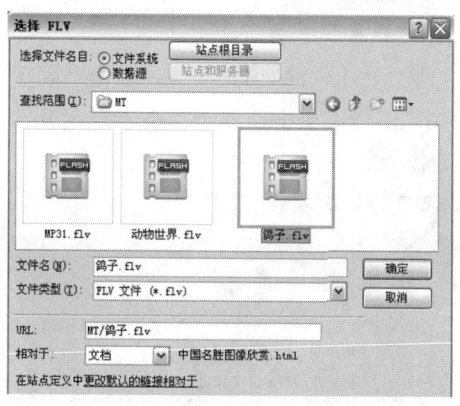

图 3-4-6　"选择 FLV"对话框

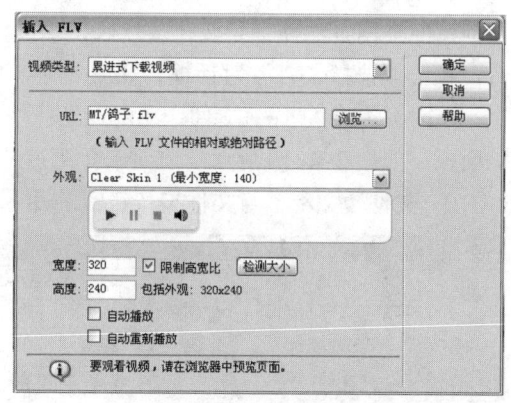

图 3-4-7　"插入 FLV"对话框

### 3. 插入时间

（1）单击网页页面空白处，单击其"属性"面板内的"页面属性"按钮，弹出"页面属性"对话框，设置文本颜色为蓝色，文字大小为 24 px，字体为宋体，可用来确定日期和时间文字的属性。再设置网页标题文字为"中国名胜图像欣赏"，设置"背景图像"为"PIC1/BJ1.jpg"，在"重复"下拉列表框中选择"repeat"选项，单击"确定"按钮。

（2）在第 5 列第 2 个单元格内插件图标右边单击，按【Shift+Enter】组合键，将光标定位在下一行左边，单击"常用"工具栏中的"日期"按钮，弹出"插入日期"对话框，如图 3-4-8 所示（还没有设置）。

（3）在"插入日期"对话框的"星期格式"下拉列表框中选择是否显示星期和以什么格式显示星期，在"日期格式"列表框中选择以什么格式显示日期，在"时间格式"下拉列表框中选择以什么格式显示时间。

（4）选择"存储时自动更新"复选框，可以在保存网页文档时自动更新日期和时间。"插入日期"对话框的设置如图 3-4-8 所示。

（5）单击"确定"按钮，即可在光标处插入当前日期、星期和时间。此时，页面设计效果如图 3-4-9 所示。

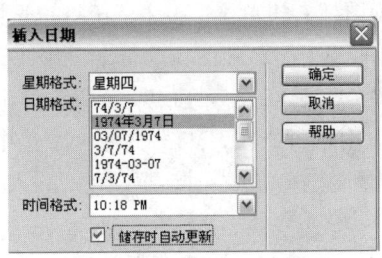

图 3-4-8　"插入日期"对话框

图 3-4-9　页面设计效果

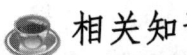 **相关知识**

### 1. 插入 SWF 动画

创建一个网页文件，并保存。然后，单击"常用"工具栏"媒体"下拉列表框中"SWF"按钮，弹出"选择 SWF"对话框，如图 3-4-5 所示。选中要导入的 SWF 文件，单击"确定"按钮，在网页内导入 SWF 文件，在网页光标处形成 SWF 图标。单击插件图标 $\boldsymbol{f}$，弹出其"属性"面板，如图 3-4-10 所示。前面未介绍过的选项的作用如下：

（1）"文件"文本框与文件夹按钮 🗀：用来选择 SWF 影片源文件。

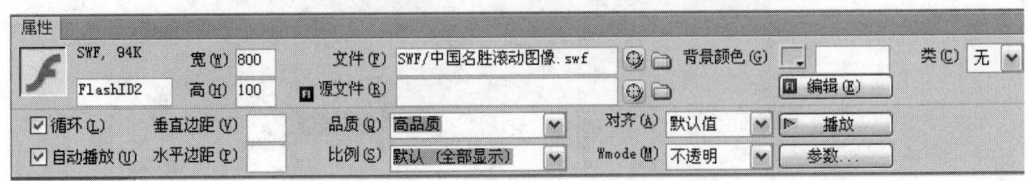

图 3-4-10　SWF 对象的"属性"面板

（2）"循环"复选框：选择后，可循环播放。

（3）"自动播放"复选框：选择后，可自动播放。

（4）"品质"下拉列表框：设置图像的质量。

（5）"比例"下拉列表框：选择缩放参数。

（6）"自动播放"和"自动重新播放"复选框：用来设置播放方式。

（7）"参数"按钮：单击可弹出"参数"对话框，可以设置相关参数。例如，输入参数"wmode"，值为"transparent"，可使 SWF 动画透明。

（8）"播放"按钮：单击可播放选中的 SWF 动画。

### 2. 插入 FLV 视频

选择"插入"→"媒体"→"FLV"命令，弹出"插入 FLV"对话框，在"视频类型"下拉列表框中选择"累进式下载视频"选项后的该对话框如图 3-4-7 所示（还没有设置）。

单击 URL 文本框右边的"浏览"按钮，弹出"选择 FLV"对话框，选择一个扩展名为".flv"的视频文件后单击"确定"按钮。如果 FLV 文件没有保存在站点文件夹内，会显示一个提示框，单击"是"按钮，可将 FLV 文件复制到站点文件夹内，同时导入站点文件夹内的 FLV 文件；单击"否"按钮，可以将 FLV 文件直接导入网页内。

设置完成后，单击"确定"按钮，即可在光标处插入一个 FLV 格式的视频。单击插件图标，弹出其"属性"面板，如图 3-4-11 所示。

图 3-4-11　FLV 对象的"属性"面板

### 3．插入插件

插件可以是 Director 和 Authorware 的 Shockwave（dcr、dir 和 aam 等）和 Flash（SWF 等）、音乐（MP3 和 WAV 等）等格式文件。选择"常用"工具栏中"媒体"下拉列表框中的"插件"按钮，弹出"选择文件"对话框。利用该对话框选择一个要插入的文件，单击插件图标，弹出其"属性"面板，如图 3-4-12 所示，可以设置相关参数。

图 3-4-12　插件对象的"属性"面板

### 4．插入 ActiveX

ActiveX 控件是 Microsoft 对浏览器功能的扩展，其作用与插件基本一样。所不同的是，如果浏览器不支持网页中的 ActiveX 控件，浏览器会自动安装所需的软件。如果是插件，则需要用户自己安装所需的软件。

单击"常用"工具栏中"媒体"下拉列表框中的"ActiveX"按钮，在页面中插入一个 ActiveX 对象。选中后，可以拖动插件图标的黑色控制柄调整它的大小。ActiveX 对象的"属性"面板如图 3-4-13 所示。部分选项的作用介绍如下：

图 3-4-13　ActiveX 对象的"属性"面板

（1）ClassID 列表框：给出 3 个类型代码标明 ActiveX 类型，其中一个用于 Shockwave 影片、Flash 电影和 Real Audio。如果要使用其他控件，需要自行输入相应的代码。选择不同类型的代码后,"属性"面板会发生相应的变化。

（2）"嵌入"复选框：选中后,可以设置文件的嵌入状态,"源文件"文本框和文件夹图标变为有效。

（3）"源文件"文本框：单击文件夹图标🗀,弹出"选择 Netscape 的插入文件"对话框,选择要加载的文件。也可以直接在文本框中输入文件的路径和文件名称。

（4）"基址"文本框：用来输入加载的 ActiveX 控件的 URL。

（5）"编号"文本框：用来输入 ActiveX 的 ID 参数。

（6）"数据"文本框：用来输入加载的数据文件名。

### 5. 插入 Applet

Applet 是 Java 的小型应用程序。Java 是一种可以在 Internet 上应用的语言,可以编写动画。Java Applet 可以嵌入 HTML 文档中,通过主页发布到 Internet 上。可以从网上下载 Java Applet 程序文件及有关文件,存放在本地站点中的一个子目录下。

单击"插入"→"媒体"→"Applet"命令,弹出"选择文件"对话框,可以载入扩展名为.class 的 Java Applet 程序文件。插入文件后,网页文档窗口内会显示一个 Applet 图标☕。单击后,可以拖动插件图标的黑色控制柄调整它的大小。

Applet 对象的"属性"面板如图 3-4-14 所示,其中主要选项的作用如下：

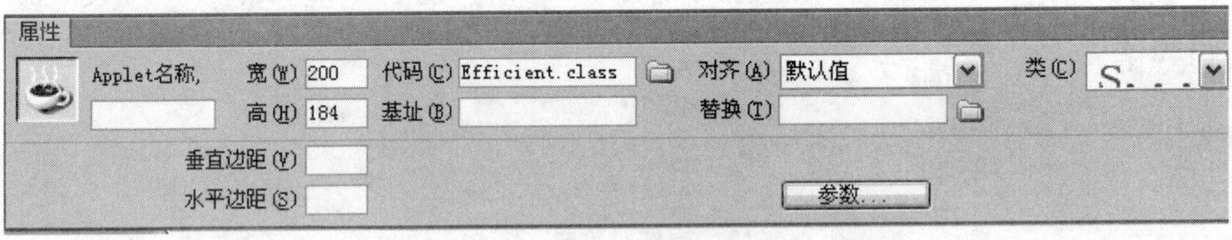

图 3-4-14　Java Applet 对象的"属性"面板

◎ "代码"文本框与文件夹图标🗀：文本框用来输入 Java Applet 程序文件的路径和名字。单击文件夹图标🗀,弹出"选择 Java Applet 文件"对话框,可载入扩展名为.class 的 Java Applet 程序文件,可以更换 Applet 程序。

◎ "基址"文本框：用来输入 Java Applet 程序文件的名字。

◎ "替换"文本框与文件夹图标：输入 Java Applet 对象替换图像的路径与名字。单击文件夹图标,弹出"选择文件"对话框,选择 Java Applet 的替换图像。

◎ "参数"按钮：单击该按钮,弹出"参数"对话框,用来输入 Applet 程序需要使用的参数（每输入完一行参数和值后,单击一次⊞按钮,增加一行参数）。单击"参数"对话框内的"确定"按钮,完成 Java Applet 对象的参数设置。

### 6. 插入水平条

单击"常用"工具栏中的"水平线"▦▦▦按钮,即可在光标所在的行插入一条水平条,并弹出水平条"属性"面板,如图 3-4-15 所示。在水平线的"属性"面板内可以设置线高度和宽度,单位有像素和百分数（%）两种,还可以选择"默认""左对齐""居中对齐"或"右对齐"选项。选择"阴影"复选框,则水平线是中空的,否则是实心的。

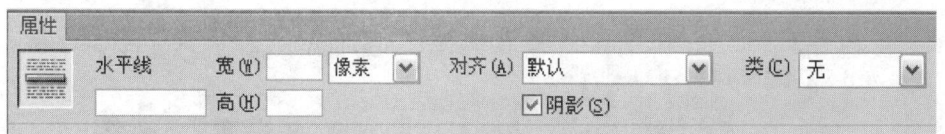

图 3-4-15 水平线条的"属性"面板

# 思考与练习 3-4

1. 在【案例 11】网页的导航栏内增加两个图像按钮，建立按钮与外部网页的链接。

2. 制作一个"视频播放器"网页，用来播放 AVI 格式的视频文件。

3. 制作一个"Flash 作品展示"网页，其内有 6 幅小图像，分别是 6 个 Flash 动画播放中的一幅画面。单击图像，即可打开另一个网页窗口，播放相应的 Flash 动画。

4. 参考【案例 11】中介绍的方法，制作一个"中国名胜"网页，网页的显示效果如图 3-4-16 所示。单击导航栏内的图像按钮，可以切换到相应的网页，导航栏下面的是北京图像切换的 Flash 动画，再下面是 MP3 播放器和荧光数字表。

图 3-4-16 "中国名胜"网页的显示效果

## 3.5 综合实训 2 世界美景图像浏览 1

### 实训效果

"世界美景图像浏览 1"网页的一幅画面如图 3-5-1 所示。第 1 行是标题栏，"中国名胜图像欣赏"标题文字图像两边各有两个小 GIF 格式动画，小动画和文字图像标题之间有空隙，右边还有网页制作日期和时间；标题下面是导航栏，其内有 4 个文字按钮，导航栏下面是 10 幅小图像和 1 个"世界建筑"SWF 动画；再下面还有音乐播放器、荧光数字表和一个 FLV 格式视频播放器，以及一个"美景翻页"SWF 动画。

图 3-5-1 "世界美景图像浏览 1"网页

将鼠标指针移到导航文字图像按钮上时,文字图像按钮会由红色变为蓝色,单击这些按钮后可以弹出新网页,显示相应的大图像。单击小图像,也会弹出相应的大图像网页。音乐播放器和 FLV 格式视频播放器可以控制音乐和视频的播放。

## 实训提示

(1)在"综合实训 2 世界美景图像浏览 1"文件夹内创建"PIC""TU""SWF"和"MT"4 个文件夹。在"TU"文件夹内存放"冰河风景.jpg"……"中国长城.jpg"10 幅高清晰度图像和"冰河风景小.jpg"……"中国长城小.jpg"10 幅小图像(高 150 像素、宽 200 像素);在"PIC"文件夹内存放一些 GIF 格式的动画文件、"KB.jpg"的空白图像文件、"世界美景图像浏览.gif"标题图像文件和按钮图像文件等;在"MT"文件夹内保存一些 WAV、MP3、SWF 和 FLV 格式的媒体文件。

(2)插入一个 6 行 6 列的表格,然后进行表格的合并和拆分。在表格的"属性"面板内设置"填充""间距"和"边框"均为 1 像素。在合并第 2 行的左边 5 个单元格后的单元格内创建一个 1 行、4 列的小表格。

(3)单击第 6 列第 1 行单元格内部,单击"插入"→"媒体"→"ActiveX"命令,在该单元格内插入一个"ActiveX"图标,单击该图标,在它的"属性"面板内选择"源文件"复选框,单击右边的按钮,弹出"选择 Netscape 插件文件"对话框,在"文件类型"下拉列表框中选择"Shockwave Flash (*.spl;*.swf;*.swt)"选项,在"查找范围"下拉列表框中选中"SWF"文件夹中的"世界建筑.swf"文件。单击"确定"按钮,在第 6 列第 1 行单元格内部插入"世界建筑.swf"动画。

(4)按照上述方法,在第 6 列第 2 行单元格内插入"SWF"文件夹中的"美景翻页.swf"动画。

(5)调整第 6 列第 2 个单元格内插入的"ActiveX"图标的大小。

此时,页面设计效果如图 3-5-2 所示。

图 3-5-2　页面设计效果

## 实训测评

| 能力分类 | | 能　　　力 | 评　分 |
|---|---|---|---|
| 职业能力 | | 输入文字，插入图像和 GIF 格式动画，编辑文字与图像，制作鼠标经过图像的效果 | |
| | | 创建和编辑表格，在表格中插入对象 | |
| | | 在网页内插入时间、水平线、插件、Shockwave 影片对象，SWF 和 FLV 格式对象、Applet 和 ActiveX 对象 | |
| 通用能力 | | 自学能力、总结能力、合作能力、创造能力等 | |
| 综合评价 | | | |

# 第 **4** 章　AP Div 和框架

通过案例掌握在 Dreamweaver CS6 中创建和编辑 AP Div 的方法、创建和编辑有框架网页的方法，以及掌握使用描图进行网页布局的方法等。

## 4.1　【案例 12】"秦始皇兵马俑——兵器介绍"网页

### 案例效果

"秦始皇兵马俑——兵器介绍"网页是"秦始皇兵马俑"网站中的一个网页，它的显示效果如图 4-1-1 所示。单击左上角的"秦陵介绍"文字按钮，可以弹出"秦陵介绍.htm"网页；单击右上角的"赢政介绍"文字按钮，可以弹出"赢政介绍.htm"网页，如图 4-1-2 所示。"秦陵介绍.htm"网页是一个普通只有文字的网页，"赢政介绍.htm"网页内在文字和图像之上，有逐渐增加的雪花不断从上向下飘落。

图 4-1-1　"秦始皇兵马俑——兵器介绍"网页的显示效果

"秦始皇兵马俑——兵器介绍"网页是利用 AP Div 编排的网页，通过该网页的制作，可以掌握创建 AP Div 的方法和 AP Div 的基本操作方法。AP Div 可以视为一种用来插入各种网页对象、可自由定位、精确定位和容易控制的容器。在 AP Div 中可以嵌套其他的 AP Div，而且可以重叠，可以控制对象的位置和内容，从而实现网页对象的重叠和立体化等特效，还可以实现网页动画和交互效果；利用 AP Div 的显示和隐藏属性可以实现一些简单的动画效果（例如制作弹出式菜单等）。

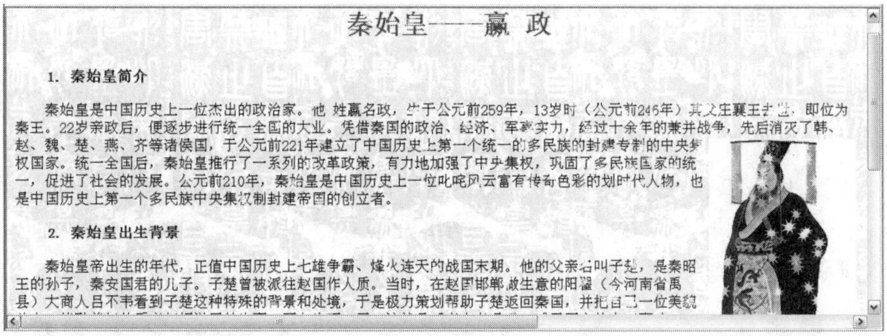

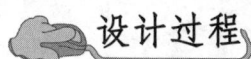

图 4-1-2　"赢政介绍"网页的显示效果

## 设计过程

### 1．制作标题文字

（1）将本网页使用的所有图像均保存在"【案例 12】秦始皇兵马俑——兵器介绍"文件夹内的"QSHBMY"文件夹中。新建一个网页文档，以名称"秦始皇兵马俑——兵器介绍.htm"保存在"【案例 12】秦始皇兵马俑——兵器介绍"文件夹内。再设置网页的背景图像为"QSHBMY"文件夹中的"Back1.jpg" 纹理图像。

（2）单击"插入"→"布局对象"→"AP Div"命令，自动在页面左上角创建一个名称为"apDiv1"的 AP Div。拖动 AP Div 四周的控制柄调整它的大小，拖动 AP Div 四周线框，使它位于页面顶部的中间位置。

另外，也可以单击"布局"工具栏内的"绘制 AP Div"按钮，将鼠标指针定位在网页内最上边要插入"秦始皇兵马俑—兵器介绍"立体文字图像的左上角，此时鼠标指针变为十字线状态，拖出一个矩形，创建一个名称为"apDiv1"的 AP Div。

（3）单击"apDiv1"AP Div，在其"属性"面板的"宽"和"高"文本框中分别输入 860 和 50，调整"apDiv1"AP Div 的大小。

（4）单击 AP Div 内部，将光标定位在 AP Div 内，输入"秦始皇兵马俑——兵器介绍"文字，选中输入的文字，在其"属性"（CSS）面板内设置字大小为 36 px、字体为华文行楷、颜色为红色，居中对齐。

（5）单击文字左边，将光标定位在"秦"字左边，插入一幅"QSHBMY/Back2.jpg"纹理图像，再在文字右边，将光标定位在"绍"字右边，插入一幅"QSHBMY/Back2.jpg"纹理图像。然后，在 AP Div 内部最左边插入一幅"QSHBMY/秦陵介绍.gif"文字图像，在 AP Div 内部最右边插入一幅"QSHBMY/赢政介绍.gif"文字图像。调整两幅纹理图像的宽度，最后效果如图 4-1-1 所示。

（6）单击"QSHBMY/秦陵介绍.gif"文字图像，在其"属性"面板的"链接"文本框中输入"秦陵介绍.htm"；单击"QSHBMY/赢政介绍.gif"文字图像，在其"属性"面板的"链接"文本框中输入"赢政介绍.htm"。

### 2．制作其他文字和图像

（1）在第 1 个 AP Div 的下边创建第 2 个名称为"apDiv2"的 AP Div，调整它的大小和位置。在"apDiv2"AP Div 内插入"QSHBMY"文件夹下的"bq1.jpg"图像，然后调整 AP Div 和 AP Div 内图像的大小，使它们的"宽"和"高"均为 100 和 210。

（2）再在"apDiv2"AP Div 右边创建第 3 个名称为"apDiv3"的 AP Div，调整它的大小和位置。将光标定位到第 3 个 AP Div 内，输入图 4-1-3 所示的文字，设置文字的颜色为黑色，字体为宋体，大小为 12 px、加粗。一些古文用图像替代，这些图像文件均放在"【案例 12】秦始皇兵马俑—兵器介绍"文件夹内。然后，选中"apDiv3"AP Div，在其"属性"面板的"宽"和"高"文本框中分别输入"390"和"200"。

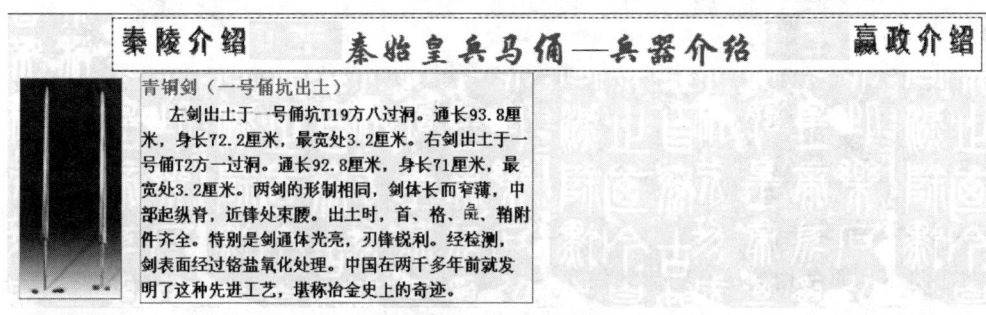

图 4-1-3　"兵器介绍"网页的初步设计

（3）在第 3 个"apDiv3"AP Div 的右边创建第 4 个 AP Div，将光标定位到该 AP Div 内，插入"QSHBMY"文件夹下的"bq2.jpg"图像，然后，在其"属性"面板内调整 AP Div 和 AP Div 内图像的大小，使它们的大小合适。

（4）在第 4 个 AP Div 的右边创建第 5 个 AP Div，并适当调整大小。然后，在该 AP Div 内输入图 4-1-1 所示的文字，设置文字的颜色为黑色，字体为宋体，大小为 12 px、加粗。

（5）按照上述方法，继续创建其他 AP Div，在 AP Div 内插入图像或输入文字。

（6）单击"文件"→"保存"命令，将网页文档保存。

### 3．制作其他网页

（1）新建一个网页文档，以名称"秦陵介绍.htm"保存在"【案例 12】秦始皇兵马俑——兵器介绍"文件夹内。再设置网页的背景图像为一个"QSHBMY"文件夹中的"Back1.jpg"纹理图像。输入的文字和文字编辑由读者自行完成。

（2）新建一个网页文档，以名称"赢政介绍.htm"保存在"【案例 12】秦始皇兵马俑——兵器介绍"文件夹内。设置网页背景图像为"QSHBMY"文件夹中的"Back1.jpg"纹理图像。输入和编辑文字，插入"QSHBMY/QSH.jpg"图像，由读者自行完成。

（3）单击"布局"工具栏内的"绘制 AP Div"按钮，将鼠标指针定位在网页内左上角，此时鼠标指针变为十字线状态，拖出一个矩形，创建一个 AP Div，将网页内所有文字和图像全部覆盖。

（4）单击 AP Div 内部，插入"SWF"文件夹内的"雪花飘飘.swf"动画。调整插入的 SWF 格式动画的大小，将网页内所有文字和图像全部覆，如图 4-1-4 所示。

（5）选中"雪花飘飘.swf"动画，在其"属性"面板的"wmode"下拉列表框中选择"透明"选项，使 SWF 格式动画透明。然后，将网页文档保存。

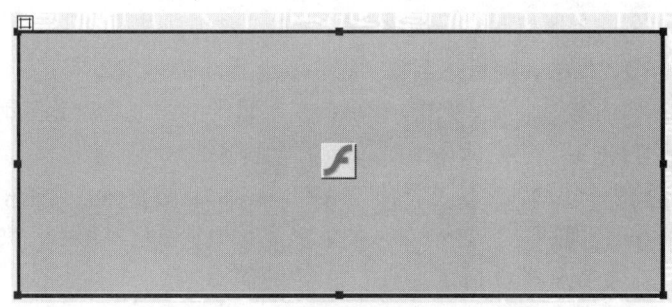

图 4-1-4　"赢政介绍.htm"网页

# 相关知识

## 1. 设置 AP Div 的默认属性

单击"编辑"→"首选参数"命令，弹出"首选参数"对话框，选择"分类"列表框中的"AP 元素"选项，如图 4-1-5 所示。右边各选项的作用如下：

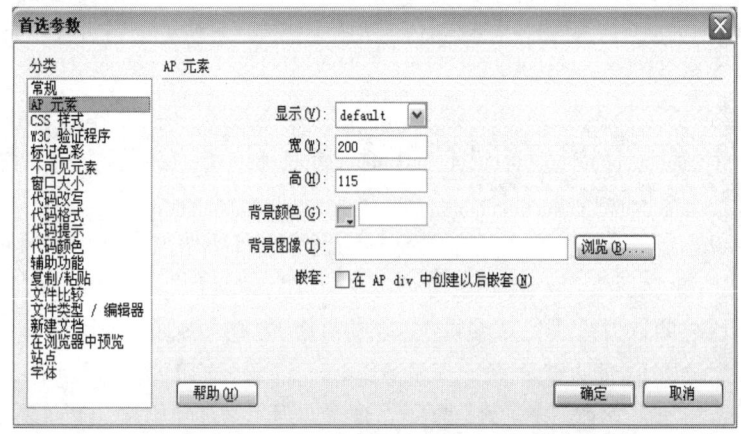

图 4-1-5　"参数选择"（AP 元素）对话框

（1）"显示"下拉列表框：设置默认的 AP Div 可视度。可选择"default"（浏览器默认状态）、"inherit"（继承母体）、"visible"（可视）和"hidden"（隐藏）。

（2）"宽"和"高"文本框：设置默认状态 AP Div 的宽度和高度，单位为像素。

（3）"背景颜色"按钮与文本框：设置默认状态下 AP Div 的背景色，默认为透明。单击 按钮，弹出颜色板，选择颜色。

（4）"背景图像"文本框与"浏览"按钮：用来输入 AP Div 的背景图像路径和名称。单击"浏览"按钮，可弹出"选择图像源"对话框，用来选择 AP Div 的背景图像文件。

（5）"嵌套"复选框：如果选中该复选框，则在 AP Div 内拖动创建新的 AP Div 后，新的 AP Div 嵌套于其外部的 AP Div；如果不选中该复选框，则在 AP Div 内拖动创建新的 AP Div 后，新的 AP Div 不会嵌套于其外部的 AP Div。

## 2. AP Div 的基本操作

（1）选中 AP Div：选中 AP Div 后在 AP Div 矩形的左上角产生一个双矩形控制柄图标，

同时四周产生 8 个黑色的方形控制柄。选中 AP Div 的几种方法如下：

◎ 单击 AP Div 的边框线，即可选定该 AP Div，如图 4-1-6 所示。

◎ 单击 AP Div 的内部，会在 AP Div 矩形的左上角产生一个双矩形控制柄图标🔲，单击该控制柄图标🔲，即可选定与它相应的 AP Div。

◎ 按住【Shift】键，分别单击要选择的各 AP Div 内部或边框线，可选中多个 AP Div。如果选定的是多个 AP Div，则只有一个 AP Div 的方形控制柄是黑色实心的，其他选定的 AP Div 的方形控制柄为空心，如图 4-1-7 所示。

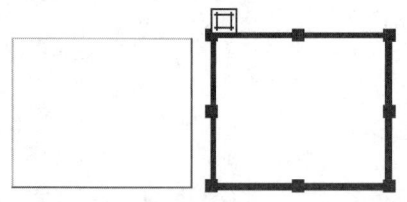
图 4-1-6　选中一个 AP Div

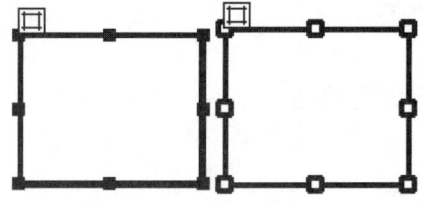
图 4-1-7　选中多个 AP Div

（2）调整一个 AP Div 大小：选中一个 AP Div，改变 AP Div 大小的方法如下。

◎ 拖动调整的方法：将鼠标指针移到 AP Div 的方形控制柄处，当鼠标指针变为双箭头形状时，拖动即可调整 AP Div 的大小。

◎ 按键调整的方法：按住【Ctrl】键，同时按【→】或【←】键，可使 AP Div 在水平方向增加或减少一个像素；每按【↓】或【↑】键，可使 AP Div 在垂直方向上增加或减少一个像素。

按住【Ctrl+Shift】组合键的同时，按光标移动键，可每次增加或减少 5 像素。

◎ 利用 AP Div "属性"面板进行设置的方法：在其"属性"面板的"宽"和"高"文本框中分别输入修改后的数值（单位是像素），即可调整 AP Div 的宽度和高度。

（3）调整多个 AP Div 的大小：选中多个 AP Div，改变它们的大小有如下方法。

◎ 命令方法：单击"修改"→"排列顺序"命令，弹出"排列顺序"级联菜单，如图 4-1-8 所示。单击"设成宽度相同"命令，即可使选中的 AP Div 宽度相等，其宽度与最后选中的 AP Div（它的方形控制柄是黑色实心的）的宽度一样。

◎ AP Div "属性"面板方法：选中多个 AP Div 后，其"属性"面板变为多 AP Div "属性"面板。在其多个 AP Div 元素的"属性"面板的"宽"和"高"文本框中分别输入修改后的数值（单位是像素），即可调整选中的多个 AP Div 的宽度和高度。

| 移到最上层(G) | |
| --- | --- |
| 移到最下层(D) | |
| 左对齐(L) | Ctrl+Shift+1 |
| 右对齐(R) | Ctrl+Shift+3 |
| 上对齐(T) | Ctrl+Shift+4 |
| 对齐下缘(B) | Ctrl+Shift+6 |
| 设成宽度相同(W) | Ctrl+Shift+7 |
| 设成高度相同(H) | Ctrl+Shift+9 |
| 防止 AP 元素重叠(P) | |

图 4-1-8　"排列顺序"菜单

（4）调整 AP Div 的位置：可以采用以下几种方法。

◎ 拖动调整：选中要调整位置的一个或多个 AP Div，将鼠标指针移到 AP Div 轮廓线或控制柄图标🔲处，当鼠标指针变为✥状时拖动，即可调整 AP Div 的位置。

◎ 按键调整：每按一次【→】或【←】键，可使 AP Div 向右或向左移动一个像素；每按一次【↓】或【↑】键，可使 AP Div 向下或向上移动一个像素。

◎ 按住【Shift】键的同时按光标移动键，可调整 AP Div 位置，每次移动 5 像素。

如果选中"AP 元素"面板内的"防止重叠"复选框，则在移动 AP Div 时，不能实现 AP Div 的重叠。

◎ 利用 AP Div"属性"面板进行设置的方法：选中要调整大小的 AP Div，在其单个 AP Div "属性"面板的"左"文本框中输入修改后的数值（单位是像素），即可调整 AP Div 的水平位置；在"上"文本框中输入数值，可调整 AP Div 的垂直位置。

选中或不选中"AP 元素"面板内的"防止重叠"复选框，都不影响这种调整。

（5）多个 AP Div 排列顺序：设置的方法如下。

◎ 命令设置：选中多个 AP Div，单击"修改"→"排列顺序"命令，弹出"排列顺序"级联菜单，如图 4-1-8 所示。选择其中的一个命令，即可获得相应的对齐效果。例如，单击"修改"→"排列顺序"→"上对齐"命令，即可将各 AP Div 以最后选中的 AP Div（它的方形控制柄是黑色实心的）的左边线对齐，如图 4-1-9 所示。

◎ 按键调整：按住【Ctrl】键的同时按光标移动键，即可将选中的多个 AP Div 对齐。按【→】键可右对齐，按【←】键可左对齐，按【↓】键可下对齐，按【↑】键可上对齐。

◎ AP Div"属性"面板设置：选中多个 AP Div 后，在其"属性"面板内"左"或"上"文本框中输入数值，可使多个 AP Div 的左或上边线以修改的数值对齐。

（6）在 AP Div 中插入对象：单击 AP Div 的内部，在其内定位光标，接着可像在页面内插入对象那样，在选中的 AP Div 内插入文字或图像等对象，如图 4-1-10 所示。

　图 4-1-9　左对齐的多个 AP Div　　图 4-1-10　在 AP Div 内插入文字和图像

### 3．AP Div"属性"面板

AP Div"属性"面板有两种，一种是单 AP Div"属性"面板，这是在选中一个 AP Div 时出现的；另一个是多 AP Div"属性"面板，这是在选中多个 AP Div 时出现的。单 AP Div"属性"面板如图 4-1-11 所示，多 AP Div"属性"面板如图 4-1-12 所示。可以看出，多 AP Div "属性"面板内除了基本的属性设置选项外，增加了关于文本属性的设置选项。"属性"面板中各个选项的作用如下：

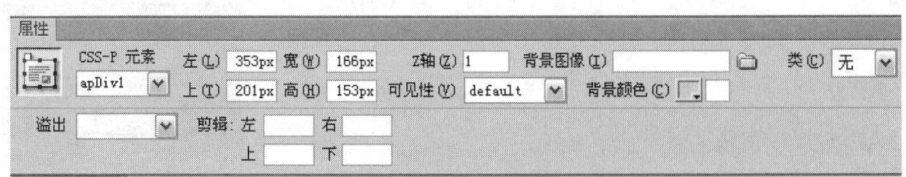

图 4-1-11　单 AP Div"属性"面板

（1）"AP Div 编号"下拉列表框：用来输入和选择 AP Div 的名称，它会在"AP 元素"面板中显示出来。

（2）"左"和"上"文本框：用来确定 AP Div 在页面中的位置，单位为像素。"左"文本框中的数据是 AP Div 左边线与页面左边缘的间距，"上"文本框中的数据是 AP Div 顶边线与页面顶边缘的间距。对于嵌套中的子 AP Div，是相对于父 AP Div 的位置。

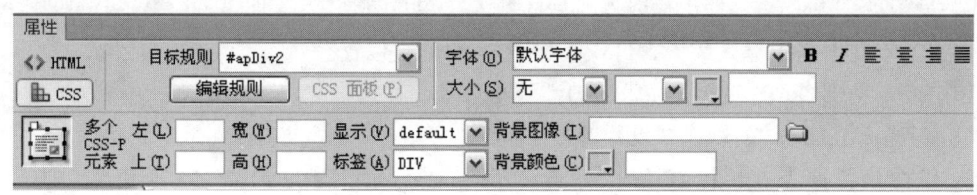

图 4-1-12　多 AP Div"属性"面板

（3）"宽"和"高"文本框：用来确定 AP Div 的大小，单位为像素。

（4）"Z 轴"文本框：用来确定 AP Div 的显示顺序，数值越大，显示越靠上。

（5）"显示"和"可见性"下拉列表框：用来确定 AP Div 的可视性。它有"default"（默认）、"inherit"（与父 AP Div 相同）、"visible"（可见）和"hidden"（隐藏）选项。

（6）"背景图像"文本框与按钮：用来确定 AP Div 的背景图案。

（7）"背景颜色"按钮与文本框：用来确定 AP Div 的背景颜色。

（8）"溢出"下拉列表框：决定当 AP Div 中的内容超出 AP Div 的边界时的处理方法。它有"Visible"（可见，即显示 AP Div 中所有，为系统默认）、"Hidden"（剪切，即按照 AP Div 的大小显示其内容）、"Scroll"（加滚动条）和"Auto"（自动，会根据 AP Div 中的内容能否在 AP Div 中放得下，决定是否加滚动条）4 个选项。选择前 3 个不同的选项后，浏览器中的效果如图 4-1-13 所示。

（a）选择"Visible"　　　（b）选择"Hidden"　　　（c）选择"Scroll"

图 4-1-13　在"溢出"下拉列表框中选不同选项后的效果

（9）"标签"下拉列表框用来确定标记方式。

（10）"剪辑"选项组：用来确定 AP Div 的可见区域，即确定 AP Div 中的对象与 AP Div 边线的间距。"左""上""右"和"下"4 个文本框分别用来输入 AP Div 中的对象与 AP Div 的左边线、顶部边线、右边线和底部边线的间距，单位为像素。

### 4."AP 元素"面板

利用"AP 元素"面板可以对 AP Div 的可视性、嵌套关系、显示顺序和相互覆盖性等属性进行设置。单击"窗口"→"AP Div"命令，弹出"AP Div"面板，即 AP Div 监视器，如图 4-1-14 所示。

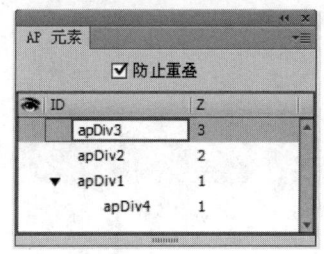

图 4-1-14　更改 AP Div 名称

（1）显示 AP Div 的信息：在图 4-1-14 所示的"AP 元素"面板中有 4 个 AP Div，"ID"列给出了 AP Div 的 ID 名字，"Z"列给出了各 AP Div 的显示顺序，Z 值越高，显示越靠上。Z 值是负数表示在网页下边，即隐藏起来，网页的"Z 轴"数值为 0。

"apDiv4"在"apDiv1"下面且向右缩进，表示"apDiv4"嵌套于"apDiv1"的内部。

（2）选定 AP Div：单击"AP 元素"面板中 AP Div 的名字，可选中网页中相应的 AP Div。按住【Shift】键的同时依次单击"AP 元素"面板中各个 AP Div 的名字，即可选中网页中相应的多个 AP Div。

（3）更改 AP Div 的名称和 Z 值：双击"ID"列内 AP Div 的名字，使此处名字出现白色矩形框，如图 4-1-14 所示。此时可输入 AP Div 新名字。双击"Z"列内的数值，使 Z 值出现白色矩形框，如图 4-1-15 所示，此时可输入新 Z 值。在 AP Div"属性"面板的"Z 轴"文本框中也可以改变 Z 值。改变 Z 值即改变 AP Div 的显示顺序。

（4）设置是否允许 AP Div 重叠：如果不选择"AP 元素"面板中的"防止重叠"复选框，则表示允许 AP Div 之间有重叠关系；如果选择"防止重叠"复选框，则表示不允许 AP Div 之间有重叠关系。

（5）设置 AP Div 的可视性：单击"AP 元素"面板内标题栏的　按钮，可使各 AP Div 行左边出现　图标，如图 4-1-15 所示，表示所有 AP Div 可视。单击"AP 元素"面板标题栏中的　按钮，使各 AP Div 行左边　图标变为　图标，如图 4-1-16 所示，表示所有 AP Div 不可视，即隐藏所有 AP Div。

单击列表框中的一个 AP Div 行的　图标像，使　图标变为　图标，表示此行的 AP Div 是不可视的。如果再单击　图标，可使它变为　图标，表示此行的 AP Div 又变为可视的。将"apDiv4"变为不可视后的"AP 元素"面板如图 4-1-17 所示。

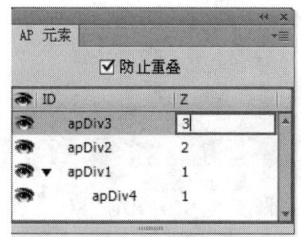
图 4-1-15　修改 Z 值

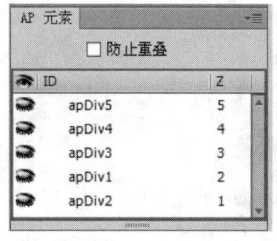
图 4-1-16　隐藏所有 AP Div

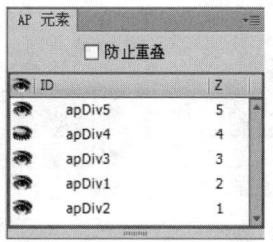
图 4-1-17　隐藏"apDiv4"

### 5．将 AP Div 转换为表格

单击"修改"→"转换"→"将 AP Div 转换为表格"命令，弹出"将 AP Div 转换为表格"对话框，如图 4-1-18 所示。

（1）"表格布局"选项组内各选项的含义如下：

◎ "最精确"单选按钮：表示使用最高的精度转换。转换后的单元格位置基本不变，空白处会产生空白的单元格。

◎ "最小：合并空白单元格"单选按钮：选中后，会合并空白单元格。

◎ 小于：4 像素宽度 文本框：选中"最小：合并空白单元格"单选按钮后，该文本框为有效状态，其内可输入数值，单位为像素。当 AP Div 与 AP Div 的间距小于此值时，转换为表格后会自动对齐，而不是以空白单元格去补充，避免产生过多的表格和单元格。

◎ "使用透明 GIFs" 复选框：选择它后，转换后的表格空白单元格内用透明的 GIF 图像填充。从而保证在任何浏览器中都能正常显示。

◎ "置于页面中央" 复选框：选择后，转换后的表格在页面内居中显示。不选择时，转换后的表格在页面内左上角显示。

（2）"布局工具"选项组内各选项的含义如下：

◎ "防止重叠" 复选框：选中后，可防止 AP Div 重叠。

◎ "显示 AP 元素面板" 复选框：选中后，可显示 "AP 元素" 面板。

◎ "显示网格" 复选框：选中后，可显示网格。

◎ "靠齐到网格" 复选框：选中后，可使网格吸附（捕捉）功能有效。

例如，单击 "修改" → "转换" → "将 AP Div 转换为表格" 命令，弹出 "将 AP Div 转换为表格" 对话框，如图 4-1-18 所示。单击 "确定" 按钮，关闭该对话框，即可将所创建的 AP Div 转换为表格。

### 6. 将表格转换为 AP Div

由于 AP Div 的功能比表格的功能要强大，所以将表格转换为 AP Div 以后，可以利用 AP Div 的操作使网页更丰富多彩。

单击 "修改" → "转换" → "将表格转换为 AP Div" 命令，弹出 "将表格转换为 AP Div" 对话框，如图 4-1-19 所示。该对话框内各复选框的作用与 "将 AP Div 转换为表格" 对话框 "布局工具"选项组中各选项的含义相同。

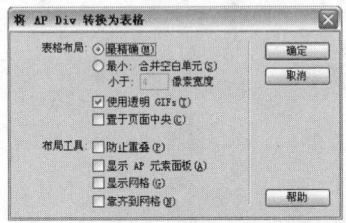　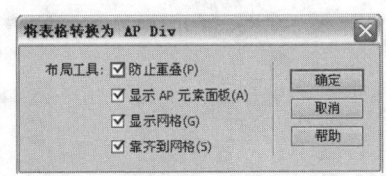

图 4-1-18　"将 AP Div 转换为表格" 对话框　　　图 4-1-19　"将表格转换为 AP Div" 对话框

## 思考与练习 4-1

1. 制作一个 "中国传统节日—春节" 网页，该网页的显示效果如图 4-1-20 所示，可以看到，在网页中间是一幅春节过年的图像，雪花在不断飘舞。该网页是利用 AP Div 编排的网页。

2. 制作一个 "一串动画" 网页，该网页的显示效果如图 4-1-21 所示。

图 4-1-20　"中国传统节日—春节" 网页的显示效果　　　图 4-1-21　"一串动画" 网页

# 4.2 【案例 13】"中国名胜图像欣赏 2"网页

## 案例效果

　　"中国名胜图像欣赏 2"网页的显示效果如图 4-2-1 所示。网页内上边是标题框架窗口，左边是目录框架窗口，右边用来显示中心内容。单击左边框架窗口内的文字图像，可以在右边的框架窗口中显示相应的内容。例如，单击"香格里拉"文字图像后，显示的效果如图 4-2-2 所示。通过该网页的制作，可以掌握应用框架技术制作网页的方法。

图 4-2-1　"中国名胜图像欣赏 2"网页的显示效果

图 4-2-2　单击"香格里拉"文字图像后的显示效果

　　框架就是把一个网页页面分成几个单独窗口，每个窗口就像一个独立的网页，可以是一个独立的 HTML 文件。框架网页中主要包括两种网页：一种叫框架，另一种叫框架集。每个框架对应一个网页，记录了具体的网页内容；框架集记录整个框架网页中各框架的信息，即框架网页由几个框架组成，以及这些框架的名称、大小和位置等。因此，框架可以实现在一个网页内显示多个 HTML 网页文件。对于一个有 $n$ 个框架（即区域）的框架网页来说，每个框架（区域）内都有一个 HTML 文件，且整个框架集结构也是一个 HTML 网页文件，因此该框架网页是一个 HTML 文件集，它有 $n+1$ 个 HTML 网页文件。

## 设计过程

1. 制作"TOP.htm"和"RIGHT.html"网页

（1）在"【案例 13】中国名胜图像欣赏 2"文件夹内创建"GIF""PIC"和"按钮和标题"

3 个文件夹，"GIF"文件夹内存放一些 GIF 格式的动画文件，"按钮和标题"文件夹内存放各种标题文字图像文件，"PIC"文件夹内存放一些中国名胜图像和"BJ1.jpg"背景图像等文件。

（2）在"【案例 13】中国名胜图像欣赏 2"文件夹下，创建一个新网页文档，以名称"TOP.htm"保存。设置该网页的背景图像是"PIC/BJ1.jpg"。

（3）单击"常用"工具栏内的"图像"下拉按钮中的"图像"按钮，调出"选择图像源文件"对话框，选择"GIF"文件夹内的"儿童 1.gif"动画文件，单击"确定"按钮，即在光标处插入一个"儿童 1.gif" GIF 格式动画。

（4）单击插入的"儿童 1.gif"动画图像，在其"属性"面板的"宽"和"高"文本框中分别输入"90px"和"80px"，调整动画的大小。

（5）在"儿童 1.gif"动画图像右边单击，定位光标，在光标处插入一幅"按钮和标题"文件夹内的"中国名胜图像欣赏.gif"图像。单击插入的图像，在其"属性"面板的"宽"和"高"文本框中分别输入"600px"和"80px"。

（6）按住【Ctrl】键的同时将"儿童 1.gif"动画拖到"中国名胜图像欣赏.gif"图像的右边，单击复制的"儿童 1.gif"动画图像，在其"属性"面板"源文件"文本框中的"GIF/儿童 1.gif"修改成"GIF/儿童 2.gif"。

"TOP.htm"网页设计结果如图 4-2-3 所示，保存网页文档。

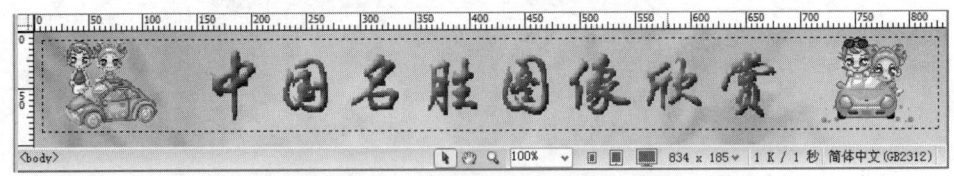

图 4-2-3　"TOP.htm"网页设计结果

（7）在"【案例 13】中国名胜图像欣赏 2"文件夹下创建一个新网页文档，以名称"RIGHT.html"保存。设置该网页的背景图像是"PIC/BJ1.jpg"。

（8）在网页内并排插入 2 幅图像，图像的宽和高均为 300 像素。"RIGHT.html"网页设计结果如图 4-2-4 所示，保存文档。

图 4-2-4　"RIGHT.html"网页设计结果

## 2. 制作"LEFT.htm"网页

（1）在"【案例 13】中国名胜图像欣赏 2"文件夹下创建一个新网页文档，以名称"LEFT.htm"

保存。创建一个 1 列、15 行的表格，边框设置为 1，填充和间距设置为 0。

（2）在"【案例 13】中国名胜图像欣赏 2"文件夹下创建一个新网页文档，以名称"LEFT.htm"保存。创建一个 1 列、15 行的表格，边框设置为 1，填充和间距设置为 0。

（3）单击第 1 行单元格内部，单击"插入"→"图像对象"→"鼠标经过图像"命令，弹出"插入鼠标经过图像"对话框，按照图 4-2-5 所示进行设置。单击"确定"按钮，在第 1 行单元格内部插入一个"鼠标经过图像"的图像。

（4）按照相同的方法，在其他 14 个单元格内，分别插入关于"北京故宫"～"北京天坛"的"鼠标经过图像"的图像。最后，"LEFT.htm"网页设计效果如图 4-2-6 所示。

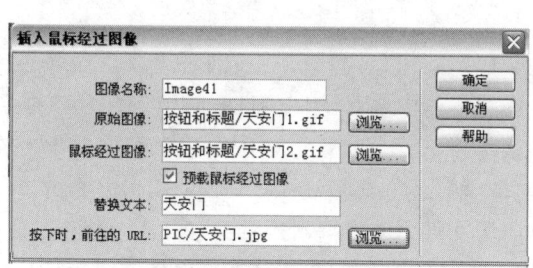

图 4-2-5　"插入鼠标经过图像"对话框

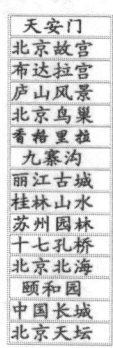

图 4-2-6　"LEFT.htm"网页

（5）选中"天安门"鼠标经过图像，在其"属性"面板的"目标"下拉列表框中选择"main"选项，如图 4-2-7 所示。

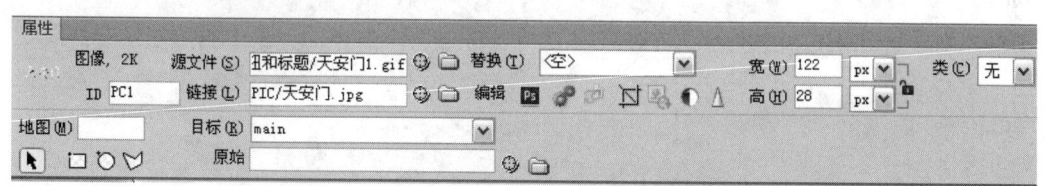

图 4-2-7　鼠标经过图像的"属性"面板设置

（6）按照上述方法，在其他图像"属性"面板"目标"下拉列表框中均选择"main"选项。然后保存"LEFT.htm"网页文档。

### 3．制作框架集网页

（1）在"【案例 13】中国名胜图像欣赏 2"文件夹内创建一个名称为"中国名胜图像欣赏 2.html"的网页。单击"修改"→"框架集"→"拆分上框架"命令，在空网页页面内创建上下两个分栏框架，拖动上下两个分栏框架之间的框架线，调整位置。

（2）单击下边分栏框架内部，单击"修改"→"框架集"→"拆分左框架"命令，在下边分栏框架内分出左右分栏框架，拖动上下两个分栏框架之间的框架线，调整位置，如图 4-2-8 所示。

（3）打开"框架"面板，如图 4-2-9（a）所示。可以看出网页框架集由 3 个分栏框架组成，上边一个，下边左右分布两个。单击"框架"面板内上边的分栏框架内部，在其"属性"面板的"框架名称"文本框中输入分栏框架的名称"TOP"，再按【Enter】键；

单击"框架"面板内左下角的分栏框架内部，在其"属性"面板的"框架名称"文本框中输入

"LEFT"，再按【Enter】键；单击"框架"面板内右下角的分栏框架内部，在其"属性"面板的"框架名称"文本框中输入"main"，再按【Enter】键。此时的"框架"面板如图 4-2-9（b）所示。

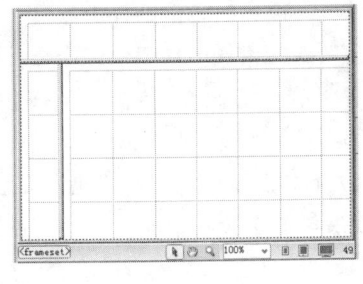

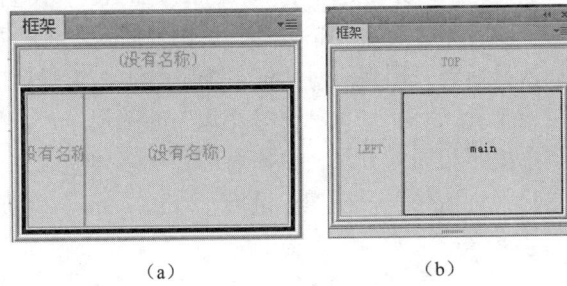

（a）　　　　　　　（b）

图 4-2-8　在页面内创建的框架集　　　　　图 4-2-9　"框架"面板

（4）按住【Alt】键的同时单击右边分栏框架窗口内部，切换到右边分栏框架的"属性"面板。在该"属性"面板内的"源文件"文本框中输入"RIGHT.html"，即在该框架内导入"RIGHT.html"网页；在"滚动"下拉列表框中选择"自动"选项，表示在该框架内的网页内容大于框架大小后自动产生滚动条。此时的"属性"面板设置如图 4-2-10 所示。

另外，也可以单击图 4-2-10 所示的"源文件"文本框右边的按钮 🗁，弹出"选择图像源文件"对话框，利用该对话框可以选择"【案例 13】中国名胜图像欣赏 2"文件夹内的"RIGHT.html"网页文件，在"相对于"下拉列表框中选择"文档"选项，再单击"确定"按钮，将"RIGHT.html"网页导入到 main 分栏框架中。

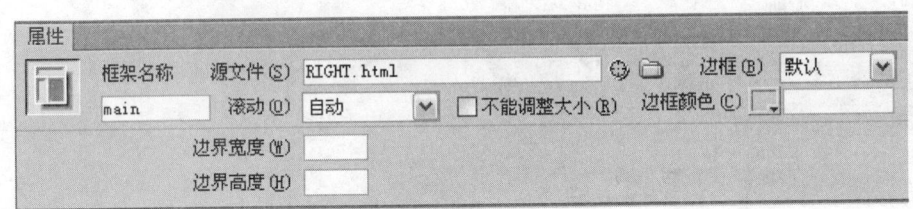

图 4-2-10　右边分栏框架的"属性"面板设置

（5）按住【Alt】键的同时单击左边分栏框架内部，切换到左边分栏框架的"属性"面板。在"源文件"文本框中输入"LEFT.htm"，在"滚动"下拉列表框中选择"自动"选项。

（6）按住【Alt】键的同时单击上边的分栏框架内部，切换到上边分栏框架的"属性"面板。在"源文件"文本框中输入"TOP.htm"，在"滚动"下拉列表框中选择"自动"选项。

（7）单击框架内部的框架线，选中整个框架，此时"属性"面板切换到框架集的"属性"面板，在"边框"下拉列表框中选择"默认"选项，在"边框宽度"文本框中输入"3"，保证各分栏框架之间有 3 像素的边框。框架集的"属性"面板设置如图 4-2-11 所示。

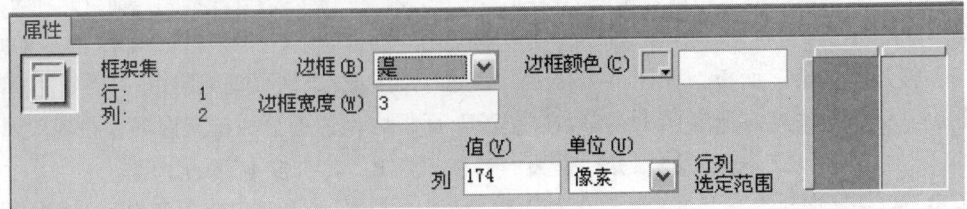

图 4-2-11　框架集的"属性"面板设置

（8）单击"文件"→"保存框架"命令，完成框架集文件的保存。

## 相关知识

### 1．创建框架和框架"属性"面板

（1）创建框架：在网页中创建框架的常用方法可以有以下两种。

◎ 创建一个空网页。单击"修改"→"框架集"命令，弹出"框架集"级联菜单，如图 4-3-12 所示。单击该菜单内的命令，可以创建分栏框架，拖动框架线，可以调整框架线的位置。选中一个框架集，单击"框架集"菜单内的命令，可以在选中的框架分栏中创建新的分栏框架。

◎ 单击"插入"→"HTML"→"框架"命令，弹出"框架"菜单，如图 4-2-13 所示。单击该菜单内的命令，即可创建一种相应的框架。

在使用上述两种方法创建框架时，会自动弹出"框架标签辅助功能属性"对话框，如图 4-2-14 所示。利用该对话框可以更改框架集内各框架的名称。如果单击"取消"按钮，则采用它的默认名称。

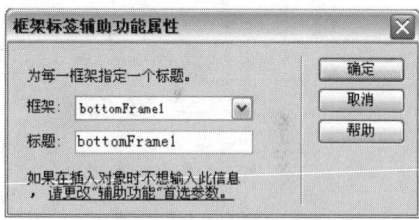

图 4-2-12 "框架集"菜单　图 4-2-13 "框架"菜单　图 4-2-14 "框架标签辅助功能属性"对话框

（2）"框架"面板：单击"窗口"→"框架"命令，弹出"框架"面板，也称框架观察器，如图 4-2-9 所示。"框架"面板的作用是显示出框架网页的框架结构（也称分栏结构）。单击"框架"面板内某个框架，则"框架"面板中该框架边框会变为黑色，表示选中该框架，同时"属性"面板变为该框架的"属性"面板。如果单击框架集的外框线，可以选中整个框架集，如图 4-2-9（a）所示，同时"属性"面板变为框架集"属性"面板。在网页窗口中某个框架内单击，则该框架内的文字变为黑色，如图 4-2-9（b）所示。

### 2．增加或删除框架

在创建框架后，要增加或删除框架个数，应先单击框架内部，再单击"查看"→"可视化助理"→"框架边框"命令，使该菜单左边有 ✔ 标志，然后可采用如下方法进行操作：

（1）在框架区内增加新框架：单击某一个框架区域内部，使光标在此区域内出现，然后按照上述方法即可在框架区域内增加新框架。

（2）增加新框架：将鼠标指针移到框架的四周边缘处，当鼠标指针为↔或↕形状时，按住【Alt】键，向鼠标指针箭头方向拖动，可在水平或垂直方向增加一个框架。

（3）调整框架的大小：用鼠标拖动框架线，即可调整框架的大小。

（4）删除框架：用鼠标拖动框架线到另一条框架线或边框处，即可删除框架。

（5）单击"修改"→"框架集"→"拆分×框架"命令，可以拆分框架。

### 3．在框架内插入对象和 HTML 文件

（1）在框架内插入对象：在框架的一个框架窗口内单击，使光标在其内出现。再向光标处输入文字或插入对象，然后将该框架中的内容保存为网页文件。

（2）在框架内插入 HTML 文件：使光标在框架内出现，单击"文件"→"在框架中打开"命令，弹出"选择 HTML 文件"对话框，如图 4-2-15 所示。利用该对话框可将外部 HTML 文件插入框架内。

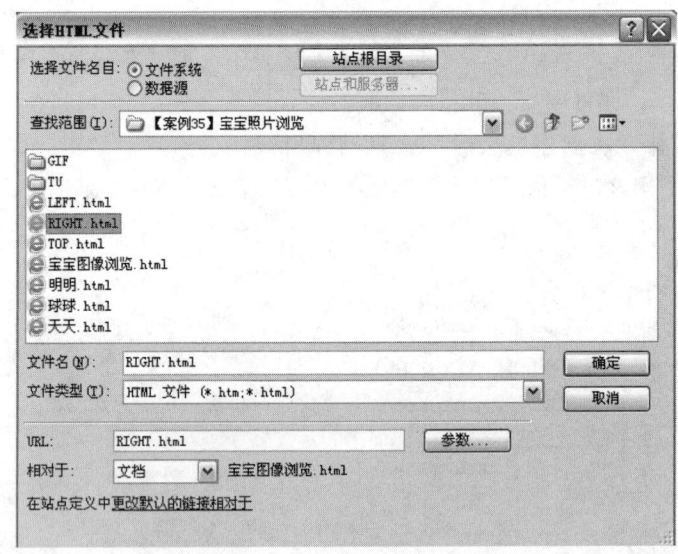

图 4-2-15　"选择 HTML 文件"对话框

（3）单击"框架"面板中的框架内部，选中相应的框架。单击其"属性"面板中"源文件"右边的按钮，也可以弹出"选择 HTML 文件"对话框。利用该对话框，选择文件夹、要加载的文件，在"相对于"下拉列表框中选择"站点根目录"选项后，"URL"文本框中会给出选中文件相对于站点文件夹的相对路径和文件名称；在"相对于"下拉列表框中选择"文档"选项。单击"确定"按钮，完成在框架内插入 HTML 文件的任务。

### 4．框架"属性"面板

框架"属性"面板如图 4-2-10 所示，框架集"属性"面板如图 4-2-11 所示。两个"属性"面板内各选项的作用简介如下：

（1）"框架名称"文本框：用来输入分栏的名字。

（2）"源文件"文本框：用来设置该分栏内 HTML 文件的路径和文件的名字。

（3）"滚动"下拉列表框：用来选择分栏是否要滚动条。选择"是"选项，表示要滚动条；选择"否"选项，表示不要滚动条；选择"自动"选项，是根据分栏内是否能够完全显示其中的内容来自动选择是否要滚动条；选择"默认"选项，是采用默认状态。

（4）"不能调整大小"复选框：如果选择该复选框，则不能拖动框架的边框线调整分栏大

小；如果未选择该复选框，则可以拖动框架的边框线调整分栏大小。

（5）"边框"下拉列表框：用来设置是否要边框。当此处的设置与框架集"属性"面板的设置矛盾时，以此处设置为准。

（6）"边框颜色"文本框：用来确定边框的颜色。单击█按钮，可弹出颜色面板，利用它可确定边框的颜色，也可在文本框中直接输入颜色数据。

（7）"边框宽度"文本框：用来输入边框的宽度数值，其单位是像素。如果在该文本框中输入"0"，则没有边框。单击"查看"→"可视化处理"→"框架边框"命令，则网页页面编辑窗口内会显示辅助的边框线（不会在浏览器中显示出来）。

（8）"边界宽度"文本框：用来输入当前框架中内容距左右边框的间距。

（9）"边界高度"文本框：用来输入当前框架中内容距上下边框的间距。

（10）"值"文本框：用来确定网页左边分栏的宽度或上边分栏的高度。

（11）"单位"下拉列表框：用来选择"值"文本框中数的单位，其内有"像素"等。

### 5．保存框架文件

在"文件"菜单内有许多命令用来保存框架集和框架分栏内的网页，而且具有智能化，可以针对需要保存的内容显示可以使用的相应的命令。

（1）如果网页中的框架集是新建的或是修改过的，则单击"文件"→"框架集另存为"命令，会弹出"另存为"对话框。输入框架集文件名，再单击"保存"按钮，即可完成框架集文件的保存。

（2）如果网页中的框架集是新建的或是修改过的，单击"文件"→"保存全部"命令，弹出"另存为"对话框，同时整个框架（即框架集）会被虚线围住。利用该对话框可输入文件名，再单击"保存"按钮，完成整个框架集网页文件的存储，同时会自动再弹出"另存为"对话框，同时某一个框架会被虚线围住。利用该对话框可输入文件名，再单击"保存"按钮，完成该框架内网页文件的存储。以后依次将框架分栏内的内容保存为 HTML 网页文件。保存的是哪个分栏中的网页文件，则相应的分栏会被虚线围住。

（3）在一个框架分栏内部单击，单击"文件"→"保存框架页"命令，弹出"另存为"对话框。输入网页的名字，单击"保存"按钮，即可将该框架分栏中的网页保存。

（4）网页修改后，单击"文件"→"关闭"命令，会弹出一个提示框，提示是否存储各个HTML 文件。多次单击"是"按钮即可依次保存各框架（先保存光标所在的框架，最后保存整个框架集）。保存哪个分栏中的网页文件，则相应的分栏会被虚线围住。

# 思考与练习 4-2

1．参考【案例 13】网页的制作方法，制作一个"世界名胜"网页。

2．制作一个"宝宝照片浏览"网页，显示效果如图 4-2-16 所示。网页内上边是标题框架窗口，左边是目录框架窗口，右边用来显示中心内容。单击左边框架窗口内的图像按钮，可以在右边的框架窗口中显示相应的内容。例如，单击第 2 个图像按钮后，显示效果如图 4-2-17所示。将鼠标指针移到图像按钮之上时按钮图像会改变。

图 4-2-16 "宝宝照片浏览"网页　　　　　图 4-2-17 单击第 2 个图像按钮的效果

# 4.3 【案例 14】"中国旅游万里行"网页

## 案例效果

"中国旅游万里行"网页显示效果如图 4-3-1 所示，它是整个"中国旅游万里行"网站的主页。网页背景是一幅图像，导航栏在最上边，导航栏中有一些文字，单击这些文字可以弹出相应的网页。导航栏下边是标题栏（Banner），Banner 内有 LOGO 和网站标题文字"中国旅游万里行"。下面有一个"图像滚动显示"的 SWF 动画和一个"图像浏览器"的 SWF 格式动画，以及一些最新旅游消息文字和景点图像，文字和图像的四周有一些圆形和正方形框架。通过该网页的制作，可以进一步掌握网页布局的方法。

在网页设计中，非常重要的一点是网页的布局，也就是网页中的文字、图像与动画等对象如何安排。通常在插入对象以前先进行区域分割。区域的分割可以使用框架、AP Div 或表格等。

图 4-3-1 "中国旅游万里行"网页主页显示效果

## 设计过程

### 1. 使用描图

制作较复杂的网页最好使用 Dreamweaver CS6 提供的描图工具。描图也称跟踪图像，是 Dreamweaver CS6 提供的一种网页辅助制作工具，类似学生学习毛笔字所用的描红纸。使用描图时，原来的背景图像或背景色将变为不可见。描图只会在网页设计窗口内看到，在浏览器中是看不到的，但背景图像或背景色可以显示出来。

（1）制作描图的样图：在图像处理软件（例如，Photoshop）中，制作一幅与图 4-3-1 相似的图像，其中的图像、动画和文字对象可以用其他图像和文字替代。也可以复制一份别人制作好的网页图像并按照自己的要求进行修改。这幅图像是用来作为设计网页的描图。然后将图像存成 JPG 格式文件。这里参考其他网页进行制作，在 Photoshop 中制作的"描图.jpg"图像如图 4-3-2 所示，将该图像以名称"描图.jpg"保存在"【案例 14】中国旅游万里行"文件夹内的"PIC"文件夹中。

图 4-3-2 在 Photoshop 中制作的描图

（2）调入描图：单击"查看"→"跟踪图像"→"载入"命令，弹出"选择图像源文件"对话框，利用它可以选择作为描图的图像。选择"描图.jpg"图像文件后，单击"选择图像源文件"对话框内的"确定"按钮，即可加载"描图.jpg"图像，同时弹出"页面属性"（跟踪图像）对话框，如图 4-3-3 所示。

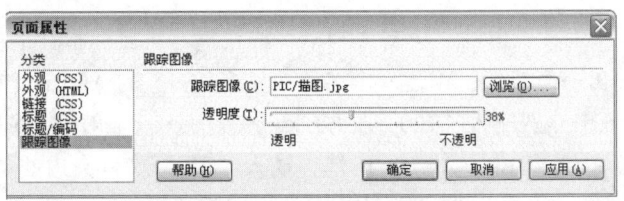

图 4-3-3 "页面属性"对话框

（3）这时，"页面属性"对话框内的"跟踪图像"文本框中已经添加了加载图像的路径与文件名。拖动"透明度"滑块来调整描图的透明度。通常透明度调为 38%左右，有利于区分描图和网页的图像。单击"应用"按钮，即可将图像导入网页中。单击"确定"按钮退出该对话框。这时的网页文档窗口内会显示 38%透明度的描图图像作为布局的参考标准，如图 4-3-4 所示。

（4）在 Photoshop 中修改描图图像，将其中的文字和一些图像删除，如图 4-3-5 所示。再调整该图像宽为 800 像素，高为 632 像素，这是网页的大小。然后，将该图像以名称"BEIJING.jpg"保存在"【案例 14】中国旅游万里行"文件夹内的"PIC"文件夹中，作为网页的背景图像。

图 4-3-4　显示 38%透明度的描图

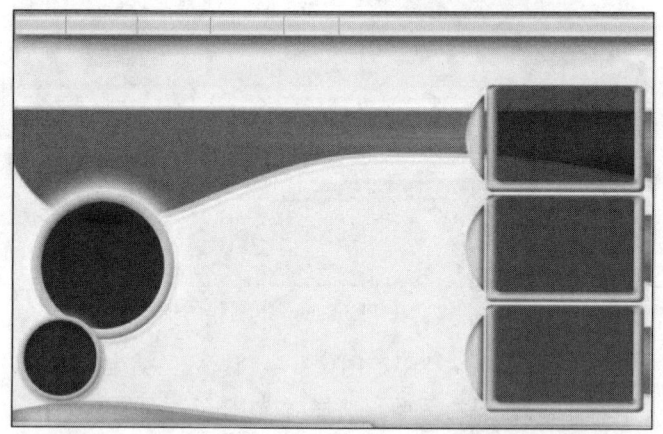

图 4-3-5　"BEIJING.jpg"图像

**2．制作网页**

（1）单击"布局"工具栏内的"绘制 AP Div"按钮，将鼠标指针定位在网页内导航栏下边的最左边，水平拖出一个矩形，创建一个名称为"apDiv1"的 AP Div。在其"属性"面板的"宽"和"高"文本框中分别输入"700px"和"80px"，调整"apDiv1"AP Div 的大小。

（2）将光标定位在"apDiv1"AP Div 内部，插入"PIC"文件夹内的"球.gif"动画和"中国旅游万里行.gif"图像，再将"球.gif"动画在"中国旅游万里行.gif"图像的右边复制一份。

（3）在导航栏创建"apDiv01"…"apDiv06"6 个 AP Div，分别在各 AP Div 内输入"苏州园林""桂丽山水""香格里拉""颐和园""庐山"和"丽江古城"，并设置为蓝色、18 px、宋体、加粗文字。

（4）选中"apDiv01"内的"苏州园林"文字，在其"属性"面板"链接"文本框中输入"TU/苏州园林.jpg"。建立"苏州园林"文字与"TU"文件夹内"苏州园林.jpg"图像的链接。

按照相同方法，给其他文字建立相应的图像链接。

（5）在右边 3 个矩形框架的位置创建"apDiv31""apDiv32"和"apDiv33"3 个 AP Div，分别在各 AP Div 内插入一幅"PIC"文件夹内的图像。单击第 1 幅图像，其"属性"面板"源文件"中的内容是"PIC/北京故宫小.jpg"，在"链接"文本框中输入"TU/北京故宫.jpg"。按照相同的方法，在设置其他图像的"属性"面板。

（6）在左边两个圆形框架的位置创建"apDiv3"和"apDiv4"两个 AP Div，分别在各 AP Div 内输入黄色和白色的文字，如图 4-3-1 所示。

（7）创建"apDiv2""和"apDiv5"两个 AP Div，分别在各 AP Div 内插入"SWF"文件夹内的"滚动图像.swf"和"SWF/图像浏览器.swf"动画。

（8）打开"AP 元素"面板，按住【Shift】键的同时单击该面板内最上边和最下边的 AP Div 名称，以选中所有的 AP Div。显示的"中国旅游万里行"网页设计效果如图 4-3-6 所示。

（9）单击页面空白处，单击其"属性"面板内的"页面属性"按钮，弹出"页面属性"（外观）对话框，在其"背景图像"文本框中输入"PIC/BEIJING.jpg"，在"重复"下拉列表框中选择"no-repeat"选项。单击"确定"按钮，关闭"页面属性"对话框。

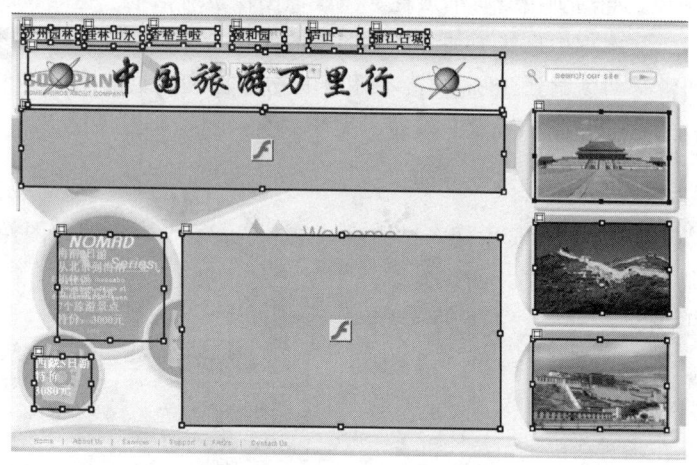

图 4-3-6　"中国旅游万里行"网页设计效果

（10）此时页面看不到变化，单击"查看"→"跟踪图像"→"显示"命令，取消选择该命令的选中状态，可以看到背景的跟踪图像消失，插入的背景图像显示出来。接着，适当调整各 AP Div 的位置。最后"中国旅游万里行"网页设计效果如图 4-3-7 所示。

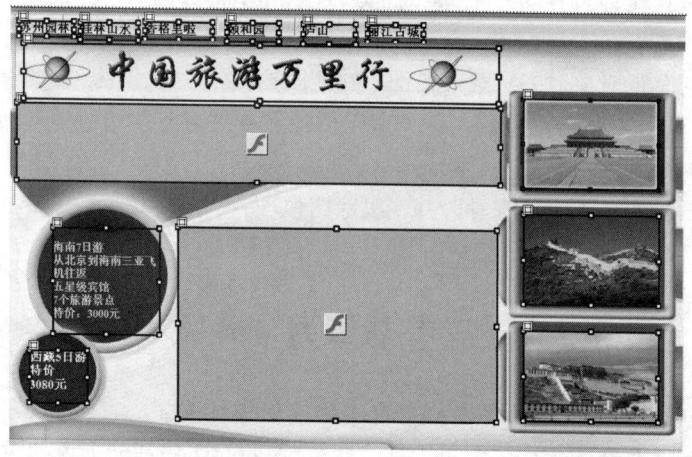

图 4-3-7　"中国旅游万里行"网页设计效果

## ☕ 相关知识

### 1. 制作和导入描图

（1）制作描图的样图：先在图像处理软件（例如，Photoshop）中制作一幅与要设计的网页页面相似的图像，其中的图像、动画和文字对象可以用其他图像和文字替代。也可以复制一份别人做好的网页图像并按照自己的要求进行修改。这幅图像是用来作为设计网页的描图，然后将图像存成 JPG、GIF 或 PNG 图像格式文件。

（2）导入描图：单击"查看"→"跟踪图像"→"载入"命令，弹出"选择图像源文件"对话框，可以选择作为描图的图像。选择图像后，单击"选择图像源文件"对话框内的"确定"按钮，即可加载图像，同时弹出"页面属性"（跟踪图像）对话框。这时，"页面属性"对话框内的"跟踪图像"文本框中已经添加了加载图像的路径与文件名。拖动"透明度"滑块调整描图的透明度，通常透明度调到 38% 左右，有利于区分描图和网页的图像。单击"应用"按钮，即可将图像导入网页中；单击"确定"按钮，关闭"页面属性"对话框。

### 2. 编辑描图

（1）显示/隐藏描图：在网页中调入描图后，单击"查看"→"跟踪图像"→"显示"命令，可以在显示描图和隐藏描图之间切换。

（2）调整描图的位置：单击"查看"→"跟踪图像"→"调整位置"命令，弹出"调整跟踪图像位置"对话框，如图 4-3-8 所示，可以改变描图的位置。在该对话框的"X"和"Y"文本框中分别输入坐标值（单位为像素），即可将描图的左上角以指定的坐标值定位。单击"确定"按钮即可完成重定位。

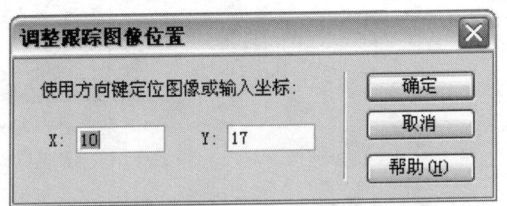

图 4-3-8 "调整跟踪图像位置"对话框

另外，在打开"调整跟踪图像位置"对话框的情况下，也可以通过键盘中的方向键来移动描图，每按一次方向键即可移动一个像素。按住【Shift】键的同时按方向键也可移动描图，但一次可移动 5 个像素。

（3）将描图与其他对象对齐：载入描图，在网页内插入一个对象，单击网页内的对象（例如，图像或文字等），再单击"查看"→"跟踪图像"→"对齐所选范围"命令，即可将描图的左上角与选中对象的左上角对齐。

（4）重设描图位置：单击"查看"→"跟踪图像"→"重设位置"命令，即可将描图的位置恢复到调整前的位置。

# 思考与练习 4-3

1. 新建一个网页，给该网页添加一个透明度为 20% 的描图。

2. 将 Internet 网上的一个网页图像复制并粘贴到 Photoshop 中进行加工处理，制作出描图。利用该描图设计网页布局，制作一个介绍中国旅游景点的网页主页。

3. 使用描图技术和网页布局技术制作一个"世界名花浏览"网页。

4. 使用描图技术和网页布局技术制作一个"求职——自我简介"网页，显示效果如图 4-3-9 所示。在标题栏的下边是导航栏，导航栏中有一些文字，单击这些文字可弹出相应的网页。导航栏下边给出了网页制作的日期和时间，以及当前的网页位置。单击网页中有蓝颜色的文字，也可以弹出相应的网页。标题栏中的小人头图像和左边的人物图像都是 GIF 格式动画。

图 4-3-9 "求职——我的简历"网页效果

# 4.4 综合实训 3 世界美景图像浏览 2

## 实训效果

"世界美景图像浏览 2"网页的显示效果如图 4-4-1 所示。网页内上边是标题框架窗口，左边是目录框架窗口，右边用来显示中心内容。单击左边框架窗口内的文字图像，可以在右边的框架窗口中显示相应的内容。单击网页内左上角的"欣新亚太旅游"文字图像，会弹出"欣新亚太旅游.html"网页，如图 4-4-2 所示。

图 4-4-1 "世界名胜图像浏览 2"网页的显示效果

"欣新亚太旅游.html"网页内标题栏下面的左边是导航栏，导航栏中有一些文字图像，单击这些文字图像可以弹出相应的网页。该网页中还有链接图像，单击该链接图像可以进入相应的网页。

图 4-4-2　"欣新亚太旅游"网页显示效果

## 实训提示

（1）参考【案例 13】"中国名胜图像欣赏 2"网页的制作方法，制作"世界美景图像浏览
2.html"网页，注意在网页内左上角插入一幅"欣新亚太旅游"文字图像，然后建立该图像与
"欣新亚太旅游.html"网页的链接。

（2）制作一幅描图或者利用提供的图像作为描图，然后在中文 Dreamweaver CS6 下导入描
图，再按照描图的结构进行网页布局设计。

（3）参考图 4-4-2 所示的网页效果设计"欣新亚太旅游.html"网页。

（4）在"【综合实训 3】世界美景图像浏览 2"文件夹内保存上边制作的网页。再制作其他
网页，然后建立"欣新亚太旅游.html"网页内一些图像和文字与这些网页的链接。

## 实训测评

| 能力分类 | 能　力 | 评　分 |
|---|---|---|
| 职业能力 | 创建 AP Div、设置 AP Div 的默认属性、AP Div 的基本操作、AP Div "属性"面板设置方法、"AP 元素"面板 | |
| | 改变 AP Div 的重叠顺序、AP Div 与表格互相转换 | |
| | 制作框架集网页、创建框架和"框架"面板、在框架内插入 HTML 文件 | |
| | 保存框架文件、框架集，设置分栏框架的"属性"面板 | |
| | 使用描图、"插入"（布局）栏和网页布局 | |
| 通用能力 | 自学能力、总结能力、合作能力、创造能力等 | |
| 综合评价 | | |

# 第5章 CSS 和 Div 标签

通过案例掌握在 Dreamweaver CS6 中插入 Div 标签和设计，创建和应用 CSS 的方法，初步掌握使用 Div 标签和 CSS 进行网页布局的方法。

## 5.1 【案例 15】"中国名胜简介"网页

### 案例效果

"中国名胜简介"网页的显示效果如图 5-1-1 所示。第 1 行标题文字是红色、黑体、36 磅大小、粗体；小标题文字是红色、宋体、24 磅大小、粗体；段落文字是蓝色、宋体、18 磅大小、粗体；所有图像的宽都为 100 px 高都为 60 px。

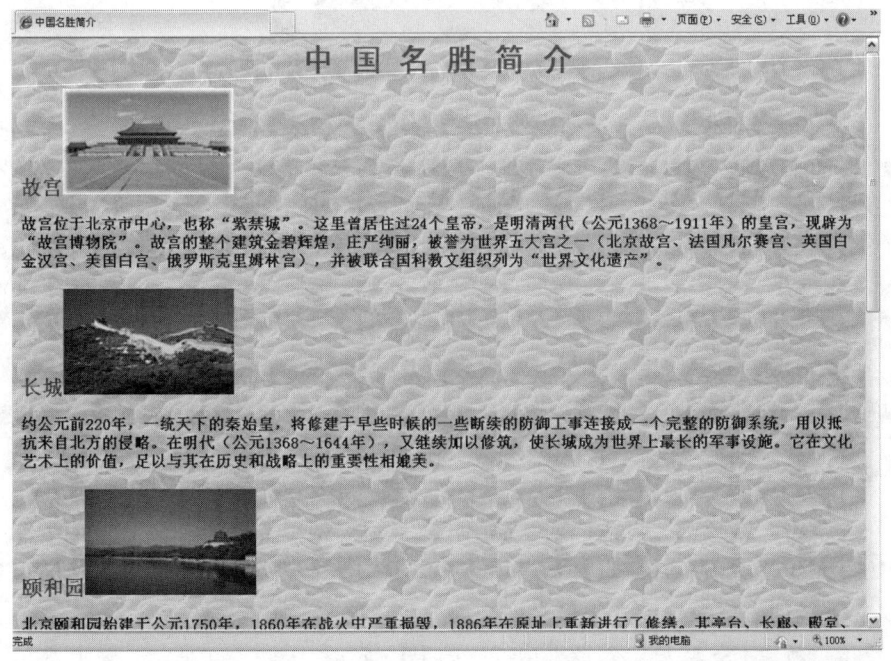

图 5-1-1 "中国名胜简介"网页在浏览器中的显示效果

在设计网页时，常常需要对网页中各种对象的属性进行设置，通常网站中众多网页内会有许多相同属性的对象，例如，相同颜色、大小、字体的文字，同样粗细的图像边框等。如果对这些相同的元素进行逐一的属性设置，会大大增加工作量，而且修改也很烦琐。为了简化这项工作，就需要使用 CSS 样式表，它可以对页面布局、背景、字体大小、颜色、表格等属性进行统一的设置，然后再应用于页面各个相应的对象。

CSS（Cascading Style Sheet，层叠样式表）技术是一种格式化网页的标准方式，它通过设置 CSS 属性使网页元素对象获得不同的效果。在定义一个 CSS 样式后，可以将它应用于网页内不同的元素，使这些元素对象具有相同的属性。而在修改 CSS 样式后，所有应用了该 CSS 样式的网页元素的属性会随之一同被修改。另外，相对于 HTML 标记符而言，CSS 样式属性提供了更多的格式设置功能。例如，可以通过 CSS 样式属性的设置去掉链接文字的下画线，给文字添加阴影，为列表指定图像作为项目符号等。

由于 CSS 具有上述这些优点，所以已经被广泛用于网页设计中。

 设计过程

### 1. 创建内部 CSS

（1）新建一个网页文档，设置网页的背景色为浅蓝色。然后，以名称"中国名胜简介.htm"保存在"【案例 15】中国名胜简介"文件夹内。然后，输入文字和插入图像。

（2）打开"CSS 样式"面板，如图 5-1-2 所示，单击"新建 CSS 规则"按钮，弹出"新建 CSS 规则"对话框，如图 5-1-3 所示。另外，右击网页空白处，弹出快捷菜单，单击"CSS 样式"→"新建"命令，也可以弹出该对话框。

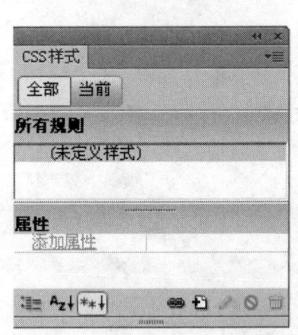

图 5-1-2　"CSS 样式"面板

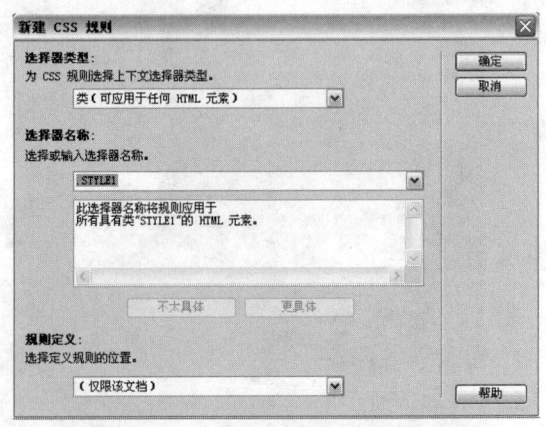

图 5-1-3　"新建 CSS 规则"对话框

（3）在"新建 CSS 规则"对话框内，选中"选择器类型"下拉列表框中的"类（可应用于任何 HTML 元素）"选项，在"选择器名称"文本框中输入 CSS 样式的名称".STYLE1"，在"规则定义"下拉列表框中选择"（仅限该文件）"选项，如图 5-1-3 所示。

（4）单击"新建 CSS 规则"对话框内的"确定"按钮，关闭该对话框，弹出".STYLE1 的 CSS 规则定义"对话框。

（5）在该对话框内的"字体"下拉列表框中选择"宋体"，在"大小"下拉列表框中选择"36"，在"粗细"下拉列表框中选择"粗体"选项。单击"颜色"按钮，弹出颜色面板，

单击红色色块，设置文字颜色为红色。其他设置如图 5-1-4 所示，单击"确定"按钮，关闭该对话框，完成".STYLE1"CSS 样式的定义。此时的"CSS 样式"面板如图 5-1-5 所示。

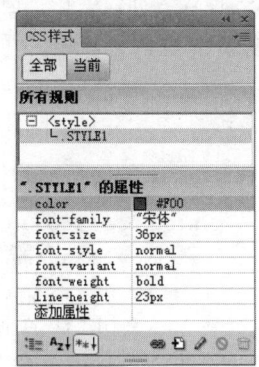

图 5-1-4　".STYLE1 的 CSS 规则定义"对话框　　　图 5-1-5　"CSS 样式"面板

（6）单击"代码"按钮，切换到"代码"视图窗口，可以看到增加了如下代码，这些代码定义了一个内部 CSS 样式（也称"内嵌式"CSS 样式）：

```
<style type="text/css">
.STYLE1 {
  font-family:"宋体";
  font-size:36px;
  font-style:normal;
  line-height:23px;
  font-weight:bold;
  font-variant:normal;
  color:#F00;
}
body {
  background-color:#66ffff;
}
</style>
```

（7）按照上述方法，再创建".STYLE2"和".STYLE3"两个内部 CSS 样式。".STYLE2"CSS 样式的".STYLE2 的 CSS 规则定义"对话框属性设置如图 5-1-6 所示，".STYLE3"CSS 样式的".STYLE3 的 CSS 规则定义"对话框属性设置如图 5-1-7 所示。

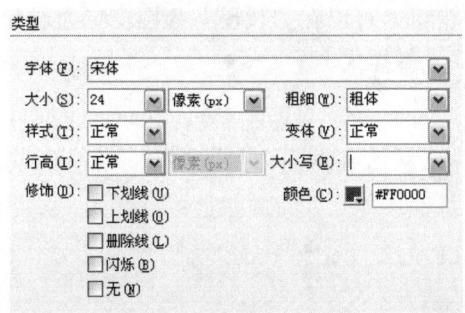

图 5-1-6　".STYLE2 的 CSS 规则定义"对话框　　图 5-1-7　".STYLE3 的 CSS 规则定义"对话框

（8）单击"CSS样式"面板内的"全部"标签，切换到"全部"选项卡，如图 5-1-8 所示。可以看出，定义了 3 个内部 CSS 样式，以及自动定义的网页背景的"body"CSS 样式。选中不同的 CSS 样式名称，会在下边显示相应的属性设置情况，属性值可以修改。

单击"代码"按钮，切换到"代码"视图窗口，可以看到增加了如下代码：

```
<!--
body {background-image: url(JPG/BJ.jpg);}
.STYLE1 {
  font-family:"黑体";
  font-size:36px;
  font-style:normal;
  line-height:23px;
  font-weight:bold;
  font-variant:normal;
  color:#FF0000;
}
.STYLE2 {
  font-family:"宋体";
  font-size:24px;
  font-style:normal;
  line-height:normal;
  font-weight:bold;
  font-variant:normal;
  color:#FF0000;
}
.STYLE3 {
  font-family:"宋体";
  font-size:18px;
  font-style:normal;
  line-height:normal;
  font-weight:bold;
  font-variant:normal;
  color:#0000FF;
}
-->
</style>
```

图 5-1-8  "CSS 样式"（全部）面板

（9）单击"代码"按钮，切换到"代码"视图窗口，可以在"代码"视图窗口内看到在 HTML 程序中增加了代码，这些代码定义了 3 个内部 CSS 样式。

## 2．定义 CSS 样式的代码含义

（1）样式表的定义是在<STYLE>…</STYLE>标识符内完成的，<style>…</style>应置于<head>…</head>标识符内。

（2）<STYLE TYPE="text/css">：用来设置 STYLE 的类型，"text/css"类型指示了文本 CSS 样式表的类型，可使不支持样式表的浏览器忽略样式表。

（3）<!--…-->：可使不支持<style>…</style>标记符的浏览器忽略样式表。

（4）"background-image: url(JPG/BJ.jpg);"定义了背景图像为"JPG"文件夹内的"BJ.jpg"图像。

（5）"font-family: "宋体";"定义了字体为宋体；"font-size:18px;"定义了字体大小为 18 磅；"font-style: normal;"定义了字样式为"普通"；"line-height: 23px;"定义了字的行高为 23 像素；"font-weight: bold;"定义了字的粗细为"粗体"；"font-variant: normal;"定义了字的变体为"正常"；"color: #FF0000;"定义了字的颜色为红色。

### 3. 创建外部 CSS 样式

（1）打开"新建 CSS 规则"对话框。选中"选择器类型"下拉列表框中的"类（可应用于任何 HTML 元素）"选项，在"选择器名称"文本框中输入 CSS 样式的名称".PIC"，在"规则定义"下拉列表框中选择"新建样式表文件"选项（确定定义外部 CSS）。单击"确定"按钮，关闭"新建 CSS 规则"对话框，弹出"将样式表文件另存为"对话框，如图 5-1-9 所示。

（2）在该对话框中选择路径，在"文件名"文本框中输入扩展名为".css"的文件名"PIC.css"，然后单击"确定"按钮，退出该对话框，弹出".PIC 的 CSS 规则定义"对话框。

（3）选中".PIC 的 CSS 规则定义"对话框"分类"列表框中的"方框"选项，在"宽"下拉列表框中输入"100"，在"高"下拉列表框中输入"80"。

（4）选中".PIC 的 CSS 规则定义"对话框"分类"列表框中的"边框"选项，选中所有"全部相同"复选框，在"宽"列表框中输入 3，颜色设置为蓝色。

（5）单击"确定"按钮，完成 CSS 样式表的定义。此时，在"CSS 样式"面板内会显示出新创建的样式表的名称"PIC.css"和".PIC"，如图 5-1-10 所示。其中，"PIC.css"是外部 CSS 样式文件的名称，".PIC"是该文件内的外部 CSS 样式名称。"PIC.css"外部 CSS 样式文件保存在"中国名胜简介.htm"网页所在的"F:\WY125\【案例 15】中国名胜简介"路径下，它的代码如下：

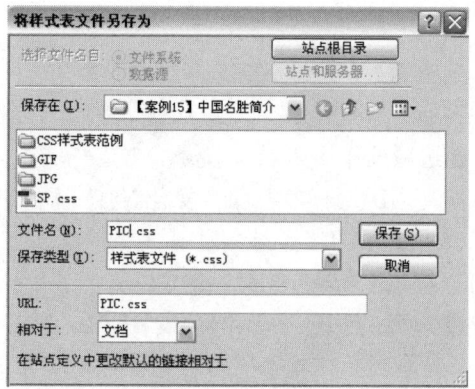

图 5-1-9　"将样式表文件另存为"对话框

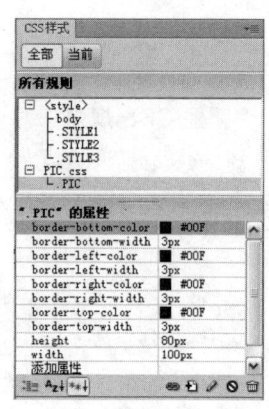

图 5-1-10　"CSS 样式"（全部）面板

```
@charset "gb2312";
.PIC {
 height:80px;
 width:100px;
 border-top-width:3px;
 border-right-width:3px;
```

```
    border-bottom-width:3px;
    border-left-width:3px;
    border-top-color:#00F;
    border-right-color:#00F;
    border-bottom-color:#00F;
    border-left-color:#00F;
}
```

### 4. 应用 CSS 样式

（1）选中标题文字"中国名胜简介"，在其"属性"（CSS）面板的"目标规则"下拉列表框中选择"STYLE1"选项，即给选中的标题文字应用".STYLE1"CSS 样式。

（2）选中标题文字"故宫"，在其"属性"（CSS）面板的"目标规则"下拉列表框中选择".STYLE2"选项，即给选中的标题文字应用".STYLE2"CSS 样式。

（3）给"长城""颐和园""天坛"和"云冈石窟"应用".STYLE2"CSS 样式。

（4）选中段落文字，在其"属性"面板内的"目标规则"下拉列表框中选择".STYLE3"选项，应用".STYLE3"CSS 样式。再给其他段落文字应用".STYLE3"CSS 样式。

（5）选中第 1 幅图像，在其"属性"面板内的"类"下拉列表框中选择".PIC"选项，应用".PIC"CSS 样式；接着给其他图像应用".PIC"CSS 样式。将 5 幅图像的宽度调整为 100 px，高度调整为 80 px，添加 3 px 的蓝色矩形边框。

（6）在图 5-1-10 所示的"CSS 样式"面板内，选中".PIC"选项，单击"height"属性行数值列，进入编辑状态，将原来的数值"80px"改为"120px"；单击"width"属性行数值列，进入编辑状态，将原来的数值"100px"改为"200px"。此时会发现网页内所有应用了".PIC"CSS 样式的图像宽度和高度都自动进行了调整。

（7）单击"文件"→"保存"命令，将网页以名称"中国名胜简介.htm"保存。

## 相关知识

### 1."新建 CSS 规则"对话框中其他各选项的含义

"新建 CSS 规则"对话框（见图 5-1-3）中各选项的作用如下：

（1）"选择器类型"下拉列表框：其内有"类""ID""标签"和"复合内容"4 个选择器类型选项。用来设置要创建的 CSS 规则（即 CSS 样式）的选择器类型。

◎ 选择"类"选项后，设置的 CSS 规则可以应用于所有 HTML 元素。

◎ 选择"ID"选项后，设置的 CSS 样式（即规则）只可以应用于一个 HTML 元素。

◎ 选择"标签"选项后，"选择器名称"下拉列表框中提供了可应用于重新定义的所有 HTML 元素标记名称，可以对 HTML 元素重新定义，改变它们的属性。

◎ 选择"复合内容"选项后，可定义能同时影响多个标签、类或 ID 的复合规则。

（2）"选择器名称"下拉列表框：在"选择器类型"下拉列表框中选择不同的选项时，在该下拉列表框中可以输入和选择的名称形式也不一样。

◎ 选择"类"选项后，类名称必须以"."开头，并且包含字母和数字组合（例如，".CSS1"）。如果未输入开头的"."，则 Dreamweaver 会自动在输入的名称左边添加"."。

◎ 选择 "ID" 选项后，输入的 ID 名称必须以 "#" 开头，并且包含字母和数字组合（例如，"#myID1"）。如果未输入开头的 "#"，则会自动在输入的名称左边添加 "#"。

◎ 选择 "标签" 选项后，输入或选择一个 HTML 标签，重新定义 HTML 元素。

◎ 选择 "复合内容" 选项后，输入用于复合规则的选择器，例如，如果输入 "div p"，则 Div 标签内的所有 p 元素都将受此规则影响。它下边的文本框中会自动给出准确说明添加或删除选择器时该规则将影响哪些元素。

（3）"规则定义" 下拉列表框：用来确定是创建外部 CSS 还是内部 CSS。选中 "仅限该文档" 选项，则创建内部 CSS，并定义在当前文档中。选中 "新建样式表文件" 选项，则创建外部 CSS 样式表文件（扩展名为 ".css"）。选中一个已经创建的 CSS 样式文件，则修改选中的 CSS 样式文件定义的属性。

### 2. "CSS 样式" 面板

单击 "窗口" → "CSS 样式" 命令，弹出 "CSS 样式" 面板（也称 CSS 样式表编辑器），定义了 CSS 样式后的 "CSS 样式" 面板如图 5-1-10 所示，其中各选项的作用如下：

（1）"所有规则" 列表框：用来显示所有样式表的名称和外部 CSS 样式文件的名称。如果未定义 CSS 样式，则 "CSS 样式" 面板如图 5-1-2 所示，"所有规则" 列表框中的 "未定义样式" 选项表示没有定义 CSS 样式。

（2）"属性" 列表框：用来显示选中的 CSS 样式的属性和属性值，单击 "添加属性" 超链接，如图 5-1-11 所示，会在 "添加属性" 热字处出现一个下拉列表框，列出所有相关的属性名称，选择其中一个属性即可设置该属性的相应值。单击属性值，即可进入该属性值的编辑状态，可以修改该属性值。

（3）"显示类别视图" 按钮 ：单击该按钮，可分类显示选中 CSS 样式的属性和属性值。

（4）"显示列表视图" 按钮 ：单击该按钮，可按字母顺序显示 CSS 样式的属性及其值。

（5）"只显示设置属性" 按钮 ：单击该按钮，只显示已设置的 CSS 样式属性及其值。

（6）"附加样式表" 按钮 ：单击该按钮，弹出 "链接外部样式表" 对话框，如图 5-1-12 所示。单击 "浏览" 按钮，弹出 "选择样式表文件" 对话框，可以选择要链接或导入外部的样式表（文件的扩展名为 .CSS）。

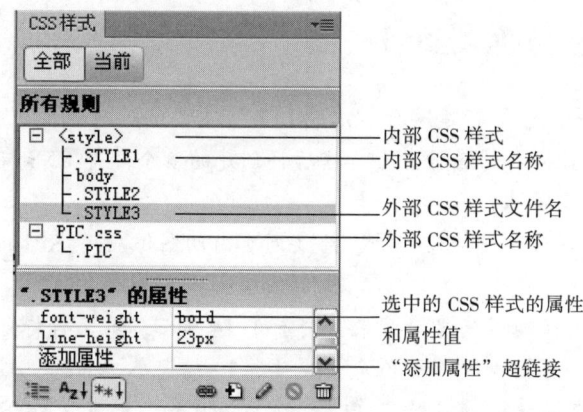

图 5-1-11 "CSS 样式" 面板

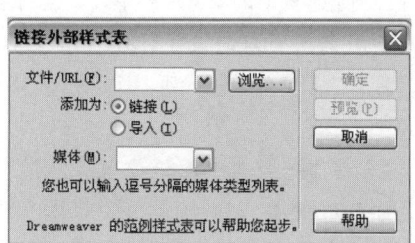

图 5-1-12 "链接外部样式表" 对话框

在"链接外部样式表"对话框的"媒体"下拉列表框中可以选择媒体类型，单击"范例样式表"超链接，可以弹出"范例样式表"对话框，如图 5-1-13 所示。该对话框给出了一些样式表范例，并给出与它们相应的文件名称和路径供使用。

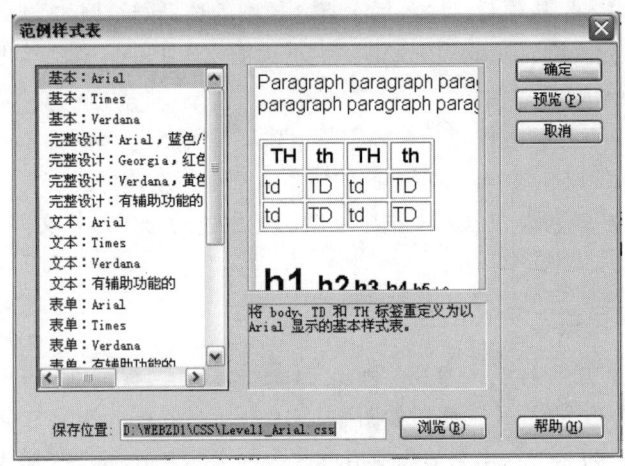

图 5-1-13　"范例样式表"对话框

（7）"编辑样式"按钮 ✐：在"CSS 样式"面板中选中一种 CSS 样式名称，单击该按钮，可打开一个能进行样式表编辑的对话框（例如，".STYLE1 的 CSS 规则定义"对话框），可以对 CSS 样式表进行编辑。

（8）"删除 CSS 属性"按钮 🗑：单击该按钮，将直接删除选中的 CSS 样式。

### 3．应用 CSS 样式

定义了 CSS 样式后，可以将这些 CSS 样式应用于网页中的对象。具体方法介绍如下：

（1）选中要应用 CSS 样式的文本对象，在其"属性"面板的"样式"下拉列表框中选择需要的 CSS 样式名称，即可将选中的 CSS 样式应用于选中的文本对象。

（2）选中要应用 CSS 样式的对象，在其"属性"面板的"类"下拉列表框中选择需要的 CSS 样式名称，即可将选中的 CSS 样式应用于选中的图像或 SWF 等对象。

# 思考与练习 5-1

1．修改【案例 15】网页内的".STYLE2"。新建一个".STYLE4"内部 CSS 样式。

2．创建多个外部 CSS 样式，进行各种样式的属性设置，然后将创建的多个外部 CSS 样式分别应用到网页内的文字、图像和 Flash 动画中。

3．修改【案例 15】网页，新建一个"SP1.css"外部 CSS 样式，给该网页内的图像应用"SP1.css"样式。

4．制作一个"中国传统节日"网页，该网页的显示效果如图 5-1-14 所示。第 1 行标题文字是红色、隶书、52 磅大小、粗体；两个小标题文字是红色、宋体、30 磅大小、粗体；段落文字是蓝色、宋体、16 磅大小、粗体；图像大小统一为宽 115 px、高 110 px，加有 3 px 宽的橙色矩形框架。

图 5-1-14　"中国传统节日"网页在浏览器中的显示效果

# 5.2　【案例 16】"画展值班表"网页

## 案例效果

"画展值班表"网页如图 5-2-1 所示。在半透明的鲜花图像之上有一个画展值班表。通过该网页的制作，可以进一步掌握创建外部 CSS 样式表的方法和设置背景、文本、区块、列表和扩展属性的方法，以及应用外部 CSS 样式表于图像的方法等。

### 画展值班表

| | | 星期一 | 星期二 | 星期三 | 星期四 | 星期五 | 星期六 | 星期日 |
|---|---|---|---|---|---|---|---|---|
| 第1展厅 | 上午 | 赵蒙奇 | 李晓华 | 刘胡明 | 赵　静 | 刘胡明 | 赵　静 | 胡　凯 |
| | 下午 | 王美奇 | 赵　静 | 胡　凯 | 刘胡明 | 胡　凯 | 刘胡明 | 赵　静 |
| 第2展厅 | 上午 | 赵蒙奇 | 王美奇 | 刘胡明 | 王美奇 | 李晓华 | 刘胡明 | 刘胡明 |
| | 下午 | 李晓华 | 胡　凯 | 赵蒙奇 | 李晓华 | 刘胡明 | 赵蒙奇 | 刘胡明 |
| 第3展厅 | 上午 | 王美奇 | 赵　静 | 刘胡明 | 赵蒙奇 | 胡　凯 | 王美奇 | 胡　凯 |
| | 下午 | 赵　静 | 赵蒙奇 | 王美奇 | 李晓华 | 赵蒙奇 | 赵　静 | 刘胡明 |
| 第4展厅 | 上午 | 赵　静 | 王美奇 | 赵蒙奇 | 李晓华 | 王美奇 | 赵蒙奇 | 胡　凯 |
| | 下午 | 赵蒙奇 | 李晓华 | 赵　静 | 王美奇 | 胡　凯 | 李晓华 | 刘胡明 |

图 5-2-1　"画展值班表"网页的显示效果

## 设计过程

### 1. 制作表格

（1）新建一个网页文档，设置网页的背景色为浅蓝色。然后，以名称"画展值班表.htm"保存在"【案例 16】画展值班表"文件夹内。

（2）在网页内的第 1 行输入"画展值班表"，居中分布。按【Enter】键，将光标定位到下一行的左边。

（3）创建一个 8 行、9 列表格，在表格的"属性"面板内设置"填充"和"间距"均为 0 px，

"边框"为 1 px。然后进行单元格的合并处理，效果如图 5-2-1 所示。然后，在各单元格内输入相应的文字。可以使用复制/粘贴的方法提高输入速度。

（4）利用"CSS 样式"面板创建".STYLE1"".STYLE2"和".STYLE3" 3 个内部 CSS 样式，它们的参数设置分别如图 5-2-2 所示。".STYLE1" CSS 样式设置的是蓝色，".STYLE2"和".STYLE3" CSS 样式设置的是红色。

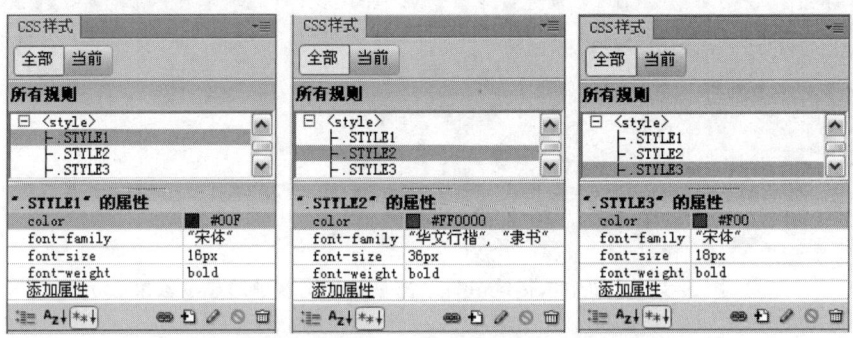

图 5-2-2 "CSS 样式"面板

（5）按住【Shift】键的同时选中第 1 行所有单元格，在其"属性"面板的"类"下拉列表框中选中".STYLE1"选项。按住【Shift】键的同时选中其他所有行的所有单元格，在其"属性"面板的"类"下拉列表框中选中".STYLE3"选项。

（6）选中"画展值班表"标题文字，在其"属性"面板的"类"下拉列表框中选中".STYLE2"选项。完成网页普通表格设计的效果如图 5-2-3 所示。

**画展值班表**

|  |  | 星期一 | 星期二 | 星期三 | 星期四 | 星期五 | 星期六 | 星期日 |
|---|---|---|---|---|---|---|---|---|
| 第1展厅 | 上午 | 赵蒙奇 | 李晓华 | 刘胡明 | 赵静 | 刘胡明 | 赵静 | 胡凯 |
|  | 下午 | 王美奇 | 赵静 | 胡凯 | 刘胡明 | 胡凯 | 刘胡明 | 赵静 |
| 第2展厅 | 上午 | 赵蒙奇 | 王美奇 | 刘胡明 | 王美奇 | 李晓华 | 刘胡明 | 刘胡明 |
|  | 下午 | 李晓华 | 胡凯 | 赵蒙奇 | 李晓华 | 刘胡明 | 赵蒙奇 | 刘胡明 |
| 第3展厅 | 上午 | 王美奇 | 赵静 | 刘胡明 | 赵蒙奇 | 胡凯 | 王美奇 | 胡凯 |
|  | 下午 | 赵静 | 赵蒙奇 | 王美奇 | 李晓华 | 赵蒙奇 | 赵静 | 刘胡明 |
| 第4展厅 | 上午 | 赵静 | 王美奇 | 赵蒙奇 | 李晓华 | 王美奇 | 赵蒙奇 | 刘胡明 |
|  | 下午 | 赵蒙奇 | 李晓华 | 赵静 | 王美奇 | 胡凯 | 李晓华 | 刘胡明 |

图 5-2-3 普通表格设计效果

### 2．制作半透明的鲜花图像

（1）在表格的上面创建一个 AP Div，其内导入一幅"【案例 16】画展值班表"文件夹内的"HUA.jpg"图像。使 AP Div 和图像覆盖整个表格，如图 5-2-4 所示。

（2）打开"CSS 样式"面板，单击该面板内右下角的"新建 CSS 规则"按钮，弹出"新建 CSS 规则"对话框。

（3）在"新建 CSS 规则"对话框内，选中"选择器类型"栏中的"类（可应用于任何元素）"选项，在"名称"文本框中输入 CSS 样式的名称".CSS1"，选中"规定定义"下拉列表框中的"（新建样式表文件）"选项。然后，单击"确定"按钮，关闭"新建 CSS 规则"对话框，弹出"将样式表文件另存为"对话框。

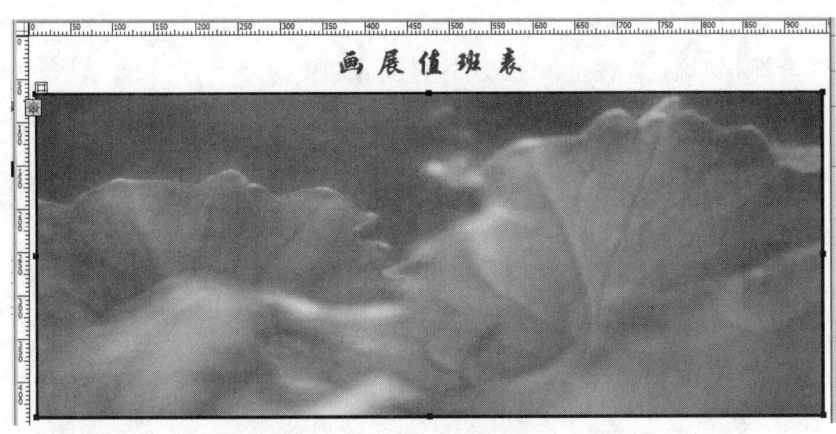

图 5-2-4　AP Div 和图像覆盖整个表格

（4）在"将样式表文件另存为"对话框中选择路径，在"文件名"文本框中输入"CSS1.css"，然后单击"确定"按钮，退出该对话框，弹出".CSS1 的 CSS 规则定义"对话框。

（5）单击".CSS1 的 CSS 规则定义"对话框左边"分类"列表框中的"扩展"选项。然后，选择"滤镜"下拉列表框中的 "Alpha(Opacity=?, FinishOpacity=?, Style=?, StartX=?, StartY=?, FinishX=?, FinishY=?)"选项。该选项可以使图像和文字呈透明或半透明效果。有关参数的含义如下所述：

◎ "Opacity"：决定初始的不透明度，其取值为 0～100。0 是不透明，100 是完全透明。

◎ "FinishOpacity"：决定终止的透明度，其取值为 0～100。

◎ "Style"：决定了透明的风格，其取值为 0～3。0 表示均匀渐变，1 表示线性渐变，2 表示放射渐变，3 表示直角渐变。

◎ "StartX"：渐变效果的起始坐标 X 值。

◎ "StartY"：渐变效果的起始坐标 Y 值。

◎ "FinishX"：渐变效果的终止坐标 X 值。

◎ "FinishY"：渐变效果的终止坐标 Y 值。

上述坐标值取值范围由终止的透明度数值来决定。此处"Alpha"选项的设置如下：

Alpha(Opacity=50,FinishOpacity=70,Style=0,StartX=10,StartY=70,FinishX=500,FinishY=800)

此时的 ".CSS1 的 CSS 规则定义"对话框如图 5-2-5 所示。

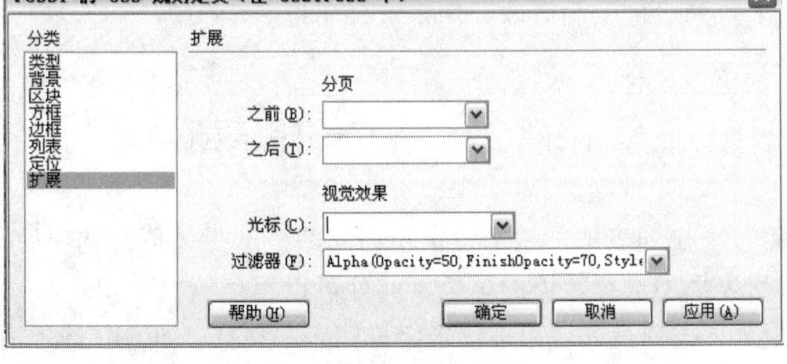

图 5-2-5　".CSS1 的 CSS 规则定义"对话框

（6）单击".CSS1 的 CSS 规则定义"对话框中的"确定"按钮，返回"新建 CSS 规则"对话框对话框。再单击"确定"按钮，完成 CSS 样式的定义。

（7）选中图像，在其"属性"面板的"类"下拉列表框中选择"CSS1"选项，将".CSS1"样式用于选中的图像。

（8）打开"CSS1.css"文档，单击"代码"按钮，切换到"代码"视图窗口。其中，定义".CSS1"的外部 CSS 样式的程序如下：

```
@charset "gb2312";
.CSS1 {
  filter:
Alpha(Opacity=50,FinishOpacity=70,Style=0,StartX=10,StartY=70,FinishX=5
00,FinishY=800);
}
```

保存网页文件，此时还看不到有什么变化，按【F12】键，即可在浏览器中观看到表格的特殊显示效果，如图 5-2-1 所示。

## ☕ 相关知识

### 1. 定义 CSS 的背景属性

在".CSS1 的 CSS 规则定义"对话框左边"分类"列表框中选择"背景"选项，此时的对话框内如图 5-2-6 所示。其中各选项的作用如下：

（1）"背景颜色"按钮与文本框：用来给选中的对象添加背景色。

（2）"背景图像"下拉列表框与"浏览"按钮：用来设置选中对象的背景图像。下拉列表框中有"无"选项（它是默认选项，表示不使用背景图案）和"URL"选项（用来设置背景图像）。

（3）"重复"下拉列表框：用来设置背景图像的重复方式。它有 4 个选项，即"不重复"（只在左上角显示一幅图像）、"重复"（沿水平与垂直方向重复）、"横向重复"（沿水平方向重复）和"纵向重复"（沿垂直方向重复）。

（4）"附件"下拉列表框：设置图像是否随内容滚动而滚动。

（5）"水平位置"下拉列表框：设置图像与选定对象的水平相对位置。如果选择了"值"选项，则其右边下拉列表框变为有效，可用来选择单位。

（6）"垂直位置"下拉列表框：设置图像与选定对象的垂直相对位置。如果选择了"值"选项，则其右边的下拉列表框变为有效，用来选择单位。

### 2. 定义 CSS 的区块属性

在"分类"列表框中选择"区块"选项，此时的对话框如图 5-2-7 所示。其中各选项的作用如下：

（1）"单词间距"下拉列表框：用来设定单词间距。选择"值"选项后，可以输入数值，再在其右边的下拉列表框中选择数值的单位。此处可以用负值。

（2）"字母间距"下拉列表框：用来设定字母间距。选择"（值）"选项后，可以输入数值，再在其右边的下拉列表框中选择数值的单位。此处可以用负值。

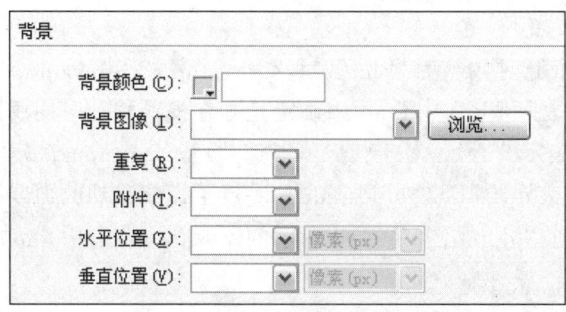

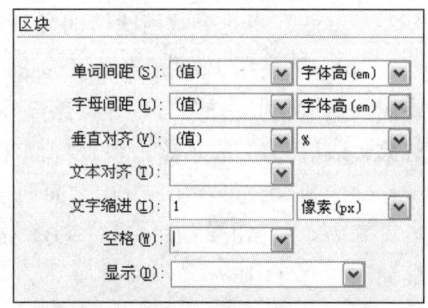

图 5-2-6 "背景"选项区域　　　　　　图 5-2-7 "区块"选项区域

（3）"垂直对齐"下拉列表框：用它可以设置选中的对象相对于上级对象或相对所在行在垂直方向的对齐方式。

（4）"文本对齐"下拉列表框：用来设置首行文字在对象中的对齐方式。

（5）"文字缩进"文本框：用来输入文字的缩进量。

（6）"空格"下拉列表框：设置文本空白的使用方式。"正常"选项表示将所有的空白均填满，"保留"选项表示由用户输入时控制，"不换行"选项表示只有加入标记<BR>时才换行。

（7）"显示"下拉列表框：在其中可以选择区块重要显示的格式。

### 3. 定义 CSS 的列表属性

在"分类"列表框中选择"列表"选项，此时的对话框如图 5-2-8 所示。其中各选项的作用如下：

（1）"类型"下拉列表框：用来设置列表的标记。选择标记是序号（有序列表）或符号（无序列表）。该下拉列表框中有 "圆点""圆圈"等 9 个选项。

（2）"项目符号图像"下拉列表框和按钮：该下拉列表框中有"无"和"（URL）"两个选项。选择前者后，不加图像标记；选择后者后，单击"浏览"按

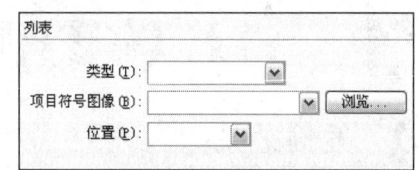

图 5-2-8 "列表"选项区域

钮，弹出"选择图像源"对话框，可选择图像，在列表行加入小图标作为列表标记。

（3）"位置"下拉列表框：用来设置列表标记的缩进方式。

### 4. 定义 CSS 的扩展属性

在".CSS1 的 CSS 规则定义"对话框左边"分类"列表框中选择"扩展"选项，此时的对话框如图 5-2-9 所示。该对话框中各选项的作用如下：

（1）"分页"选项区域：用来在选定对象的前面或后面强制加入分页符。一般浏览器不支持此项功能。该选项区域有"之前"和"之后"两个下拉列表框，其中包括"自动""总是""左对齐"和"右对齐"4 个选项，用来确定加入分页符的位置。

（2）"视觉效果"选项区域：利用该选项区域内的下拉列表框选项，可使页面的显示效果更加动人。

◎ "光标"（即鼠标指针）下拉列表框：可以利用该下拉列表框中的选项，设置各种鼠标的形状。对于低版本的浏览器，不支持此项功能。

◎ "过滤器"下拉列表框：用来对图像进行滤镜处理，获得各种特殊的效果。

（3）过滤器中几个常用滤镜的显示效果如下：

◎ "Blur"（模糊）效果：选择该选项后，其选项内容为 "Blur(Add=?,Direction=?, Strength=?)"，需要用数值取代其中的 "？"，即给 3 个参数赋值。"Add" 用来确定是否在模糊移动时使用原有对象，取值 "1" 表示 "是"，取值 "0" 表示 "否"，对于图像一般选 "1"。Direction 决定了模糊移动的角度，可在 0～360 之间取值，表示 0～360°。Strength 决定了模糊移动的力度。如果设置为 Blur(Add=1,Direction=60,Strength=90)，则图 5-2-10 所示的图像在浏览器中看到的效果如图 5-2-11 所示。

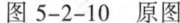

图 5-2-9　"扩展"选项区域　　　　　图 5-2-10　原图　　　图 5-2-11　"Blur"滤镜处理

## 思考与练习 5-2

1. 参考【案例 16】网页的制作方法，制作一个 "课程表" 网页。

2. 创建多个外部 CSS 样式，进行各种样式属性设置，然后将创建的多个外部 CSS 样式分别应用到网页内的文字、图像和 SWF 格式动画中。

## 5.3　【案例 17】"中国名胜图像列表"网页

### 案例效果

"中国名胜图像列表" 网页显示效果如图 5-3-1 所示，可以看到，上边居中位置是红色标题文字 "中国名胜图像浏览"，标题下边有 8 幅大小一样的小中国名胜图像。单击表中的任意一幅小中国名胜图像，均可弹出相应的高清晰度图像。例如，单击第 1 行第 3 列中国名胜图像后弹出的网页如图 5-3-2 所示。单击图 5-3-2 所示浏览器中的 "返回" 按钮，可回到图 5-3-1 所示的网页画面。通过该网页的制作，可以初步掌握使用 Div 标签和 CSS 进行网页布局的方法，进一步掌握使用 AP Div 进行布局设计的方法，创建外部 CSS 样式表的方法，以及将外部 CSS 样式表应用于网页内图像的方法等。

图 5-3-1　"中国名胜图像浏览"网页　　　　　图 5-3-2　弹出的网页

## 设计过程

### 1. 设置网页背景和插入标题图像

（1）在"【案例 17】中国名胜图像列表"文件夹内保存 8 幅大的中国名胜图像、一幅"中国名胜图像浏览.gif"标题文字图像和一幅名称为"BJ.JPG"的背景图像；在该文件夹的"TU"文件夹内保存与 8 幅与大的中国名胜图像内容一样的 8 幅小图像。

（2）新建一个网页文档，以名称"中国名胜图像列表.htm"保存在【案例 17】中国名胜图像列表"文件夹内。单击"属性"面板内的"页面属性"按钮，弹出"页面属性"对话框。设置背景图像为"BJ.jpg"，在"重复"下拉列表框中选择"repeat"（不重复）选项。再设置标题名为"中国名胜图像列表"。

（3）打开"CSS 样式"面板，如图 5-3-3 所示。可以看到，在该面板内自动生成了一个名称为 body 的内部 CSS 样式，它的"backgroud-image"属性值为"url（BJ.Jpg）"，即设置背景图像为当前目录（该网页文档所在目录）下的"BJ.Jpg"图像。另外"backgroud-repeat"属性值为"no-repeat"，即背景图像不重复。

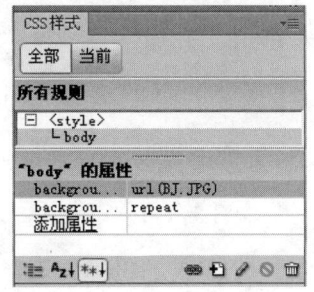

图 5-3-3　"CSS 样式"面板

（4）单击"插入"→"布局对象"→"AP Div"命令，在页面内左上角创建一个名称为"apDiv1"的 AP Div。拖动 AP Div 四周的控制柄，调整它的大小；拖动 AP Div 四周线框，调整它位于页面顶部的中间位置。

（5）单击 AP Div 内部，插入"TU"文件夹下的"中国名胜图像浏览.gif"图像，然后调整 AP Div 和 AP Div 内图像的大小，使图像大小与 AP Div 大小相同。"CSS 样式"面板如图 5-3-4 所示，可以看到，在该面板内自动生成了一个名称为#apDiv1 的内部 CSS 样式。

### 2. 插入 Div 标签

（1）再在"apDiv1"的下边创建一个名称为"apDiv2"的 AP Div。单击 AP Div 内部，将光标定位在 AP Div 内。可以看到，在"CSS 样式"面板内自动生成了一个名称为#apDiv2 的内部 CSS 样式，如图 5-3-4 所示。

（2）单击"插入"→"布局对象"→"Div 标签"命令，弹出"插入 Div 标签"对话框，在"类"下拉列表框中输入"PIC"，如图 5-3-5 所示。

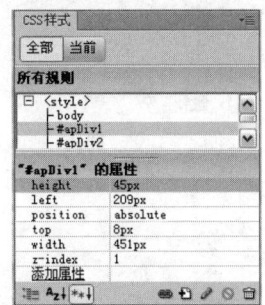
图 5-3-4　"CSS 样式"面板

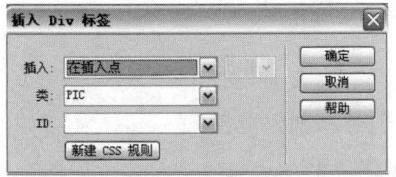
图 5-3-5　"插入 Div 标签"对话框

（3）单击"新建 CSS 规则"按钮，弹出"新建 CSS 规则"对话框，选中"选择器类型"下拉列表框中的"类"选项，在"选择器名称"文本框中已经有了 CSS 样式的名称".PIC"，在"规则定义"下拉列表框中选择"仅限该文件"选项，如图 5-3-6 所示。单击"确定"按钮，弹出".PIC 的 CSS 规则定义"对话框。

（4）选中"分类"列表框中的"方框"选项，在"宽"下拉列表框中输入"150"，在"高"下拉列表框中输入"100"，在"浮动"下拉列表框中选择"左对齐"选项，在"边界"选项区域的"上"下拉列表框中输入"3"，如图 5-3-7 所示。

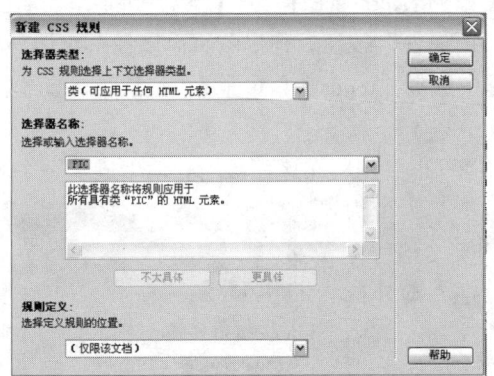

图 5-3-6　"新建 CSS 规则"对话框

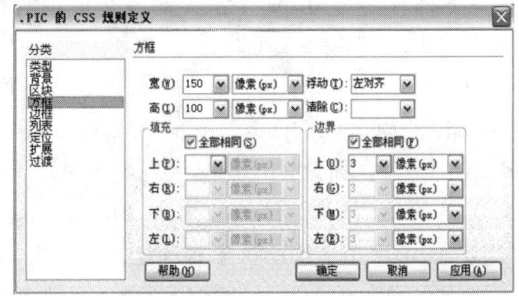

图 5-3-7　".PIC 的 CSS 规则定义"（方框）对话框

（5）单击".PIC 的 CSS 规则定义"对话框中"分类"列表框中的"边框"选项，在"样式"栏内"上"下拉列表框中选择"实线"，在"宽度"栏内"上"下拉列表框中输入 3，设置边框颜色为金黄色（#FF6600），如图 5-3-8 所示。

（6）单击".PIC 的 CSS 规则定义"对话框内的"确定"按钮，完成 CSS 样式设置，关闭".PIC 的 CSS 规则定义"对话框，回到"新建 CSS 规则"对话框，再单击该对话框内的"确定"按钮，关闭"新建 CSS 规则"对话框，在名称为"apDiv2"的 AP Div 内插入一个 Div 标签。同时，在其中添加有文字"此处显示 class "PIC" 的内容"，如图 5-3-9 所示。按【Delete】键，删除这些文字。

图 5-3-8　".PIC 的 CSS 规则定义"（边框）对话框

图 5-3-9　插入一个 Div 标签

此时，"CSS 样式"面板中会生成".PIC"内部 CSS 样式。

### 3. 插入图像和创建链接

（1）选中插入的 Div 标签，在其"属性"面板　"类"下拉列表框中选择"无"选项。

（2）单击 Div 标签内部，插入 "TU" 文件夹内的 "TU/颐和园小.jpg" 图像文件。

（3）选中插入的图像，在其 "属性" 面板内 "类" 下拉列表框中选择 "PIC" 选项，给图像应用 ".PIC" CSS 样式。图像效果如图 5-3-10 所示。

（4）调整 "apDiv2" AP Div，使其宽度和高度大约为原来的 3 倍。光标定位在插入的第 1 幅图像右边，再插入第 2 幅图像，选中插入的第 2 幅图像，在其 "属性" 面板内 "类" 下拉列表框中选择 "PIC" 选项，即给插入的图像应用 ".PIC" CSS 样式。

图 5-3-10　图像应用 CSS 样式

（5）按照上述方法，再插入第 3 幅和第 4 幅图像并给这两幅图像应用 ".PIC" CSS 样式。按【Enter】键后，继续插入第 5、6、7、8 幅图像并给它们应用 ".PIC" CSS 样式。

（6）单击插入的第 1 幅图像，在其 "属性" 面板的 "链接" 文本框中输入 "颐和园.jpg"，表示单击第 1 幅图像后，可以弹出 "【案例 17】中国名胜图像列表" 文件夹内的 "颐和园.jpg" 图像。接着建立其他小图像与相应的大图像的链接。

（7）单击 "CSS 样式" 面板内 ".PIC" 内部 CSS 样式，单击 "height" 属性行数值列，进入编辑状态，将原来的数值 "100px" 改为 "120px"；单击 "width" 属性行数值列，进入编辑状态，将原来的数值 "100px" 改为 "200px"。此时会发现网页内所有应用了 ".PIC" CSS 样式的图像宽度和高度都自动进行了调整。

## 相关知识

### 1. 定义 CSS 的边框属性

单击 ".×××的 CSS 规则定义" 对话框内左边 "分类" 列表框中的 "边框" 选项，此时的对话框如图 5-3-8 所示，用来对围绕所有对象的边框属性进行设置。

（1）设置边框的宽度与颜色：该对话框内有 4 个选项，分别为上、右、下和左边框。每行有 3 个下拉列表框、一个按钮和文本框。第 1 列下拉列表框用来设置边框样式，第 2 列下拉列表框用来设置边框宽度，第 3 列下拉列表框用来选择数值的单位；按钮和后面的文本框用来设置边框颜色。边框的 "宽度" 下拉列表框中的选项有 4 个。选择 "细"，用来设置细边框；选择 "中"，用来设置中等粗细的边框；选择 "粗"，用来设置粗边框；选择 "值"，可以输入边框粗细的数值，此时其右边的下拉列表框变为有效，也可以选择单位。

（2）"样式" 选项区域：在此下拉列表框中有 9 个选项。其中，"无" 选项是取消边框，其他选项对应一种不同的边框。边框的最终显示效果也与浏览器有关。

### 2. 定义 CSS 的方框属性

在 ".PIC 的 CSS 规则定义" 对话框左边 "分类" 列表框中选择 "方框" 选项，此时的对话框如图 5-3-7 所示。如果选中 "全部相同" 复选框，则其下边的所有下拉列表框均有效；否则只有第一行下拉列表框有效。其中各选项的作用如下：

（1）"宽" 下拉列表框：设置对象宽度。它有 "自动"（由对象自身大小决定）和 "值"（由输入值决定）两个选项。在其右边的下拉列表框中选择数字的单位。

（2）"高"下拉列表框：设置对象高度。有"自动"和"值"两个选项。

（3）"浮动"下拉列表框：设置选中对象的对齐方式，例如，是否允许文字环绕在选中对象的周围。它有"左对齐""右对齐"和"无"3 个选项。

（4）"清除"下拉列表框：设定其他对象是否可以在选定对象的左右。

（5）"填充"栏：设置边框与其中的内容之间填充的空白间距，下拉列表框中应输入数值，在其右边的下拉列表框中选择数值的单位。

（6）"边界"栏：设置边缘空白宽，下拉列表框中可输入值或选择"自动"。

### 3. 定义 CSS 的定位属性

选择".×××的 CSS 规则定义"对话框内左边"分类"列表框中的"定位"选项，此时的对话框如图 5-3-11 所示。其中各选项的作用如下：

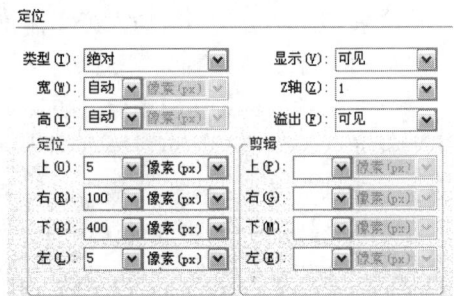

图 5-3-11　"定位"选项区域

（1）"类型"下拉列表框：用来设置对象的位置。

◎ "绝对"：使用"定位"选项组中输入的、相对于最近的绝对或相对定位上级元素的坐标（如果不存在这样的上级元素，则为相对于页面左上角的坐标）来放置内容。

◎ "固定"：使用"定位"选项组中输入的坐标（相对于浏览器的左上角）来放置内容。当用户滚动页面时，内容将在此位置保持固定。

◎ "相对"：使用"定位"选项组中输入的、相对于文本中的坐标位置来定位。

◎ "静态"：将内容放在文本中的位置。这是 HTML 元素的默认位置。

（2）"显示"下拉列表框：用来设置对象的可视性。

◎ "继承"：选中对象继承其母体的可视性。

◎ "可见"：选中对象是可视的。

◎ "隐藏"：选中对象是隐藏的。

（3）"Z 轴"下拉列表框：设置不同层对象的显示次序。有两个选项为"自动"（按原显示次序）和"值"。选择后一项后，可输入数值，其值越大，越在上层显示。

（4）"溢出"下拉列表框：用来设置当文字超出其容器时的处理方式。

◎ "可见"：当文字超出其容器时仍然可以显示。

◎ "隐藏"：当文字超出其容器时，超出的内容不能显示。

◎ "滚动"：在母体加一个滚动条，可利用滚动条滚动显示母体中的文字。

◎ "自动"：当文本超出容器时自动加入一个滚动条。

（5）"定位"栏：用来设置放置对象的容器的大小和位置。

（6）"剪辑"栏：用来设定对象溢出母体容器部分的剪切方式。

### 4. 使用 Div 标签和 CSS 的网页布局

Div 标签是 AP Div 的一种，使用 Div 标签和 CSS 进行网页的布局及页面效果的控制是目前

Web 2.0 标准所推崇的方法。在使用 Div 标签和 CSS 进行网页布局时，Div 标签主要用来进行布局和定位，CSS 主要用来进行显示效果的控制。这种网页布局方法不但容易操作，而且所使用的代码要比表格布局所使用的代码少得多，且便于阅读和维护。

插入 Div 标签进行网页布局就是使用 Div 标签创建 CSS 布局块（即 Div 块），并在网页中对 CSS 布局块进行定位。下面介绍使用 Div 标签插入一个水平居中的 Div 块。

（1）单击"布局"工具栏中的"插入 Div 标签"按钮，弹出"插入 Div 标签"对话框，在"ID"下拉列表框中输入 Div 标签的名称"kuang"，如图 5-3-12 所示。

（2）单击"新建 CSS 样式"按钮，弹出"新建 CSS 规则"对话框，在"选择器"文本框中输入 CSS 样式的名称"#kuang。"

（3）单击"新建 CSS 规则"对话框内的"确定"按钮，弹出"#kuang 的 CSS 规则定义"对话框，选中该对话框"分类"列表框中的"方框"选项，在"宽"

图 5-3-12　"插入 Div 标签"对话框

下拉列表框中输入"600"，在"高"下拉列表框中输入"80"，在"边界"选项区域内的"上"下拉列表框中选择"自动"选项。然后，单击"确定"按钮，关闭"#kuang 的 CSS 规则定义"对话框，返回"新建 CSS 规则"对话框。

（4）单击"确定"按钮，关闭"新建 CSS 规则"对话框，完成 CSS 的设置。此时，网页显示效果如图 5-3-13 所示。"CSS 样式"面板如图 5-3-14 所示。

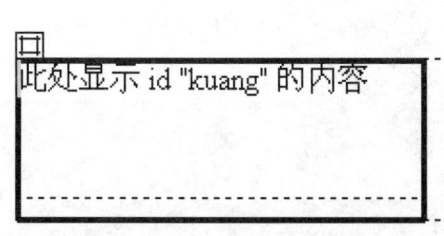

图 5-3-13　生成 Div 标签

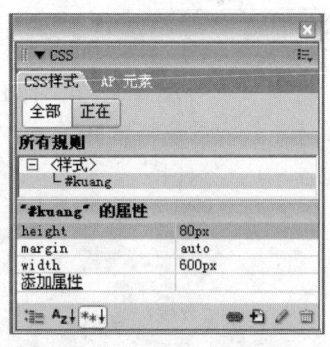

图 5-3-14　"CSS 样式"面板

# 思考与练习 5-3

1. 修改【案例 17】网页，使它可以显示 2 行 10 列鲜花图像。

2. 参考【案例 17】网页的制作方法，制作一个"世界名胜列表"网页。

3. 制作一个"世界名花图像"网页，该网页的显示效果如图 5-3-15（a）所示，可以看到，页面上边居中位置是红色标题文字"世界名花图像表"，标题下边有 9 幅大小一样的小鲜花图像。单击表中的任意一幅小鲜花图像，均可以弹出相应的高清晰度图像。例如，单击第 3 行第 3 列鲜花图像后显示的网页如图 5-3-15（b）所示。单击图 5-3-15（b）所示浏览器中的"返回"按钮，即可回到图 5-3-15（a）所示的网页。

（a）网页显示效果　　　　　　　　　　　　（b）高清晰度图像

图 5-3-15　"世界名花图像"网页显示效果

# 5.4　综合实训 4　世界名胜简介

## 实训效果

　　"世界名胜简介"网页的显示效果如图 5-4-1 所示，可以看到，上面居中位置是红色标题文字"世界名胜简介"，标题下面有 10 幅大小一样的小世界名胜图像。单击任意一幅小图像，均可以弹出相应的高清晰度图像。例如，单击第 6 幅图像后调弹出的网页如图 5-4-2 所示。单击浏览器中的"返回"按钮，即可回到图 5-4-1 所示的网页。

图 5-4-1　"世界名胜简介"网页播的画面

图 5-4-2　高清晰度大图像

 **实训提示**

（1）在"综合实训 4 世界名胜简介"文件夹内创建"TU"和"PIC"两个文件夹。在"TU"文件夹内保存 8 幅小的世界名胜图像，在"PIC"文件夹内保存 8 幅小的世界名胜图像、一幅"世界名胜简介.jpg"文字图像和一幅"BJ.JPG"背景图像。

（2）参照【案例 17】"中国名胜图像列表"网页的制作方法，制作网页的标题图像和标题下边的一行图像，和这 8 幅图像与"PIC"文件夹内高清晰度图像的链接。图像大小和边框是应用创建的 CSS 样式获得的。创建的 CSS 样式是外部 CSS 样式。

（3）参照【案例 15】"中国名胜简介"网页的制作方法，再制作下面的网页内容，其中的图像、小标题和段落文字都应用了创建的 CSS 样式。图像应用的 CSS 样式是外部 CSS 样式，小标题和段落文字应用的 CSS 样式是内部 CSS 样式。

 **实训测评**

| 能力分类 | 评价项目 | 评价等级 |
|---|---|---|
| 职业能力 | 创建内部和外部 CSS 样式，应用 CSS 样式，使用"CSS 样式"面板 | |
| | CSS 样式属性设置 | |
| | 使用 Div 标签和 CSS 进行网页布局 | |
| 通用能力 | 自学能力、总结能力、合作能力、创造能力等 | |
| 综合评价 | | |

# 第 6 章　表单和 Spry 构件

通过案例初步掌握 Dreamweaver CS6 中创建和编辑表单的方法,初步掌握应用 Dreamweaver CS6 中 Spry 构件的方法。

## 6.1　【案例 18】自助旅游协会登记表

### 案例效果

"自助旅游协会登记表"网页在浏览器中的显示效果如图 6-1-1 所示。通过该网页的制作,可以掌握创建有表单网页的方法。

表单是用户利用浏览器对 Web 站点服务器进行查询操作的一种界面,用户利用表单可以输入信息或选择选项等,然后将这些信息提交给服务器进行处理。这种查询具有交互性,因此这种查询方式称为交互查询。这些表单对象有文本域、下拉列表框、复选框和单选按钮等。

表单又称表单域,是放置表单对象的区域。表单对象是让用户输入信息的地方,只有表单域内的表单对象,才可以将信息传送到服务器端,才可以接收外来的信息。

既然表单的操作是用户与服务器交互的操作,这就涉及服务器方面的操作,而服务器方面的操作是通过服务器端的程序来实现的。实现服务器的操作有多种方式,其中有 ASP/ASP.NET、JSP、PHP 等多种方式。另外,许多数据库也提

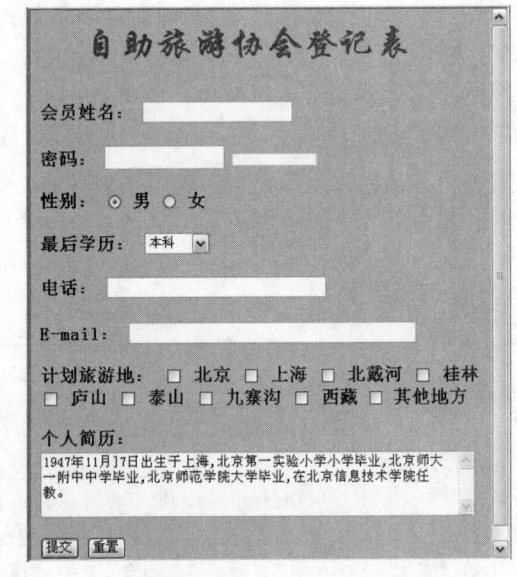

图 6-1-1　"自助旅游协会登记表"网页

供了服务器和 HTML 文件之间的网关接口程序,它负责处理 HTML 文件与运行在服务器中的程序(HTML 以外的程序)之间的数据交换。当用户通过表单输入它的信息后,便激活了一个网关接口程序,网关接口程序可以调用操作系统下的其他程序(如数据库管理系统)完成查询案例,然后再将查询结果通过网关接口程序传给用户的表单。

## 设计过程

### 1．创建标题和 5 个文本字段

（1）新建一个网页文档，以名称"自助旅游协会登记表.htm"保存在"【案例 18】自助旅游协会登记表"文件夹内。单击"属性"面板内的"页面属性"按钮，弹出"页面属性"对话框，利用该对话框设置网页背景色为浅蓝色，标题为"自助旅游协会登记表"。

（2）按两次【Enter】键，创建两个空行。单击"布局"面板内的"绘制 AP Div"按钮 ，将鼠标指针定位在网页内最上边要插入标题文字的左上角，拖动创建一个名称为"apDiv1"的 AP Div。在其"属性"面板的"宽"和"高"文本框中分别输入"400"和"36"。此时，"CSS 样式"面板会自动产生"body"和"#aPDiv1"两个内部 CSS 样式。单击"#aPDiv1"CSS样式。

（3）单击 AP Div 内部，将光标定位在 AP Div 内，输入"自助旅游协会登记表"文字，选中输入的文字，在其"属性"（CSS）面板内，设置字大小为 36 px、字体为华文行楷、颜色为红色，居中对齐，如图 6-1-1 所示。此时，"CSS 样式"面板内"#aPDiv1"CSS 样式的属性也随之变化，如图 6-1-2 所示。

（4）单击"CSS 样式"面板内的"新建 CSS 规则"按钮 ，弹出"新建 CSS 规则"对话框，在该对话框内，下拉列表框中"选择器类型"栏中的"类（可应用于任何 HTML 元素）"选项，在"名称"文本框中输入 CSS 样式的名称".STYLE1"，选中"规则定义"下拉列表框中的"仅限该文件"选项，单击"确定"按钮关闭该对话框，弹出".STYLE1 的 CSS 规则定义"对话框。在该对话框内设置字体为宋体、字大小为 18 px、颜色为蓝色、加粗。单击"确定"按钮，关闭该对话框。此时的"CSS 样式"面板如图 6-1-3 所示。

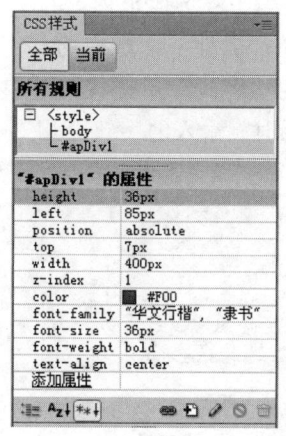

图 6-1-2　"#apDiv1"的 CSS 样式

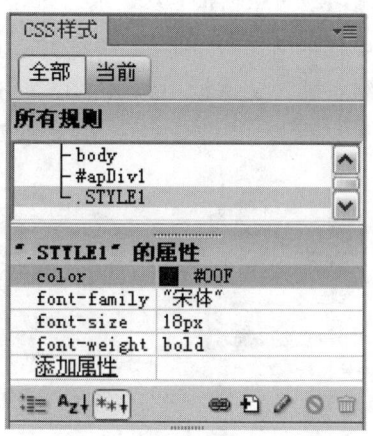

图 6-1-3　".STYLE1"的 CSS 样式

（5）按【Enter】键，将光标定位到下一行。单击"表单"工具栏中的"表单"按钮 ，即可在网页设计窗口内光标处创建一个表单域，如图 6-1-4 所示。

（6）单击表单域内部，使光标出现。单击"表单"工具栏中的"文本字段"按钮 ，弹出"输入标签辅助功能属性"对话框，在该对话框内的"ID"文本框中输入"XM"，在"标签"文本框中输入"会员姓名："。单击"确定"按钮，创建一个名为"XM"的文本字段（文本域）

表单对象，该文本字段左边的标签文字是"会员姓名:"。

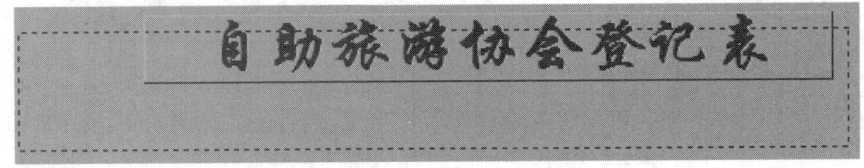

图 6-1-4　创建一个表单域

（7）选中文本字段的标签文字"会员姓名:"，在其"属性"（CSS）面板内"目标规则"下拉列表框中选中".STYLE1"CSS 样式。选中文本字段，在"属性"面板内的"字符宽度"文本框中输入文本框的宽度为"20"，在"最多字符数"文本框中输入允许用户输入的字符个数为"20"，选中"类型"中的"单行"单选按钮，如图 6-1-5 所示。

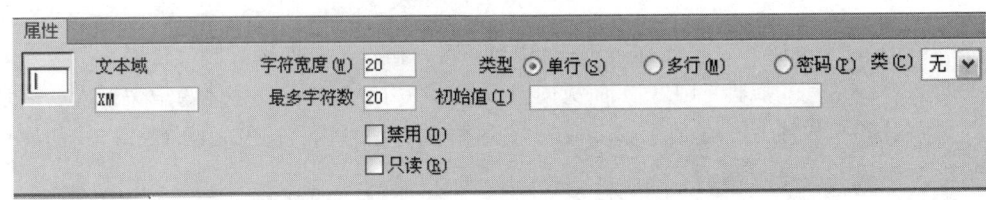

图 6-1-5　"XM"文本字段的"属性"面板

（8）按【Enter】键，使光标移到下一行。单击"表单"工具栏中的"文本字段"按钮，弹出"输入标签辅助功能属性"对话框，在该对话框内的"ID"文本框中输入"MIMA"，在"标签"文本框中输入"密码:"。单击"确定"按钮，创建一个名为"MIMA"的文本字段表单对象，该文本字段左边的标签文字是"密码:"。

（9）选中文本字段的标签文字"密码:"，在其"属性"（CSS）面板内"目标规则"下拉列表框中选中".STYLE1"CSS 样式。选中文本字段，在"属性"面板内的"字符宽度"和"最多字符数"文本框中输入"16"，选中"类型"中的"密码"单选按钮，如图 6-1-6所示。选择"密码"单选按钮后，在该文本字段中输入密码时，输入的字符会用"•"或"*"替代。

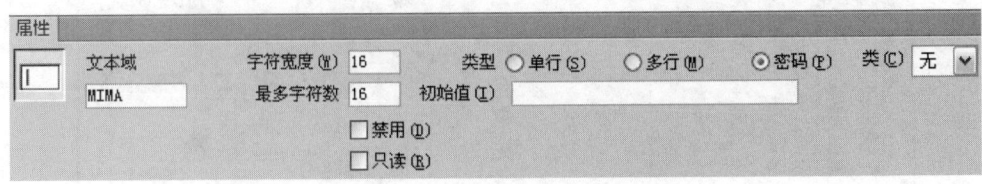

图 6-1-6　"MIMA"文本字段的"属性"面板

（10）按【Enter】键，使光标移到下一行。按照上述操作创建一个名为"DH"、标签文字为"电话:"的文本字段表单对象。选中标签文字"电话:"，再应用".STYLE1"CSS 样式。在该文本字段"属性"面板内的"字符宽度"和"最多字符数"文本框中输入"30"，选中"类型"中的"单行"单选按钮。

（11）按【Enter】键，使光标移到下一行。将名为"DH"、标签文字为"电话:"的文本字段表单对象复制一份。然后，将文本字段表单对象名字改为"DZYX"，将标签文字改为

"E-mail:"。选中文本字段，在"属性"面板内的"字符宽度"和"最多字符数"文本框中输入"40"，选中"类型"中的"单行"单选按钮。

（12）按【Enter】键，使光标移到下一行。输入加粗的文字"个人简历:"。然后，按【Enter】键，使光标移到下一行。创建一个无标签文字、名为"GRJL"的文本字段表单对象。在"属性"面板内"类型"中选择"多行"单选按钮；在"字符宽度"文本框中输入文本框的宽度为"60"，在"行数"文本框中输入"4"，在"类"下拉列表框中选中".STYLE1"选项，如图 6-1-7 所示。

图 6-1-7　文本字段的"属性"面板

### 2．创建其他表单对象

（1）将光标定位到"密码"文本字段的右边，按【Enter】键，使光标移到下一行。输入文字"性别:"，再应用".STYLE1"CSS 样式。单击"表单"工具栏中的"单选按钮组"按钮，弹出"单选按钮组"对话框，在列表框的"标签"列第 1 行输入"男"，在第 2 行输入"女"；在"值"列的第 1 行输入"1"，在第 2 行输入"0" 如图 6-1-8 所示。单击"确定"按钮，在网页中创建了一个单选按钮组。

（2）按【Enter】键，使光标移到下一行。输入宋体、加粗、黑色、4 号字的文字"最后学历:"，然后单击"表单"工具栏中的"选择（列表/菜单）"按钮，弹出"输入标签辅助功能属性"对话框，在"ID"文本框中输入"XUELI"，在"标签"文本框中不输入内容，单击"确定"按钮，创建一个列表框。

（3）选中该列表框，在"属性"面板的在"类型"中选中"菜单"单选按钮；单击"列表值"按钮，弹出"列表值"对话框，输入菜单的选项内容和此选项提交后的返回值，如图 6-1-9 所示。单击"确定"按钮，此时的"属性"面板如图 6-1-10 所示。

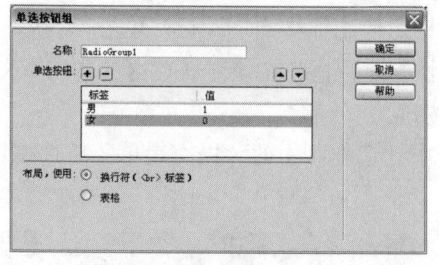

图 6-1-8　"单选按钮组"对话框

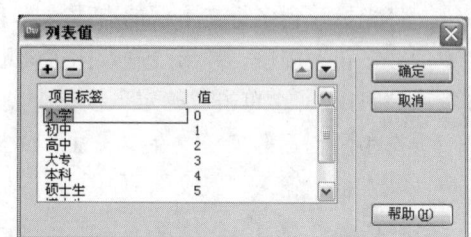

图 6-1-9　"列表值"对话框

图 6-1-10　列表框的"属性"面板

（4）调整单选按钮组中两个单选按钮的位置，给文字再应用".STYLE1" CSS 样式。选中"男"单选按钮，在"属性"面板的"初始状态"中选中"已勾选"单选按钮，如图 6-1-11 所示。选中"女"单选按钮，在"属性"面板的"初始状态"中选中"未选中"单选按钮。

图 6-1-11    "男"单选按钮的"属性"面板

（5）按【Enter】键，使光标移到下一行。输入宋体、加粗、黑色、4 号字的文字"计划旅游地:"。单击"表单"工具栏中的"复选框"按钮，弹出"输入标签辅助功能属性"对话框，在"ID"文本框中输入"FXK1"，单击"确定"按钮，创建一个复选框。然后，在该复选框右边输入文字"北京"，再应用".STYLE1" CSS 样式。

另外，也可以像上面创建文本字段那样，在"输入标签辅助功能属性"对话框的"标签"文本框中输入"北京"，选中"在表单后"复选框，即在复选框右边显示标签文字，然后单击"确定"按钮。选中标签文字"北京:"，再应用".STYLE1" CSS 样式。也可以选中"FXK1"复选框，在其"属性"面板的"类"下拉列表框中选中".STYLE1" CSS 样式选项，如图 6-1-12 所示。

图 6-1-12    "FXK1"复选框的"属性"面板

按照相同的方法，加入其他复选框。可以采用复制粘贴后进行修改的方法。在输入"桂林"文字后按【Enter】键，再两次单击"属性"面板内的"文本缩进"按钮 ±≡，使光标右移。

（6）将光标移到多行文本框的右边，按【Enter】键，使光标移到下一行。单击"表单"工具栏中的"按钮"按钮，弹出"输入标签辅助功能属性"对话框，在该对话框内的"ID"文本框中输入"TIJIAO"，单击"确定"按钮，创建一个按钮。

（7）选中刚创建的按钮，在"属性"面板中，选中"动作"中的"提交表单"单选按钮，在"值"文本框中输入"提交"，如图 6-1-13 所示。

图 6-1-13    "TIJIAO"按钮的"属性"面板

按照上述方法，再在"提交"按钮右边创建一个 ID 为"CHONGZHI"的按钮，在"动作"中选中"重设表单"单选按钮，在"值"文本框中输入"重置"。

## 相关知识

### 1. 创建和删除表单域及插入表单对象

（1）创建表单域：将光标移到要插入表单域的位置，单击"表单"工具栏中的"表单"按钮 ▢；或将"表单"工具栏中的"表单"按钮拖到网页文档窗口内，即可在光标处创建一个表单域。单击表单域内部，将光标移到表单域内，按【Enter】键即可将表单域扩大，如图 6-1-14 所示。表单域在浏览器内是看不到的。

图 6-1-14　创建一个表单域

将光标移到表单域内，按【Backspace】键，可使表单域缩小。在表单域创建后，若看不到表单域的红线，可单击"查看"→"可视化助理"→"不可见元素"命令。

（2）删除表单域：单击表单域的边线处，选中表单域，按【Delete】按键。

（3）插入表单对象：定位光标，单击"表单"工具栏中的相应按钮，即可在光标处插入一个相应的表单对象。另外，单击"插入"→"表单"命令，在其级联菜单中，可根据要插入的表单对象类别单击相应的命令来插入表单对象。

### 2. 表单域"属性"面板

选中表单域，此时表单域"属性"面板如图 6-1-15 所示。

图 6-1-15　表单域"属性"面板

（1）"表单 ID"文本框：用于输入表单域的名字。表单域的名字可用于 JavaScript 和 VBScript 等脚本语言中，这些脚本语言可控制表单域的属性。

在表单和表单内对象的"属性"面板中，通常都有一个名称文本框。

（2）"动作"文本框和按钮：用来输入脚本程序或调入含有脚本程序的 HTML 文件。

（3）"方法"下拉列表框：用来选择客户端与服务器之间传送数据采用的方式。3 个选项是"默认"、"GET"（获得，即追加表单值到 URL，并发送服务器 GET 请求）和"POST"（传递，在消息正文中发送表单的值，并发送服务器 POST 请求）。

（4）"类"下拉列表框：其中有"重命名""管理样式"和创建的 CSS 样式名称等多个选项，可以用来选择 CSS 样式、给 CSS 样式重命名以及创建新的 CSS 样式等。

### 3. 设置文本字段和文本区域的属性

文本字段也称文本域，表单中经常使用文本字段，它可以是单行，也可以是多行，用于接收文本、数字和字符。文本字段的"属性"面板见图 6-1-5～图 6-1-7。

创建文本区域的方法和创建文本字段的方法基本相同，只是单击的是"文本区域"按钮。在网页中创建的文本区域是一个右边带滚动条的文本框。文本区域的"属性"面板与图 6-1-6 基本相同。"属性"面板内各选项的作用如下：

（1）"字符宽度"文本框：文本域的宽度，即可显示字符的最多个数。

（2）"类型"选项区域：有 3 个单选按钮，用来选择"单行""多行"或"密码"文本域。"密码"文本域是当用户输入文字时，密码文本域内显示的不是文字，而是用"●"表示。选择"多行"单选按钮时，"初始值"文本框变为带滚动条的多行文本框。

（3）"最多字符数"文本框：允许输入的字符个数，可以比文本框宽度大。

（4）"行数"文本框：在选择了"多行"单选按钮后有次选项，允许输入字符的行数。

（5）"初始值"文本框：用来输入文本框的初始内容。

（6）"禁用"复选框：选中该复选框后，文本字段或文本区域变为灰色，只能显示。

### 4．设置单选按钮和复选框的属性

（1）设置单选按钮的属性：一组单选按钮中只允许选中一个。其"属性"面板如图 6-1-11 所示。该"属性"面板内的选项与复选框的"属性"面板相应选项的作用相同。

（2）设置单选按钮组的属性：单选按钮组也称单选项组。单击"表单"工具栏中的"单选按钮组"按钮，弹出"单选按钮组"对话框，如图 6-1-8 所示。利用该对话框可以设置单选按钮组中单选按钮的个数、名称和初始值。如果要增加选项，可单击 ➕ 按钮；如果要删除选项，可选中要删除的选项，再单击 ➖ 按钮。如果要调整选项的显示次序，可选中要移动的选项，再单击 🔼 或 🔽 按钮。

（3）设置复选框的属性：复选框有选中和未选中两种状态，多个复选框允许多选。其"属性"面板如图 6-1-12 所示，各选项的作用如下：

◎ "选定值"文本框：用来输入复选框选中时的数值，通常为 1 或 0。

◎ "初始状态"选项区域：包括 2 个单选按钮，用来设置复选框的初始状态。

### 5．设置按钮的属性

按钮用来制作"提交"和"重置"按钮，还可以打开函数。其"属性"面板如图 6-1-13 所示。按钮"属性"面板中各选项的作用如下：

（1）"标签"文本框：用来输入按钮上的文字。

（2）"动作"选项区域：有 3 个单选按钮，用来选择单击该选项后引起的动作类型。

◎ "提交表单"：选中后，可以向服务器提交整个表单。

◎ "重设表单"：选中后，可以取消前面的输入，复位表单。

◎ "无"：选中后，表示是一般按钮，可用来调用脚本程序。

### 6．设置列表/菜单和文件域的属性

（1）设置列表/菜单的属性：列表/菜单的作用是将一些选项放在一个带滚动条的列表框中。它的"属性"面板如图 6-1-10 所示，其中各选项的作用如下：

◎ "类型"选项区域：它有两个单选按钮，用来选择"菜单"或"列表"。选择"列表"单选按钮后，其右边的各选项会变为可选项，此时的列表框右边会显示滚动条。

◎ "高度"文本框：用来输入列表的高度值，即可以显示的行数。

◎ "允许多选"复选框：选中后，表示列表中的各选项可以同时选择多项。

◎ "初始化时选定"列表框：用来设置第一次调出时，列表或菜单中的默认选项。

◎ "列表值"按钮：单击该按钮，弹出"列表值"对话框，如图 6-1-9 所示。利用该对话框可以输入菜单或列表内显示的选项内容（在"标签"列内），以及输入此选项提交后的返回值（在"值"列内）。

（2）设置文件域的属性：文件域（也称文件字段）用来从中选择磁盘、路径和文件，并将该文件上传到服务器中。其"属性"面板如图 6-1-16 所示，各选项的作用如下：

图 6-1-16　文件域的"属性"面板

◎ "字符宽度"文本框：用来输入文件域的宽度，即可显示字符的最多个数。
◎ "最多字符数"文本框：用来设置允许输入的字符个数，可比文件域的宽度值大。

# 思考与练习 6-1

1. 制作一个"计算机职教协会会员登记表"网页，显示效果如图 6-1-17 所示。
2. 制作一个"鲜花展人员登记表"网页，显示效果如图 6-1-18 所示。

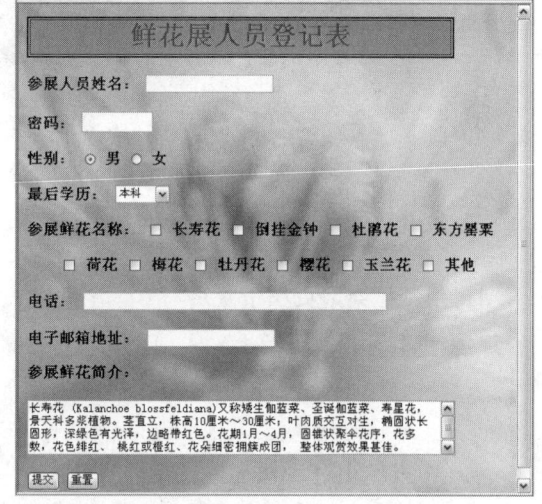

图 6-1-17　"计算机职教协会会员登记表"网页　　图 6-1-18　"鲜花展人员登记表"网页

# 6.2　【案例 19】"中国名胜图像欣赏 3"网页

## 案例效果

"中国名胜图像欣赏 3"网页的显示效果如图 6-2-1 所示。在下拉拉列表框中选择其中一个选项后，单击"前往"按钮，即可在右边的分栏框架内显示相应的网页，如图 6-2-2 所示。通过该网页的制作，掌握设置跳转菜单的方法。

图 6-2-1　"中国名胜图像欣赏 3"网页的显示效果之一

图 6-2-2　"中国名胜图像欣赏 3"网页的显示效果之二

## 设计过程

### 1. 制作框架网页和子网页

（1）复制一份"【案例 13】中国名胜图像欣赏 2"文件夹，并更名为"【案例 19】中国名胜图像欣赏 3"。将该文件夹内"中国名胜图像欣赏 2.html"文件名称改为"中国名胜图像欣赏 3.html"。

（2）"【案例 19】中国名胜图像欣赏 3"文件夹内的"RIGHT.htm"和"Top.htm"网页不变。在"【案例 19】中国名胜图像欣赏 3"文件夹内创建一个"中国长城.html"网页，其内只插入一幅"PIC"文件夹内的"中国长城.jpg"图像。采用同样的方法，在"【案例 19】中国名胜图像欣赏 3"文件夹内创建"苏州园林.html"等网页。

（3）在"【案例 19】中国名胜图像欣赏 3"文件夹内创建一个名称为"LEFT.html"的网页文件。单击"表单"工具栏中的"表单"按钮，即在网页设计窗口内光标处创建一个表单域。单击表单域内部，定位光标在表单域内部。

（4）单击"表单"工具栏中的"图像域"按钮，弹出"选择图像源文件"对话框，选择"GIF"文件夹内的"建筑.jpg"图像文件。然后，单击"确定"按钮，弹出"输入标签辅助功能属性"对话框，在"ID"文本框中输入"TU"，在"标签"文本框中不输入内容。再单击"确定"按钮，即可创建一个名为"TU"的图像域表单对象，在其内插入"建筑.jpg"图像。

（5）选中导入的图像，在其"属性"面板内单击"编辑图像"按钮，弹出 Photoshop 软件，同时打开"建筑.jpg"。调整该动画的画面大小，单击"完成"按钮，关闭 Photoshop 软件，自动回到 Dreamweaver CS6 中，图像完成修改。图像区域的"属性"面板如图 6-2-3 所示，然后保存"LEFT.htm"网页文件。

图 6-2-3　图像域的"属性"面板

（6）打开"中国名胜图像欣赏 3.html"网页文档，单击"框架"面板内"LEFT"分栏框架内部，在"属性"面板内"源文件"文本框中是"LEFT.htm"　网页文件；单击"框架"面板内"TOP"分栏框架内部，在"属性"面板内"源文件"文本框中是"TOP.htm"网页文件；在右边的分栏框架"main"内部应加载"RIGHT.htm"网页文件。

### 2．制作跳转菜单

（1）切换到"LEFT.htm1"网页，将光标定位在图像的右边，按【Enter】键，将光标移到图像的下一行左边。在其内图像域的下边创建一个表单域，将光标定位在表单域内部。单击"表单"工具栏中的"跳转菜单"按钮，弹出"插入跳转菜单"对话框，如图 6-2-4 所示。

（2）在"插入跳转菜单"对话框的"选择时，转到 URL"文本框中输入要跳转的文件路径与文件名字"北京故宫.html"。也可以单击"浏览"按钮，弹出"选择文件"对话框，利用该对话框选择链接的文件。单击按钮，可以在"文本"文本框中自动加入"北京故宫"文字，表示"北京故宫"文字链接到"北京故宫.html"网页文件，同时在"菜单 ID"文本框中增加一个菜单项目标签。

（3）在"插入跳转菜单"对话框的"打开 URL 于"下拉列表框中选择"框架'main'"选项，表示链接的网页文件在名称为"main"的分栏框架内显示。选中"菜单之后插入前往按钮"复选框，可以在跳转菜单的右边增加一个"前往"按钮。不选中"更改 URL 后选择第一个项目"复选框。此时的"插入跳转菜单"对话框如图 6-2-5 所示。

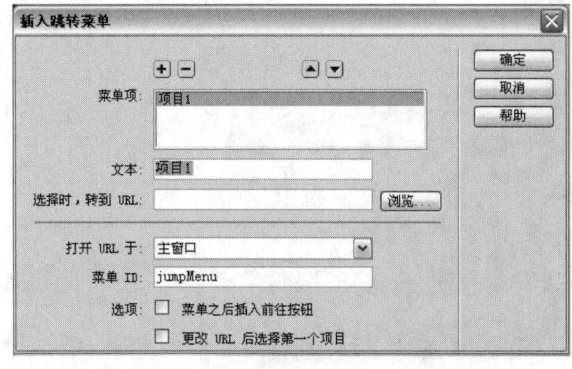 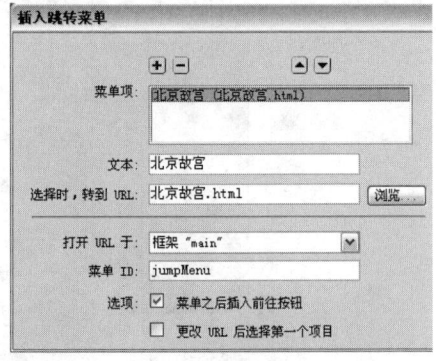

图 6-2-4　"插入跳转菜单"对话框 1　　　　图 6-2-5　"插入跳转菜单"对话框 2

（4）按照上述方法添加其他 11 个菜单，分别与"北京天坛.html"……"中国长城.html"网页文件建立链接。此时，"插入跳转菜单"对话框如图 6-2-6 所示。单击"确定"按钮关闭该对话框,可以看到网页中添加了一个下拉列表框和一个"前往"按钮。

（5）选中下拉列表框，在其"属性"面板内选中的是"菜单"单选按钮。如果要修改下拉列表框中的菜单项目，则选中列表框，在它的"属性"面板中单击"列表值"按钮，弹出"列表值"对话框，如图 6-2-7 所示。

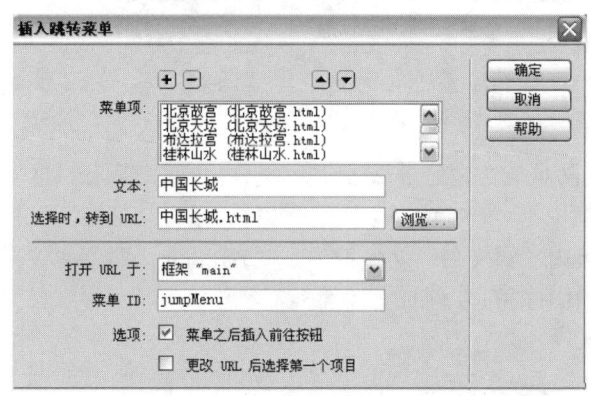
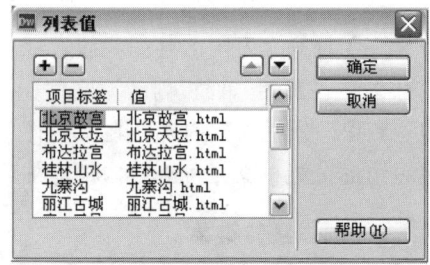

图 6-2-6 "插入跳转菜单"对话框 3　　　　图 6-2-7 "列表值"对话框

（6）如果要增加选项，可以单击 + 按钮，在"项目标签"列文本框中输入菜单项目名称，在"值"列文本框中输入与菜单选项名称链接的网页文件名称；如果要删除选项，可选中要删除的选项，再单击 - 按钮。如果要调整选项的显示次序，可选中要移动的选项，再单击 ▲ 或 ▼ 按钮。单击"确定"按钮，关闭"列表值"对话框，"属性"面板如图 6-2-8 所示。

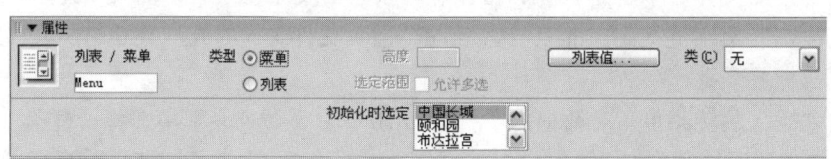

图 6-2-8 "插入跳转菜单"的"属性"面板

（7）选中下拉列表框，如果在其"属性"面板内选中"列表"单选按钮，在"高度"文本框中输入"3"，表示列表框中可以显示 3 个菜单选项，网页效果如图 6-2-9 所示。

图 6-2-9 列表式"中国名胜图像欣赏 3"网页的显示效果

# 相关知识

### 1．设置图像域的属性

图像域用来设置图像，其"属性"面板如图 6-2-3 所示，各选项的作用如下：

（1）"图像区域"文本框：用来输入图像域的 ID。

（2）"源文件"文本框与文件夹按钮：单击该按钮，可以弹出一个对话框，用来选择图像文件，也可以在文本框中直接输入图像文件的路径与文件名。

（3）"替代"文本框：其内输入的文字会在鼠标指针移到图像上面时显示出来。

（4）"对齐"下拉列表框：用来选定图像在浏览器中的对齐方式。

（5）"编辑图像"按钮：单击该按钮，可以打开图像编辑器对图像进行加工。

### 2．设置跳转菜单的属性

跳转菜单采用下拉列表框或列表的方式来实现链接跳转，其外观与列表/菜单一样，是菜单的另外一种形式。用户选中该菜单的某一个选项后，单击"前往"按钮，则当前页面或框架会跳转到其他页面。创建跳转菜单的操作方法如下：

单击"表单"工具栏中的"跳转菜单"按钮，弹出"插入跳转菜单"对话框，如图 6-2-6 所示。其中个选项的作用如下：

◎ "菜单项"列表框：用来显示菜单选项的名称和返回值。可以在此输入、删除和增加菜单选项，以及调整菜单选项的显示次序。

◎ "文本"文本框：输入选中的菜单选项的名称，在"菜单项"列表框中显示出来。

◎ 在"选择时，转到 URL"文本框中输入要跳转的文件路径与文件名，也可以单击"浏览"按钮，弹出"选择文件"对话框，选择与选定的菜单选项相链接的网页文件。

◎ ➕、➖、🔼和🔽按钮的作用与图 6-1-8 所示"单选按钮组"对话框中相应的按钮相似。

◎ "打开 URL 于"下拉列表框：该列表框中的选项是所有分栏框架的名称，用来选择一个分栏框架的名字，确定在哪个框架内显示网页内容。

◎ 在"菜单 ID"文本框中输入跳转菜单的名称。

◎ "选项"区域内有两个复选框。选中"菜单之后插入前往按钮"复选框后，在菜单右边会增加一个"前往"按钮。选中"更改 URL 后选择第一个项目"复选框后，表示在打开新页面后，使菜单中选中的选项为第一项。

### 3．设置隐藏域的属性

隐藏域提供了一个可以存储表单主题、数据等的容器。在浏览器中看不到它，但处理表单的脚本程序时可调用它。其"属性"面板如图 6-2-10 所示，各选项的作用如下：

（1）"隐藏区域"文本框：用来输入隐藏域的名称，以便在程序中引用。

（2）"值"文本框：用来输入隐藏域的数值。

图 6-2-10　隐藏域的"属性"面板

如果在加入隐藏域时没有显示🔳图标，可单击"编辑"→"首选参数"命令，弹出"首选参数"对话框,再在"分类"列表框中选中"不可见元素"选项。然后选中"表单隐藏区域"复选框,再单击"确定"按钮退出。

## 思考与练习 6-2

1. 参考【案例 19】网页的制作方法,制作一个"世界名胜浏览"网页。

2. 参考【案例 19】网页的制作方法,制作一个"名花图像浏览"网页,该网页的显示效果如图 6-2-11 所示。它是一个框架结构的网页,上边分栏框架内是"名花图像浏览"红色文字,左边分栏框架内有一幅图像、一个下拉列表框和一个"前往"按钮,下拉列表框中有"世界名花—长寿花"……"世界名花—玉兰花"选项。选择其中一个选项后,单击"前往"按钮,可在右边分栏框架内显示相应的网页。

图 6-2-11 "名花图像浏览"网页的显示效果

## 6.3 【案例 20】"用户登录"网页

### 案例效果

"用户登录"网页显示的效果如图 6-3-1 所示。用户可以输入用户名和密码,如图 6-3-2 所示。如果输入姓名的字符数小于 2 或大于 10,则会显示相应的提示信息;如果输入的密码数字个数少于 8 或大于 12,则会显示相应的提示信息,如图 6-3-3 所示。

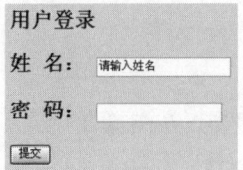
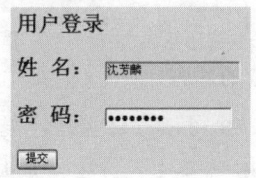

图 6-3-1 "用户登录"网页　　　　图 6-3-2 输入用户名和密码前后

### 设计过程

(1)新建一个网页文档,将该网页以名称"用户登录.HTML"保存在"【案例 20】用户登录"文件夹内。

（2）单击"插入"→"布局对象"→"Div 标签"命令，或者单击"布局"工具栏中的"插入 Div 标签"按钮，弹出"插入 Div 标签"对话框，在"类"下拉列表框中输入"STYLE1"，如图 6-3-4 所示。

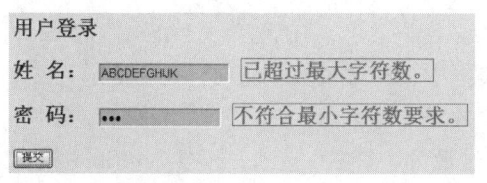

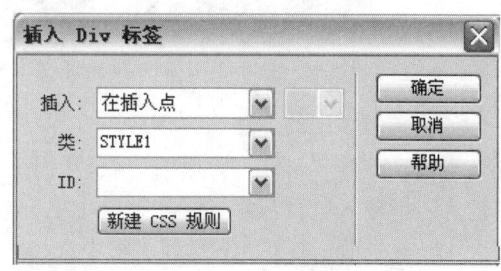

图 6-3-3　输入字符数大于 10 且输入数字数小于 8　　　图 6-3-4　"插入 Div 标签"对话框

（3）单击该对话框内的"新建 CSS 规则"按钮，弹出"新建 CSS 规则"对话框，选中"选择器类型"下拉列表框中的"类"选项，在"选择器名称"文本框中已经有了 CSS 样式的名称".STYLE1"，在"规则定义"下拉列表框中选择"仅限该文件"选项，单击"确定"按钮，弹出".STYLE1 的 CSS 规则定义"（类型）对话框。

（4）在".STYLE1 的 CSS 规则定义"（类型）对话框中设置字体为"宋体"，字大小为 24 px，颜色为蓝色，加粗。单击"确定"按钮，关闭".STYLE1 的 CSS 规则定义"对话框，回到"插入 Div 标签"对话框，再单击"确定"按钮，关闭该对话框，即在光标处创建一个 Div 标签，其内是选中的宋体、24 px、蓝色、加粗的"此处显示 class "STYLE1" 的内容"文字。再输入"用户登录"文字，替换原文字。

（5）将光标定位在下一行的起始位置。单击"表单"工具栏中的"Spry 验证文本域"按钮，弹出"输入标签辅助功能属性"对话框，在"ID"文本框中输入"NAME1"，在"标签"文本框中输入"姓　名："，选中"无标签标记"单选按钮，其他设置如图 6-3-5 所示。然后，单击"确定"按钮，即可创建一个名为 NAME1 的"Spry 验证文本域"Spry 构件，它的标签文字是"姓　名："，如图 6-3-6 所示。

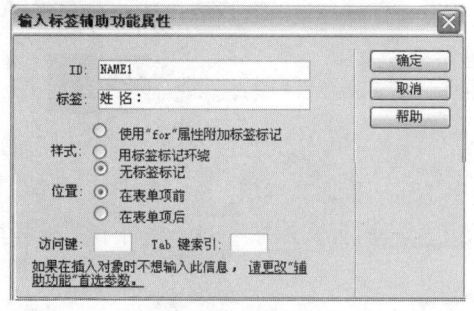

图 6-3-5　"输入标签辅助功能属性"对话框　　　图 6-3-6　插入"Spry 验证文本域"Spry 构件

（6）保证处于选中"Spry 验证文本域"Spry 构件的状态，在其"属性"面板的"类型"下拉列表框中选择"无"选项，在"最小字符数"文本框中输入"4"，在"最大字符数"文本框中输入"10"，在"提示"文本框中输入"请输入姓名"，在"预览状态"下拉列表框中选择"必填"选项，选中"onBlur（模糊）"复选框，如图 6-3-7 所示。

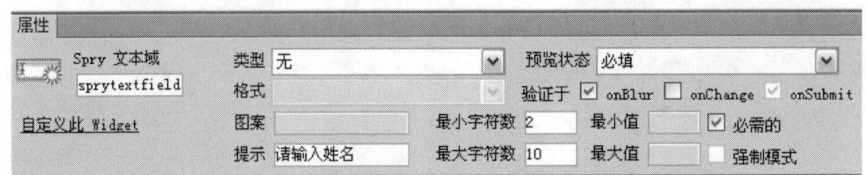

图 6-3-7 "Spry 验证文本域" Spry 构件的 "属性" 面板 1

（7）采用相同的方法，再创建一个标签文字为 "密码："、ID 值为 "PASS1" 的 Spry 验证文本域，在其 "属性" 面板的 "类型" 下拉列表框中选择 "整数" 选项，在 "提示" 文本框中输入 "请输入整数数字"，在 "最小字符数" 文本框中输入 8，在 "最大字符数" 文本框中输入 12，在 "预览状态" 下拉列表框中选择 "已超过最大字符数" 选项，选中 "onBlur（模糊）" 复选框，其他设置如图 6-3-8 所示。

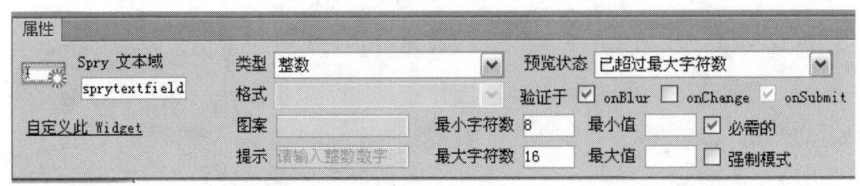

图 6-3-8 "Spry 验证文本域" Spry 构件的 "属性" 面板 2

（8）选中刚刚创建的 Spry 验证文本域的文本域，在其 "属性" 面板，选中 "密码" 单选按钮，如图 6-3-9 所示。

（9）将光标定位在下一行左边。单击 "表单" 工具栏中的 "按钮" 按钮，弹出 "输入标签辅助功能属性" 对话框，在 "ID" 文本框中输入 "TIJIAO"，在 "标签" 文本框中不输入内容，单击 "确定" 按钮，创建一个 "提交" 按钮。"用户登录.html" 网页设计效果如图 6-3-10 所示。

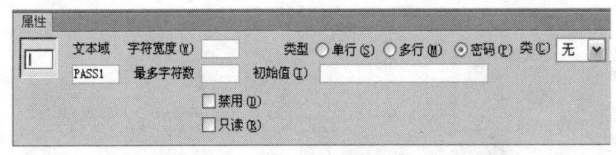

图 6-3-9 文本域的 "属性" 面板

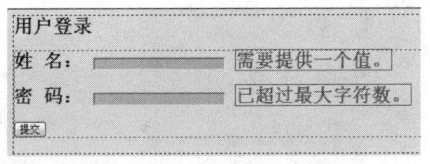

图 6-3-10 网页设计效果

（10）单击 "姓 名：" 上面的蓝色背景区域，选中 "Spry 验证文本域" Spry 构件，单击 "代码" 按钮，切换到 "代码" 视图窗口。其中，与定义 "Spry 验证文本域" Spry 构件有关的程序代码如下：

```
<span id="sprytextfield1">姓　名:
    <input type="text" name="NAME1" id="NAME1" />
    <span class="textfieldRequiredMsg">需要提供一个值。</span><span class="textfieldMinCharsMsg">不符合最小字符数要求。</span><span class="textfieldMaxCharsMsg">已超过最大字符数。</span></span>
```

由上述代码可见，可以很容易地修改 ID 名称、文本域名称和有关的提示信息。

采用相同的方法，也可以观察和修改 "密码：" 的 "Spry 验证文本域" Spry 构件。

### 相关知识

#### 1．Spry 构件简介

Spry 构件是预置的常用用户界面组件，是一个网页页面元素，可以使用 CSS 自定义这些组件，然后将其添加到网页中。使用 Dreamweaver，可以将多个 Spry 构件添加到页面中，这些构件包括折叠构件、选项卡式界面和具有验证功能的表单元素等。

Spry 构件由构件结构（用来定义构件结构组成的 HTML 代码）、构件行为（用来控制构件如何响应用户启动事件的 JavaScript 程序，它赋予构件功能）和构件样式（用来指定构件外观的 CSS，包含设置构件样式所需的全部信息）3 部分组成。

使用 Spry 框架可以在网页中创建可验证的文本域表单对象等。Spry 框架中的每个构件都与唯一的 CSS 和 JavaScript 文件相关联。当在页面内插入构件后，Dreamweaver 会自动将这些文件链接到该页面，以使构件中包含该页面的功能和样式。

与网页内所插入的构件相关联的 CSS 文件和 JavaScript 文件会自动根据该构件命名，例如与折叠构件相关联的文件名是 SpryAccordion.css 和 SpryAccordion.js。当在已经保存的页面中插入构件时，会在站点中或其他指定的目录下创建一个名称为 SpryAssets 的文件夹，并将相应的 CSS 文件和 JavaScript 文件保存在该文件夹内。

#### 2．Spry 构件的基本操作

（1）插入 Spry 构件：单击"插入"→"Spry"命令，弹出级联菜单，单击要插入的 Spry 构件的名称，或者单击"表单"工具栏中的 Spry 类别中的按钮，都可弹出"输入标签辅助功能属性"对话框，在该对话框内的"ID"文本框中输入 ID 值，在"标签"文本框中输入标签文字；在"样式"选项区域内选中一个单选按钮，确定一种样式；在"位置"选项区域内选中一个单选按钮，确定标签文字的位置；还可以设置访问键。单击"确定"按钮，即可插入一个 Spry 构件对象。

（2）选择和编辑 Spry 构件：将鼠标指针移到构件之上，会在构件的左上角显示蓝色背景的选项卡，单击可选中该 Spry 构件。此时，"属性"面板会切换到该 Spry 构件的"属性"面板。利用 Spry 构件的"属性"面板可以编辑该 Spry 构件。

（3）设置 Spry 构件的样式：在站点或其他目录下的 SpryAssets 文件夹中可以找到与该构件相对应的 CSS 文件，可以编辑 CSS 文件。另外，也可以利用"CSS 样式"面板来设置 Spry 构件的属性，这与对页面上其他带样式的元素所做的操作一样。

#### 3．更改默认的 Spry 资源文件夹

当在已保存的页面中插入 Spry 构件后，Dreamweaver 会在站点中创建一个 SpryAssets 文件夹，并将相应的 CSS 文件和 JavaScript 文件存放在该文件夹内。如果需要将 SpryAssets 文件夹保存到其他目录下，可以更改 Dreamweaver 保存这些资源的默认位置，操作方法如下：

（1）单击"站点"→"管理站点"命令，弹出"管理站点"对话框，单击"编辑"按钮，弹出"站点定义"对话框。单击"高级"标签，在"站点定义"（高级）对话框内"分类"列表框中选择 Spry 选项。

（2）在"Spry 资源文件夹"文本框中输入 Spry 资源保存的文件夹路径，也可以单击其右边的文件夹按钮 📁，弹出一个对话框，利用该对话框来查找文件夹。单击"确定"按钮，即完成更改默认的 Spry 资源文件夹的设置。

### 4．Spry 验证文本域

"Spry 验证文本域"Spry 构件是一个文本域，用于输入时显示输入的状态（有效或无效）。例如，如果输入电子邮件地址时没有输入"@"和"."，则会显示相应的提示信息。该 Spry 构件与一般的文本域表单对象的主要区别是它不但有文本域，还具有验证和给出相应提示的功能。

单击 Spry 验证文本域表单对象左上角的蓝色背景选项卡，可以选中"Spry 验证文本域"Spry 构件，弹出它的"属性"面板，如图 6-3-7 和图 6-3-8 所示。

当在"类型"下拉列表框中选择不同的选项时，"属性"面板内的选项会也不一样，例如，在"类型"下拉列表框中选择"日期"选项时的"属性"面板如图 6-3-11 所示。

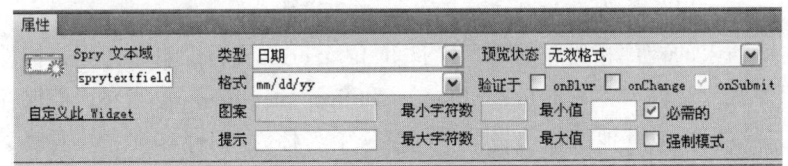

图 6-3-11 "Spry 验证文本域"Spry 构件的"属性"面板（选择"日期"类型）

"Spry 验证文本域"Spry 构件"属性"面板内各选项的作用如下：

（1）"类型"下拉列表框：用来选择"Spry 验证文本域"Spry 构件的验证类型。例如，如果文本域将接收日期验证类型，则可以在"类型"下拉列表框中选择"日期"选项。"类型"下拉列表框中各选项（即验证类型）的名称和格式如表 6-3-1 所示。

（2）"格式"下拉列表框：在"类型"下拉列表框中选中"日期""时间""邮政编码"等选项后，该下拉列表框变为有效，用来选择相应的格式。

表 6-3-1 "类型"下拉列表框中各验证类型的名称和格式

| 验证类型 | 格　　式 |
| --- | --- |
| 无 | 不需要特殊格式 |
| 整数 | 文本域只可以接受整数数字 |
| 电子邮件 | 文本域必须输入包含"@"和"."字符的电子邮件地址，而且"@"和"."的前面和后面都必须至少有一个字母 |
| 日期 | 格式可以改变，可以在"属性"面板内的"格式"下拉列表框中选择 |
| 时间 | 格式可以改变，在"属性"面板内的"格式"下拉列表框中选择，其中，"tt"表示 am/pm 格式，"t"表示 a/p 格式 |
| 信用卡 | 格式可以改变，在"属性"面板内的"格式"下拉列表框中可以选择接受所有信用卡，或者指定特定种类的信用卡（MasterCard、Visa 等），文本域不接受包含空格的信用卡号，例如 1234 5678 8765 9999 |
| 邮政编码 | 格式可以改变，在"属性"面板内的"格式"下拉列表框中选择 |
| 电话号码 | 如果在"属性"面板内的"格式"下拉列表框中选择了"美国/加拿大"选项，则文本域接受美国和加拿大格式，即"(000)000-0000"格式；也可以在"属性"面板内的"格式"下拉列表框中选择"自定义模式"选项，则应在"图案"（模式）文本框中输入格式，例如，000.00(00)。 |

续表

| 验证类型 | 格　　式 |
|---|---|
| 社会安全号码 | 文本域接受 000-00-0000 格式的社会安全号码 |
| 货币 | 文本域接受 1,000,000.00 或 1.000.000,00 格式的货币格式 |
| 实数/科学记数法 | 验证各种数字：数字（例如 1）、浮点值（例如 12.123）、以科学记数法表示的浮点值（例如 1.234e+10、1.234e-10，其中 e 是 10 的幂） |
| IP 地址 | 格式可以改变，在"属性"面板内的"格式"下拉列表框中选择 |
| URL | 文本域接受 http://xxx.xxx.xxx 或 ftp://xxx.xxx.xxx 格式的 URL |
| 自定义 | 可以用于指定自定义验证类型和格式，在"属性"面板内的"图案"文本框中输入格式模式，并根据需要在"提示"文本框中输入提示信息 |

（3）"图案"文本框：在"类型"下拉列表框中选中"自定义"选项后，用来输入格式模式，并根据需要在"提示"文本框中输入提示信息。

（4）"验证于"栏：有 3 个复选框，用来指定验证发生的时间，可以设置验证发生的时间，包括站点访问者在构件外部单击时、输入内容时或尝试提交表单时。

◎ "onBlur"（模糊）：选中后，当用户在文本域的外部单击时进行验证。

◎ "onChange"（更改）：选中后，当用户更改文本域中的文本时进行验证。

◎ "onSubmit"（提交）：选中后，当用户尝试提交表单时进行验证。

（5）"提示"文本框：用于输入提示信息。由于文本域有很多不同的格式，因此为了帮助用户输入正确的格式，可以输入相应的提示文字。当"Spry 验证文本域"Spry 构件的文本框中没有输入内容时，该文本框中会显示"提示"文本框中的文字。

（6）"预览状态"下拉列表框：用来设置验证 Spry 构件的状态，验证文本域构件的状态有"初始""有效""无效格式"和"必填"等，它们的含义如下：

◎ "初始"状态：在浏览器中加载页面或用户重置表单时 Spry 构件的状态。

◎ "必填"状态（即必需状态）：在选中"必需的"复选框后，"预览状态"下拉列表框中才会增加"必填"（即"必需"）选项，是用户在文本域中未输入必需的文本时 Spry 构件的状态。当用户没有输入时，会在文本域后边显示"需要提供一个值。"。

◎ "无效格式"状态：输入文本的格式无效时 Spry 构件的状态。例如，在设置"日期"类型后，在文本域中输入 12 而不是输入 2012 来表示年份，则属于无效状态。

◎ "有效"状态：当用户正确地输入信息且表单可以提交时 Spry 构件的状态。

（7）"最小字符数"和"最大字符数"文本框：它们仅在"类型"下拉列表框中选择了"无""整数""电子邮件地址"和"URL"选项时有效。例如，在"最小字符数"和"最大字符数"文本框中分别输 2 和 4，则只有当输入 2、3 或 4 个字符时才通过验证，当输入的字符个数小于 2 或大于 4 时，都无法通过验证，会显示相应的提示信息。

◎ "最小字符数"状态：在该文本框中输入数字后，"预览状态"下拉列表框中会增加"未达到最小字符数"选项。当输入的字符数少于"最小字符数"文本框中的数时，则进入 Spry 构件的"最小字符数"状态，会在文本域后边显示"不符合最小字符数要求"。

◎ "最大字符数"状态：在该文本框中输入数字后，"预览状态"下拉列表框中会增加"已超过最大字符数"选项。当输入的字符数大于"最大字符数"文本框中输入的数字时，进入

Spry 构件的 "最大字符数" 状态，会在文本域后边显示 "已超过最大字符数"。

（8）"最小值" 和 "最大值" 文本框：这两个复选框仅在 "类型" 下拉列表框中选择了 "无" "整数" "电子邮件地址" 和 "URL" 验证类型时有效。例如，在 "最小值" 和 "最大值" 文本框中分别输入 "2 和 4"，则只有当输入数值在 "2 和 4" 之间时才能通过验证，当输入的数值小于 2 或大于 4 时，都无法通过验证，会显示相应的提示信息。

◎ "最小值" 状态：在 "最小值" 文本框中输入数字后，"预览状态" 下拉列表框中才会增加 "小于最小值" 选项。当用户输入的数值小于 "最小值" 文本框中输入的数值时，进入 Spry 构件的 "最小值" 状态，会在文本域后边显示 "输入值小于所需的最小值。"。

◎ "最大值" 状态：在 "最大值" 文本框中输入数字后，"预览状态" 下拉列表框中才会增加 "大于最大值" 选项。当用户输入的值小于 "最大值" 文本框中输入的数值时，进入 Spry 构件的 "最小值" 状态，会在文本域后边显示 "输入值大于所允许的最大值。"。

"最小值" 和 "最大值" 状态适用于整数、实数和数据类型的验证。

（9）"必须的" 复选框：选中后，"预览状态" 下拉列表框会有 "必填" 选项。

（10）"强制模式" 复选框：选中后，即可进入强制模式，此时可以禁止用户在验证文本域构件中输入无效字符。例如，如果再设置 "整数" 验证类型的情况下，当用户尝试输入字母时，文本域中将不显示任何内容。

每当 "Spry 验证文本域" Spry 构件以用户交互方式进入其中一种状态时，Spry 框架会在运行时向该构件的 HTML 代码程序应用相应的 CSS 样式类。例如，当用户还没有在必填文本域中输入文本就提交表单时，会向该 Spry 构件应用一个 CSS 样式类，使文本域后边显示 "需要提供一个值" 提示文字。这里的 CSS 样式是外部 CSS 样式，相应的 CSS 文件是 "SpryAssets" 文件夹内的 "SpryValidationTextField.css" 文件。

# 思考与练习 6-3

1. 使用 "Spry 验证文本域" Spry 构件制作一个只可以输入 2 ~ 10 个字母的文本框。

2. 修改【案例 20】"用户登录" 网页，使密码输入的字符范围为 6 ~ 16。

3. 创建一个 "个人简历登记表" 网页，其内有多个使用 "Spry 验证文本域" 的 Spry 构件，可以用来输入姓名、年龄、出生日期、邮箱地址、邮编、电话号码和地址等信息。

4. 修改【案例 20】"用户登录" 网页中的各种文字提示。例如，将 "已超过最大字符数。" 改为 "已经大于规定的最大字符个数！"；将 "不符合最小字符数要求。" 改为 "小于规定的最小字符个数！"；将 "不符合最小字符数要求。" 改为 "小于规定的最小字符个数！"；将 "需要提供一个值。" 改为 "请您输入一个密码！"。提示：可以修改代码内的文字。

## 6.4 【案例 21】旅游协会会员申请表

### 案例效果

"旅游协会会员申请表" 网页如图 6-4-1（a）所示。用户可以输入姓名、密码、电子邮箱地址、个人简历等信息，选择性别和主要的旅游地等。在输入姓名、密码、电子邮箱地址等内容时，如果输入的字符个数少于或大于规定的数值，则会显示相应的提示信息，如图 6-4-1（b）所示。在输入电子邮箱地址时，如果输入的字符中没有 "@" 和 "."字符，则会显示相应的提示信息，如图 6-4-1（b）所示。在选择爱好时，如果选择了 1 个以下或 4 个以上的复选框时，会显示相应的提示信息，如图 6-4-1（b）所示。在选择学历时如果选择了无效的 "——"选项时，也会显示相应的提示信息。

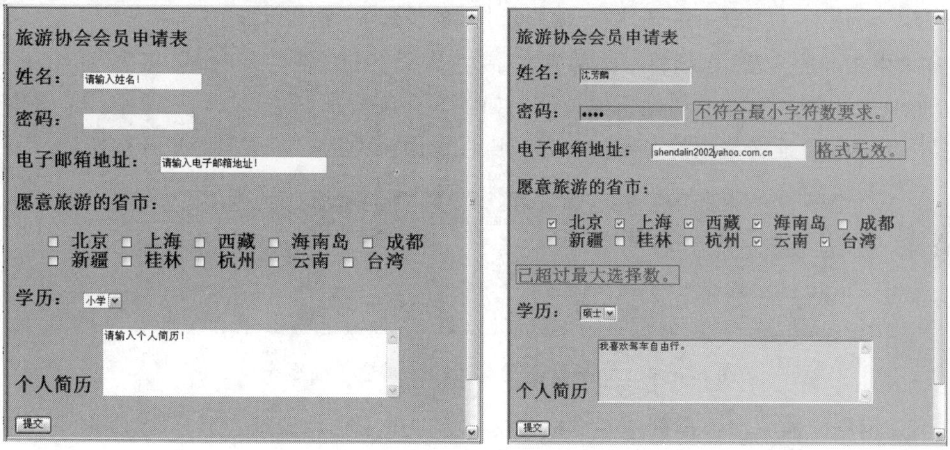

（a）　　　　　　　　　　　　　　　（b）

图 6-4-1　"旅游协会会员申请表"网页在浏览器中的显示效果

## 设计过程

### 1. 创建 Spry 验证文本域和 Spry 验证文本区域

（1）创建一个新网页文档，设置背景图像为浅蓝色，标题为 "旅游协会会员申请表"，以名称 "旅游协会会员申请表.html"保存。

（2）在新建的网页 "设计"视图窗口内，输入 24 px、"华文行楷，隶书"、蓝色文字 "旅游协会会员申请表"。然后，将光标定位在下一行的起始位置。

（3）单击 "表单"工具栏中的 "Spry 验证文本域"按钮，弹出 "输入标签辅助功能属性"对话框，在 "ID"文本框输入 "xingming"，在 "标签"文本框中输入 "姓名："，选中 "无标签标记"和 "表单项前"单选按钮。单击 "确定"按钮，创建一个 Spry 构件，其左边的标签文字是 "姓名："，如图 6-4-2 所示。

图 6-4-2　Spry 验证文本域

（4）单击 "Spry 验证文本域"Spry 构件对象，在 "属性"面板的 "类型"下拉列表框中选择 "无"选项，在 "最小字符数"和 "最大字符数"文本框中分别输入 "2"和 "8"，在 "提示"文本框中输入 "请输入姓名！"，选中 "onChange（在改变时）"复选框，在 "预览状态"下拉列表框中选择 "未达到最小字符数"选项。选中 "onChange"后，在输入文字时，当输入的字符个数改变且不符合要求时，会自动显示相应的提示信息，如图6-4-3所示。

选中该 Spry 验证文本域的文本域，在"属性"面板中，选中"单行"单选按钮。

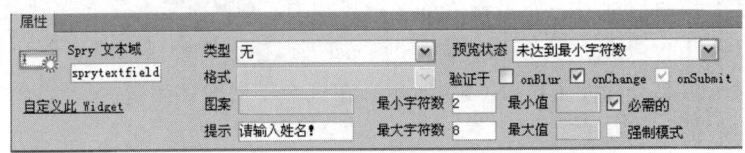

图 6-4-3　Spry 验证文本域的"属性"面板设置 1

（5）采用相同的方法，再创建一个标签文字为"密码："、ID 值为"mima"、名为"sprytextfield2"的 Spry 验证文本域，它的"属性"面板设置如图 6-4-4 所示。

选中该 Spry 验证文本域的文本域，在"属性"面板中选中"密码"单选按钮。

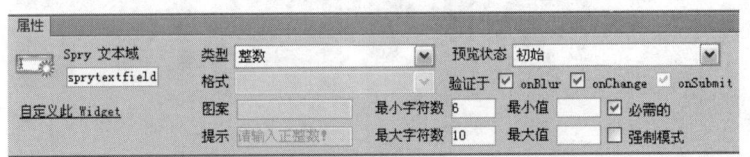

图 6-4-4　Spry 验证文本域的"属性"面板设置 2

（6）采用相同的方法，再创建一个标签文字为"电子邮箱地址："、ID 值为"Email"的 Spry 验证文本域，它的"属性"面板设置如图 6-4-5 所示。

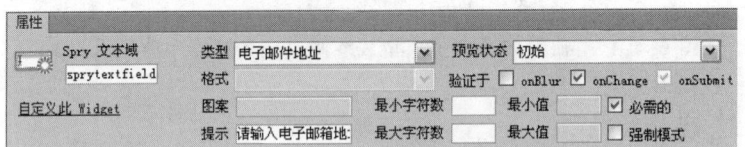

图 6-4-5　Spry 验证文本域的"属性"面板设置 3

（7）选中刚刚创建的 Spry 验证文本域的文本域，在"属性"面板中选中"单行"单选按钮，在"字符宽度"文本框中输入"30"，如图 6-4-6 所示。

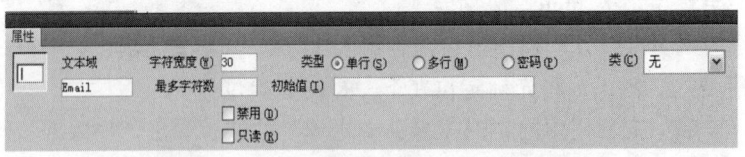

图 6-4-6　文本域的"属性"面板设置

（8）采用相同的方法，再创建一个标签文字为"个人简历："、ID 值为"jian"的 Spry 验证文本区域，它的"属性"面板设置如图 6-4-7 所示。

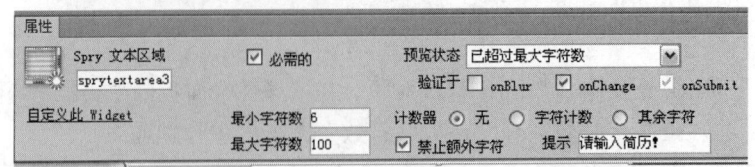

图 6-4-7　Spry 验证文本区域的"属性"面板设置 4

（9）将所有 Spry 验证文本域标签设置为"宋体"、蓝色和 24 px 大小。

### 2．创建其他 Spry 构件

（1）将光标定位在第 4 行 Spry 验证文本域右边，按【Enter】键，光标移到下一行，输入 24 像素、"宋体"、蓝色文字"愿意旅游的省市："。

单击"表单"工具栏中的"Spry 验证复选框"按钮，弹出"输入标签辅助功能属性"对话框，在其内"ID"文本框中输入"bj"，在"标签"文本框中输入"北京"，选中"无标签标记"和"在表单项后"单选按钮。单击"确定"按钮，即可创建一个名为"lvcs1"的"Spry 验证复选框"Spry 构件，该 Spry 构件的标签文字是"北京"。

（2）选中"Spry 验证复选框"Spry 构件对象，在"属性"面板的"预览状态"下拉列表框选中"初始"选项；选中"实施范围（多个）"单选按钮；在"最小选择数"文本框中输入数值"2"，当用户选择的复选框数小于 2 时，会在 Spry 构件后边显示"不符合最小选择数要求。"提示信息；在"最大选择数"文本框中输入一个数值 5，则当用户选择的复选框数大于 5 时，会在 Spry 构件后边显示"已超过最大选择数。"提示信息；选中"onBlur"和"onChange"复选框。其他设置如图 6-4-8 所示。

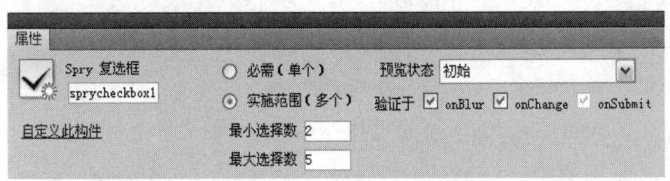

图 6-4-8　Spry 验证复选框的"属性"面板设置 5

（3）将光标定位在"Spry 验证复选框"Spry 构件内的最右边（蓝色框内）。再单击"表单"工具栏中的"复选框"按钮，弹出"输入标签辅助功能属性"对话框，在该对话框内的"ID"文本框中输入"lvcs2"，在"标签"文本框中输入"上海"，选中"在表单后"单选按钮，单击"确定"按钮，创建一个复选框。

（4）按照上述方法再在"上海"复选框的右边创建其他 8 个复选框。这 10 个复选框都属于"Spry 验证复选框"Spry 框架内的复选框。

（5）将光标定位在"Spry 验证复选框"Spry 框架的下一行。单击"表单"工具栏中的"Spry 验证选择"按钮，弹出"输入标签辅助功能属性"对话框，在其内的"ID"文本框中输入"xueli"，在"标签"文本框中输入"学历"，选中"无标签标记"单选按钮。单击"确定"按钮，创建一个名为"xueli"的 Spry 构件，它的标签文字是"学历"的"Spry 验证选择"Spry 构件。

（6）选中下拉列表框，弹出它的"属性"面板（其内"初始化时选定"列表框中还没有内容），选中"菜单"单选按钮，如图 6-4-9 所示。单击"列表值"按钮，弹出"列表值"对话框，按照"列表/菜单"表单对象的操作方法，在"列表值"对话框内输入项目标签和对应的值，如图 6-4-10 所示。单击"确定"按钮，关闭该对话框，此时网页内创建的"Spry 验证选择"Spry 构件如图 6-4-11 所示。

图 6-4-9　下拉列表框的"属性"面板

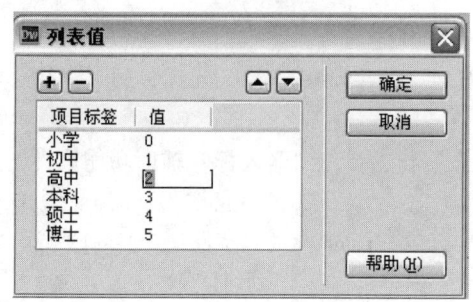

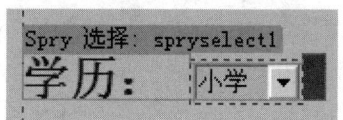

图 6-4-10　列表值"对话框　　　　　　　图 6-4-11　"Spry 验证选择"Spry 构件

（7）单击选中"Spry 验证选择"Spry 构件，在"属性"面板内，选中"空值"复选框，在"预览状态"下拉列表框中选择"初始"选项，则在设计状态和选中列表框中的无值选项（在"列表值"对话框内只设置了项目标签"——"，没有设置对应的值）时，在列表框右边会显示"请选择一个项目。"提示信息。其他设置如图 6-4-12 所示。

图 6-4-12　"Spry 验证选择"Spry 构件的"属性"面板 6

（8）将光标定位在最下边一行。单击"表单"工具栏中的"按钮"按钮，弹出"输入标签辅助功能属性"对话框，在该对话框内的"ID"文本框中输入"TIJIAO"，在"标签"文本框中不输入内容，单击"确定"按钮，创建一个"提交"按钮。

## 🪧 相关知识

### 1. Spry 验证文本区域

Spry 验证文本区域（即表单对象）是一个文本区域，在该区域输入几个文本句子时显示文本的状态（有效或无效）。它与一般的文本区域表单对象的主要区别是"Spry 验证文本区域"Spry 构件不但有文本域，而且还具有验证和给出相应提示的功能。它的"属性"面板如图 6-4-7 所示。其中各选项的作用如下：

（1）"预览状态"下拉列表框：包含"初始""有效"和"必填"选项。当在"最小字符数"文本框中输入数值后，"预览状态"下拉列表框中会增加"未达到最小字符数"选项；在"最大字符数"文本框中输入数字后，"预览状态"下拉列表框中会增加"已超过最大字符数"选项。它的作用与"Spry 验证文本域"Spry 构件的作用一样。

（2）"计数器"选项区域：该选项区域有 3 个单选按钮，选中"无"单选按钮后，不添加字符计数器；选中"字符计数"单选按钮后，可以添加字符计数器，当用户在文本区域中输入文本时可以显示已经输入的字符个数。默认情况下，添加的字符计数器会出现在构件右下角的外部，如图 6-4-13 所示。只有当选择所允许的最大字符数时，"其余字符"单选按钮才有效。如果选中"其余字符"单选按钮，也可以添加字符计数器，当用户在文本区域中输入文本时还可以显示输入的字符个数。

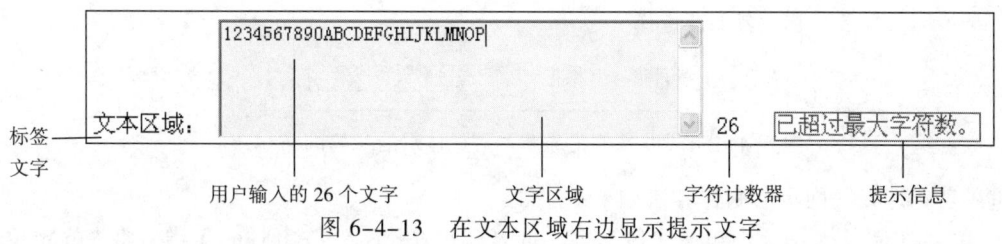

图 6-4-13　在文本区域右边显示提示文字

（3）"禁止额外字符"复选框：选中该复选框后，如果输入的字符个数超过"最大字符数"文本框中的数值，则停止在"Spry 验证文本区域"Spry 构件的文本框中。

### 2．Spry 验证复选框

Spry 验证复选框是 HTML 表单中的一个或一组复选框，其"属性"面板如图 6-4-8 所示。各选项的作用如下：

（1）"必需（单个）"单选按钮：选中该单选按钮后，只对进行是否选择了一个复选框进行验证控制，如果一个复选框都没有选中，则显示 请进行选择。 提示信息。

（2）"实施范围（多个）"单选按钮：选中该单选按钮后，对是否选择了多个复选框进行验证控制，如果多个复选框都未选中，则显示"请进行选择。"提示信息。

（3）"预选状态"下拉列表框：如果选中"必须（单个）"单选按钮，则该下拉列表框中有"初始"和"必填"两个选项。如果选中"初始"选项，则在"Spry 验证复选框"后边不会显示"请进行选择。"信息；如果选中"必填"选项，则在"Spry 验证复选框"右边显示"请进行选择。"。如果选中"实施范围（多个）"单选按钮，则该下拉列表框中有"初始"和"必填"两个选项。

（4）如果在"最小选择数"文本框中输入一个数值，则"预选状态"下拉列表框中才会增加"未达到最小选择数"选项。当用户选择的复选框数小于"最小选择数"文本框中输入数值时，会在 Spry 构件后边显示"不符合最小选择数要求。"提示信息。

（5）如果在"最大选择数"文本框中输入一个数值，则"预选状态"下拉列表框中才会增加"已超过最大选择数"选项。当用户选择的复选框数大于"最大选择数"文本框中输入数值时，会在 Spry 构件后边显示"已超过最大选择数。"提示信息。

### 3．Spry 验证复选框应用实例

制作一个"世界名花选择"网页，该网页在浏览器中的显示效果如图 6-4-14（a）所示。选中一个复选框，再取消选取，则会显示"不符合最小选择数要求。"提示信息，如图 6-4-14（b）所示。如果选中了 3 个复选框，则会显示"已超过最大选择数。"提示信息，如图 6-4-15 所示。

（a）　　　　　　　　　　　　（b）

图 6-4-14　"世界名花选择"网页显示的两幅画面

图 6-4-15 "世界名花选择"网页显示的一幅画面

"世界名花选择"网页的制作方法如下：

（1）输入红色、18 px、加粗、宋体文字"世界名花选择"，按【Enter】键，将光标定位在文字"世界名花选择"的下一行。创建一个"Spry 验证复选框"Spry 构件，ID 名为 SSP1，标签名为"荷花"，位于复选框的左边，其"属性"面板设置如图 6-4-16 所示。

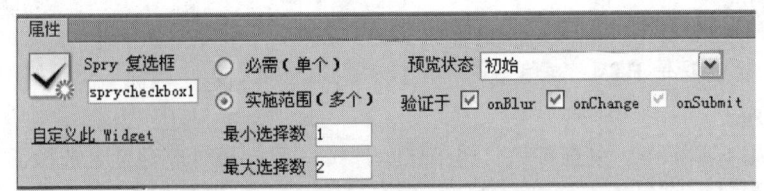

图 6-4-16 Spry 验证复选框的"属性"面板设置

（2）将光标定位在复选框的右边，单击"表单"工具栏中的"复选框"按钮，弹出"输入标签辅助功能属性"对话框，在该对话框内的"ID"文本框中输入"SSP2"，在"标签"文本框中输入"牡丹花"，选中"在表单前"单选按钮，单击"确定"按钮，创建一个复选框。

（3）按照上述方法再在"牡丹花"复选框的右边创建一个"梅花"复选框。这 3 个复选框都属于"Spry 验证复选框"Spry 框架内的复选框。

（4）单击"荷花"上面蓝色背景的选项卡，选中"Spry 验证复选框"Spry 构件，单击"文档工具"栏中的"拆分"按钮，切换到"拆分"视图窗口。其中，定义"Spry 验证文本域"Spry 构件的有关程序如下：

```
<form id="form2" name="form2" method="post" action="">
<p class="STYLE1">世界名花选择</p>
<p>荷花 <span id="sprycheckbox1"><label><input type="checkbox" name="SSP1"
id="SSP1" />
    牡丹花
    <input type="checkbox" name="SSP2" id="SSP2" />
    梅花
    <input type="checkbox" name="SSP3" id="SSP3" />
    </label>
    <span class="checkboxMinSelectionsMsg">不符合最小选择数要求。</span><span
class="checkboxMaxSelectionsMsg">已超过最大选择数。</span> <br />
    <br />
    <br />
</span></p>
</form>
```

由上述代码可见，可以很容易地修改 ID 名称、文本域名称、复选框的名称和有关的提示信息等内容。

#### 4．Spry 验证选择

Spry 验证选择是一个下拉菜单，该菜单在用户进行选择时会显示构件的状态（有效或无效）。例如，创建了一个 ID 名为 XL、标签名为"学历："、标签文字位于前边的"Spry 验证选择"Spry 构件，即一个左边有文字"学历："的下拉列表框。"学历："下拉列表框中的选项有"小学""初中""高中""大学本科""硕士""博士"和"博士后"。

选中下拉列表框，弹出其"属性"面板（其内"初始化时选定"列表框中还没有内容），选中"列表"单选按钮，在"高度"文本框中输入"6"，如图 6-4-9 所示。

单击"属性"面板内的"列表值"按钮，弹出"列表值"对话框，按照"列表/菜单"表单对象的操作方法，在"列表值"对话框内输入项目标签和对应的值，如图 6-4-17 所示。单击"确定"按钮，关闭"列表值"对话框，此时网页内创建的"Spry 验证选择"Spry 构件如图 6-4-18 所示。选中"Spry 验证选择"Spry 构件，其"属性"面板如图 6-4-19 所示。其中各选项的作用如下：

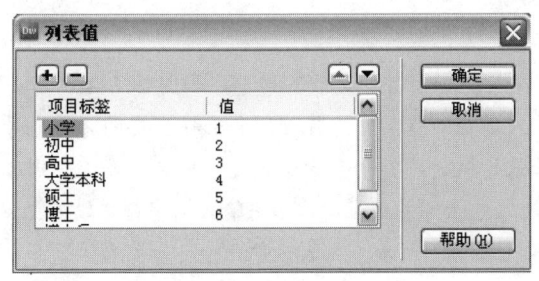

图 6-4-17　"列表值"对话框

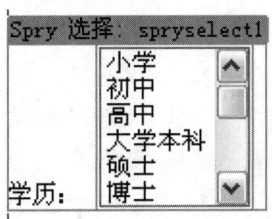

图 6-4-18　"Spry 验证选择"Spry 构件

图 6-4-19　"Spry 验证选择"Spry 构件的"属性"面板

（1）"空值"复选框：选中该复选框后，在"预览状态"下拉列表框中选择"必填"选项，则在设计状态和选中列表框中无值选项（在"列表值"对话框内只设置了项目标签，没有设置对应的值）时，在列表框右边会显示"请选择一个项目。"提示信息。例如，在图 6-4-18 所示的列表框中添加了一个"—"项目标签，没有设置相应的值，在浏览器中显示该网页，单击"——"选项，效果如图 6-4-20 所示。

（2）"无效值"复选框：选中该复选框后，在其右边输入一个数值（例如"1"），则设置了其值为该数值（例如"1"）的项目标签为无效选项。网页显示后，单击"小学"选项（"小学"项目标签的对应值为 1）后的显示效果如图 6-4-21 所示。

"Spry 验证选择"Spry 构件与一般的列表/菜单表单对象的主要区别是"Spry 验证选择"Spry 构件不但有"列表"或"菜单"，而且还具有验证和给出相应提示的功能。

　　　　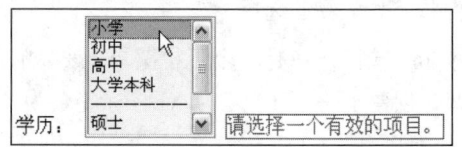

图 6-4-20　无值选项时的效果　　　　　　　图 6-4-21　选择无效选项时的效果

## 思考与练习 6-4

1. 新建一个网页，在该网页内，使用 "Spry 验证文本区域" Spry 构件制作具有输入字母计数功能的文本区域。

2. 参考【案例 21】的制作方法，制作一个 "鲜花展人员登记表" 网页。其中，"参展人员姓名："和 "E-mail:" 文本框、"参展鲜花名称："复选框组均有相应的检验控制和提示，"学历:" 下拉列表框有相应的检验控制和提示。

3. 修改本案例中制作的网页，将它的提示信息进行修改。

4. 参考【案例 21】的制作方法，制作一个 "运动协会登记表" 网页，如图 6-4-22（a）所示。用户可以输入姓名、密码、电子邮箱地址、个人简历等信息，选择性别和选择主要的旅游地等。在输入姓名、密码、电子邮箱地址等内容时，如果输入的字符个数少于或大于规定的数值，则会显示相应的提示信息，如图 6-4-22（b）所示。在输入电子邮箱地址时，如果输入的字符中没有 "@" 和 "." 字符，则会显示相应的提示信息，如图 6-4-22（b）所示。在选择爱好时，如果选择了 1 个以下或 4 个以上的复选框时，会显示相应的提示信息，如图 6-4-22（b）所示。在选择学历时如果选择了无效的 "——"选项时，会显示相应的提示信息。

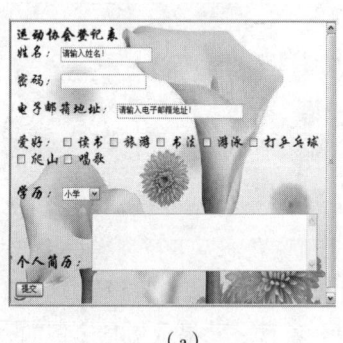　　　　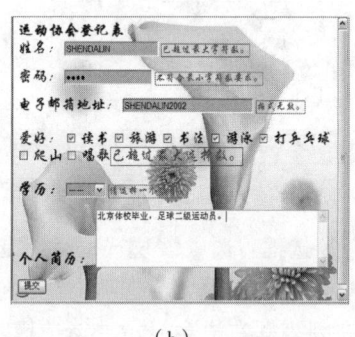

　　　　（a）　　　　　　　　　　　　　　（b）

图 6-4-22　"运动协会登记表" 网页在浏览器中的显示效果

## 6.5　【案例 22】"中国名胜图像欣赏 4" 网页

### 案例效果

"中国名胜图像欣赏 4" 网页在浏览器中的显示效果与【案例 19】"中国名胜图像欣赏 3" 网页的显示效果基本一样，只是在 "中国名胜图像欣赏" 标题下边增加了一行导航菜单。将鼠标指针移到一级命令之上时，会显示出它的二级子菜单，如图 6-5-1 所示。

图 6-5-1　"中国名胜图像欣赏 4"网页在浏览器中的显示效果

　　将鼠标指针移到"山水风景"一级菜单之上，会显示出它的二级菜单，如图 6-5-2（a）所示。单击该菜单中的"九寨沟"命令，可以在右边的框架内显示相应的网页，如图 6-5-2（a）所示。这与选中列表框中的选项再单击"前往"按钮的效果一样。在鼠标指针移到二级菜单之上时，会显示相应的文字提示，如图 6-5-2（a）所示。鼠标指针移到"其他名胜"一级菜单上，也会调出它的二级菜单，单击该菜单中的命令，也可以在右边的框架内显示相应的网页，如图 6-5-2（b）所示。单击"世界风景"一级命令，也可以在右边的框架内显示相应的网页。

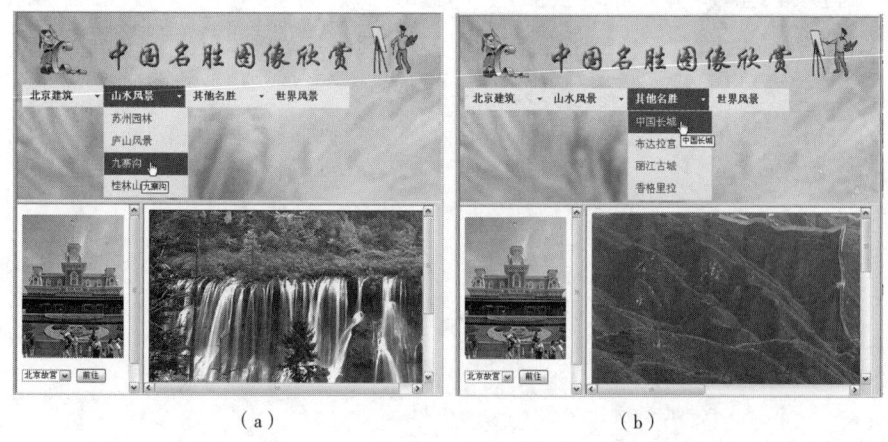

（a）　　　　　　　　　　　　　　（b）

图 6-5-2　"中国名胜图像欣赏 4"网页在浏览器中的显示效果

　　通过该网页的制作，可以掌握"Spry 菜单栏"Sprt 构件的使用方法等。

## 设计过程

### 1．在 TOP.htm 网页添加"Spry 菜单栏"Spry 构件

　　（1）复制一份"【案例 19】中国名胜图像欣赏 3"文件夹，并重命名为"【案例 22】中国名胜图像欣赏 4"，将该文件夹内的"名花图像浏览 1.htm"网页文件的名称更改为"名花

图像浏览 2.htm"。

（2）打开"【案例 22】中国名胜图像欣赏 4"文件夹内的"TOP. htm"网页，将"中国名胜图像欣赏"标题文字图像两边的 GIF 格式动画分别更换为"10.gif"和"11.gif"。

（3）将光标定位在"中国名胜图像欣赏"标题行的右边，按【Enter】键，将光标定位到下一行左边。单击"插入"→Spry→"Spry 菜单栏"命令，弹出"Spry 菜单栏"对话框，如图 6-5-3 所示，选中"水平"单选按钮，再单击"确定"按钮，即可关闭该对话框，同时在网页内创建一个 Spry 菜单栏，如图 6-5-4 所示。

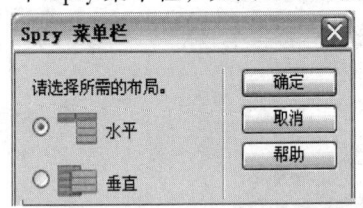

图 6-5-3　"Spry 菜单栏"对话框　　　　　　图 6-5-4　Spry 菜单栏

（4）选中 Spry 菜单栏的蓝色背景选项卡，单击"代码"按钮，切换到"代码"视图窗口。其中，与定义"Spry 菜单栏"Spry 构件有关的程序如下：

```
<ul id="MenuBar1" class="MenuBarHorizontal">
<li><a class="MenuBarItemSubmenu" href="#">项目 1</a>
  <ul>
    <li><a href="#">项目 1.1</a></li>
    <li><a href="#">项目 1.2</a></li>
    <li><a href="#">项目 1.3</a></li>
  </ul>
</li>
<li><a href="#">项目 2</a></li>
<li><a class="MenuBarItemSubmenu" href="#">项目 3</a>
  <ul>
    <li><a class="MenuBarItemSubmenu" href="#">项目 3.1</a>
     <ul>
       <li><a href="#">项目 3.1.1</a></li>
       <li><a href="#">项目 3.1.2</a></li>
     </ul>
    </li>
    <li><a href="#">项目 3.2</a></li>
    <li><a href="#">项目 3.3</a></li>
  </ul>
</li>
<li><a href="#">项目 4</a></li>
</ul>
```

（5）如果创建的 Spry 菜单栏内的各菜单选项太宽，可以打开 SpryAssets 文件夹内的 SpryMenuBar Horizontal.css 文件。然后，在该文件内找到 ul.MenuBarHorizontal ul、ul.MenuBarHorizontal li 和 ul.MenuBarHorizontal ul li 规则，分别将这些规则下边的"width: 8.2em;"中的"8.2em"属性值改小一些，或者改为 auto（以删除固定宽度），然后向该规则中添加"white-space: nowrap;"。

如果创建的是垂直的 Spry 菜单栏，则在 SpryMenuBarHorizontal.css 文件内找到 ul.MenuBar Vertical ul、ul.MenuBarVertical li 和 ul.MenuBarVertical ul li 规则，分别将这些规制下边的"width:8.2em;"中的"8.2em"属性值改小一些，或者改为 auto（以删除固定宽度），然后向该规则中添加 white-space: nowrap;。

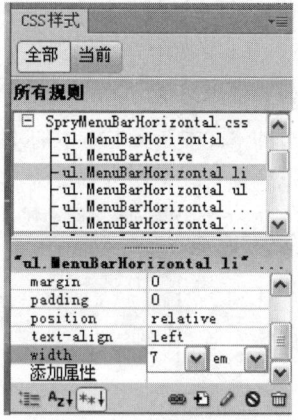

另外，还可以选中"Spry 菜单栏"Spry 构件，再在"CSS 样式"面板中进行设置。方法是：单击"CSS 样式"面板内的"添加属性"超链接，在调出的下拉列表框中选中 width，再在 width 右边栏中输入"auto"，如图 6-5-5 所示。

（6）如果菜单中的名称文字太大，可选中菜单文字，在其"属性"面板的"大小单位"下拉列表框中选择"像素"选项，在"大小"下拉列表框中输入文字大小数值（例如"18"）。

图 6-5-5　添加 width 属性

### 2．设置菜单和创建链接

（1）选中 Spry 菜单栏，弹出"属性"面板，如图 6-5-6 所示。选中左边列表框中的"项目 1"选项，将右边"文本"文本框中的"项目 1"文字改为"北京建筑"；将"项目 2"选项文字改为"山水风景"，将"项目 3"选项文字改为"其他名胜"，"项目 4"选项文字改为"世界风景"，如图 6-5-7 所示。

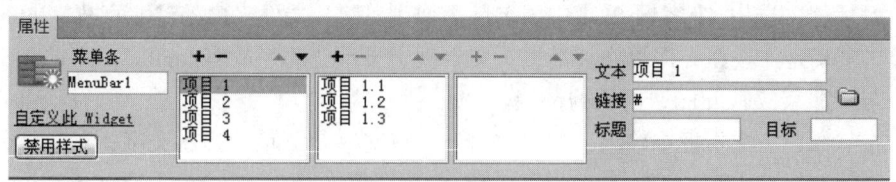

图 6-5-6　Spry 菜单栏的"属性"面板 1

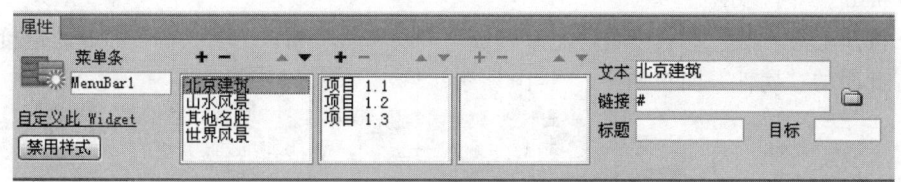

图 6-5-7　Spry 菜单栏的"属性"面板 2

（2）选中左边列表框中的"北京建筑"选项，再选中中间列表框中的"项目 1.1"选项，将右边的"文本"文本框中的"项目 1.1"文字改为"北京故宫"，从而将中间列表框中的"项目 1.1"文字改为"北京故宫"；再将中间列表框中的"项目 1.2"文字改为"北京天坛"，将"项目 1.3"文字改为"颐和园"，如图 6-5-8 所示。

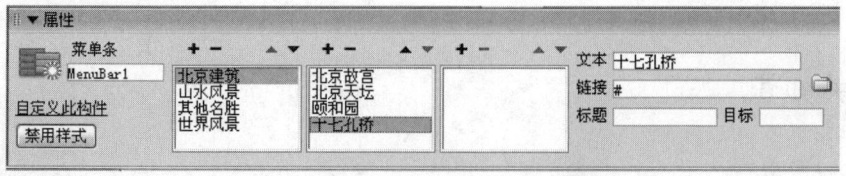

图 6-5-8　Spry 菜单栏的"属性"面板 3

（3）单击中间列表框上边的 ➕ 按钮，在中间列表框中增加一个"无标题项目"选项，再将右边的"文本"文本框中的文字改为"十七孔桥"，如图 6-5-8 所示。

（4）选中左边列表框中的"山水风景"选项，再 4 次单击中间列表框上边的 ➕ 按钮，在中间列表框中增加 4 个"无标题项目"选项。选中中间列表框中的第 1 个"无标题项目"选项，将右边的"文本"文本框中的"无标题项目"文字改为"苏州园林"；继续将中间列表框中的其他"无标题项目"文字分别改为"庐山风景""九寨沟"和"桂林山水"，如图 6-5-9 所示。

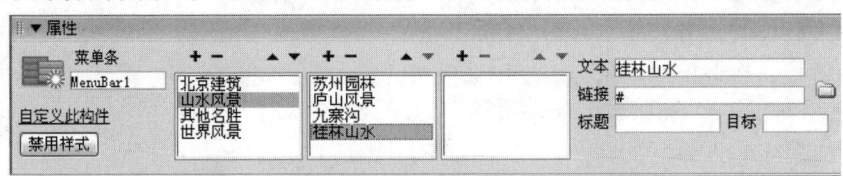

图 6-5-9 Spry 菜单栏的"属性"面板 4

（5）选中左边列表框中的"其他名胜"选项，选中中间列表框中的第 1 个"项目 3.1"选项，3 次单击第 3 个列表框上边的 ➕ 按钮，删除三级命令，再将右边的"文本"文本框中的"项目 3.1"文字改为"中国长城"。选中中间列表框中的第 1 个"项目 3.2"选项，将右边的"文本"文本框中的"项目 3.2"文字改为"布达拉宫"。再将"项目 3.3"文字改为"丽江古城"。单击中间列表框上边的 ➕ 按钮，增加一个"无标题项目"选项。将该"无标题项目"文字改为"香格里拉"。

（6）选中中间列表框中的"北京故宫"选项，单击右边"链接"栏内的 📁 按钮，弹出"选择文件"对话框，选中"【案例 22】中国名胜图像浏览 4"文件夹内的"北京故宫.html"网页文档，单击"确定"按钮，即可在"链接"文本框中显示"北京故宫.html"，并建立"北京故宫"命令与"北京故宫.html"网页的链接。

（7）在"标题"文本框中输入"北京故宫"，该文字是菜单的提示文字；在"目标"文本框中输入"main"，用来确定对链接的网页在"中国名胜图像浏览 4.htm"网页内右边框架（其名称为"main"）内显示。

（8）按照上述方法，继续设置"北京天坛""颐和园"和"十七孔桥"命令的链接、提示和目标。此时的"属性"面板如图 6-5-10 所示。

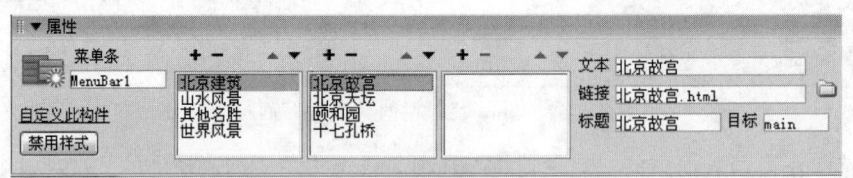

图 6-5-10 Spry 菜单栏的"属性"面板 5

（9）按照上述方法，设置"山水风景""其他名胜"一级菜单下各二级子菜单。以及设置"世界风景"菜单（一级菜单）。另外，只选中左边列表框中的选项时，如果不进行文件链接，则"链接"文本框中应输入"#"。

## ⚙ 相关知识

### 1. Spry 菜单栏

Spry 菜单栏是一组可导航的菜单按钮，当将鼠标指针移到其中的某个按钮之上时，会显示相应的子菜单。单击子命令可弹出相应的网页。Dreamweaver CS6 允许插入垂直"Spry 菜单栏"构件和水平"Spry 菜单栏"构件。顶级菜单和子菜单可以包含任意多个子菜单项。"Spry 菜单栏"构件"属性"面板内各选项的作用如下：

（1）✚按钮：用来在选中菜单选项的下边添加一个菜单选项。

（2）━按钮：用来删除选中的菜单选项或子菜单选项。

（3）▲和▼按钮：用来移动菜单项的顺序。单击▲按钮，可将选中的菜单选项上移一个位置；单击▼按钮，即可将选中的菜单选项下移一个位置。

（4）"文本"文本框：用来更改选中的菜单选项的名称。

（5）"链接"文本框右侧的 🗀 按钮：选中"属性"面板内列表框中要建立链接的命令名称，单击"链接"文本框右侧的 🗀 按钮，弹出"选择文件"对话框，选中要链接的网页或图像文件，再单击"确定"按钮，即可在"链接"文本框中显示链接的网页或图像文件的名称，完成链接。也可以在"链接"文本框中直接输入相应路径和文件名称。

**注意**：不建立链接的菜单选项，其"链接"文本框中必须输入"#"。

（6）"标题"文本框：选中"属性"面板内列表框中的一个命令，在"标题"文本框中输入提示信息文字。以后，当鼠标指针移到该命令之上时，即可显示该提示文字。

（7）"目标"文本框：其内可以输入属性值，用来设置链接的网页或图像的显示位置。如果使用的是框架集，可以指定框架显示链接的网页或图像。其内选项的作用如下：

◎ _blank：在浏览器窗口中打开所链接的网页或图像。

◎ _self：在同一个浏览器窗口中显示所链接的网页或图像。这是默认选项，如果页面位于框架或框架集中，该页面将在框架中显示。

◎ _parent：在文档的父框架集中显示所链接的网页或图像。

◎ _top：在框架集的顶层窗口中显示所链接的网页或图像。

◎ 框架名称：输入框架集内分栏框架的名称，在指定框架内显示链接的网页或图像。

（8）使子菜单显示在 Flash 动画上边："Spry 菜单栏"构件通常会显示其他部分的上方。如果页面中插入有 Flash 动画，则 Flash 动画通常会显示在子菜单的上方。为了使子菜单显示在 Flash 动画的上边，可修改 Flash 动画参数，设置 wmode="transparent"。

（9）定位子菜单：Spry 菜单栏子菜单的位置由子菜单 UL 标签的 margin 属性控制。找到 ul.MenuBar Vertical ul 或 ul.MenuBarHorizontal ul 规则。将默认值"margin: –5% 0 0 95%;"修改为所需的值。

### 2．Spry 折叠式

Spry 折叠式是一组可折叠的面板，可以将大量内容存储在一个紧凑的空间中。用户可以通过单击该组面板上的选项卡来收缩或展开折叠构件中的一个面板，并显示该面板中的内容。在可折叠的面板中，每次只能有一个面板处于展开且可以看见其中内容的状态。图 6-5-11 所示是一个"Spry 折叠式"Spry 构件，其中第 1 个面板处于展开状态，"Spry 折叠式"Spry 构件可以包含任意数量的单独面板。

"Spry 折叠式"Spry 构件包含一个含有所有面板的外部 Div 标签以及它们的 Div 标签，各标签中有一个标题 Div 和内容 Div。在文件头中和"Spry 折叠式"Spry 构件的 HTML 标记之后还包括 SCRIPT 标签。创建和修改"Spry 折叠式"Spry 构件的方法如下：

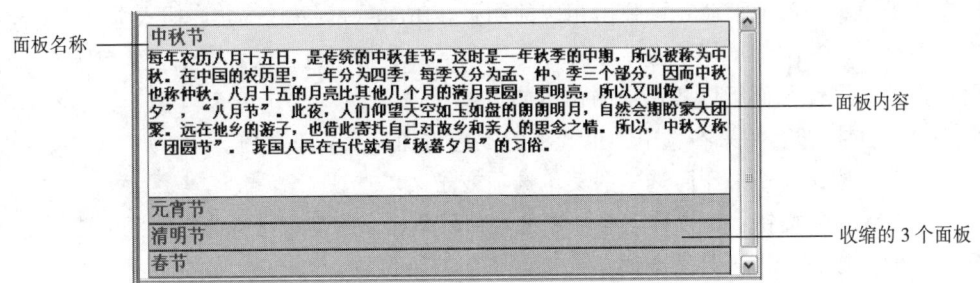

面板名称

面板内容

收缩的 3 个面板

图 6-5-11 "Spry 折叠式"Spry 构件

（1）新建网页文档，以名称"Spry 折叠式.htm"保存在"【案例 22】Sprt"文件夹内。单击"插入"→Spry→"Spry 折叠式"命令，在光标处创建一个"Spry 折叠式"Spry 构件，如图 6-5-12 所示。

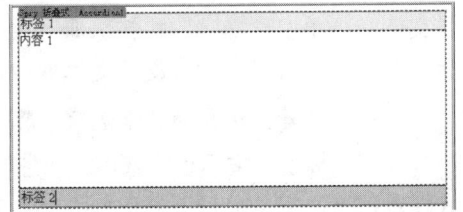

（2）选中"Spry 折叠式"Spry 构件，其"属性"面板如图 6-5-13（a）所示。选中"属性"面板内"面板"列表框上边的➕按钮，在"面板"列表框中增加一个名称为 LABEL3 的面板，再单击➕按钮，在"面板"列表框中再增加一个面板名称 LABEL4。

图 6-5-12 创建的"Spry 折叠式"Spry 构件

（3）选中"属性"面板内"面板"列表框中的面板名称"LABEL1"，拖动选中网页内的"LABEL1"文字，将该文字改为"中秋节"，再将选中的文字改为红色、加粗、大小为 18 px、宋体。

按照相同的方法，再将网页内的"LABEL2"文字改为"元宵节"，将网页内的"LABEL3"文字改为"清明节"，将网页内的"LABEL4"文字改为"春节"。然后，利用它们的"属性"面板将这些文字改为红色、加粗、大小为 18 px、宋体文字。

此时，"Spry 折叠式"Spry 构件的"属性"面板如图 6-5-13（b）所示。

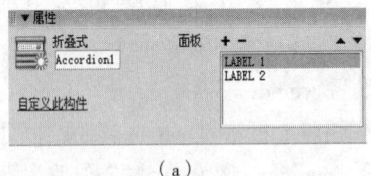
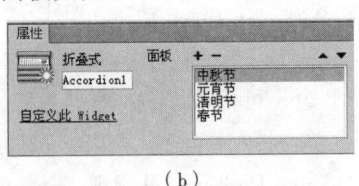

（a）　　　　　　　　　　（b）

图 6-5-13 "Spry 折叠式"Spry 构件的"属性"面板

（4）打开"【案例 22】Sprt"文件夹内"TXT"文件夹中的"中秋节.txt""元宵节.txt""清明节.txt"和"春节.txt"文本文件。选中"Spry 折叠式"Spry 构件"属性"面板内"面板"列表框中的"中秋节"面板名称，展开"中秋节"面板，此时的网页设计窗口如图 6-5-11 所示（在面板名称下还没有文字）。

另外，也可以将鼠标指针移到网页内"中秋节"面板标签内的右边，如果出现一个眼睛图标⬤时，单击该图标，也可以展开"中秋节"面板。

（5）将"中秋节.txt"中文字复制到剪贴板内，再粘贴到网页内"中秋节"面板名称下边的"内容 1"文字处，替换原来的文字"内容 1"。选中粘贴的文字，再利用其"属性"面板将选中的文字改为蓝色、加粗、大小为 16 px、宋体文字，如图 6-5-14（a）所示。

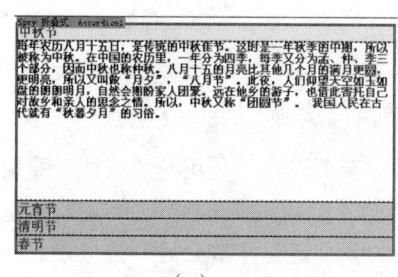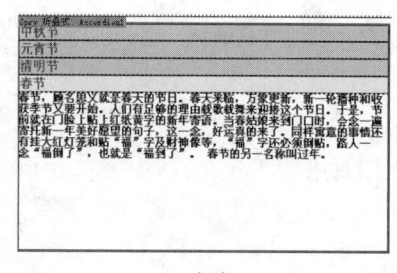

（a）　　　　　　　　　　　　　　（b）

图 6-5-14　展开"Spry 折叠式"Spry 构件的"中秋节"面板和"春节"面板

（6）按照上述方法再将"元宵节.txt""清明节.txt"和"春节.txt"文本内的文字复制并粘贴到"元宵节""清明节"和"春节"面板内的"内容"中。

（7）然后，分别选中这些文字，再利用其"属性"面板将选中的文字改为蓝色、加粗、大小为 16 px、宋体文字。其中，展开的"春节"面板如图 6-5-14（b）所示。

默认情况下，折叠构件会展开以填充可用空间。但是，可以通过设置折叠式容器的 width 属性来限制折叠构件的宽度。方法：打开 SpryAccordion.css 文件，查找到.Accordion CSS 规则。此规则可用来定义折叠构件的主容器元素的属性。向该规则中添加一个 width 属性和值，例如 width:300px;。

（8）还可以选中"Spry 折叠式"Spry 构件，然后在"CSS 样式"面板中进行设置。方法是：选择"CSS 样式"面板内的"添加属性"超链接，使其成为一个下拉列表框，选中其内的 width 属性，再在它右边的下拉列表框中输入"500px"，如图 6-5-15 所示。

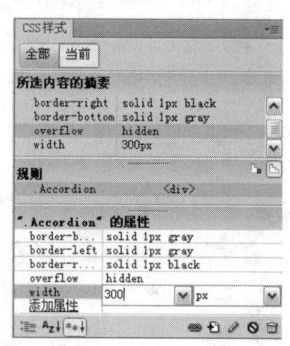

图 6-5-15　"CSS 样式"面板

### 3. Spry 可折叠面板

Spry 可折叠面板构件是一个面板，它可以将内容存储到紧凑的空间中。单击该构件面板的选项卡，即可以展开或折叠面板，显示或隐藏存储在可折叠面板中的内容。图 6-5-16（a）所示是一个处于展开的"Spry 可折叠面板"Spry 构件，图 6-5-16（b）所示是一个处于折叠状态的"Spry 可折叠面板"Spry 构件。

"Spry 可折叠面板"Spry 构件的 HTML 中包含一个外部 Div 标签，其中包含 Div 标签和选项卡容器 Div 标签，在文档头中和可折叠面板的 HTML 标记之后还包括脚本标签。

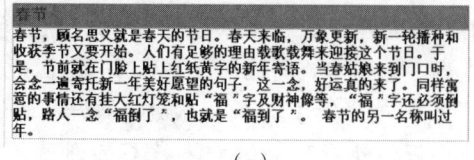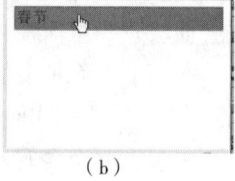

（a）　　　　　　　　　　　　　　（b）

图 6-5-16　"Spry 可折叠面板"Spry 构件的展开和折叠状态

创建和修改"Spry 可折叠面板"Spry 构件的方法如下：

（1）新建一个网页文档，以名称"Spry 可折叠面板.htm"保存。

（2）单击"插入"→Spry→"Spry 可折叠面板"命令，即可在网页内光标处创建一个"Spry 可折叠面板"Spry 构件，如图 6-5-17 所示。

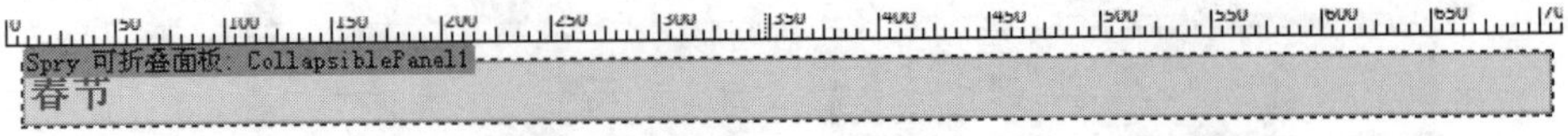

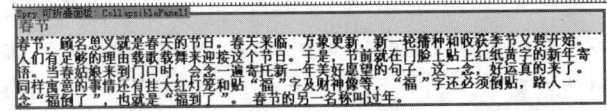

图 6-5-17 创建的原始"Spry 可折叠面板"Spry 构件

（3）选中网页内的 Tab 文字，将该文字改为"春节"，再利用其"属性"面板将选中的文字改为红色、加粗、大小为 18 px、宋体文字。

（4）选中网页中"内容 1"文字，并删除该文字，复制并粘贴另一些文字，再将选中的文字改为蓝色、加粗、大小为 16 px、宋体文字，如图 6-5-18 所示。

图 6-5-18 制作好的"Spry 可折叠面板"Spry 构件

将鼠标指针移到网页内"春节"面板标签内右边，当出现图标 时单击该图标可展开"春节"面板；当出现图标 时，单击该图标可收缩"春节"面板。

（5）"Spry 可折叠面板"Spry 构件"属性"面板如图 6-5-19 所示，各选项作用如下：

◎"显示"下拉列表框：选中该下拉列表框中的"打开"选项，可以展开可折叠面板；选中该下拉列表框中的"已关闭"选项，可以收缩可折叠面板。

图 6-5-19 "Spry 可折叠面板"Spry 构件的"属性"面板

◎"默认状态"下拉列表框：选中该下拉列表框中的"打开"选项，可设置默认状态为展开可折叠面板；选中"已关闭"选项，可以设置默认状态为收缩可折叠面板。

◎"启用动画"复选框：选中该复选框，可以设置启用"Spry 可折叠面板"Spry 构件的动画，当用户单击该面板的选项卡时，该面板会打开和关闭；不选中该复选框，则禁止使用该动画，当用户单击该面板的标签时，该面板将缓缓地平滑迅速打开和关闭。

可以通过设置可折叠面板容器的 width 属性来限制"Spry 可折叠面板"构件的宽度。方法是：打开 SpryCollapsible Panel.css 文件，查找到.CollapsiblePanel CSS 规则。此规则用来定义折叠构件主容器的属性。还可以利用"CSS 样式"面板来进行设置。

### 4．Spry 选项卡式面板

Spry 选项卡式面板是一组面板，用来将内容存储到紧凑空间中。可以通过单击面板上的选项卡来隐藏或显示选项卡式面板中的内容。选项卡式面板构件中只有一个面板处于打开状态。图 6-5-20 所示是一个"选项卡式面板"Spry 构件第 1、3 个面板处于打开状态的画面。该 Spry 构件的 HTML 代码中包含一个含有所有面板的外部 Div 标签、一个标签列表、一个包含内容面板的 Div 和各面板对应的 Div。

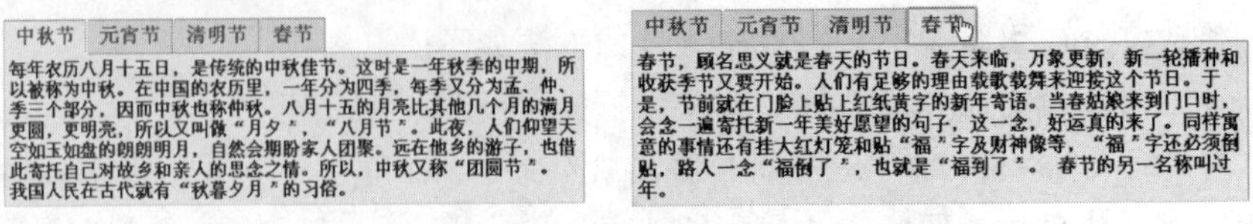

图 6-5-20 "Spry 选项卡式面板"Spry 构件的 2 个状态

创建和修改"Spry 选项卡式面板"Spry 构件的方法如下：

（1）新建一个网页文档，以名称"Spry 选项卡式面板.htm"保存在"【案例 22】Spry"文件夹内。单击"插入"→Spry→"Spry 选项卡式面板"命令，即可在网页内光标处创建一个"Spry 选项卡式面板"Spry 构件，如图 6-5-21 所示。

（2）选中网页内的"Tab1"文字，将该文字改为"中秋节"，再利用它的"属性"面板将选中的文字改为红色、加粗、大小为 18 px、宋体文字。

（3）选中网页内的"内容 1"文字，删除该文字，复制并粘贴一些文字，再利用它的"属性"面板将选中的文字改为蓝色、加粗、大小为 16 px、宋体文字。

（4）选中网页内的 Tab2 文字，将该文字改为"元宵节"，再利用它的"属性"面板将选中的文字改为红色、加粗、大小为 18px、宋体文字。

（5）选中网页内的"内容 2"文字，删除该文字，复制并粘贴一些文字，再利用它的"属性"面板将选中的文字改为蓝色、加粗、大小 16 px、宋体。

（6）选中"Spry 可折叠面板"Spry 构件，它的"属性"面板如图 6-5-22 所示。两次单击 ➕ 按钮，在"面板"列表框中增加两个名称为 Tab3 和 Tab4 的面板。

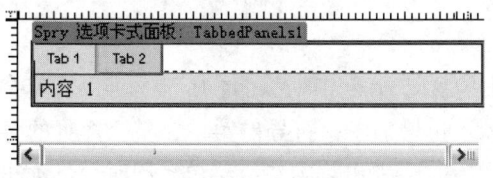
图 6-5-21　"Spry 选项卡式面板"Spry 构件

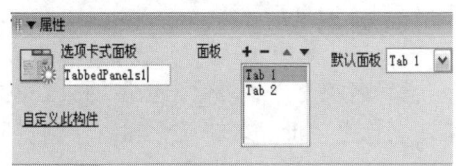
图 6-5-22　Spry 构件的"属性"面板

（7）将网页中的 Tab3 文字改为红色、加粗、大小 18 px、宋体文字"清明节"，将网页中的 Tab4 文字改为同样属性的文字"春节"。"属性"面板如图 6-5-23 所示。

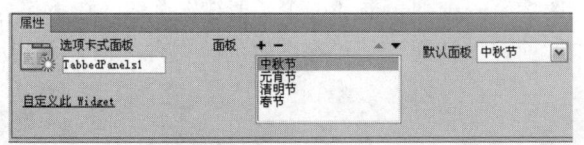
图 6-5-23　"Spry 可折叠面板"Spry 构件的"属性"面板

（8）将鼠标指针移到网页内面板标签内的右边，当出现一个眼睛图标 👁 时，单击该图标可以切换到该面板。选中"清明节"面板，选中网页内的"内容 2"文字，删除该文字，复制并粘贴一些文字，再利用它的"属性"面板将选中的文字改为蓝色、加粗、大小为 16 px、宋体文字。选中"春节"面板，选中网页内的"内容 2"文字，删除该文字，复制并粘贴一些文字，再利用它的"属性"面板将选中的文字改为蓝色、加粗、大小 16 px、宋体。此时网页中的"Spry 折叠式"Spry 构件如图 6-5-24 所示。

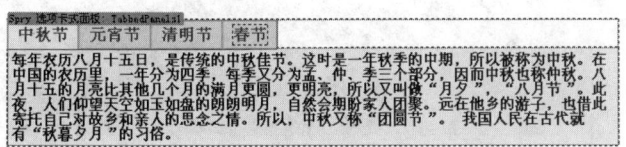
图 6-5-24　制作好的"Spry 可折叠面板"Spry 构件

（9）选中"Spry 可折叠面板"Spry 构件的"属性"面板，在其内的"默认面板"下拉列表框中选择"中秋节"选项，设置默认打开的可折叠面板是"中秋节"面板。

可以通过设置"Spry 可折叠面板"Spry 构件的 width 属性来限制折叠构件的宽度。方法：打开 SpryTabbedPanels.css 文件，查找到.TabbedPanels CSS 规则，此规则可用来定义折叠构件的主容器元素的属性。还可以利用"CSS 样式"面板进行设置。

## 思考与练习 6-5

1. 参考【案例 22】网页的制作方法，制作一个"动物世界"网页。
2. 制作一个"中国名胜"网页，用"Spry 折叠式"Spry 构件制作可折叠的面板。
3. 参考【案例 22】网页的制作方法，制作一个"名花图像浏览 2"网页

## 6.6　综合实训 5　"世界名花简介和图像浏览"网页

### 实训效果

"世界名花简介和图像浏览"网页在浏览器中的显示效果如图 6-6-1 所示。可以看到，网页标题名称是"世界名花简介和图像浏览"，标题下边增加了一行导航菜单，整个网页的背景是鲜花图像。将鼠标指针移到"世界名花 1"菜单上，会弹出它的二级菜单，同时会显示相应的文字提示，如图 6-6-1 所示。单击该菜单中的命令，可以打开相应的网页，如图 6-6-2 所示。将鼠标指针移到"世界名花 2""世界名花 3""梅花图像"和"荷花图像"菜单上，也会弹出它的二级菜单，单击该菜单中的命令，也可以打开相应的网页。

左边框架内有一幅图像、一个列表框和一个"前往"按钮，在下拉列表框中选择其中一个名花名称选项后，单击"前往"按钮，即可在右边的分栏框架内显示相应的高清晰大图像。

图 6-6-1　"世界名花简介和图像浏览"网页的显示效果

世界名花——倒挂金钟

倒挂金钟(Fuchsia hybrida)又称吊钟海棠。柳叶菜科常绿亚灌木。盆栽时高 20 厘米~ 50 厘米，老茎木质化明显。叶对生或轮生，卵圆形。花大而美丽，总状或圆锥花序，花下垂，萼片呈钟形，白、红或橙色；花 瓣白、粉红、玫瑰红、紫或蓝色。是重要的冬春季温室盆花，世界各地均有栽培，品种甚多。

倒挂金钟原产中南美洲山区，怕高温炎热，喜夏季凉爽，冬季温暖。用扦插法繁殖，容易生根。用腐殖土或泥炭土中小盆栽培。经2次~3次摘心，促进分枝，使植株更丰满。开花期用来布置庭堂和居室，十分适宜。夏季在通风凉爽处栽培，并给予少量遮荫；春秋两季稍遮荫，注意施肥促其旺盛生长。适宜生长温度为15℃~25℃，冬季应放在10℃以上的温室中栽培。

图 6-6-2 "世界名花——倒挂金钟.htm"网页的显示效果

## 实训提示

（1）在"综合实训 6 世界名花简介和图像浏览"文件夹内准备网页需要的素材，制作显示大幅图像的网页和相关的网页。

（2）参考【案例 22】"中国名胜图像欣赏 4"网页的制作方法制作"世界名花简介和图像浏览"网页，注意：二级和三级菜单是水平放置的。

（3）在"综合实训 6 世界名花简介和图像浏览"文件夹内创建"RIGHT1.htm""LEFT1.htm"和"TOP1.htm"网页，打开"TOP1.htm"网页。

（4）创建标题行的图像后将光标定位到下一行左边。单击"插入"→Spry→"Spry 菜单栏"命令，弹出"Spry 菜单栏"对话框，选中"水平"单选按钮，再单击"确定"按钮，即可关闭该对话框，同时在网页内创建一个 Spry 菜单栏。

（5）选中 Spry 菜单栏，弹出它的"属性"面板，参考图 6-6-3 和图 6-6-4 所示进行设置。

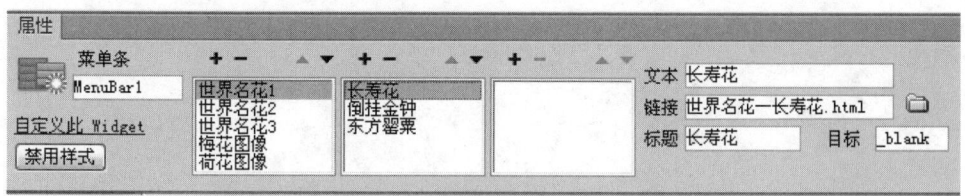

图 6-6-3 Spry 菜单栏的"属性"面板 1

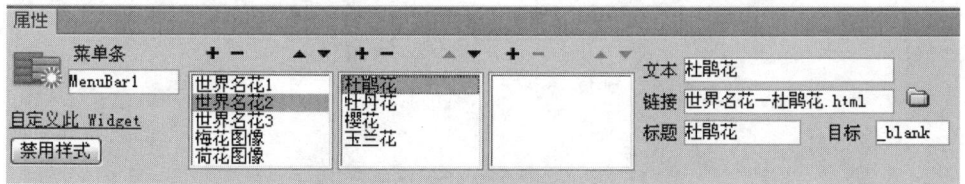

图 6-6-4 Spry 菜单栏的"属性"面板 2

## 实训测评

| 能力分类 | 评价项目 | 评价等级 |
|---|---|---|
| 职业能力 | 表单域和插入各种表单对象，表单对象"属性"面板设置 | |
| | 了解 Spry 构件，Spry 构件的基本操作方法 | |
| | 创建各种 Spry 构件，Spry 验证构件，Spry 构件"属性"面板设置 | |
| | 创建"Spry 菜单栏""Spry 折叠式""Spry 可折叠面板"和"Spry 选项卡式面板"Spry 构件 | |
| 通用能力 | 自学能力、总结能力、合作能力、创造能力等 | |
| 综合评价 | | |

# 第**7**章 行 为

　　通过案例了解 Dreamweaver CS6 中的动作和事件，初步掌握使用各种动作和事件制作网页的方法与设计技巧。

## 7.1 【案例 23】"中国名胜图像欣赏 5"网页

### 案例效果

　　"中国名胜图像欣赏 5"网页的显示效果如图 7-1-1（a）所示。可以看到，它与【案例 22】"中国名胜图像欣赏 4"网页的显示效果基本相同，只是标题下面的导航菜单有了变化，导航菜单内有"北京建筑""山水风景""其他名胜"和"世界风景"一级菜单。将鼠标指针移到"北京建筑"菜单之上，会弹出它的二级菜单，单击其中的命令，可在右下框架内显示相应网页，如图 7-1-1（a）所示。当鼠标指针移出二级菜单之后，二级菜单会自动消失。通过该网页的制作，可以掌握使用"显示–隐藏 AP Div"和"跳转菜单"动作的方法等。

(a)　　　　　　　　　　　　　　　　(b)

图 7-1-1 "中国名胜图像欣赏 5"网页显示的 2 幅画面

### 设计过程

**1. 制作菜单选项和链接**

（1）复制一份"【案例 22】中国名胜图像欣赏 4"文件夹，并重命名为"【案例 23】

中国名胜图像欣赏 5"，将该文件夹内"中国名胜图像欣赏 4.htm"网页文件的名称更改为"中国名胜图像欣赏 5.htm"。

（2）打开"【案例 23】中国名胜图像欣赏 5"文件夹内的"TOP. htm"网页，删除"Spry 菜单栏"Spry 构件。将光标定位在"中国名胜图像欣赏"标题行的右边，按【Enter】键，将光标定位到下一行左边。

（3）在光标处创建 1 行、5 列的表格，在表格内插入"北京建筑""山水风景""其他名胜"和"世界风景"文字图像的"鼠标经过图像"，两个状态中文字的颜色分别为红色和蓝色。在它们的"属性"面板"链接"文本框中不输入任何内容。

（4）在"北京建筑"文字图像下方，紧贴"北京建筑"文字图像的位置创建一个 AP Div，将 AP Div 命名为"DMT1"，设置 AP Div 背景为白色。在 AP Div 中导入红色"北京故宫"文字图像，按【Shift+Enter】组合键后导入红色"北京天坛"文字图像，按【Shift+Enter】组合键后导入红色"颐和园"文字图像，按【Shift+Enter】组合键后导入红色"十七孔桥"文字图像，如图 7-1-2 所示。

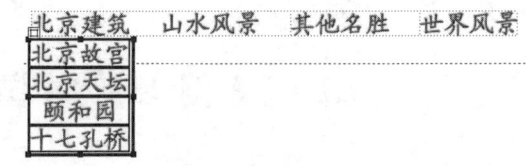

图 7-1-2　"DMT1"AP Div 及其内的文字图像

（5）选中"北京建筑"文字图像，在其"属性"面板的"ID"文本框中输入"AN1"，设置"北京建筑"文字图像的 ID 名称为"AN1"。接着再将其他 3 个"鼠标经过图像"对象的 ID 名称分别设置分别设置为"AN2""AN3"和"AN4"。

（6）选中"北京故宫 1.jpg"文字图像，单击其"属性"面板"链接"栏中的 🗀 按钮，弹出"选择文件"对话框，选择"【案例 23】中国名胜图像浏览 5"文件夹内的"北京故宫.html"网页文档，单击"确定"按钮，即可在"链接"文本框中显示"北京故宫.html"，并建立"北京故宫 1.jpg"文字图像与"北京故宫.html"网页的链接。

（7）在"目标"下拉列表框中选择"main"选项，用来确定对链接的"北京故宫.html"网页在"中国名胜图像浏览 5.html"网页内右边框架（其名称为"main"）内显示。

（8）按照上述方法，继续设置"北京天坛 1"文字图像与"北京天坛.html"网页的链接，设置"颐和园 1"文字图像与"颐和园.html"网页的链接。选中"北京故宫 1"文字图像后的"属性"面板如图 7-1-3 所示。

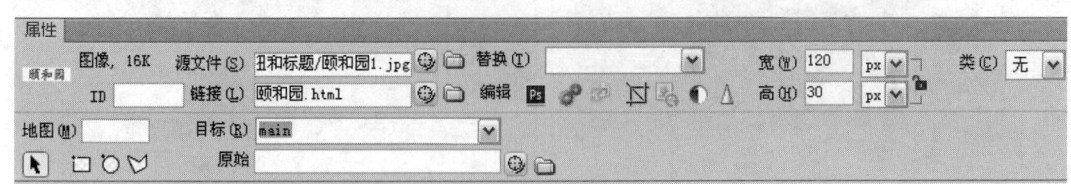

图 7-1-3　选中"北京故宫"文字图像后的"属性"面板

### 2．制作弹出式菜单

（1）选中"DMT1"AP Div，在其"属性"面板的"可见性"下拉列表框中选择"hidden"（隐藏）选项，如图 7-1-4 所示，将该 AP Div 设置成"初始状态下隐藏"。如果要显示该 AP Div，可选中"AP 元素"面板中的"DMT1"AP Div，如图 7-1-5 所示。

图 7-1-4　"DMT1" AP Div 的 "属性" 面板

（2）选中 "北京建筑" 文字图像。单击 "窗口" → "行为" 命令，弹出 "标签检查器" 的 "行为" 面板，单击该面板内的 + 按钮，在弹出的菜单中，单击 "显示-隐藏元素" 行为命令，弹出 "显示-隐藏元素" 对话框，选中其列表框中 "div " DMT1 " " 选项，单击 "显示" 按钮，使 "div"DMT1"" 选项右边增加 "显示" 文字，如图 7-1-6 所示，表示 "DMT1" AP Div 显示。再单击 "确定" 按钮，完成设置。

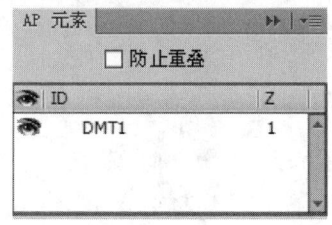

图 7-1-5　"AP 元素" 面板

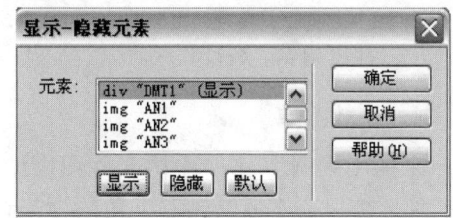

图 7-1-6　"显示-隐藏元素" 对话框

（3）单击 "行为" 面板内事件右边的 ▼ 按钮，在弹出的菜单中单击 "OnMouseOver" 命令，如图 7-1-7 所示，将事件设置成 "当鼠标指针经过对象时触发"。设置后，当鼠标指针经过 "北京建筑" 文字图像时 "DMT1" AP Div 对象显示。

（4）选中 "AP 元素" 面板中的 "DMT1" AP Div，使该 AP Div 显示。选中 "DMT1" AP Div，单击 "行为" 面板内的 + 按钮，在弹出的菜单中单击 "显示-隐藏元素" 行为命令，弹出 "显示-隐藏元素" 对话框，单击 "显示" 按钮，再单击 "确定" 按钮。

（5）单击事件右边的 ▼ 按钮，在弹出菜单中单击 "OnMouseOver" 菜单选项，如图 7-3-7 所示，将事件设置成 "当鼠标指针经过对象时触发"。设置后，当鼠标指针经过 "DMT1" AP Div 对象时 "DMT1" AP Div 对象显示。

（6）保证选中 "DMT1" AP Div，单击 "行为" 面板内的 + 按钮，在弹出菜单中单击 "显示-隐藏元素" 命令，弹出 "显示-隐藏元素" 对话框，选中其列表框中 "div " DMT1 " " 选项 单击 "隐藏" 按钮，使 "div " DMT1 " " 选项右边增加 "隐藏" 文字，如图 7-1-8 所示，表示 "DMT1" AP Div 隐藏。再单击 "确定" 按钮，完成设置。

图 7-1-7　"行为" 面板

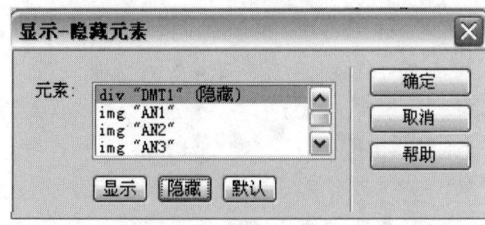

图 7-1-8　"显示-隐藏元素" 对话框

（7）单击事件右边的▼按钮，在弹出的菜单中单击"OnMouseOut"（当鼠标指针离开对象时触发）命令。"行为"面板设置如图 7-1-9 所示。设置后，当鼠标指针离开"DMT1" AP Div 对象时"DMT1" AP Div 对象隐藏。

（8）按照上述方法，继续完成导航栏中"山水风景""其他名胜"和"世界风景"按钮弹出菜单的设置，由读者自行完成。

（9）两次单击"AP 元素"面板中的"DMT1" AP Div，使"DMT1" AP Div 隐藏，如图 7-1-10 所示。保证初始状态下"DMT1" AP Div 对象是隐藏的。

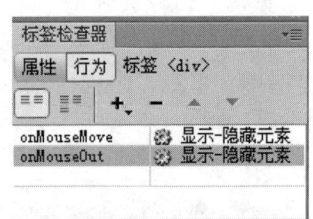

图 7-1-9　"行为"面板

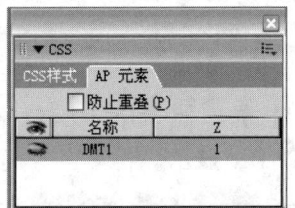

图 7-1-10　"AP 元素"面板

### 3．制作跳转菜单

在原来的【案例 22】"中国名胜图像浏览 4.html"网页中，选中列表框中的菜单后，单击"前往"按钮，才可以在右下角的框架栏内显示相应的网页。如果要在单击列表框中的菜单后即可在右下角的框架栏内显示相应的网页，则需要添加"跳转菜单"动作，方法如下：

（1）选中左边框架栏内的下拉列表框，单击"行为"面板内的➕▾按钮，在弹出的菜单中单击"跳转菜单"行为命令，弹出一个提示框，单击"确定"按钮，弹出"跳转菜单"对话框。

（2）在"跳转菜单"对话框内的"打开 URL 于："下拉列表框中选择"框架" main ""选项，如图 7-1-11 所示。单击"确定"按钮，关闭该对话框，完成"跳转菜单"行为设置，此时"行为"面板如图 7-1-12 所示。

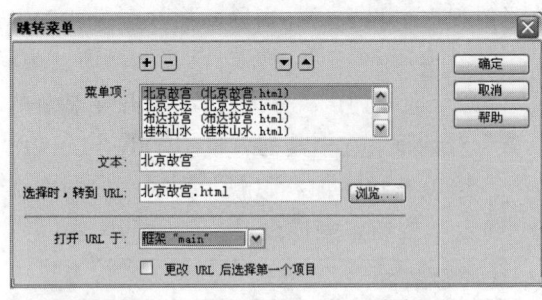

图 7-1-11　"跳转菜单"对话框

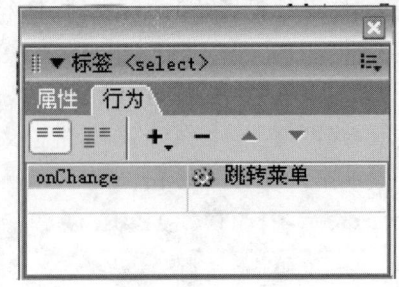

图 7-1-12　"行为"面板

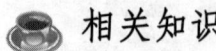 相关知识

### 1．动作名称及其作用

行为是动作（actions）和事件（events）的组合，动作就是计算机系统执行的一个动

作。例如,弹出一个提示框、执行一段程序或一个函数、播放声音或影片、启动或停止"时间轴"面板中的动画等。动作通常是由预先编写好的 JavaScript 脚本程序实现的,Dreamweaver CS6 中自带了一些动作的 JavaScript 程序脚本,可供用户直接调用。用户也可以自己用 JavaScript 语言编写 JavaScript 脚本程序,创建新的行为。

事件是指引发动作产生的事情,例如鼠标移到某对象上、单击某对象、"时间轴"面板中的回放头播放到某一帧等。要创建一个行为,就是要指定一个动作,再确定触发该动作的事件。有时,某几个动作可以被相同的事件触发,则需要指定动作发生的顺序。

Dreamweaver CS6 采用了"行为"面板来完成行为中动作和事件的设置,从而实现动态交互效果。单击"窗口"→"行为"命令或按【Shift+F3】组合键,弹出"行为"面板,如图 7-1-12 所示。

单击"行为"面板中的"添加行为"按钮 ➕,弹出菜单的作用如表 7-1-1 所示。单击某一个动作名称,即可进行相应的动作设置。

表 7-1-1 动作名称及动作的作用

| 序号 | 动作的中文名称 | 动作的作用 |
| --- | --- | --- |
| 1 | 交换图像 | 交换图像 |
| 2 | 弹出信息 | 弹出消息栏 |
| 3 | 恢复交换图像 | 恢复交换图像 |
| 4 | 打开浏览器窗口 | 打开新的浏览器窗口 |
| 5 | 拖动 AP 元素 | 拖动 AP Div 到目标位置 |
| 6 | 改变属性 | 改变对象的属性 |
| 7 | 效果 | 给选中的对象添加增大/收缩、挤压、显示/隐藏、晃动、滑动、遮帘和高亮颜色效果 |
| 8 | 显示–隐藏元素 | 显示或隐藏元素 |
| 9 | 检查插件 | 检查浏览器中已安装插件的功能 |
| 10 | 检查表单 | 检查指定表单内容的数据类型是否正确 |
| 11-1 | 设置文本(设置容器的文本) | 设置 AP Div 中的文本 |
| 11-2 | 设置文本(设置文本域文字) | 设置表单域内文字框中的文字 |
| 11-3 | 设置文本(设置框架文字) | 设置框架中的文本 |
| 11-4 | 设置文本(设置状态栏文本) | 设置状态栏中的文本 |
| 12 | 调用 JavaScript | 使用 JavaScript 函数 |
| 13 | 跳转菜单 | 选择菜单实现跳转 |
| 14 | 跳转菜单开始 | 选择菜单后,单击 Go 按钮实现跳转 |
| 15 | 转到 URL | 跳转到 URL 指定的网页 |
| 16 | 预先载入图像 | 预装载图像,以改善显示效果 |

**注意:**对于选择不同的浏览器,可以使用的动作也不一样,版本低的浏览器可以使用的动作较少。当选定的对象不一样时,动作名称菜单中可以使用的动作也不一样。

进行完动作的设置后,在"行为"面板的列表框中会显示出动作的名称与默认的事件名称。可以看出，在选中动作名称后，"事件"栏中默认事件名称右边会出现一个◢按钮。

### 2．事件名称及其作用

如果要重新设置事件，可单击"事件"栏中默认事件名称右边的◢按钮，弹出事件名称菜单，菜单中列出了该对象可以使用的所有事件。

各个事件的名称及其作用如表 7-1-2 所示。

表 7-1-2　事件名称及其作用

| 序号 | 事 件 名 称 | 事件可以作用的对象 | 事件的作用 |
|---|---|---|---|
| 1 | onBlur | 按钮、链接和文本框等 | 焦点从当前对象移开时 |
| 2 | onClick | 所有对象 | 单击对象时 |
| 3 | onDblClick | 所有对象 | 双击对象时 |
| 4 | onError | 图像、页面等 | 图像等加载中产生错误时 |
| 5 | onFocus | 按钮、链接和文本框等 | 当前对象得到输入焦点时 |
| 6 | onKeyDown | 链接图像和文字等 | 当焦点在对象上，按键处于按下状态时 |
| 7 | onKeyPress | 链接图像和文字等 | 当焦点在对象上，按键按下时 |
| 8 | onKeyUp | 链接图像和文字等 | 当焦点在对象上，按键抬起时 |
| 9 | onLoad | 图像、页面等 | 载入对象时 |
| 10 | onMouseDown | 链接图像和文字等 | 在超链接或图像处按下鼠标左键时 |
| 11 | onMouseMove | 链接图像和文字等 | 鼠标指针在超链接或图像上移动时 |
| 12 | onMouseUp | 链接图像和文字等 | 在超链接或图像处释放鼠标键时 |
| 13 | onMouseOut | 链接图像和文字等 | 鼠标指针移出超链接或图像时 |
| 14 | onMouseOver | 链接图像和文字等 | 鼠标指针移入超链接或图像时 |
| 15 | onUnload | 主页面等 | 当离开此页时 |

**注意**：如果出现带括号的事件，则该事件是链接对象的。使用它们时，系统会自动在行为控制器下拉列表框中显示的事件名称前面增加一个"#"号，表示空链接。

### 3．设置行为的其他操作

（1）选择行为的目标对象：要设置行为，必须先选中事件作用的对象。选中图像、文字等，都可以选择行为的目标对象。另外，也可以单击网页设计窗口左下角状态栏上的标记选中行为的目标对象。例如，要选中整个页面窗口，可单击<body>标记。还可以单击页面空白处，再按【Ctrl+A】组合键。

选中不同的对象后，"标签检查器"面板的标题栏名称会随之发生变化。"标签检查器"面板标题栏的标签名称中将显示行为的对象名称，例如选择整个页面窗口，"标签检查器"面板的标签名称为"标签< body >"。

（2）显示所有事件：单击"行为"面板中的"显示所有事件"按钮▤，在"行为"面板中会显示选中对象所能使用的所有事件。单击"显示设置事件"按钮▤后，在"行为"面板中只显示已经使用的事件。

（3）选中"行为"面板内的某一行选项时，再单击━按钮，即可删除选中的行为项。

（4）选中"行为"面板内的某一个行为项后，再单击▲按钮，可以使选中的行为执行次序提前；单击选中行为项后，再单击▼按钮，可以使选中的行为执行次序下降。

#### 4．"显示-隐藏元素"动作

选中 AP Div 以后，在"行为"面板中单击"显示-隐藏元素"命令，可以弹出"显示-隐藏元素"对话框，如图 7-1-8 所示。

（1）如果要设置 AP Div 为显示状态，则选中"元素"列表框中 AP Div 的名称，再单击"显示"按钮，在选中的 AP Div 名称右边会出现"（显示）"文字。

（2）如果要设置 AP Div 为不显示状态，则选中"元素"列表框中 AP Div 的名称，再单击"隐藏"按钮，在选中的 AP Div 名称右边会出现"（隐藏）"文字。

（3）单击"默认"按钮后，可将 AP Div 的显示与否设置为默认状态。

#### 5．"跳转菜单"动作

在表单域内创建一个跳转菜单。单击"行为"面板中的+.按钮，在弹出的菜单中单击"跳转菜单"命令，弹出"跳转菜单"对话框，如图 7-1-11 所示。可以看出，它与第 6 章【案例 19】中介绍的"插入跳转菜单"对话框基本相同。因此，可以使用"跳转菜单"对话框来编辑修改跳转菜单设置，例如，在"打开 URL 于"下拉列表框中选择"框架'MAIN'"选项。

## 思考与练习 7-1

1．继续完成【案例 23】"中国名胜图像欣赏 5"网页的制作。

2．参考【案例 23】"中国名胜图像欣赏 5"网页的制作方法，制作一个"世界名花浏览"网页的导航栏弹出式菜单。

3．参考【案例 23】"中国名胜图像欣赏 5"网页的制作方法，制作一个"弹出式菜单"网页，该网页在浏览器中的显示效果如图 7-1-13 中的第 1 行图像。当鼠标指针移到"程序设计"文字上面时，出现有"程序设计基础""VB 6.0 程序设计""C 语言程序设计""多媒体程序设计"和"面向对象的程序设计"等包含链接的下拉菜单，如图 7-1-13 所示。单击菜单中的命令，可在右边显示相应的网页内容。

图 7-1-13　"弹出式菜单"网页的显示效果

4. 参考【案例 23】网页的制作方法，制作一个"世界名花浏览"网页，该网页在浏览器中的显示效果如图 7-1-14 所示。可以看到，它与【案例 23】"中国名胜图像欣赏 5"网页的特点基本相同，只是内容有了变化。二级菜单改在一级菜单上面显示，如图 7-1-15 所示。单击命令的效果不变，也可以在右下边的框架内显示相应的网页。

图 7-1-14　"世界名花浏览"网页的显示效果之一

图 7-1-15　"世界名花浏览"网页的显示效果之二

## 7.2　【案例 24】"图像特效切换"网页

### 案例效果

"图像特效切换"网页的显示效果如图 7-2-1 所示，显示 4 幅图像，状态栏内显示"显示 4 幅图像，右边 3 幅图像可以特效显示，很有意思！"文字。

图 7-2-1 "图像特效切换"网页显示效果之一

将鼠标指针移到左边第 1 幅图像之上,则状态栏显示"单击第 1 幅图像可使图像特效显示!",同时第 1、2 幅图像转换为其他两幅图像,如图 7-2-2 所示。单击左边第 1 幅图像之后显示一个"来自网页的消息"提示框,如图 7-2-3 所示,单击"确定"按钮后,第 2 幅图像水平晃动显示,第 3 幅图像垂直卷帘显示,第 4 幅图像逐渐消失,然后左边 3 幅图像又回到图 7-2-1 所示的状态,第 4 幅图像消失。通过该网页的制作,可以掌握一些动作的使用方法。

图 7-2-2 "图像特效切换"网页显示效果之二

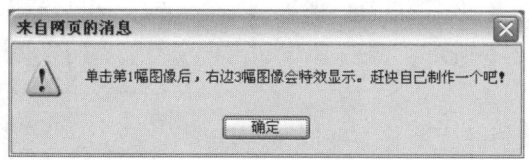

图 7-2-3 "来自网页的消息"提示框

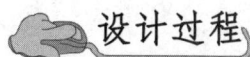 设计过程

### 1. 设置显示的提示信息

(1)在【案例 24】图像特效切换\TU"文件夹内放置 9 幅图像,在 Photoshop 中将它们的大小调整一致,宽为 220 px,高为 200 px。名称分别为"风景 11.jpg""风景 12.jpg""风景 13.jpg"……"风景 18.jpg"和"风景 19.jpg"。创建一个新网页文档,以名称"图像特效切换.htm"保存在"【案例 24】图像特效切换"文件夹内。

(2)在网页设计窗口第 1 行左边插入"TU"文件夹内的"风景 11.jpg"图像,如图 7-2-1 所示。在它的"属性"面板"ID"文本框中输入"Image11"。在该图像右边创建"apDiv11""apDiv12"和"apDiv13"3 个 AP Div 对象,其内分别插入"风景 12.jpg"和"风景 13.jpg"和"风景 14.jpg"图像。

（3）单击网页窗口左下角"标签选择器"内的 `<body>` 按钮，弹出"行为"面板。单击"行为"面板的按钮 **+.**，在弹出的菜单中单击"设置文本"→"设置状态栏文本"命令，弹出"设置状态栏文本"对话框，在"消息"文本框中输入要在状态栏中显示的文字"显示 4 幅图像，右边 3 幅图像可以特效显示，很有意思！"，如图 7-2-4 所示，单击"确定"按钮。

（4）单击"行为"面板"显示设置事件"下拉按钮，调出下拉列表框，单击"onLoad"选项，设置事件为"onLoad"（打开网页），如图 7-2-5 所示。

（5）单击"添加行为"按钮，单击"设置文本"→"设置状态栏文本"命令，弹出"设置状态栏文本"对话框，在"消息"文本框中输入相同的文字内容，事件改为"onMouseOut"。此时的"行为"面板如图 7-2-5 所示（第 2 行为）。

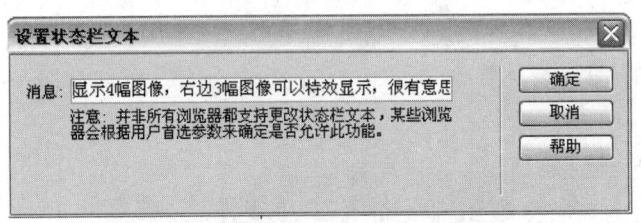

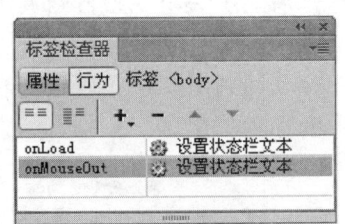

图 7-2-4 "设置状态栏文本"对话框　　　　　图 7-2-5 "行为"面板

### 2. 设置单击第 1 幅图像的效果

（1）单击左边第 1 幅图像，单击"行为"面板中的 **+.** 按钮，在弹出的菜单中单击"设置文本"→"设置状态栏文本"命令，弹出"设置状态栏文本"对话框，在"消息"文本框中输入文字"单击第 1 幅图像可使图像特效显示！"，如图 7-2-6 所示。然后单击"确定"按钮。

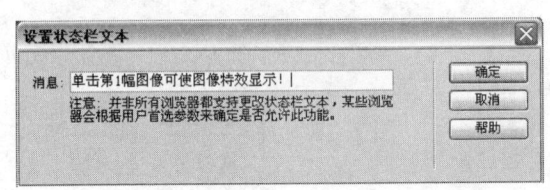

图 7-2-6 "设置状态栏文本"对话框

（2）单击"行为"面板"显示设置事件"下拉按钮，单击下拉列表框中的"onMouseMove"选项，设置事件为"onMouseMove"。

（3）单击左边第 1 幅图像，单击"行为"面板中的 **+.** 按钮，在弹出菜单中单击"弹出信息"命令，弹出"弹出信息"对话框，如图 7-2-7 所示。在"消息"文本框中输入"单击第 1 幅图像后，右边 3 幅图像会特效显示。赶快自己制作一个吧！"文字，再单击"确定"按钮，完成"弹出信息"动作设置。

（4）单击"行为"面板"显示设置事件"下拉按钮，单击下拉列表框中的"onClick"选项，设置事件为"onClick"（单击对象）。

此时的"行为"面板如图 7-2-8 所示。

（5）单击左边第 1 幅图像，单击"行为"面板中的 **+.** 按钮，在弹出的菜单中单击"交换图像"命令，弹出"交换图像"对话框。在"图像"列表框中选择"图像"Image11""选项，单击"浏览"按钮，弹出"选择图像源文件"对话框，在该对话框中选中"TU"文件夹内的"风景 16.jpg"图像，单击"确定"按钮，导入"TU\风景 16.jpg"图像，如图 7-2-9（a）所示。

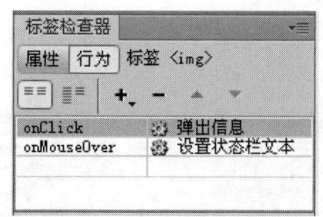

图 7-2-7 "弹出信息"对话框　　　　　　图 7-2-8 "行为"面板

（6）在"图像"列表框中选择"图像"Image12"在层"apDir12""选项，单击"浏览"按钮，弹出"选择图像源文件"对话框，在该对话框中选中"TU"文件夹内的"风景 15.jpg"图像，单击"确定"按钮，导入"TU\风景 15.jpg"图像，如图 7-2-9（b）所示。单击"确定"按钮，关闭"交换图像"对话框。

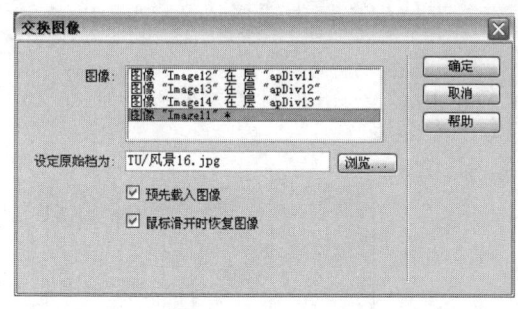

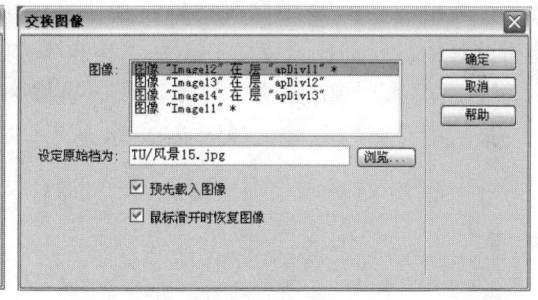

（a）　　　　　　　　　　　　　　　　　（b）

图 7-2-9 "交换图像"对话框

（7）单击"行为"面板"显示设置事件"下拉按钮，单击下拉列表框中的"onMouseOver"选项，设置事件为"onMouseOver"。

此时，"行为"面板如图 7-2-10 所示。其中"恢复交换图像"行为是伴随"交换图像"行为的创建而自动产生的。它们的效果是当鼠标指针移到第 1 幅图像之上时，第 1 幅图像转换成"风景 16.jpg"图像，第 2 幅图像转换成"风景 15.jpg"图像。

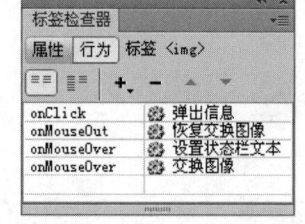

### 3. 设置图像特效显示

图 7-2-10 "行为"面板

（1）单击左边第 1 幅图像，单击"行为"面板中的 **+.** 按钮，在弹出的菜单中单击"效果"→"晃动"命令，弹出"晃动"对话框。在"目标元素"下拉列表框中选择"div "apDiv11""选项，如图 7-2-11 所示，单击"确定"按钮。

（2）单击"行为"面板"显示设置事件"下拉按钮，单击下拉列表框中的"onClick"选项，设置事件为"onClick"（单击对象）。

（3）单击"行为"面板中的 **+.** 按钮，在弹出的菜单中单击"效果"→"遮帘"命令，弹出"遮帘"对话框。在"目标元素"下拉列表框中选择"div "apDiv12""选项，其他设置如图 7-2-12 所示，单击"确定"按钮。

图 7-2-11　"晃动"对话框

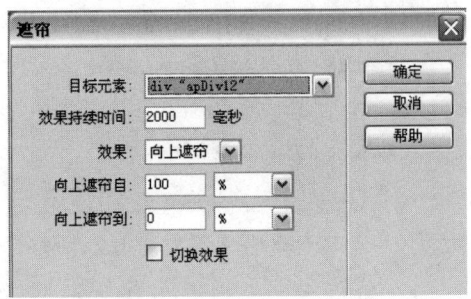

图 7-2-12　"遮帘"对话框

（4）采用相同的方法，设置动作的事件为"onClick"事件。

（5）单击"行为"面板中的 + 按钮，在弹出的菜单中单击"效果"→"显示/渐隐"命令，弹出"显示/渐隐"对话框。在"目标元素"下拉列表框中选择"div ＂apDiv13＂"选项，其他设置如图 7-2-13 所示，单击"确定"按钮。

（6）采用相同的方法，设置动作的事件为"onClick"（单击对象）事件。

最后的"行为"面板如图 7-2-14 所示。

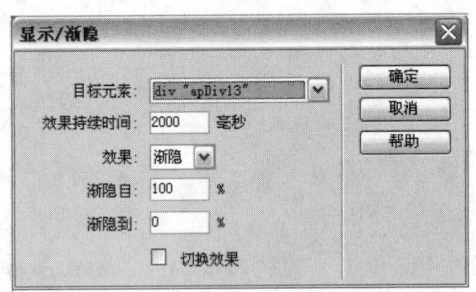

图 7-2-13　"显示/渐隐"对话框

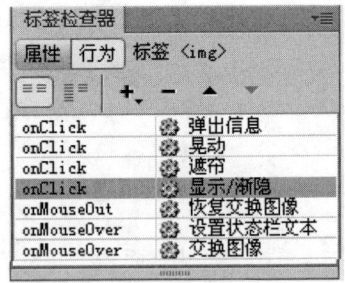

图 7-2-14　"行为"面板

## 相关知识

### 1．"弹出信息"动作

单击网页窗口左下角"标签选择器"内的 <body> 按钮，选中整个页面，单击"行为"面板中的 + 按钮，在弹出的菜单中单击"弹出信息"命令，弹出"弹出信息"对话框，如图 7-2-7 所示。在"消息"文本框中输入弹出对话框内要显示的文字，单击"确定"按钮，即可完成动作设置。

### 2．"设置文本"动作

单击一个网页内对象，单击"行为"面板中的 + 按钮，在弹出的菜单中单击"设置文本"命令并弹出它的子菜单，各子命令的作用如下：

（1）设置状态条文本：选择整个页面，单击"行为"面板中的 + 按钮，再单击"设置文本"→"设置状态栏文本"命令，弹出"设置状态栏文本"对话框，如图 7-2-6 所示。在"消息"文本框中输入要在状态栏中显示的文字，单击"确定"按钮。

（2）设置容器的文本：选择一个 AP Div，单击"行为"面板中的 + 按钮，选择"设

置文本"→"设置容器的文本"命令，弹
出"设置容器的文本"对话框，如图 7-2-15
所示，可以在指定的 AP Div 中建立一个
文本域。该对话框中各选项的作用如下：

◎"容器"下拉列表框：选择 AP Div
的名称。

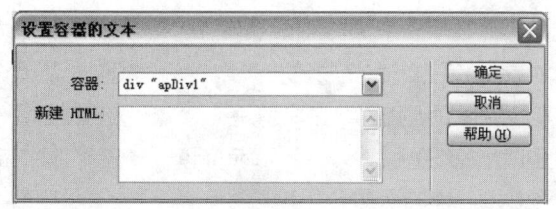

图 7-2-15 "设置容器的文本"对话框

◎"新建 HTML"文本框：可以输入发生事件后，在选定 AP Div 内显示的文字内容，
该内容包括任何有效的 HTML 源代码。

（3）设置框架文本：在创建框架后，一个分栏框架内部，单击"行为"面板中的
+.按钮，再单击"设置文本"→"设置框架文本"命令，弹出"设置框架文本"对话
框，如图 7-2-16 所示，可以在选中的框架内建立一个文本域。该对话框中各选项的
作用如下：

◎"框架"下拉列表框：用来选择分栏框架窗口的名称。

◎"新建 HTML"文本框：可以在此文本框中输入发生事件后，在选定的分栏框架窗
口内显示的文字内容，该内容包括任何有效的 HTML 源代码。

◎"获取当前 HTML"按钮：单击后，在"新建 HTML"文本框中会显示选中的分栏
框架窗口内网页的 HTML 地址。

◎"保留背景颜色"复选框：选择后，可以保存背景色。

（4）设置文本域文字：先创建表单域内的文本框并命名，单击"行为"面板中的+.按
钮，再单击"设置文本"→"设置文本域文字"命令，弹出"设置文本域文字"对话框，
如图 7-2-17 所示。

图 7-2-16 "设置框架文本"对话框

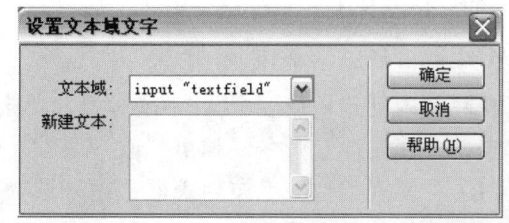

图 7-2-17 "设置文本域文字"对话框

在该对话框的"文本域"下拉列表框中选择文本域，再在"新建文本"文本框中输入
文本，单击"确定"按钮。

### 3．"效果"动作

单击"行为"面板中+.按钮，单击"效果"命令，如图 7-2-18 所示。利用这些动作
可以获得图像或文字的动态变化效果。举例如下：

（1）增大/收缩：单击网页内一幅图像或一个 AP Div 元素，单击"添加行为"面板中
的"效果"→"增大/收缩"命令，弹出"增大/收缩"对话框，如图 7-2-19 所示。

在该对话框内的"目标元素"下拉列表框中选择图像的 ID 名称或 AP Div 名称（均可
以在"属性"面板内设置），在"效果"下拉列表框中选择"增大"或"收缩"选项，以
及进行其他设置。然后，单击"确定"按钮，完成效果设置。

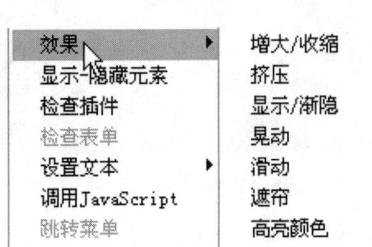

图 7-2-18 "效果"动作菜单

图 7-2-19 "增大/收缩"对话框

在"行为"面板中的"显示设置事件"下拉列表框中选择"onClick"（单击）事件名称。以后显示网页，单击网页内相应的图像或 AP Div 元素，即可看到该图像或 AP Div 元素内的文字或图像变大或收缩的变化。

（2）滑动：单击网页内的一幅图像或一个 AP Div 元素，再单击"添加行为"下拉菜单内的"效果"→"滑动"命令，弹出"滑动"对话框，如图 7-2-20 所示。在该对话框内的"目标元素"下拉列表框中选择图像的 ID 名称或 AP Div 名称，再进行其他设置。然后，单击"确定"按钮，完成效果设置。

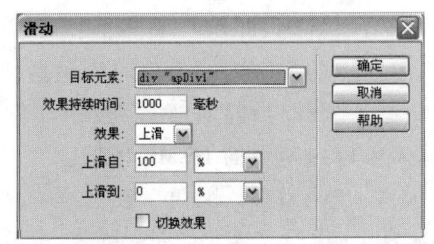

图 7-2-20 "滑动"对话框

在"行为"面板中的"显示设置事件"列表框中选择"onClick"（单击）事件名称。以后显示网页，单击网页内相应的图像或 AP Div 元素，即可看到该图像或 AP Div 元素内的文字或图像滑动变化。

### 4. "改变属性"动作

在网页内创建一或多个 AP Div 对象，单击"行为"面板中的 ➕ 按钮，在弹出的菜单中单击"改变属性"命令，弹出"改变属性"对话框，如图 7-2-21 所示。

（1）"元素类型"下拉列表框：用来选择网页元素对象在 HTML 文件中所用的标记。例如，可选择<IMG>标记。

（2）"元素 ID"下拉列表框：用来选择对象的名字。

（3）"属性"选项区域：在选择"选择"单选按钮后，可以选择要改变对象的属性名字，即它的标识符属性名称。在选择"输入"单选按钮后，可在其右边的文本框中输入属性名字。例如，在"元素类型"下拉列表框中选择了<DIV>标记，在"元素 ID"下拉列表框选中一个 AP Div 元素名称，则"选择"下拉列表框中显示出了相关的所有属性名称，如图 7-2-22 所示。

（4）"新的值"文本框：用于输入属性的新值。例如，制作一个"变色矩形.html"网页，该网页显示后，页面内有一个绿色矩形，单击该矩形后，绿色矩形变为红色矩形。制作方法是在网页内创建一个名称为"apDiv1"的 AP Div 元素，设置它的背景色为绿色。然后打开"改变属性"对话框，按照图 7-2-21 所示进行设置。单击"确定"按钮，即可完成网页的制作。

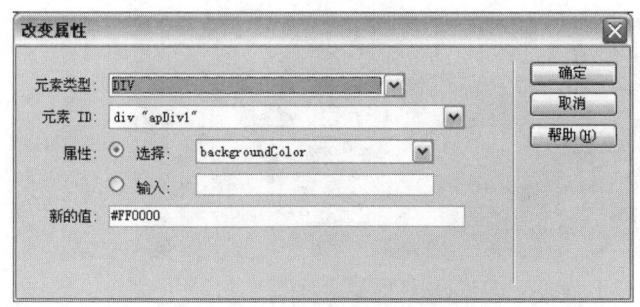

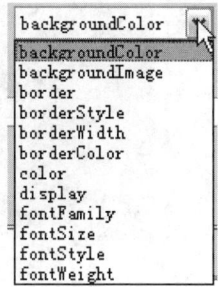

图 7-2-21 "改变属性"对话框 图 7-2-22 "选择"下拉列表框

# 思考与练习 7-2

1. 修改【案例 24】"图像特效切换"网页,使该网页右边的 3 幅图像的特效显示更改为其他特效显示方式。

2. 按照【案例 24】"图像特效切换"网页的制作方法,制作另外一个"图像特效切换"网页,要求左边的图像更换为一个 SWF 动画,右边改为 4 幅宝宝图像,状态栏内的提示信息和提示框内的提示信息都要进行改变。

# 7.3 【案例 25】"弹出浏览器窗口"网页

## 案例效果

打开"弹出浏览器窗口"网页时,该网页显示的效果与【案例 24】"图像特效切换"网页的显示效果一样。同时,还会在另一个浏览器窗口内弹出一个"图像.html"网页,该网页内显示 3 幅图像,状态栏还显示"这是同时弹出的浏览器窗口,其内有 3 幅图像。",如图 7-3-1 所示。将鼠标指针移到"图像.html"网页内左边第 1 幅图像之上时,3 幅图像都会更换为另一幅图像,如图 7-3-2 所示。

图 7-3-1 "弹出浏览器窗口"网页的显示效果之一

另外,在打开"弹出浏览器窗口"网页时,会将网页使用的所有图像预先载入。通过该网页的制作,可以掌握"弹出浏览器窗口"和"预先载入图像"动作的设计方法,进一步掌握"交换图像"动作的设计方法。

图 7-3-2 "弹出浏览器窗口"网页的显示效果之二

## 设计过程

### 1. 创建"图像.htm"网页

（1）将"【案例 24】图像特效切换"文件夹复制并粘贴一份，将复制的文件夹更名为"【案例 25】弹出浏览器窗口"，将该文件夹内的"图像特效切换.html"名称改为"弹出浏览器窗口.html"。

（2）新建一个网页文档，以名字"图像.htm"保存在"【案例 25】弹出浏览器窗口"文件夹内。依次导入"风景 17.jpg""风景 18.jpg"和"风景 19.jpg"3 幅图像。

（3）选中插入的第 1 幅图像，在其"属性"面板内的"ID"文本框中输入"PIC1"；选中第 2 幅图像，在其"属性"面板内的"ID"文本框中输入"PIC2"；选中第 2 幅图像，在其"属性"面板内的"ID"文本框中输入"PIC3"。

（4）单击网页窗口左下角"标签选择器"内的 \<body\> 按钮，弹出"行为"面板。单击"行为"面板中的 +, 按钮，在弹出的菜单中单击"设置文本"→"设置状态栏文本"命令，弹出"设置状态栏文本"对话框（见图 7-3-3），在"消息"文本框中输入要在状态栏中显示的文字"这是同时弹出的浏览器窗口，其内有 3 幅图像。"，再单击"确定"按钮。此时的"行为"面板如图 7-3-4 所示。

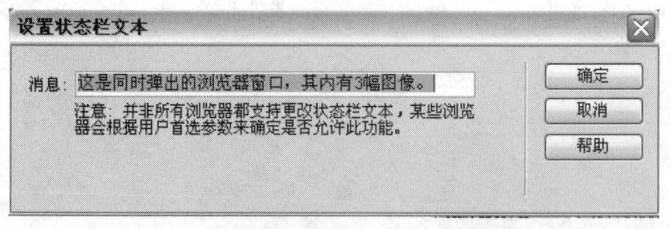

图 7-3-3 "设置状态栏文本"对话框

图 7-3-4 "行为"面板

（5）单击左边第 1 幅图像，单击"行为"面板中的 +, 按钮，在弹出的菜单中单击"交换图像"命令，弹出"交换图像"对话框。在"图像"列表框中选中"图像"PIC1""选项，如图 7-3-5（a）所示。

（6）单击"浏览"按钮，弹出"选择图像源文件"对话框，在该对话框中选中"TU"文件夹内的"风景 11.jpg"图像，单击"确定"按钮，导入"TU"文件夹内的"风景 11.jpg"图像，在"设定原始档为："文本框会显示"TU/风景 11.jpg"，"图像"PIC1""选项右边会显示"*"字符，如图 7-3-5（b）所示。

（7）在"图像"列表框中选中"图像"PIC2""选项，单击"浏览"按钮，弹出"选择图像源文件"对话框，在该对话框中选中"TU"文件夹内的"风景12.jpg"图像，单击"确定"按钮，导入"TU/风景 12.jpg"图像；选中"图像"PIC3""选项，导入"TU/风景 13.jpg"图像，如图 7-3-5（b）所示。然后，单击"确定"按钮，关闭"交换图像"对话框。

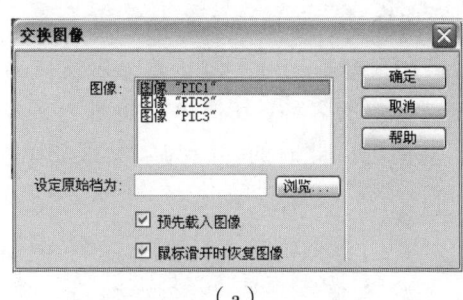
（a）

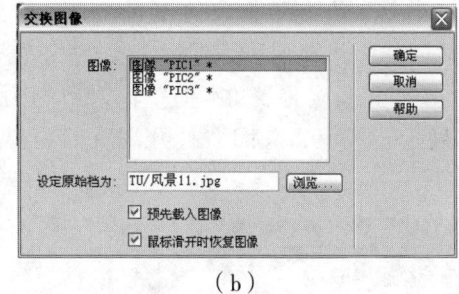
（b）

图 7-3-5 "交换图像"对话框

（8）单击"行为"面板中的"事件"下拉按钮，在弹出的下拉列表框中单击"onMouseOver"选项，设置事件为"onMouseOver"。

此时，"行为"面板如图 7-3-6 所示。其中"恢复交换图像"行为是伴随"交换图像"行为的创建而自动产生的。它们的效果是当鼠标指针移到第 1 幅图像之上时，第 1 幅图像转换成"风景11.jpg"图像，第 2 幅图像转换成"风景12.jpg"图像，第 3 幅图像转换成"风景13.jpg"图像。

（9）双击"行为"面板内的"交换图像"行为，弹出"交换图像"对话框，进行修改。双击"行为"面板内的"恢复交换图像"行为，弹出"恢复交换图像"对话框，其内介绍了"恢复交换图像"行为的作用，如图 7-3-7 所示。

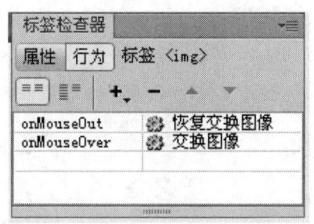

图 7-3-6 "行为"面板框

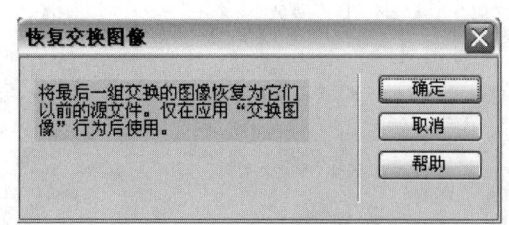

图 7-3-7 "恢复交换图像"对话框

### 2. 设置"打开浏览器窗口"和"预先载入图像"动作

（1）切换到"图像特效切换.htm"网页文档。单击窗体左下角的<body>标签，选中窗体全部内容。单击"行为"面板中的⊞按钮，在弹出的菜单中单击"打开浏览器窗口"命令，弹出"打开浏览器窗口"对话框。

（2）单击"打开浏览器窗口"对话框内的"要显示的 URL"文本框右边的"浏览"按钮，弹出"选择文件"对话框，利用该对话框加载名称为"图像.htm"的网页，在文本框中输入新打开的浏览器窗口内要显示的网页文件地址；在"窗口宽度"文本框中输入 680，在"窗口高度"文本框中输入 200，设定浏览器窗口的宽度和高度。

（3）"属性"面板内的多个复选框用来定义浏览器窗口的属性。其作用如下。

◎"导航工具栏"复选框：选中它，表示保留浏览器的导航工具栏。

◎"菜单条"复选框：选中它，表示保留浏览器的主菜单。

◎"地址工具栏"复选框：选中它，表示保留浏览器的地址栏。

◎"需要时使用滚动条"复选框：选中它，表示根据需要给浏览器窗口加滚动条。

◎"状态栏"复选框，选中它：表示给浏览器的显示窗口下边加状态栏。

◎"调整大小手柄"复选框：选中它，表示可用鼠标拖动调整浏览器显示窗口的大小。

（4）在"窗口名称"文本框中输入新的浏览器窗口的名称，其他设置如图 7-3-8 所示。单击"确定"按钮，关闭"打开浏览器窗口"对话框。此时的"行为"面板如图 7-3-9 所示。

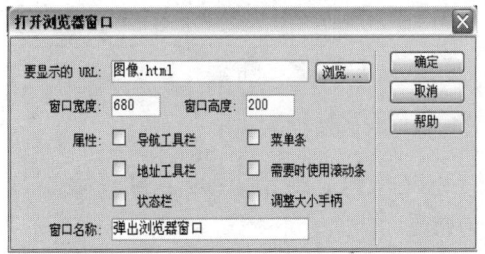

图 7-3-8 "打开浏览器窗口"对话框

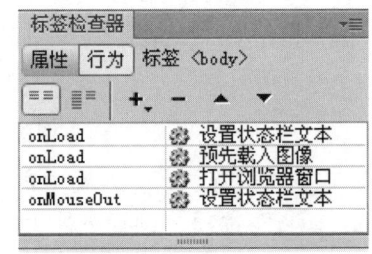

图 7-3-9 "行为"面板

（5）单击网页窗口左下角的"标签选择器"内的 <body> 按钮，弹出"行为"面板。单击"行为"面板内的 +. 按钮，在弹出的菜单中单击"预先载入图像"命令，弹出"预先载入图像"对话框，如图 7-3-10（a）所示。

（6）单击"图像源文件"文本框右边的"浏览"按钮，弹出"选择图像源文件"对话框，选中"TU"文件夹内的"风景 11.jpg"文件，单击"确定"按钮，关闭"选择图像源文件"对话框，返回"预先载入图像"对话框，在"预先载入图像"列表框中添加了一幅图像文件的相对路径和文件名，如图 7-3-10（b）所示。

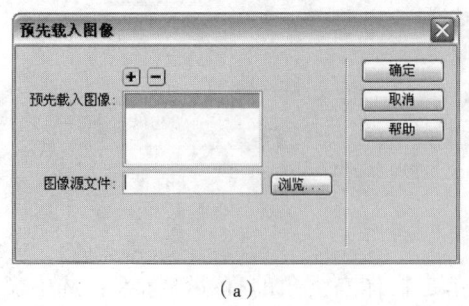

（a）

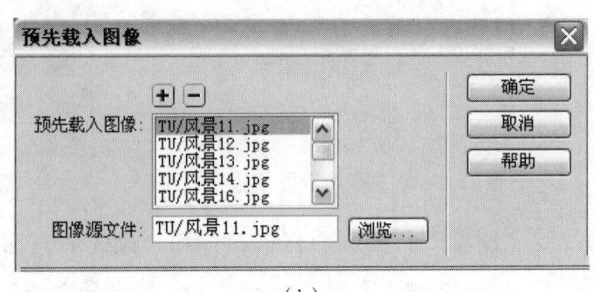

（b）

图 7-3-10 "预先载入图像"对话框

（7）单击 + 按钮，在"预先载入图像"列表框中增加一个空选项，再按照前面叙述的方法，再添加一个"TU"文件夹内的"风景 12.jpg"图像文件。接着再添加"风景 13.jpg"……"风景 19.jpg"图像文件。

（8）单击 — 按钮，可以删除"预先载入图像"列表框中选中的图像文件选项。

（9）在"预先载入图像"列表框中添加完要预先载入的图像文件后，单击"确定"按钮，完成预先载入图像的设置。此时，"行为"面板内会添加"预先载入图像"行为，如图 7-3-9 所示。

## 相关知识

### 1．"转到 URL"动作

在设置框架后，选择该动作名称，弹出"转到 URL"对话框，如图 7-3-11 所示。利用该对话框，可以指定要跳转到的 URL 网页。该对话框中各选项的作用如下：

（1）"打开在"列表框：显示框架的名称，用来选择显示跳转页面的框架。

（2）URL 文本框与"浏览"按钮：在文本框中输入链接的网页的 URL，也可以单击"浏览"按钮，选择链接的网页文件。

### 2．"检查表单"动作

如果建立了一个表单域（名为 form1），再在表单域内创建 3 个文本字段（名字分别为 text1、text2 和 text3）。然后，选择表单域，再单击"检查表单"命令，即可弹出图 7-3-12所示的"检查表单"对话框。利用该对话框，可以检查指定的表单内容中的数据类型是否正确，可以对表单内容设置检查条件。在用户提交表单内容时，先根据设置的条件，检查提交的表单内容是否符合要求。如果符合要求，则上传到服务器，否则显示错误提示信息。该对话框内各选项的作用如下：

（1）"域"列表框：列出表单内所有文本框的名称，可以选择其中一个进行下面的设置。设置完成后，可以选择另一个，再进行下面的设置。

（2）"值"复选框：选中后，表示文本框中不可以是空白的。

（3）"可接受"选项区域：用来选择接收内容的类型。

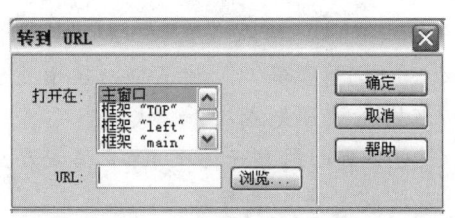

图 7-3-11　"转到 URL"对话框

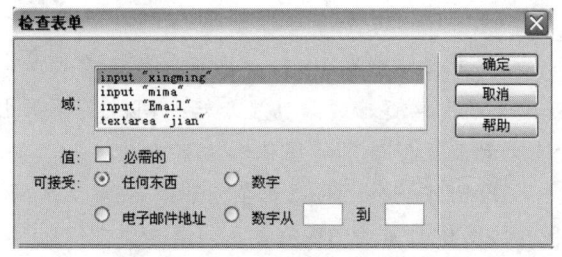

图 7-3-12　"检查表单"对话框

◎ "任何东西"单选按钮：表示接受不为空的内容。

◎ "数字"单选按钮：表示接受的内容只可以是数字。

◎ "电子邮件地址"单选按钮：表示接受的只可以是电子邮件地址形式的字符串。

◎ "数字从"单选按钮：用来限定接收的数字范围。其右边的两个文本框用来输入起始数据和终止数据。

### 3．"检查插件"动作

在网页中会使用一些需要外部插件才能观看的动态效果（例如：Shockwave、Flash、

QuickTime、LiveAudio 和 Windows Media PapDivs 等），如果浏览器中没有安装相应的插件，则会显示出空白。此时，为了不出现空白，可用简单的画面代替。单击"检查插件"命令后，会弹出"检查插件"对话框，如图 7-3-13 所示。利用该对话框，可以增加检查浏览器中已安装插件的功能。该对话框内各选项的作用如下。

（1）"插件"选项区域：在"选择"下拉列表框中选择要检测的插件名称，也可以在"输入"文本框中输入列表框中没有的插件名称。

（2）"如果有，转到 URL"文本框：对有该插件的浏览器，采用该文本框中 URL 指示的网页。可以通过单击"浏览"按钮后选择网页文档。

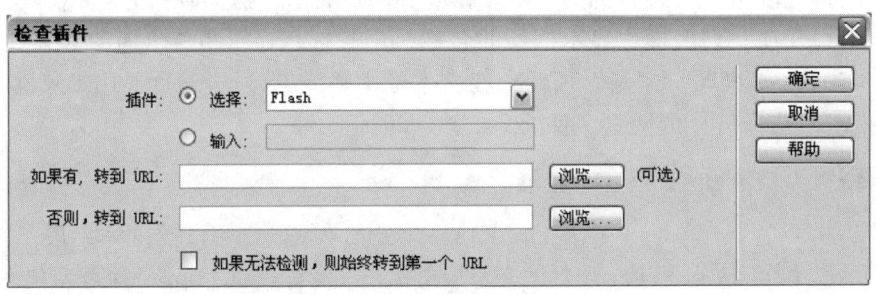

图 7-3-13 "检查插件"对话框

（3）"否则，转到 URL"文本框：对没有该插件的浏览器，采用该文本框中 URL 指示的网页。网页文件也可通过单击"浏览"按钮选择网页文档。

（4）"如果无法检测，则始终转到第一个 URL"复选框：如果使用的是<OBJECT>和<EMBED>标记，则必须选中该复选框，因为该标记可以在用户没有 ActiveX 控件的情况下自动下载。

# 思考与练习 7-3

1. 参考【案例 25】"打开浏览器窗口"网页的制作方法，修改【案例 9】"澳大利亚大堡礁"网页，该网页显示后，同时还会弹出另外一个浏览器窗口，该窗口内显示关于"澳大利亚大堡礁"的图像和文字介绍。网页中的所有图像均预先载入。

2. 制作一个"图像变换.html"网页。该网页显示后，页面内显示一个 SWF 格式动画和 6 幅图像，单击 SWF 格式动画后，6 幅图像都会显示成另外 6 幅图像。

3. 利用"转到 URL"动作，设计一个"按钮链接"网页，该网页在浏览器中的显示效果如图 7-3-14 所示，单击按钮，即可弹出相应的网页。例如，单击"倒挂金钟"按钮，弹出的网页如图 7-3-15 所示。

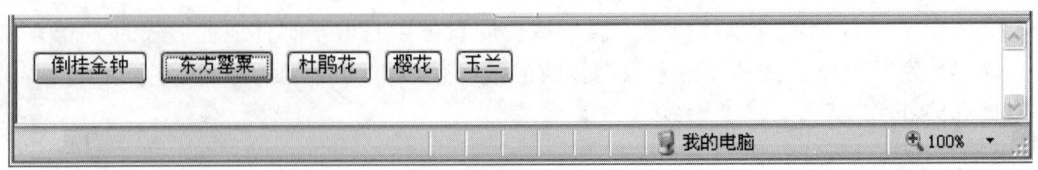

图 7-3-14 "按钮链接"网页显示的画面

图 7-3-15 "倒挂金钟"网页显示的画面

## 7.4 综合实训 6 "世界名胜 1"网页

### 实训效果

"世界名胜 1"网页是"世界名胜"网站内的一组网页,它是由一个主页"世界名胜
1.html"和 3 个子网页组成。主页和 3 个子网页都有相同的背景图案、标题栏、LOGO 图
像和导航栏等,它们之间有链接。主页和 3 个子网页内应该有沿直线移动的动画、沿曲线
移动的动画、交替变化的图像、播放 SWF 格式的动画、背景音乐、图像链接翻转等,应
用"转到 URL"动作的链接等。在"【综合实训 6】世界名胜 1"文件夹内提供了一些关
于世界名胜的素材。也可自行准备一些素材。

### 实训提示

(1)设计网页的内容,加工已有的素材和自己采集的素材。给主页和子页确定名称。

(2)首先制作主页"世界名胜 1.html",主页内应有背景图案、标题栏、LOGO 图像
和导航栏和主页内的其他对象。确定子网页的名称,导航栏与其他的各种链接。

(3)将主页网页复制 3 个,作为子网页。在 Dreamweaver CS6 中打开一个子网页,保
留标题栏、LOGO 图像和导航栏,更换其他对象。按照相同的方法,修改其他子网页。

(4)使用各种动作,完成图像特效显示,预先载入图像,弹出浏览器,跳转菜单,弹
出信息框等效果。

### 实训测评

| 能力分类 | 能 力 | 评分 |
|---|---|---|
| 职业能力 | 使用"行为"面板设置事件和动作 | |
| | 使用"显示-隐藏 AP Div"和"跳转菜单"等动作制作弹出式菜单和跳转菜单 | |
| | 使用"设置文本"等动作制作文本提示信息 | |
| | 使用"改变属性""弹出信息""效果"和"交换图像"等动作 | |
| | 使用"弹出浏览器""预先载入图像""转到 URL""检查表单"和"检查插件"等动作 | |
| 通用能力 | 自学能力、总结能力、合作能力、创造能力等 | |
| 综合评价 | | |

# 第8章 超链接、模板和库

通过案例进一步掌握超链接，如图像热区链接、电子邮件、无址和远程链接，创建锚点链接等；掌握创建、使用和更新模板、"资源"面板和库。

## 8.1 【案例26】"中国名胜图像欣赏6"网页

### 案例效果

"中国名胜图像浏览6"网页主页的显示效果如图8-1-1所示。单击"我的E-mail"超链接，可以弹出邮件程序窗口（通常是Outlook Express），同时在该窗口内的"收件人"文本框中会自动填入链接时指定的E-mail地址。单击"常用网址"的下拉列按钮，再单击菜单选项（有"中国国家地理网""世界之最""中国旅游网"和"奥秘世界"选项），即可打开相应的网站。单击左边"桂林山水"图像中的圆形区域，可以弹出"桂林山水.htm"网页；单击右边的"苏州园林"图像中间的方形区域，可以弹出"苏州园林.html"网页。单击中间的超链接（例如，"中国长城"），可以切换到相应的网页。单击右下角的"庐山风景"文字图像，可以弹出"庐山风景.html"网页；单击"颐和园"文字图像，可以弹出"颐和园.htm"网页。通过该网页的制作，可以掌握利用"属性"面板创建超链接的各种方法。

图8-1-1 "中国名胜图像浏览6"网页主页的显示效果

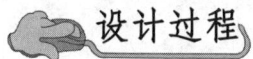 设计过程

**1．网页布局和插入对象**

（1）在"【案例26】中国名胜图像欣赏6"文件夹内创建的"PIC""GIF"和"按钮和标题"文件夹，放置网页所用相关素材，将"【案例23】中国名胜图像欣赏5"文件夹内的网页复制到"【案例26】中国名胜图像欣赏6"文件夹内，一些素材复制到相应的文件夹内。新建一个新网页文档，设置背景为"PIC/Back2.jpg"纹理图像，以名称"中国名胜图像欣赏6.html"保存在"【案例26】中国名胜图像欣赏6"文件夹内。

（2）单击"插入"→"表格"命令，弹出"表格"对话框，创建12行5列表格，调整表格大小，进行合并和拆分处理，效果如图8-1-2所示。再将表格边框设置为0。

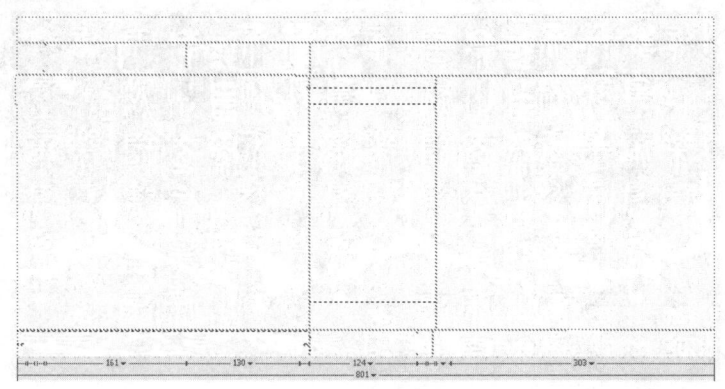

图 8-1-2 网页的布局表格

（3）按照图8-1-1所示，在不同的单元格内输入文字"常用网址""单击图片进入'苏州园林'网页"、"单击图片进入'桂林山水'网页"，在第3行第2列单元格内输入"中国长城"……"十七孔桥"文字，每输入完一个名称，按一次【Shift+Enter】组合键。在第2列单元格内再输入"我的E-mail"和"单击→"文字。

（4）在第1行第3列导入GIF格式卡通动画，输入红色、华文行楷、加粗、36 px"中国名胜图像欣赏"标题文字图像。

可以创建".STYLE12"和".STYLE16"CSS样式，".STYLE16"CSS样式属性为红色、华文行楷、加粗、36 px 大小，应用于"中国名胜图像欣赏"标题文字；".STYLE12" CSS样式属性为蓝色、宋体、加粗、18 px大小，应用于其他文字。

（5）单击第1列第3行单元格内部，插入"PIC"文件夹内的"桂林山水.jpg"图像。调整该图像大小。在第3列第3行单元格内插入"PIC"文件夹内的"苏州园林.jpg"图像，在第3列第12行单元格内文字下边插入"PIC"文件夹内的"庐山风景.jpg"文字图像的"鼠标经过图像"和"北京故宫.jpg"文字图像的"鼠标经过图像"。

（6）单击 "桂林山水.jpg"图像，弹出它的"属性"面板，如图8-1-3所示。单击"椭圆热点工具"按钮 ◯ ，在"桂林山水.jpg"图像之上拖出一个圆形，创建一个圆形热区，如图8-1-4所示。

图 8-1-3　"桂丽山水.jpg"图像的"属性"面板

（7）单击"苏州园林.jpg"图像，单击"属性"面板内的"矩形热点工具"按钮⬜，在"苏州园林.jpg"图像之上拖动一个矩形，创建一个矩形热区，如图 8-1-4 所示。

图 8-1-4　"中国名胜图像欣赏 6"网页的设计效果

（8）将光标定位在下拉列表框所在的第 2 行第 2 列单元格内，单击"表单"工具栏中的"选择（列表/菜单）"按钮▤，在它的"属性"面板内选择"菜单"单选按钮，即可插入一个下拉列表框（即菜单表单）对象。

### 2．创建链接

（1）单击"桂林山水.jpg"图像之上的浅蓝色圆形热区，此时的"属性"面板如图 8-1-5（a）所示。单击"链接"文本框后面的📁按钮，弹出"选择文件"对话框，利用该对话框选择"PIC"文件夹内的"桂林山水.html"网页文件，再单击"确定"按钮。

（2）单击"苏州园林.jpg"图像之上的浅蓝色矩形热区，此时的"属性"面板如图 8-1-5（b）所示。单击"链接"文本框后面的📁按钮，弹出"选择文件"对话框，利用该对话框选择"PIC"文件夹内的"苏州园林.html"网页文件，再单击"确定"按钮。

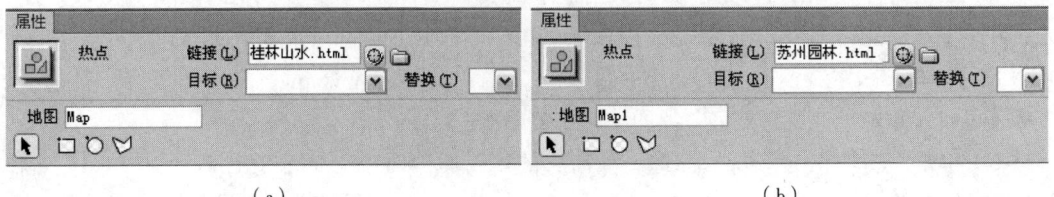

（a）　　　　　　　　　　　　　　　　（b）

图 8-1-5　热区的"属性"面板

（3）选中"我的 E-mail"文字，弹出其"属性"面板，在"链接"文本框中输入"mailto:shendalin2006@foxmail.com"，如图 8-1-6 所示。

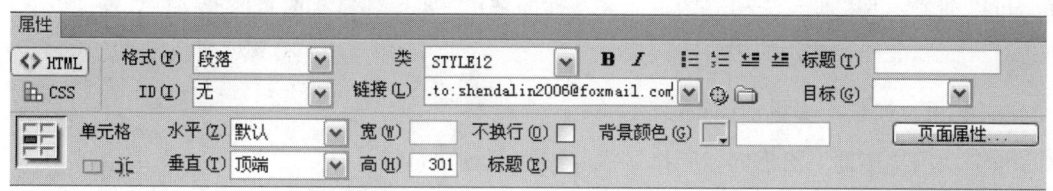

图 8-1-6  在"链接"文本框中输入 E-mail 地址

（4）选中的第 1 行第 2 列单元格内的下拉列表框（即菜单表单）对象，单击其"属性"面板内的"列表值"按钮，弹出"列表值"对话框，输入 4 个项目标签和它们的网址值，如图 8-1-7 所示，完成下拉列表框中各选项与 Internet 网页的链接，再单击"确定"按钮。

（5）选中的第 2 列第 2 行单元格"中国长城"文字，在其"属性"面板内的"链接"文本框中输入"中国长城.html"，如图 8-1-8 所示。

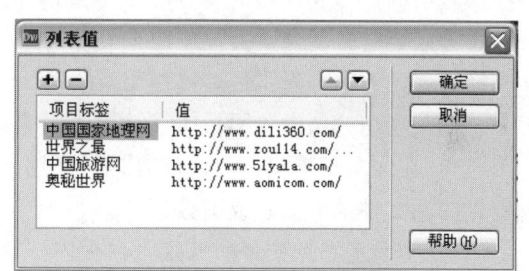

图 8-1-7  "列表值"对话框

然后，再建立第 2 列中其他文字与相应网页的链接。

图 8-1-8  "中国长城"文字的"属性"面板

（6）选中第 3 列第 12 行的"庐山风景"文字图像，在它的"属性"面板的"链接"文本框中输入"庐山风景.html"，如图 8-1-9 所示。单击第 2 列第 11 行"颐和园"文字图像，在它的"属性"面板内的"链接"文本框中输入"颐和园.html"。

图 8-1-9  "庐山风景"文字图像的"属性"面板

## 相关知识

Dreamweaver 提供多种创建超文本链接的方法，可以创建链接到网页文档、图像、动画或可下载软件的链接等。根据创建链接的对象不同，超链接可分为图像（包括 GIF 动画）、文本、按钮表单链接 3 种，根据链接到目标点的位置和方式不同可分为外部（网站与网站之间）、内部（同一网站内）、局部（网页内指定位置）和电子邮件链接 4 种。

可以创建一些指向尚未建立的页面或文件的链接，再创建链接的页面或文件，也可以先创建所有页面和文件，再添加相应的链接。

### 1. 利用"属性"面板创建链接

（1）利用"属性"面板内"链接"栏和 按钮创建链接。

◎ 选中源文件中要链接的文字或单击要链接的图像等对象。

◎ 单击"属性"面板中的"链接"后面的文件夹按钮 ，弹出"选择文件"对话框，利用该对话框选择要链接的 HTML 文件或图像文件（即目标文件）。也可以直接在"链接"文本框中输入要链接的网页文件或图像文件的路径与文件名。使用路径时一定注意相对路径与绝对路径的使用方法，通常最好使用相对路径。

（2）利用"属性"面板内"链接"栏的指向图标 创建链接。

◎ 在网页编辑窗口内，同时打开要建立链接的源文件和链接的目标网页文件，单击建立链接的源文件中的文字或图像等对象）。

◎ 拖动文字或图像"属性"面板内"链接"后面的指向图标 到网页编辑窗口内，这时会产生一个从指向图标 指向目标文件的箭头。然后松开鼠标左键，即可完成链接。

### 2. 创建电子邮件、无址和远程链接

（1）创建电子邮件链接：电子邮件链接是单击电子邮件热字或图像等对象时，可以打开邮件窗口。在打开的邮件程序窗口（通常是 Outlook Express）中的"收件人"文本框中会自动填入链接时指定的 E-mail 地址。在选定源文件页面内的文字或图像后，建立电子邮件链接的方法有两种，具体操作如下所述：

◎ 在其"属性"面板内"链接"文本框中输入 E-mail 地址，例如，"mailto：shendalin2006@yahoo.com.cn"，如图 8-1-6 所示。

◎ 单击"常用"面板内的"电子邮件链接"图标按钮 ，弹出"电子邮件链接"对话框，如图 8-1-10 所示。在"文本"文本框中输入链接热字，在"E-mail"文本框中输入要链接的 E-mail 地址，例如，"mailto:shendalin2006@foxmail.com"。单击"确定"按钮，即可完成插入电子邮件链接的操作。

图 8-1-10　"电子邮件链接"对话框

（2）创建无址链接：无址链接是指产生链接，但不会跳转到其他任何地方的链接。它并不一定是针对文本或图像等对象，而且也不需要用户离开当前页面，只是使页面产生一些变化效果，即产生动感。这种链接只是链接到一个用 JavaScript 定义的事件。

例如，对于大多数浏览器，鼠标指针经过图像或文字等对象时，图像或文字等对象不会发生变化（能发生变化的事件是 OnMouseOver 事件），为此必须建立无址链接才能实现 OnMouseOver 事件。翻转图像行为就是通过自动调用无址链接来实现的。

建立无址链接的操作方法是：单击选择页面内的文字或图像等对象，然后在其"属性"面

板的"链接"文本框中输入"#"号。

（3）远程登录：远程登录是指单击页面内的文字或图像等对象，即可链接到 Internet 的一些网络站点上。远程登录的操作方法是：选择页面内的文字或图像等对象，再在其"属性"面板的"链接"文本框中输入"telnet://"加网站站点的地址。

### 3．创建图像热区链接

图像热区也称图像映射图，即在源文件内的图像中划定一个区域，使该区域与目标网页文件产生链接。图像热区可以是矩形、圆形或多边形。创建图像热区应先选中要建立图像热区的图像，再利用"常用"工具栏中"图像"下拉列表框中的绘制热点工具或图像"属性"面板内"地图"栏中的绘制热点工具来建立图像热区，方法如下：

（1）创建矩形或圆形热区：单击"常用"工具栏中"图像"下拉列表框中的"矩形热点工具"按钮□或"椭圆热点工具"按钮○，也可以单击图像"属性"面板内的"矩形热点工具"按钮□或"椭圆热点工具"按钮○，然后将鼠标指针移到图像上，鼠标指针会变为十字形。从要选择区域的左上角向右下角拖动，即可创建矩形或椭圆形热区。

（2）创建多边形热区：单击"常用"工具栏中"图像"下拉列表框中的"绘制多边形热点"按钮♡，也可以单击图像"属性"面板内的"多边形热点工具"按钮♡，然后将鼠标指针移到图像上，鼠标指针会变为十字形，单击多边形上的一点，再依次单击多边形的各个转折点，最后双击起点，即可形成图像的多边形热区。

创建热区的图像上会蒙上一层半透明蓝色矩形、圆形或多边形，如图 8-1-11 所示。

（3）图像热区的编辑：就是改变图像热区的大小与位置，以及删除热区。

◎ 选取热区：单击图像"属性"面板内的"指针热点工具"按钮，再单击热区，即可选取热区。选中圆形或矩形热区后，其四周会出现 4 个方形的控制柄。选中多边形热区后，其四周会出现许多方形的控制柄，如图 8-1-11 所示。

图 8-1-11　图像中的图像热区

◎ 调整热区的大小与形状：选中热区，拖曳热动的方形控制柄。

◎ 调整热区的位置：选中热区，拖动热区即可调整热区的位置。

◎ 删除热区：选中热区，然后按【Delete】键，即可删除选中的热区。

（4）创建热区的链接：选中图像热区，其"属性"面板如图 8-1-5 所示。在该"属性"面板内的"链接"文本框中输入链接的外部文件路径和名称，也可以建立锚点链接。

## 思考与练习 8-1

1. 在【案例 26】"中国名胜图像欣赏 6"网页中添加几幅文字图像、图像和下拉列表框中的选项，完成所有热字、图像和下拉列表框选项与网页的链接工作。

2. 采用两种方法，创建网页中"我的邮箱"文字与一个电子邮箱的链接。使单击"我的邮箱"文字后可以调出邮件程序，并在"收件人"文本框中自动填入 E-mail 地址。

3. 参考【案例 26】网页制作一个"世界名花图像浏览"网页。

## 8.2 【案例 27】"中国名胜 1"网页

### 案例效果

"中国名胜 1"网页的显示效果如图 8-2-1 所示，这是一个具有框架结构的网页，上面的框架内的页面是红色立体标题文字图像；左下框架内的页面是导航文字；右下框架的页面是介绍中国名胜的图像和文字，内容较多。单击网页内左下边框架中的链接文字，即可使右下框架的页面跳转到相应的部分。例如，单击"桂林山水"文字，即可使右下框架内显示相应的介绍"桂林山水"的文字和图像部分，如图 8-2-2 所示。

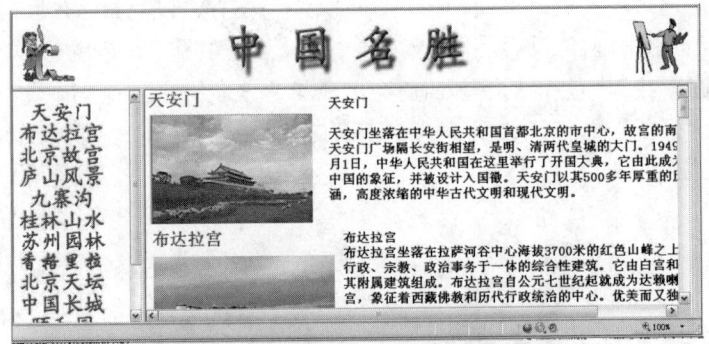

图 8-2-1 "中国名胜 1"网页的显示效果之一

图 8-2-2 "中国名胜 1"网页的显示效果之二

　　当页面的内容很长时，在浏览器中查看某一部分的内容会很麻烦，这时可以在要查看内容的地方加一个定位标记，即锚点（也称锚记）。这样，可以建立页面内对象（文字、图像或 GIF 动画）和像热区与锚点的链接，单击页面内对象或像热区，即可迅速显示锚点处的内容。也可以建立页面内对象和像热区与其他网页文件中锚点的链接。通过该网页的制作，可以掌握设置锚点的方法和建立对象与锚点的链接的方法。

## 设计过程

### 1. 修改框架内的网页

　　（1）在"【案例 27】中国名胜 1"文件夹内创建"TU""GIF"和"标题和按钮"文件夹，新建"中国名胜.html""LEFT.html""TOP.html"和"RIGHT.html"网页。

　　（2）打开"LEFT.html"网页文件，在其内创建 1 列 8 行表格，从上到下依次导入红色文字图像和蓝色文字图像组成的"鼠标经过图像"，设置背景为白色，如图 8-2-1 所示。

　　（3）打开"RIGHT.html"网页文件，设置背景为白色。单击"布局"工具栏中的"绘制 AP Div"按钮圙，在网页左上角创建一个"apDiv41"AP Div。在其"属性"面板的"宽"文本框中输入 250，在"高"文本框中输入 30，在"名称"文本框中输入"apDiv41"。单击"apDiv41"AP Div 内部，输入文字"天安门"，在它的"属性"面板内设置文字为红色、24 px、"华文行楷，隶书"、加粗。然后，多次按【Enter】键。

　　（4）单击"布局"工具栏中的"绘制 AP Div"按钮圙，将鼠标指针定位在网页内"春节"文字的下边，创建一个名称为"apDiv1"的 AP Div。选中该 AP Div，在其"属性"面板的"宽"文本框中输入 250，在"高"文本框中输入 153。

　　（5）将光标定位在"apDiv1"AP Div 内。插入"TU"文件夹内的"天安门.jpg"图像，选中该图像，在其"属性"面板内"宽"文本框中输入 250，"高"文本框中输入 153。

　　（6）单击"绘制 AP Div"按钮圙，在"apDiv1"AP Div 右边创建一个"apDiv2"AP Div。在其"属性"面板的"宽"文本框中输入 550，在"高"文本框中输入 170。

　　（7）打开"天安门.txt"文本文件，选中所有文字并右击，弹出快捷菜单，单击"拷贝"命令，将选中的文字复制到剪贴板内。

　　（8）切换到"RIGHT.html"网页，右击"apDiv2"AP Div 内部，弹出快捷菜单，单击"粘贴"命令，将剪贴板内的文字粘贴到"apDiv2"AP Div 内部。

　　（9）选中"apDiv2"AP Div 内部的所有文字，利用它的"属性"面板设置文字为蓝色、大小为 18 px、字体为宋体、加粗。最终效果如图 8-2-3 所示。

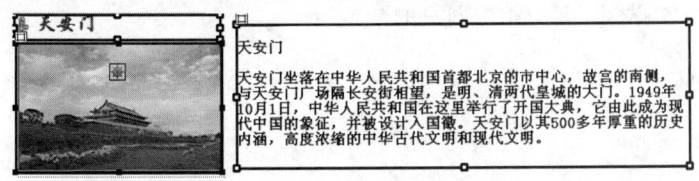

图 8-2-3　"RIGHT.html"网页的部分设计效果

　　（10）连续按【Enter】键。然后，按照上述方法，再输入其他文字、创建其他 AP Div、在其他 AP Div 内分别插入图像和粘贴文字。

（11）打开"TOP.html"等网页文件，设置背景色为白色。在其内插入"按钮和标题/中国名胜.jpg"文字图像和两个 GIF 格式动画，在两个 GIF 格式动画与中间的文字图像之间分别插入"PIC/KB.jpg"空白图像。调整它们的大小，如图 8-2-4 所示。

图 8-2-4　"TOP.html"网页

### 2．设置锚点和创建锚点链接

（1）将光标定位在"春节"文字左边，再单击"常用"工具栏中的"命名锚记"按钮，弹出"命名锚记"对话框，如图 8-2-5 所示。在"锚记名称"文本框中输入锚点的标记名称"1 天安门"。再单击"确定"按钮，退出该对话框。同时，在页面光标处会产生一个锚点标记。

图 8-2-5　"命名锚记"对话框

（2）按照上述方法，在"布达拉宫"……"丽江古城"等文字的左边添加锚点标记。然后，关闭"RIGHT.html"网页。

（3）切换到"LEFT.html"网页文件，单击选中"天安门"文字图像，在该"属性"面板的"链接"文本框中输入"RIGHT.html#1 天安门"，其中"RIGHT.html"是网页名称，"#"是锚点标记，"1 天安门"是锚点名称，完成"天安门"文字图像与"RIGHT.html"网页内"1 天安门"锚点的链接。在其"属性"面板的"目标"下拉列表框中选中"main"选项，在"边框"文本框中输入 0。"天安门"文字图像的"属性"面板如图 8-2-6 所示。

图 8-2-6　"天安门"文字图像"属性"面板

（4）单击"布达拉宫"文字图像，在该"属性"面板的"链接"文本框中输入"RIGHT.html#2 布达拉宫"，在"目标"下拉列表框中选中"main"选项即可完成"布达拉宫"文字图像与"2 布达拉宫"锚点的链接。

（5）按照上述方法，建立其他文字与"RIGHT.html"网页内相应锚点的链接。

（6）按照【案例 13】中制作"中国名胜图像欣赏 2"网页的方法，创建"中国名胜.html"框架集网页，建立各分栏框架与相应网页的链接。

## 相关知识

### 1．设置锚点

（1）单击页面内要设置锚点的地方，将光标移至此处。再单击"常用"工具栏中的"命名锚记"按钮，弹出"命名锚记"对话框，如图 8-2-5 所示。

（2）在"锚记名称"文本框中输入锚点标记名称（例如，1 春节），单击"确定"按钮，在光标处会产生一个锚点标记 ⚓。如果隐藏该标记，可单击"查看"→"可视化助理"→"不可见元素"（或"隐藏所有"）命令。在浏览器内不会显示锚点标记。

**2．锚点链接**

选中页面内的文字、图像或图像热区，再按照下述任一种方法建立它们与锚点的链接。

（1）在"属性"面板的"链接"文本框中输入"#"和锚点的名字，即可完成选中的文字、图像等对象和图像热区与锚点的链接。

（2）拖动"链接"的指向图标 🎯 到目标锚点上，此时在"链接"文本框中会自动出现目标文件的名称+"#"+锚点名称，再松开鼠标左键，即可完成选中的文字、图像或图像热区与锚点的链接。

# 思考与练习 8-2

1．参考【案例27】网页的制作方法，制作一个"世界名胜"网页的显示效果，如图 8-2-7 所示。单击左边框架内的文字图像，即可使右边框架内显示相应的内容。

图 8-2-7　"世界名胜"网页的显示效果

2．制作一个"建筑欣赏"网页，在该网页内插入一幅"建筑欣赏"图像，在"建筑欣赏"图像上创建 3 个热区，然后采用不同的方法创建每一个热区与同一个网页中不同锚点的链接。

3．制作一个"中国传统节日"网页的显示效果，如图 8-2-8 所示，这是一个具有框架结构的网页，上边框架内的页面是红色立体标题文字图像；左下框架内的页面是导航文字；右下框架的页面是介绍世界名胜的图像和文字，内容较多。单击网页内左下框架中的链接文字，即可使右下框架的页面跳转到相应的部分。例如，单击"元宵节"文字，可使右下框架的页面跳转到介绍"元宵节"的相应文字和图像部分。

图 8-2-8　"中国传统节日"网页的显示效果

## 8.3　【案例 28】"中国名胜 2"网页

### ◎ 案例效果

　　"中国名胜 2"网页是"中国名胜"网站内的一个网页，显示效果如图 8-3-1 所示，在该网页的左边栏内，第 1 行是"返回中国名胜简介首页"文字图像，再从上到下是一组导航文字；在中间栏内，第 1 行是红色立体标题文字"中国名胜"，它的下边是"中国名胜图像浏览"红色文字，其下边是多幅中国名胜图像，再下边是"中国名胜网站>中国名胜概述>中国名胜图像"路径文字。在该网页的右边栏内有两幅中国名胜风景图像。

图 8-3-1　"中国名胜 2"网页的显示效果之一

　　单击网页左边导航栏内的链接文字，即可弹出相应的网页，这些网页与图 8-3-1 所示的网页内容基本一样，只是右边栏内的中国名胜图像更换成相应的中国名胜图像的简介内容，右边栏下边的路径文字有相应的变化。例如，单击"布达拉宫"文字，即可弹出"布达拉宫.html"网页，右边栏下边的路径文字变化为"中国名胜网站>中国名胜概述>布达拉宫"，如图 8-3-2 所示。单击第 1 行是"返回中国名胜简介首页"文字图像，可以回到图 8-3-1 所示的网页。

图 8-3-2　"中国名胜"网站内"布达拉宫.html"网页的显示效果

由于该网站内的多个网页的标题栏和左边的导航栏，以及部分文字均一样，只是右边的内容不一样。因此采用先制作其中的主页网页，再利用模板技术来制作一个模板，模板内有可编辑区域和不可编辑区域，一组网页内相同的区域设置为不可编辑区域，不相同的区域设置为可编辑区域。再利用模板生成其他网页，再分别修改生成网页内可编辑区域的内容。

通常在一个网站中有成百上千的页面，而且每个页面的布局也常常相同，只有具体文字或图片内容不同。将这样的网页定义为模板后，相同的部分都被锁定，只有一部分内容可以编辑，避免了对无需改动部分的误操作。例如，某个网站中的文章页面，其基本格式相同，只是具体内容不同，这就可以使用模板来制作。可见，模板就是网页的样板，它有可编辑区域和不可编辑区域。不可编辑区域的内容是不可以改变的，通常为标题栏、Banner、网页图标、LOGO 图像、框架结构、链接文字和导航栏等。可编辑区域的内容可以改变，通常为具体的文字、图像、动画等对象。

可以直接制作网页模板，也可以修改已有的网页，再将该网页保存为一个模板。模板会自动保存在本地站点根目录下的 Template 目录内。模板文件的扩展名为 ".dwt"。当创建新的网页时，只需将模板调出，在可编辑区插入内容。更新网页时，只需在可编辑区更换新内容。在对网站进行改版时，因为网站的页面非常多，如果分别修改每一页，工作量无疑非常大，但如果使用了模板，只要修改模板，所有应用模板的页面都可以自动更新。但是，必须在建立站点后，才可以使用模板和库。通过该网页的制作，可掌握建立本地站点和创建、编辑以及使用模板的方法。

## 设计过程

### 1. 制作"中国名胜 2"网页内图像

（1）创建一个新的网页文档，再以名称"中国名胜 2.html"保存在"【案例 28】中国名胜 2"文件夹内，其内创建"PIC"等文件夹，保存网页中使用的图像文件等。

（2）单击"布局"工具栏中的"绘制 AP Div"按钮 ，将鼠标指针定位在网页内中间顶部，此时鼠标指针变为十字线状态，拖出一个矩形，创建一个名称为"apDiv11"的 AP Div。在其"属性"工具栏的"宽"文本框中输入 214，在"高"文本框中输入 64。并导入"PIC"文件夹内的"中国名胜.jpg"图像，调整该图像的大小。

（3）在网页内"中国名胜"立体文字图像的下边，创建一个名称为"apDiv12"的 AP Div。单击"apDiv12"AP Div 内部，输入文字"中国名胜图像浏览"，利用它的"属性"面板设置文字的颜色为红色、大小为 24 px、字体为宋体、加粗和居中。

（4）在网页内左上角创建一个名称为"apDiv13"的 AP Div。其内导入"PIC"文件夹内的一幅"返回中国名胜简介首页.jpg"立体文字图像，调整该图像的大小。

（5）在"中国名胜"文字图像右边创建一个名称为"apDiv14"的 AP Div。其内导入"PIC"文件夹内的"风景 5.jpg"图像。在"风景 5.jpg"图像下边创建一个名称为"apDiv15"的 AP Div。其内导入"PIC"文件夹内的"风景 6.jpg"图像。调整两幅图像的大小和两个 AP Div 的大小，效果如图 8-3-1 所示。

（6）在"中国名胜图像浏览"文字下边创建一个名称为"apDiv16"的 AP Div。其内导入"PIC"文件夹内的"风景 3.jpg"图像、"KB.jpg"空图像、"风景 4.jpg"图像和"北京故宫.jpg"图像，在导入前 2 幅图像后按【Enter】键。再调整这些图像的大小，以及"apDiv16"AP Div 大小，效果如图 8-3-1 所示。

### 2. 制作"中国名胜 2"网页导航栏

（1）在"返回中国名胜简介首页.jpg"立体文字图像下面创建一个名称为"apDiv1"的 AP Div。单击"apDiv1"AP Div 内部，按【Shift+Enter】组合键输入文字"北京天安门"，利用它的"属性"面板设置文字为蓝色、18 像素、字体为宋体、加粗和居中。

（2）选中"北京天安门"文字并右击，弹出快捷菜单，单击"拷贝"命令，将选中的文字复制到剪贴板中。单击"北京天安门"文字右边，按【Shift+Enter】键，将光标移到下一行的中间并右击，弹出快捷菜单，单击"粘贴"命令，将剪贴板内的文字粘贴到光标处。

按照同样的操作方法再粘贴 10 行"北京天安门"文字。

（3）选中第 2 行"北京天安门"文字，将该文字改为"布达拉宫"，再将其他行的"北京天安门"文字改为其他文字，如图 8-3-1 所示。

（4）再在中间的下面创建一个"apDiv17"AP Div。在其内输入"中国名胜网站>中国名胜概述>中国名胜图像"。在其内输入蓝色、大小为 18 px、字体为宋体、加粗。

（5）选中"apDiv1"AP Div 内的"北京天安门"文字，在其"属性"面板内的"链接"文本框中输入"北京天安门.html"文字，建立它与"北京天安门.html"网页的链接。

（6）按照相同的方法，再建立"apDiv1"AP Div 内其他行文字与相应网页的链接。

（7）单击"返回中国名胜简介首页.jpg"立体文字图像，在其"属性"面板内的"链接"文本框中输入"中国名胜 2.html"。

（8）单击"文件"→"保存"命令，将设计后的"中国名胜 2.html"网页保存。

### 3. 建立本地站点和创建模板

（1）单击"站点"→"新建站点"命令，弹出"站点设置对象"对话框，按照第 1 章 1.4.2 中介绍的方法，建立一个名称为"教学站点 1"的本地站点，本地站点的文件夹是"F:\WY125\"。

（2）单击"常用"工具栏中"模板"按钮，在调出的菜单中单击"创建模板"按钮，或者单击"文件"→"另存为模板"命令，弹出"另存模板"对话框，如图 8-3-3 所示，"另存为"文本框中的"中国名胜 2"文字是自动产生的。

（3）在"另存模板"对话框的"站点"下拉列表框中选择本地站点的名字"教学站点 1"（是默认选择的站点），在"描述"文本框中可以输入模板的描述文字。

（4）单击"保存"按钮，即可完成模板的保存，弹出一个提示文本框，如图 8-3-4 所示，单击"是"按钮，更新链接。

此时，在站点文件夹内自动创建一个名称为 Templates 的文件夹，其内保存有刚创建的模板文件"中国名胜 2.dwt"，以及在 Templates 文件夹自动创建一个名称为_notes 的文件夹，其内保存"中国名胜 2.dwt.mno"文本文件。如果还没有创建本机站点，则会在弹出"另存为模板"对话框以前，提示用户先创建本机站点。同时，自动关闭了"中国名胜 2.html"网页，打开件"中国名胜 2.dwt"网页模板文档。

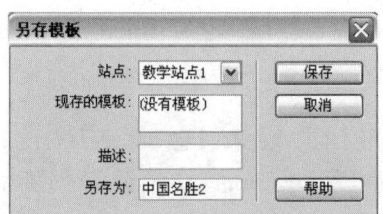

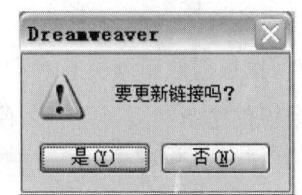

图 8-3-3 "另存模板"对话框 　　　　　　　　图 8-3-4 提示框

**4．设置模板网页的可编辑区域**

（1）选中"中国名胜图像浏览"文字中的"中国名胜图像"，目的是要将选中的文字区域设置为可编辑区域。

（2）单击"常用"工具栏中的"模板"按钮，弹出菜单，单击"可编辑区域"按钮 ，或单击"插入"→"模板对象"→"可编辑区域"命令，弹出"新建可编辑区域"对话框，在"名称"文本框中输入"网页名称小标题"，如图 8-3-5 所示。单击"确定"按钮，插入名称为"网页标题文字"的可编辑区域。

（3）将"apDiv14"AP Div 内的 3 幅图像删除。单击"apDiv4"AP Div，单击"常用"工具栏中的"模板：可编辑区域"按钮，弹出"新建可编辑区域"对话框，如图 8-3-6 所示。在"名称"文本框中输入可编辑区域的名称"文章区域"。单击"确定"按钮，即可插入一个名称为"文章区域"的可编辑区域。

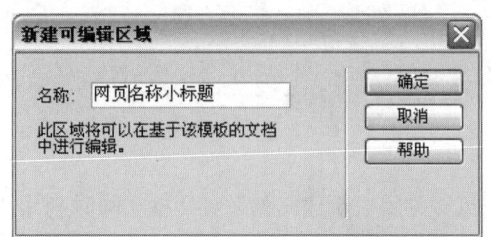

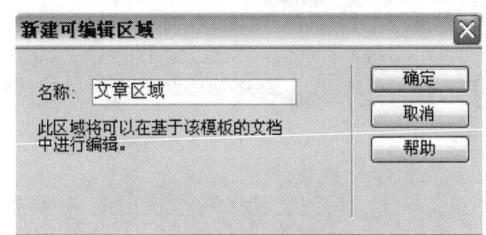

图 8-3-5 "新建可编辑区域"对话框 　　　图 8-3-6 "新建可编辑区域"对话框

（4）选中"中国名胜网站>中国名胜概述>中国名胜图像"文字中的"中国名胜图像"，目的是要将选中的文字区域设置为可编辑区域。单击"常用"工具栏中的"模板"按钮，弹出菜单，单击"可编辑区域"按钮 ，或单击"插入"→"模板对象"→"可编辑区域"命令，弹出"新建可编辑区域"对话框，在"名称"文本框中输入"网页名称"。单击"确定"按钮，插入名称为"当前路径名称"的可编辑区域。此时的网页设计窗口内的画面如图 8-3-7 所示。

图 8-3-7 有 3 个可编辑区域的模板

（5）单击"文件"→"保存"命令，将设计好的模板保存，它有 3 个可编辑区域。

### 5．使用模板创建新网页

使用模板创建新网页通常有 3 种方法，下面采用不同方法来创建"北京天安门.html""布达拉宫.html""桂林山水.html""中国长城.html"和"颐和园.html"等网页，网页保存在"【案例 28】中国名胜 2"文件夹。

方法一：

（1）单击"文件"→"新建"命令，弹出"新建文档"对话框，单击左边栏内的"模板中的页"按钮，选择"站点"列表框中的"教学站点 1"站点名称选项，选中"站点'教学站点1'的模板"列表框中的"中国名胜 2"模板名称选项，即可在"预览"显示区域内看到"中国名胜 2"模板的缩略图，如图 8-3-8 所示。

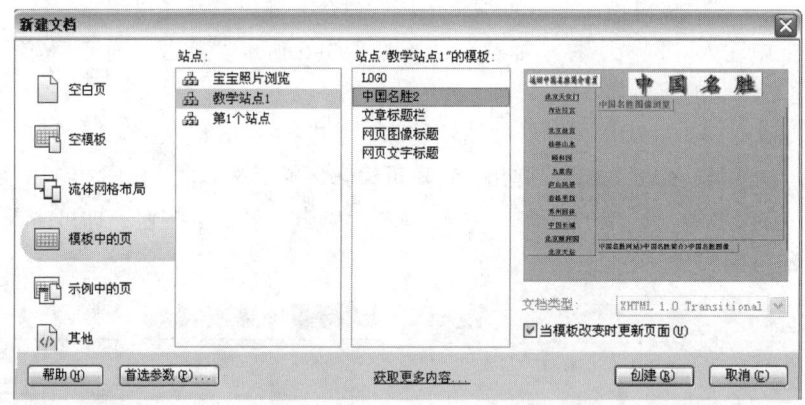

图 8-3-8　"新建文档"对话框

（2）单击"新建文档"对话框内的"创建"按钮，关闭"新建文档"对话框，同时利用"中国名胜 2"模板创建一个网页。如果选中"当模板改变时更新页面"复选框，模板被修改后，所有应用该模板的页面将会自动更新。

（3）单击"文件"→"另存为"命令，弹出"另存为"对话框，将该网页以名称"九寨沟.html"保存在"【案例 28】中国名胜 2"文件夹内。

（4）选中上边"apDiv12"AP Div 内部的"中国名胜图像"文字，将该文字改为"九寨沟图像"，如图 8-3-11 所示。

（5）单击"apDiv16"AP Div 内部，将光标定位在"apDiv16"AP Div 内部，单击"插入"→"图像"命令，弹出"选择图像源文件"对话框，在"相对于"下拉列表框中选择"文档"选项，选择"PIC"文件夹内的"九寨沟 1.jpg"图像和"九寨沟 4.jpg 图像，按【Enter】键后再插入"PIC"文件夹内的"九寨沟 2.jpg"图像，如图 8-3-11 所示。单击"确定"按钮，插入 3幅"PIC"文件夹内的图像。再在上面 2 幅图像之间插入一幅"PIC/KB.jpg"矩形空白图像，调整该图像的大小。

（6）选中"apDiv12"AP Div 内部的"中国名胜图像"文字，将该文字改为"九寨沟图像"，如图 8-3-9 所示。

图 8-3-9 "九寨沟.html"网页设计

（7）单击"文件"→"保存"命令，将修改后的网页保存。

方法二：

（1）新建一个文档，以名称"中国长城.html"保存在"【案例 28】中国名胜 2"文件夹内。单击"修改"→"模板"→"应用模板到页"命令，弹出"选择模板"对话框。

（2）在"选择模板"对话框内的"站点"下拉列表框中选中"中国名胜"站点名称选项，在"模板"列表框中的"中国名胜 2"选项，如图 8-3-10所示。单击"选定"按钮，关闭该对话框，用选定的"中国名胜 2"模板应用于当前的空白网页。

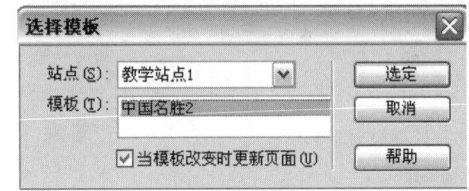

图 8-3-10 "选择模板"对话框

（3）按照上述方法更换文字和图像，如图 8-3-11 所示。再单击"文件"→"另存"命令，将网页保存。

图 8-3-11 "中国长城.html"网页设计

方法三：

（1）新建一个新文档，以名称".html"保存在"【案例 28】中国名胜 2"文件夹内。

（2）单击"窗口"→"资源"命令，弹出"资源"面板。单击"资源"面板内左边的"模板"按钮，在列表框中单击"中国名胜 2"图标，如图 8-3-12 所示，单击"应用"按钮，用选中的"中国名胜 2"模板应用于当前空白网页。

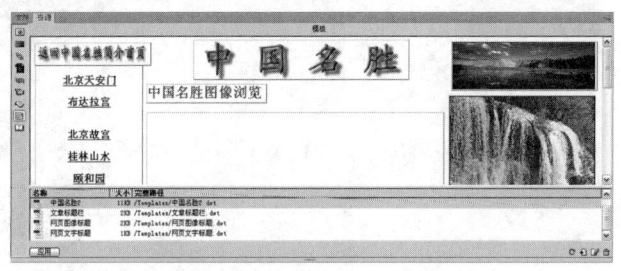

图 8-3-12 "资源"面板

（3）按照上述方法更换文字和图像，如图 8-3-13 所示。然后，单击"文件"→"另存为"命令，将修改后的网页保存。

图 8-3-13 "苏州园林.html"网页设计

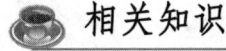 相关知识

### 1. 模板简介

通常在一个网站中有成百上千的页面，而且每个页面的布局也常常相同，尤其是同一层次的页面，只有具体文字或图片内容不同。将这样的网页定义为模板（Template）后，相同的部分都被锁定，只有一部分内容可以编辑，避免了对无需改动部分的误操作。例如，某个网站中的文章页面，其基本格式相同，只是具体内容不同，这就可以使用模板来制作。可见，模板就是网页的样板，它有可编辑区域和不可编辑区域。不可编辑区域的内容是不可以改变的，通常为标题栏、网页图标、LOGO 图像、框架结构、链接文字和导航栏等。可编辑区域的内容可以改变，通常为具体的文字、图像、动画等对象，其内容可以是：每日新闻、最新软件介绍、每日一图、趣谈、新闻人物等。

可以直接制作网页模板，也可以修改已有的网页文件，再将该网页保存为一个模板。模板可以自动保存在本地站点根目录下的 Template 目录内，如果没有该目录，系统可自动创建此目录。模板文件的扩展名为".dwt"。

　　当创建新的网页时，只需将模板调出，在可编辑区插入内容。更新网页时，只需在可编辑区更新内容。在对网站进行改版时，因为网页很多，如果分别修改每一页，工作量非常大，但如果使用模板，只要修改模板，所有应用模板的页面都可以自动更新。

　　当网站中的各个网页具有相同的结构和风格时，使用模板和库可以给您带来极大的方便，有利于创建网页和更新网页。但是，必须在建立了站点后，才可以使用模板和库。

### 2. 自动更新模板

　　模板可以更新，例如，改变可编辑区域和不可编辑区域，改变可编辑区域的名字，更换页面的内容等。更新模板后，系统可以将由该模板生成的页面自动更新。当然也可以不自动更新，以后由用户手动更新。

　　（1）单击"文件"→"打开"命令，弹出"打开"对话框，选中"Templates"文件夹内要更新的模板，例如"中国名胜 2.dwt"，单击"打开"按钮，打开选中的模板文件。

　　（2）进行模板内容的更新，可以改变页面布局、输入文字、插入图像、删除文字、删除插入的图像、新增可编辑区、删除可编辑区等。例如，将"中国名胜网站>中国名胜概述>中国名胜图像"文字改为"中国名胜网站>中国名胜概况>中国名胜图像简介"；将右下方的"apDiv6"AP Div 内的图像进行更换。

　　（3）单击"文件"→"保存"命令，保存模板，同时弹出一个提示框，如图 8-3-14 所示，提示用户是否更新使用了该模板的网页。单击"是"按钮，即可开始更新由该模板制作出的所有网页，最后弹出"更新页面"对话框，如图 8-3-15 所示；单击"否"按钮，则不自动更新，有待以后手动更新。在保存更新后的模板文件后，不管是否更新了模板文件，"资源"（模板）面板内相应的模板都会随之更新。

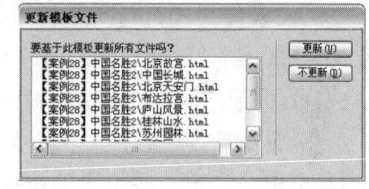

图 8-3-14 "更新模板文件"对话框

　　（4）在"更新模板文件"对话框内，按住【Shift】键，单击起始位置和终止位置的网页名字，可以同时选中起始位置到终止位置的所有网页名字，按住【Ctrl】键，同时单击网页名字，可以选中多个网页名字，如图 8-3-16 所示。再单击"更新"按钮，可以自动完成选定文件的更新，最后也会调出一个"更新页面"对话框。选中该对话框内的"显示记录"复选框，可展开"状态"栏，其中列出更新的文件名称、检测文件个数、更新文件个数等信息。

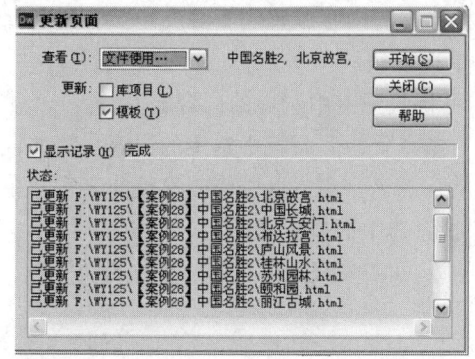

图 8-3-15 "更新页面"对话框

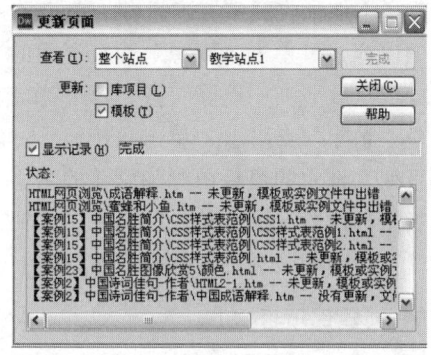

图 8-3-16 "更新页面"对话框检测报告

（5）选中模板文档内可编辑区域的名称，它的"属性"面板如图 8-3-17 所示，在"名称"文本框中可以修改可编辑区域的名称。

图 8-3-17 可编辑区域的"属性"面板

### 3. 手动更新模板和模板分离

（1）更新一个网页：采用前面介绍的方法修改模板。打开要更新的网页文档，单击"修改"→"模板"→"更新当前页"命令，即可将打开的页面按更新模板更新。

（2）将网页从模板中分离：有时希望网页不再受模板的约束，这时可以打开应用了模板的网页，单击"修改"→"模板"→"从模板中分离"命令，使该网页与模板分离。分离后页面的任何部分都可以自由编辑，并且修改模板后，该网页也不会再受影响。

### 4. "资源"面板

"资源"面板见图 8-3-12 分为 4 部分，特点如下：

（1）元素预览窗口：位于"资源"面板的上面，用来显示选定元素的内容。

（2）元素列表框：位于元素预览窗口的下边，用来显示该站点内元素的名字。

（3）元素分类栏：位于"资源"面板内的左边，它有"图像""颜色""URLs""Flash""Shockwave""影片""脚本""模板"和"库" 9 个按钮。鼠标指针移到按钮处即可显示该按钮的名称，单击它们可切换"资源"面板显示的元素类型。

（4）应用工具栏：位于"资源"面板内的底部。单击元素分类栏中不同的图标按钮时，应用工具栏中会出现一些不同的按钮。

（5）"资源"面板应用工具栏中按钮的作用如下：

◎ "插入"按钮 插入 ：单击该按钮，可将选中的素材插入到当前网页的光标处。

◎ "刷新站点列表"按钮 C ：单击该按钮，可以刷新站点列表。

◎ "编辑"图标按钮 ：单击该按钮，可调出相应的窗口，对选中素材进行编辑。

◎ "新建模板"按钮 ：单击该按钮，可以在"资源"面板内新建一个模板。

◎ "应用"按钮 应用 ：单击该按钮，可以将选中的元素进行应用。

◎ "添加到收藏夹"按钮 ：单击该按钮，可将选中的内容放置到收藏夹中。若要查看收藏夹的内容，可单击"资源"面板上面的"收藏"单选按钮。

◎ "从收藏夹中删除"按钮 ：单击该按钮，可将收藏夹中选中的内容删除。

◎ "删除"按钮 ：单击该按钮，可以删除在"站点资源"面板中选中的内容。例如，选中模板列表框中的模板图标和默认的名字，再单击默认的名字后，可以修改模板的名字。在选中模板图标的情况下，单击"删除"按钮 ，即可删除选中的模板图标。

◎ "新建收藏夹的文件夹"按钮 ：单击该按钮，可在收藏夹中新建一个文件夹。

### 5. 创建库项目

"资源"面板是用来保存和管理当前站点或收藏夹中网页资源的面板。资源包括存储在站点中的各种元素（也称对象），例如，模板、图像或影片文件等。必须先定义一个本地站点，然后才能在"资源"面板中查看资源。库（Library）位于"资源"面板内，它存储有库项目，库项目就是一些对象的集合，这些库项目是网站各网页经常要使用的内容。在创建网页时，只需将库中的库项目插入网页即可。

将页面中的对象（可以是文字、图像表格、表单等）放入"资源"（库）面板中，即在库中形成一个库项目。创建库项目可按照下述方法进行操作：

（1）单击"窗口"→"资源"命令，弹出"资源"面板，如图 8-3-12 所示。单击"资源"面板左边的"库"按钮📖，进入"资源"（库）面板（也称库管理器）。

（2）将网页中的对象（不能是不可编辑区域中的对象）拖到库管理器下边的元素列表框中，即可创建一个库项目。选中"资源"面板的元素对象，可在预览窗口显示该对象内容。如果只想在"资源"（库）面板中创建一个库项目，而不想使选中的对象成为库项目的一个引用对象，则可以在上述操作时按住【Ctrl】键。

（3）单击选中"资源"（库）面板中元素列表框中对象（即库项目）的名字，再次单击该对象的名字，就可以更改对象的名字。用这种方法也可更改模板元素的名字。

（4）要删除库项目，可单击选中元素列表框中的库项目，再单击库管理器右下角的"删除"按钮🗑。删除库项目后，它在页面内的引用不会丢失。

#### 6．使用库项目在网页内创建引用

利用库项目在页面内创建库项目引用对象的操作方法如下所述：

（1）将光标移到网页内要插入"资源"面板内对象（即库项目引用对象）的位置。

（2）将"资源"（库）面板内元素列表框中的一个库项目对象拖到网页的光标处。也可以在选中对象的情况下，单击"资源"（库）面板内的"插入"按钮。

（3）如果只想在页面内创建一个对象，而不建立它与库项目的引用关系，则可以在上述操作时按住【Ctrl】键。

# 思考与练习 8-3

1．修改【案例 28】的"中国名胜 2.dwt"网页模板，将右下方的"apDiv6"AP Div 设置为可编辑区域，名称为"图像区域"。

2．修改【案例 28】的"中国名胜 2.dwt"网页模板，将 3 个可编辑区域的名称分别改为"文字 1""文字 2"和"图像 1"。然后自动更新由该模板创建的网页。

3．在"资源"面板内创建一个库项目，将它应用于网页。修改库项目，引用了库项目的网页有何变化？要想在修改库项目后不影响引用了库项目的网页，应如何操作？

4．参考【案例 28】网页的制作方法，制作一个"中国传统节日"网页。

5．参考【案例 28】网页的制作方法，制作一个"世界名胜"网页，该网页是"世界名胜"网站内的一个网页，它的显示效果如图 8-3-18 所示，在该网页的左边栏内，第 1 行是"返回世界名胜简介首页"文字图像，再从上到下是一组导航文字；在网页的中间栏内，第 1 行是红色立体标题文字"世界名胜"，它的下边是"世界名胜图像浏览"红色文字，再下边是多幅世界名胜图像，再下边是"世界名胜网站>世界名胜简介>世界名胜图像浏览"路径文字。在该网页的右边有两幅图像。

单击网页左边导航栏内的链接文字（例如"澳大利亚大堡礁"），可弹出相应的网页，这些网页与图 8-3-18 所示的网页内容基本一样，只是中间和右边的图像更换成相应的图像和文字，下边的路径文字有相应的变化，如图 8-3-19 所示。单击第 1 行是"返回世界名胜简介首页"文字图像，可回到图 8-3-18 所示的网页。

图 8-3-18 "世界名胜"网页

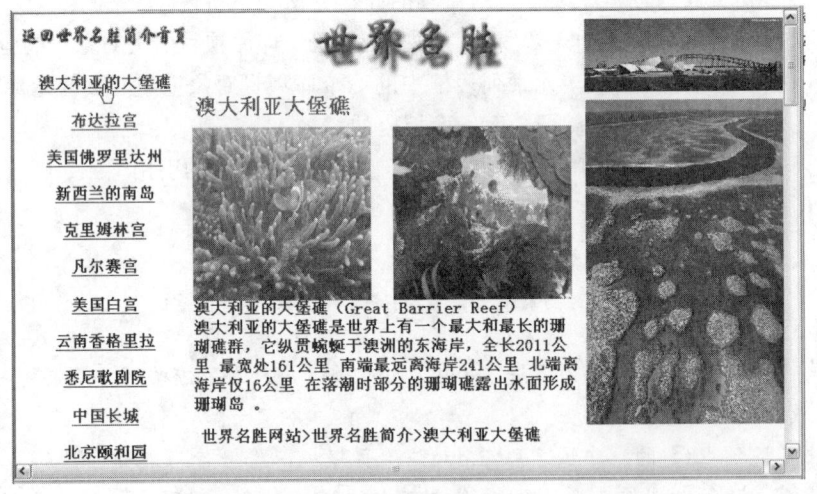

图 8-3-19 "澳大利亚的大堡礁.html"网页

## 8.4 综合实训 7 "宝宝照片浏览"网页

### 🎯 实训效果

制作一个"宝宝照片浏览"网页，该网页的显示效果如图 8-4-1 所示，在该网页的左边栏内，是一个垂直导航栏，其内第 1 行是"返回首页"按钮，接着是 3 个图像按钮；在网页的中间栏内，是一个"宝宝照片浏览器"SWF 动画，再下边是"宝宝健康网站>宝宝介绍>宝宝照片浏览"说明文字和路径文字。单击"宝宝照片浏览器"SWF 动画中左边栏内的名称可以在中间框架内以圆形方式逐渐展开显示一幅相应的宝宝图像,右边栏会显示相应的文字,它还具有其他很多功能。

单击左边导航栏内不同的图像按钮,可切换到"球球.html""明明.html"和"天天.html"3个网页。这些网页的标题栏和左边的导航栏均一样,只是右边的内容和上边的路径文字不一样。例如,单击第 1 个图像按钮,会切换到"球球.html"网页,宝宝图像浏览器更换成 9 幅球球图照片,上边的路径文字变为"宝宝健康网站>宝宝介绍>球球照片浏览",如图 8-4-2 所示。单击"返回首页"按钮,可回到图 8-4-1 所示的首页。

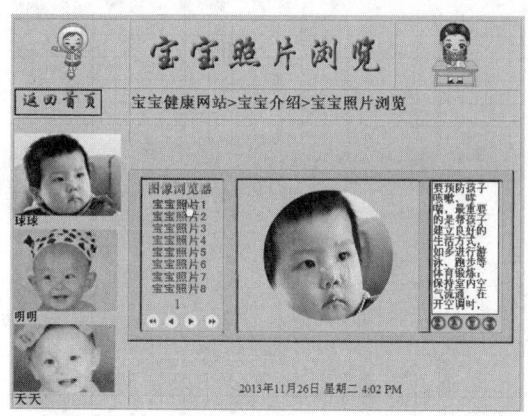

图 8-4-1　"宝宝照片浏览 2"网页的显示效果

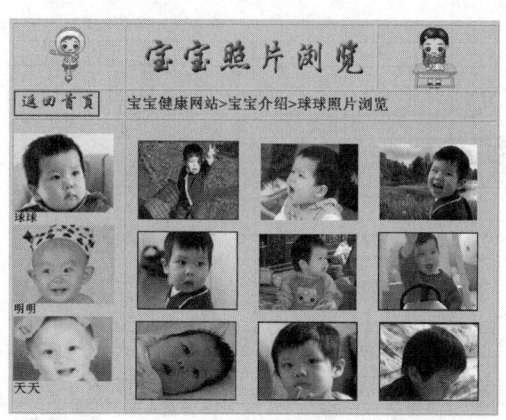

图 8-4-2　"球球"网页的显示效果

## 实训提示

(1)准备素材,保存在"【综合实训 7】宝宝照片浏览"文件夹内。

(2)创建本地网站,网站文件夹为"综合实训 7-宝宝照片浏览"。

(3)按照【案例 28】中介绍的方法,制作一个"宝宝照片浏览.dwt"模板文件,其内创建"网页标题文字"和"图像"可编辑区域。

(4)应用"宝宝照片浏览.dwt"模板文件创建整个网站中的"球球.html""明明.html"和"天天.html"网页。

## 实训测评

| 能力分类 | 评　价　项　目 | 评价等级 |
| --- | --- | --- |
| 职业能力 | 应用超链接,应用图像热区链接 | |
| | 创建电子邮件、无址和远程链接 | |
| | 创建网页内的锚点,应用锚点链接 | |
| | 创建、使用和更新模板 | |
| | 使用"资源"面板和库,使用库项目 | |
| 通用能力 | 自学能力、总结能力、合作能力、创造能力等 | |
| 综合评价 | | |

# 第9章 站点管理和网站发布

通过案例，初步了解网站策划和规划站点的方法，掌握申请主页空间和域名、检查与修改网站和发布站点，以及站点管理的方法等。

## 9.1 【案例 29】"中国名胜 3"网站

### 案例效果

"中国名胜 3"网站内的网页与【案例 28】"中国名胜 2"的网页内容相似，功能也基本一样，它是在【案例 28】"中国名胜 2"网页的基础之上修改而成的，该网站内网页的名称都改为中文的汉语拼音字母名称，它的首页是"index.html"，它的显示效果如图 9-1-1 所示。单击左边导航栏内的文字，可以弹出相应的网页，例如，单击"北京故宫"文字，弹出的"bjgg.html"网页效果如图 9-1-2 所示。

图 9-1-1 "中国名胜 3"网站首页"index.html"的显示效果

图 9-1-2　"中国名胜 3"网站"bjgg.html"网页的显示效果

　　本案例重新建立了名称为"中国名胜 3"的本地站点（它的文件夹是"F:\ZGMS3\"），采用另一种方法建立了"中国名胜 3"本地站点进行模板修改和网页修改以及本地站点的测试，为以后发布站点做好准备。

## 设计过程

### 1．网站规划和网站组织结构设计

　　网站的开发通常按照这样一个基本流程进行：网站规划、收集与整理素材、网站设计、网页制作、网站发布和网站维护。

　　（1）网站规划：进行网站规划时主要需考虑以下问题。

　　◎　确定网站主题：每个网站都应该有它的主题，主题要准确。网站的名称要正确、好记，有特色。每一个网站都应该有它的访问群体，网站目标应使它的访问群体尽可能满意。例如，建立一个"中国名胜"网站，该网站的目标是介绍中国名胜，它的用户群是关心中国名胜常识的学生和旅游者等，因此该网站应该主要介绍中国名胜的图像和特点等内容。

　　◎　确定网站风格：是指网站的整体形象给浏览者的综合感受，是确定网站内容的大致表现形式。它包括网页布局结构、颜色、字体、图像和动画、LOGO 图案、浏览方式、和交互特点等。一个网站的风格要有特色，能让浏览者明确分辨出该网站所独有的特点。网站的风格主要有信息式（以文字为主体，页面布局简单明快，一目了然）、画廊式（以图像、动画和视频等多媒体元素为主体，时尚新颖）和综合式（在画廊式网站基础之上添加更多文字）。

　　（2）网站设计：包括网站组织结构设计、站点目录结构的建立、网页素材的收集和处理、网页颜色设计、网页元素的使用、导航设计和网页布局设计等。网页结构设计要求确定网站栏目的树状列表，确定每个二级分栏的主页面的主要内容，清晰表达站点结构，它是整个网站设计中重要的一个环节。图 9-1-3 所示为"中国名胜 3"网站的组织结构图。

在建立一个较大的网站时，还应该制作一个网站的策划书，包括栏目定位、首页和子页内容、网页之间的关系等，能够对整个网站有一个整体性了解。

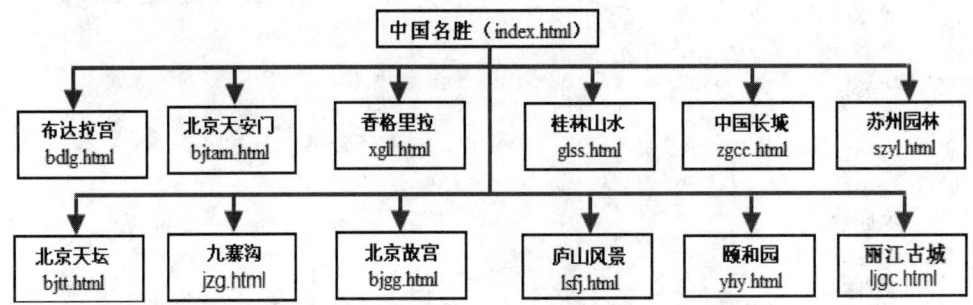

图 9-1-3 "中国名胜 3"网站的组织结构图

### 2. 制作"中国名胜 3"网站

要将一个网站发布到 Internet 上，需要将该网站所在文件夹和该文件夹内所有网页的名称改成纯字符，否则在上传文件时会发生错误。

在创建站点之前，应在互联网上申请一个可用的服务器站点空间，可以用 FTP 将网站上传到该站点空间。此处，假设服务器的 IP 地址为 124.197.50.125，域名地址（即通常上网所输入的网址）为 www.shen.com，FTP 用户名为 shenxin，FTP 用户密码为 123456。IP 地址和域名地址需要在网上申请的。此处采用另一种建立本地站点的方法。

（1）复制一份"【案例 28】中国名胜 2"文件夹，并重命名为"ZGMS3"。再将该文件夹的"中国名胜 2.html"网页文件的名称改为字母名称"index.html"，将"PIC"文件夹内的图像名称也改为相应的汉语拼音字头组成的字母名称。

下面将利用新建的"ZGMS3"模板网页创建 12 个子网页，这些网页均保存在"F:\ZGMS3"文件夹内，它们的名称与"ZGMS3"文件夹内复制过来的网页名称的对比关系如表 9-1-1 所示，实际是将原来的中文网页名称改为相应的汉语拼音字头组成的字母名。

表 9-1-1 网页文件的中文名称和字母名称

| 网页中文名称 | 网页字母名称 | 网页中文名称 | 网页字母名称 |
| --- | --- | --- | --- |
| 丽江古城 .html | ljgc.html | 北京天安门 .html | bjtam.html |
| 布达拉宫 .html | bdlg.html | 桂林山水 .html | glss.html |
| 香格里拉 .html | xgll.html | 中国长城 .html | zgcc.html |
| 苏州园林 .html | szyl.html | 北京天坛 .html | bjtt.html |
| 九寨沟 .html | jzg.html | 北京故宫 .html | bjgg.html |
| 颐和园 .html | yhy.html | 庐山风景 .html | lsfj.html |

（2）单击"站点"→"管理站点"命令，弹出"管理站点"对话框，如图 9-1-4 所示。如果已经创建了站点，则在其列表框中会显示出已经创建的站点的名称，此处列出了前面已经建立的"教学站点 1"本地站点的名称，它的文件夹是"F:\WY125\"。

（3）单击"管理站点"对话框中的"新建站点"按钮，弹出"站点设置对象"对话框，左边栏内默认选中"站点"选项，在"站点名称"文本框中输入站点的名称"中国名胜 3"。在

"本地站点文件夹"文本框中输入本地文件夹路径（例如，"F:\ZGMS3\"），该文件夹作为站点的根目录，如图 9-1-5 所示。

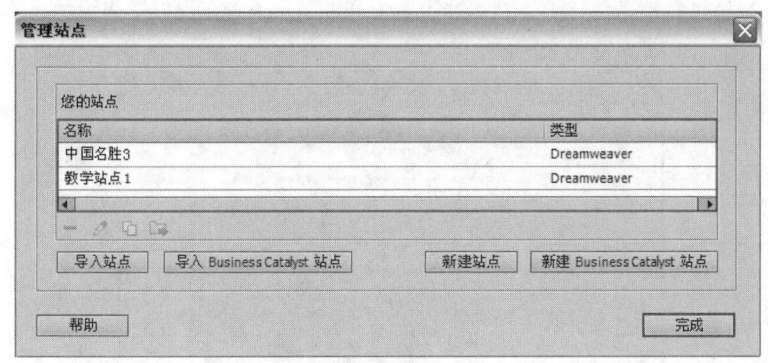

图 9-1-4 "管理站点"对话框

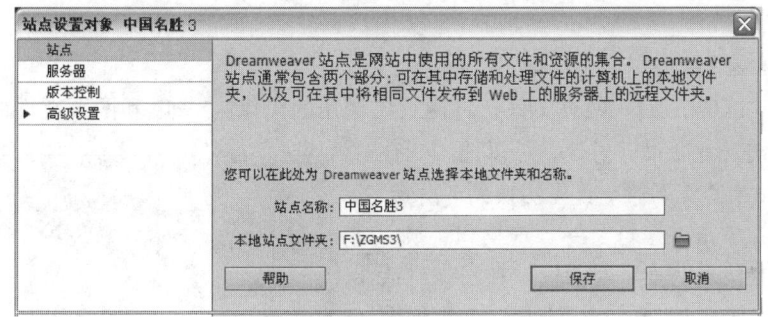

图 9-1-5 "站点设置对象"对话框 1

（4）展开"高级设置"选项在"默认图像文件夹"文本框中输入保存网页中图像的默认文件夹的路径和文件夹名称"F:\ZGMS3\PIC"。选中"启用缓存"复选框，可加速链接的更新速度，当磁盘容量足够大时可选中它。选中"链接相对于"用来确定链接的素材文件的相对路径，此处选中"文档"单选钮。此时的"站点设置对象"对话框如图 9-1-6 所示。

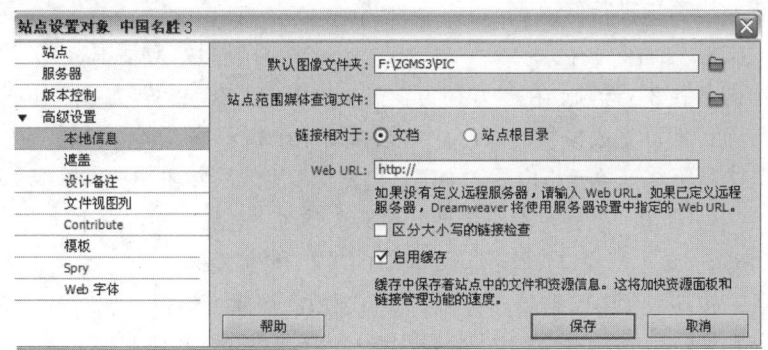

图 9-1-6 "站点设置对象"对话框 2

（5）单击"确定"按钮，关闭该对话框，回到"管理站点"对话框，在对话框的列表框中会列出刚创建的站点名称"中国名胜 3"，如图 9-1-4 所示。单击"完成"按钮，关闭该对话框。

（6）单击"窗口"→"文件"命令，弹出"文件"面板，如图 9-1-7 所示。在该面板中的第 1 个下拉列表框中默认选中"中国名胜"选项；如果在该下拉列表框中选中"管理站点"列表项，可以弹出"管理站点"对话框；如果在该下拉列表框中选中其他站点名称，可以显示该站点的结构和文件。

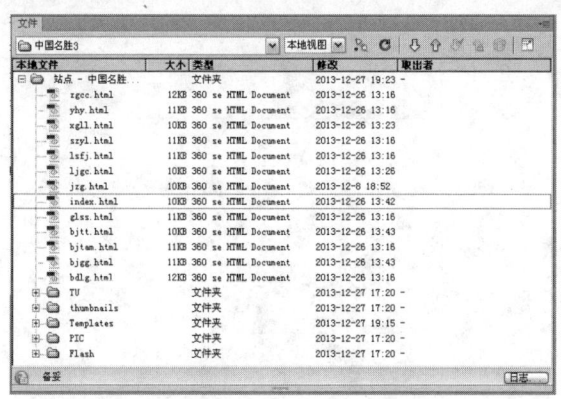

图 9-1-7　"文件"面板

### 3．制作模板和应用模板制作网页

（1）打开"index.html"网页文件，将网页内调用的图像、SWF 和网页文件的文件名称由中文改为相应的拼音字母。另外，可以使用"查找和替换"对话框进行替换，首先切换到"代码"视图模式状态，单击"编辑"→"查找和替换"命令，弹出"查找和替换"对话框，利用该对话框进行文字的替换。例如，在"查找"列表框中输入"北京天安门"，在"替换"文本框中输入"bjtam"，如图 9-1-8 所示。单击"查找下一个"按钮，即可将选中第 1 个"北京天安门"文字，

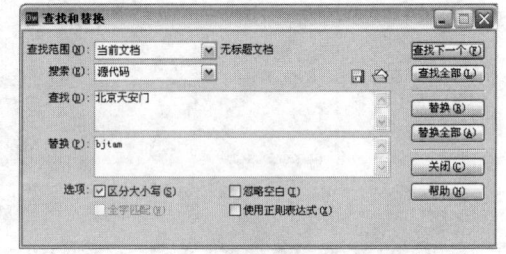

图 9-1-8　"查看和替换"对话框

如果需要替换则单击"替换"按钮，完成该"北京天安门"文字替换为"bjtam"字母的任务，接着再单击"查找下一个"按钮，查找后边的"北京天安门"文字。完成全部替换后，检查网页的链接应该正常，否则进行修改。

（2）单击"文件"→"另存为模板"命令，弹出"另存模板"对话框，在"站点"下拉列表框中选中"中国名胜 3"选项，在"另存为"文本框中的"ZGMS3"文字，如图 9-1-9 所示。单击"保存"按钮，即可完成模板的保存。如果弹出一个提示框，单击"是"按钮即可。

（3）选中第 2 行第 2 列单元格内的"中国名胜图像"文字，单击"插入"→"模板对象"→"可编辑区域"命令，弹出"新建可编辑区域"对话框，在"名称"文本框中输入"BTWZ"，如图 9-1-10（a）所示。单击"确定"按钮，插入"BTWZ"可编辑区域。

（4）选中最下边一行"中国名胜图像"文字，弹出"新建可编辑区域"对话框，在"名称"文本框中输入"LJWZ"。单击"确定"按钮，插入"LJWZ"可编辑区域。

（5）选中中间的"apDiv16"AP Div 对象，删除其内的 3 幅图像。打开"新建可编辑区域"对话框，在"名称"文本框中输入"文章区域"，如图 9-1-10（a）所示。单击"确定"按钮，插入名称为"文章区域"的可编辑区域。

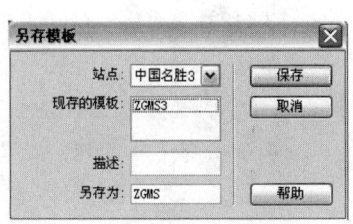 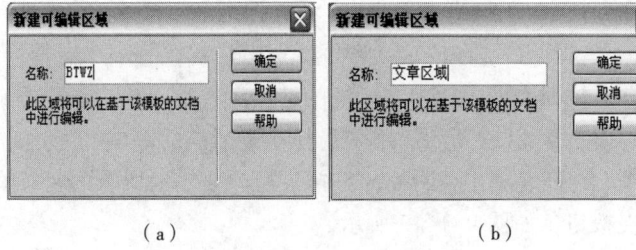

图 9-1-9　"另存模板"对话框　　　　图 9-1-10　"新建可编辑区域"对话框

（6）单击右边"apDiv15"AP Div 对象，删除其内的 1 幅图像。单击"插入"→"模板对象"→"可编辑区域"命令，弹出"新建可编辑区域"对话框，在"名称"文本框中输入"图像"。单击"确定"按钮，插入名称为"图像"的可编辑区域。

（7）设计好的"ZGMS3"网页模板如图 9-1-11 所示。单击"文件"→"保存"命令，将"ZGMS3"网页模板以名称"ZGMS3.dwt"保存在"中国名胜 3"本地站点"F:\ZGMS3\Templates"文件夹内。

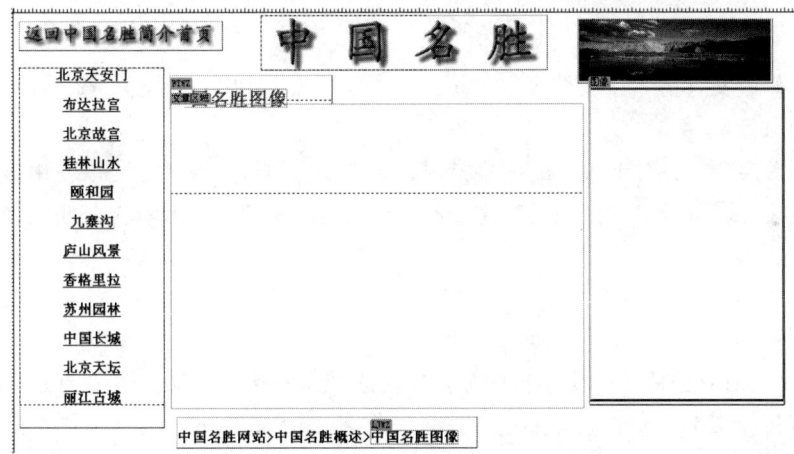

图 9-1-11　"ZGMS3"网页模板

（8）下面按照【案例 28】种介绍的方法，利用"ZGMS3"模板网页创建"ljgc.html"等网页，这些网页均保存在"F:\ZGMS3"文件夹内，它们的名称如表 9-1-1 所示。

**4．检查与修改站点内的链接错误**

站点内网页文档的链接有错误（例如，将"yhy.html"网页文档的名称改为"bjyhy.html"）时，修改链接的方法如下：

（1）修改链接目标文件名称：修改断链的目标文件名称，如将"bjyhy.html"文档的名称改为"yhy.html"；也可以修改源网页文件的链接，如将"index.html"等网页代码中的所有"yhy.html"改为"bjyhy.html"。

可以依次打开所有网页文件，选中网页内相关的元素对象，利用其"属性"面板内的"链接"文本框重新建立链接。例如，将"链接"文本框中的"yhy.html"改为"bjyhy.html"。另外，可以依次打开所有网页文件，切换到"代码"视图状态，使用查找与替换的方法将网页文档代码中的所有"yhy.html"改为"bjyhy.html"。

（2）单击"窗口"→"结果"→"链接检查器"命令，弹出"链接检查器"面板，在其"显示"下拉列表框中选中"断掉的链接"选项。单击"检查链接"按钮 ▶，弹出"检查链接"菜单，如图 9-1-12 所示，用来选择检查断链的范围，此处选择"检查整个当前本地站点的链接"命令，在列表框中"断掉的链接"栏内会显示所有的目标文件名，且周围出现虚线框和一个文件夹按钮，如图 9-1-13 所示。

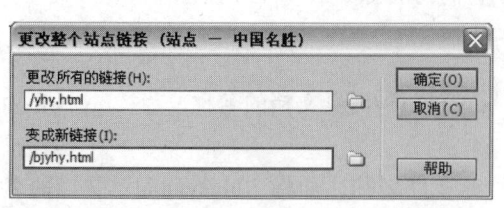

图 9-1-12　"检查链接"菜单 　　　　　　　　　图 9-1-13　"链接检查器"面板

此时可以修改文件的名字与路径，也可以单击文件夹按钮，弹出"选择文件"对话框，用来寻找新的目标文件。

（3）批量替换链接：对于大量的链接错误，不必逐个地进行修改，可以使用批量替换链接功能。这种链接替换不但对站点内目标文件有效，而且对站点外部目标文件也有效。批量替换链接的操作方法如：。

◎　单击"站点"→"改变站点范围的链接"命令，弹出"更改整个站点链接"对话框，如图 9-1-14 所示。

◎　在"更改所有的链接"文本框中输入要修改的原链接目标文件名（例如"yhy.html"），在"变成新链接"文本框中输入新的链接目标文件名（例如"yhy.html"）。再单击"确定"按钮，弹出"更新文件"对话框，如图 9-1-15 所示。"更新文件"对话框列出了所有与"bjyhy.html"文件有链接的文件名。单击"更新"按钮，进行更新链接；单击"不更新"按钮，保持原链接。

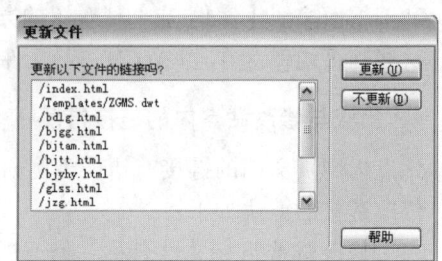

图 9-1-14　"更改整个站点链接"对话框　　　　　图 9-1-15　"更新文件"对话框

## 相关知识

为了保证网页在目标浏览器中能够正常显示，链接正常，还需要对本地站点进行测试，包括浏览器兼容性测试、站点内所有文件的链接测试和当前网页链接测试等。

### 1．本地站点的兼容性测试

兼容性测试主要用来检查文档中是否有浏览器不支持的标记（也称标签）或属性，当网页中有元素对象不被目标浏览器所支持时，网页显示会不正常或部分功能不能实现。目标浏览器检查提供了 3 个级别的潜在问题信息，有告知性信息（浏览器不支持一些代码，但是不影响网页正常显示）、警告信息（一些代码不能在一些浏览器中正常显示，但问题不严重）和错误信息（指定的代码可能造成网页在浏览器中严重影响显示，可能造成部分内容消失）。

（1）打开要检测的网页文档。单击"文档"工具栏中的"检查浏览器兼容性"按钮，弹出"检查页面"菜单，如图 9-1-16 所示。单击"设置"命令，弹出"目标浏览器"对话框，如图 9-1-17 所示。

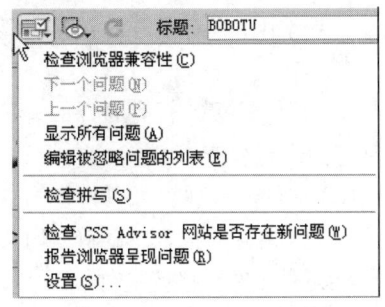 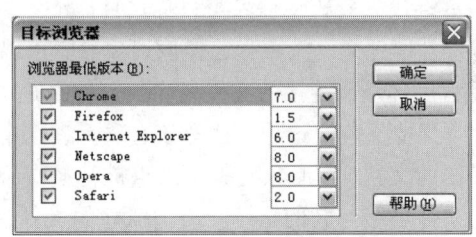

图 9-1-16　"检查页面"菜单　　　　图 9-1-17　"目标浏览器"对话框

（2）在"目标浏览器"对话框内"浏览器最低版本"列表框中选中需要检测的目标浏览器名称复选框，在其右边的下拉列表框中选择浏览器的最低版本。

（3）单击"目标浏览器"对话框内的"确定"按钮，会自动弹出"浏览器兼容性"面板，给出检测报告，如图 9-1-18 所示。

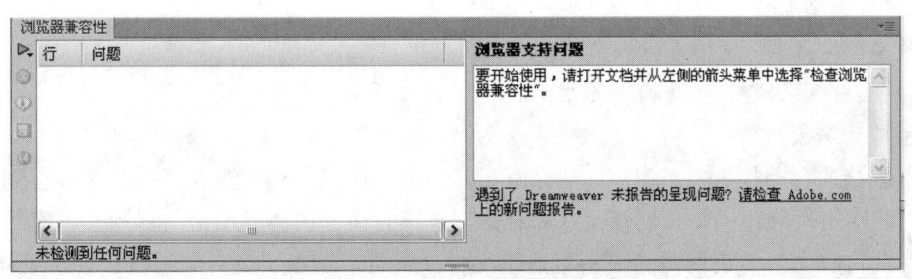

图 9-1-18　"浏览器兼容性"面板

（4）单击问题信息左边的按钮，再单击"浏览报告"按钮，可以弹出相应的"Dreamweaver 浏览器兼容性检查"报告。

（5）双击问题信息列表框中的问题信息行，会在页面中自动选中问题元素，单击"文档"工具栏中的"拆分"按钮，会在代码窗口内选中问题代码，用户可以修改问题代码。

对于一些问题，在更改"Internet Explorer"等浏览器的版本号后，再单击"检查页面"菜单中的"检查浏览器兼容性"命令，可以重新进行检测。

（6）打开网页文档，单击"文档"工具栏中的"检查浏览器兼容性"按钮，弹出"检查页面"菜单，单击该菜单中的"检查浏览器兼容性"命令，可进行当前文档的检测。

（7）单击"检查页面"菜单内的"显示所有问题"命令，会弹出"浏览器兼容性"面板，并显示在当前文档中找到的浏览器兼容性错误的个数和错误位置及原因。

**2．站点链接的测试**

（1）网页链接的检查：打开需要检查的网页文档，单击"文件"→"检查页"→"链接"命令，弹出"链接检查器"面板，（见图 9-1-13）。如果有断链文件，则检查结果会显示在"链接检查器"面板中，其内的列表框中会显示断开的链接。该面板底部的状态栏内还会显示出有关文件总数、HTML 文件个数、链接树等信息。

该面板内的"断掉的链接"下拉列表框用来选择要查看的链接方式，下拉列表框有 3 个选项，选择不同选项时，显示框下面显示的文件内容会不一样。3 个选项的含义介绍如下：

◎"断掉的链接"选项：选择该选项后，可以用来检查文档中是否有断开的链接，显示框内将显示链接失效的文件名与目标文件。

◎"外部链接"选项：选择该选项后，可以检查与外部文档的链接是否断开的，显示框内将显示包含外部链接的文件名字与它的路径，但不能对它们进行检查。

◎"孤立文件"选项：选择该选项后，选中其中的"孤立文件"选项，可以检查站点中是否有孤立的文档，但必须对整个站点进行链接检查后才可以获得相应的报告。显示框内将显示孤立的文件名字与它的路径。所谓孤立的文件，就是没有与其他文件链接的文件。

（2）整个站点链接的检查：打开"文件"面板，在该面板内左上角的"站点"下拉列表框中选择要检查的站点名称，单击"链接检查器"面板内左边的按钮，在弹出的菜单中单击"检查整个当前本地站点的链接"命令，如图 9-1-19 所示。检查结果会在 "链接检查器"面板内显示出来。另外，单击"站点"→"检查站点范围的链接"命令，也可以在"链接检查器"面板内显示检查结果。

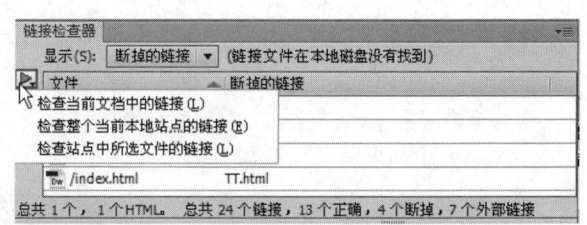

图 9-1-19 "链接检查器"面板和 ▶ 按钮菜单

（3）链接的自动检查：当用户在"站点"窗口的"站点文件"栏内将一个文件移到其他文件夹内时，会自动弹出一个"更新文件"对话框。该对话框内会显示出与移动文件有链接的文件的路径与文件名，并询问是否更新对这个文件的链接。单击"更新"按钮，表示更新链接；单击"不更新"按钮，表示保持原来的链接。

# 思考与练习 9-1

1．进行"我的学习与生活"网站的规划，写该网站的策划书。然后，确定"我的班集体"网站的风格，绘出网站的结构图，用 Photoshop 设计该网页的颜色和网页的布局。

2．制作一个"宝宝照片浏览"网站，它的首页是"index.html"网页，如图 9-1-20 所示。在该网页的左边栏内，是一个垂直导航栏，其内第 1 行是"返回首页"按钮，接着是 3 个图像按钮；在网页的中间栏内，是一个"宝宝照片浏览器"Flash 动画，再下面是"宝宝健康网站>宝宝介绍>宝宝照片浏览"说明文字和路径文字。

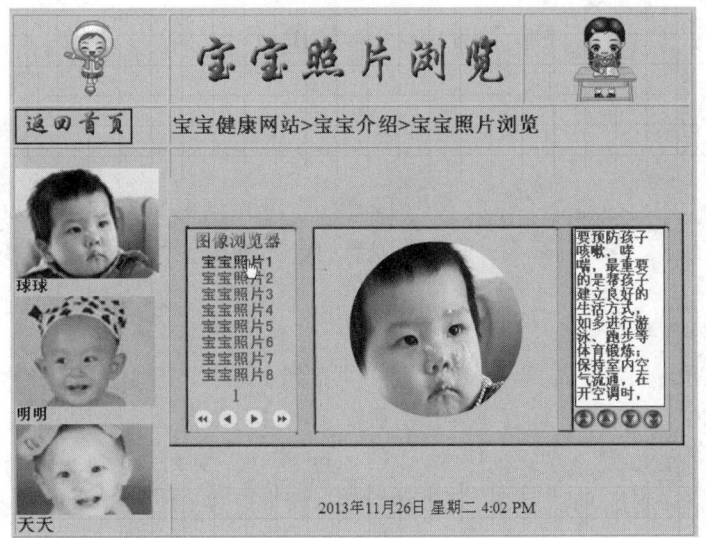

图 9-1-20　"宝宝照片浏览 2"网页效果

　　单击左边导航栏内不同的图像按钮,可切换到"球球.html""明明.html"和"天天.html" 3 个网页。这些网页的标题栏和左边的导航栏均一样,只是右边的内容和上面的路径文字不一样。例如,单击第 1 个图像按钮,会切换到"球球.html"网页,宝宝图像浏览器更换成 9 幅球球图照片,上面的路径文字变为"宝宝健康网站>宝宝介绍>球球照片浏览",如图 9-1-21 所示。单击"返回首页"按钮,可回到图 9-1-19 所示的首页。

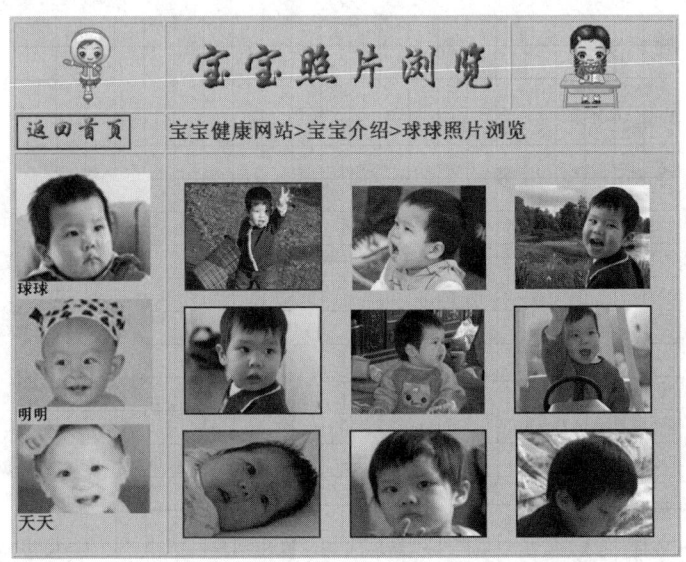

图 9-1-21　"球球"网页效果

　　3. 参考【案例 29】"中国名胜 3"网站的设计方法,设计"我的学习与生活"网站,要求"我的学习与生活"网站至少由 3 个子网页组成。

　　4. 参考【案例 29】网站的制作方法,制作一个"中国名菜"网站。

# 9.2 【案例30】申请主页空间和发布站点

## 案例效果

在【案例29】中已经建立了一个"中国名胜3"网站（网站文件夹为"ZGMS3"）。在该案例中，将通过申请主页空间和域名、站点服务器的设置和发布个人站点几个步骤，完成将"中国名胜3"网站发布到 Internet 网上的任务。

在完成网站制作和检测后，要发布站点，首先需要在互联网上申请了一个可用的服务器站点空间，再用 FTP 将网站上传到该站点空间，发布到 Internet 上供浏览。FTP 是网络文件传输协议，用于互联网上计算机之间文件传输的协议，可以上传和下载网站内的文件。

发布网站有多种方式，有的网站提供了 FTP 上传管理，例如"5944.net 我就试试免费空间"提供的免费主页空间支持 FTP 管理，可以在管理页面中通过 FTP 将本地网站上传到免费空间；另一种方法是在 Dreamweaver CS6 中进行上传管理；此外还可以通过专用的 FTP 软件（例如，CuteFTP、leapFtp 和 8uftp 等）进行上传。Dreamweaver CS6 具有 FTP 上传功能，下面介绍通过 Dreamweaver CS6 中的工具进行本地网站的上传发布。

使用该功能不需要先设置远程服务器，为此，需要知道服务器的 FTP 地址（例如，"ftp.free3v.net"或"76.73.89.126"等），或域名地址（即通常上网所输入的网址，例如，"http://shendalin.free3v.net"或"http://1540.kkgg.net"），FTP 用户名或 FTP 账号（例如，shendalin）和 FTP 密码（例如，19471107）等，这些需要在网上申请。

## 设计过程

### 1. 申请免费主页空间

（1）搜索免费主页空间：很多网络服务商都提供了免费的主页空间，因此，首先要知道在哪些网站可以申请免费主页空间。网络上的搜索引擎有百度（Baidu）、Google 等，可以通过搜索引擎来搜索免费主页空间。如果用百度搜索引擎来搜索免费主页空间，可以在浏览器地址栏中输入"http://www.baidu.com"，再按【Enter】键，弹出百度搜索网站的主页。在文本框中输入"免费主页空间申请"，如图 9-2-1 所示，再单击"网页"超链接，单击"百度一下"按钮，即可找到免费申请主页空间的网站。

图 9-2-1 搜索"免费主页空间申请"文字

（2）找到免费主页空间的地址后，就可以开始申请免费空间了。本案例以"3V.CM"网站为例，进行免费空间的申请。在浏览器中的地址栏中输入网址"http://www.3v.cm"，按【Enter】键，即可进入"3V.CM"网站的主页，如图 9-2-2 所示。

（3）单击"3V.CM"网站主页内的"免费注册"按钮或左边的"注册"按钮，即可进入"3V.CM"网站的"会员注册"第一步页面，仔细阅读它的条款后单击"同意"按钮，即可进入"会员注册"第二步页面。在注册页面中输入用户名（例如，shendalin）和其他选择，如图 9-2-3 所示。

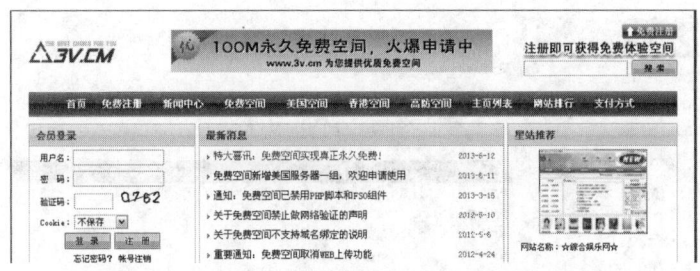

图 9-2-2　"3V.CM"网站主页页面

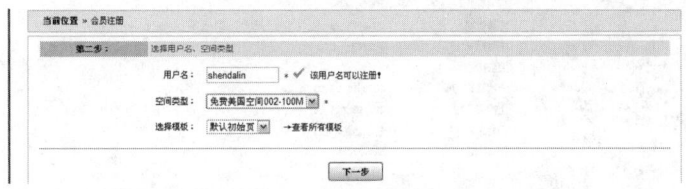

图 9-2-3　"3V.CM"网站会员注册第二步页面

（4）单击"3V.CM"网站会员注册第二步页面内的"下一步"按钮，进入"会员注册"第三步页面，即免费空间申请表的注册填写页面。在该页面内用户需要根据要求输入"密码""确认密码""QQ 号码""电子邮件""验证码"等内容，如图 9-2-4 所示。没有"*"注释的项目可以不填写。单击下方的"提交"按钮进行注册。

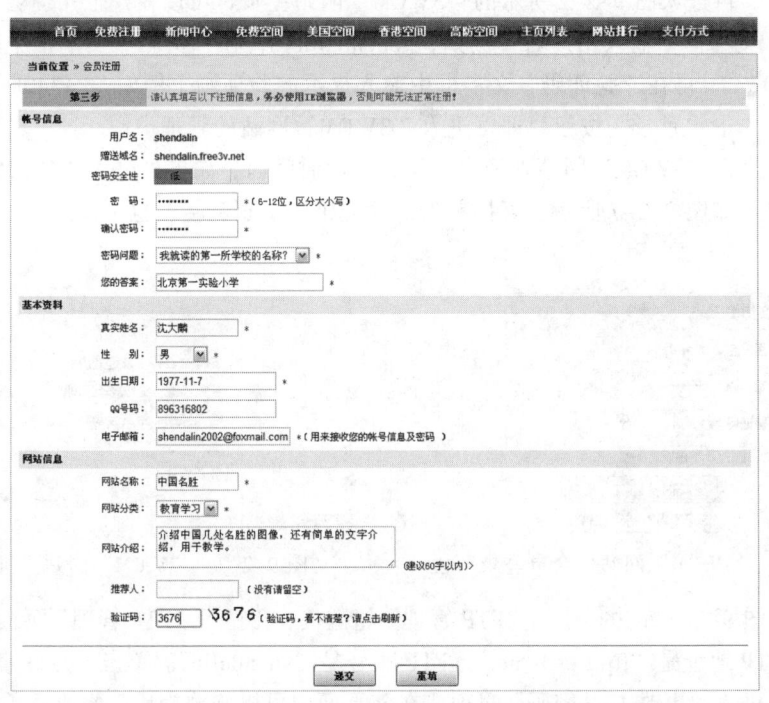

图 9-2-4　在"3V.CM"网站注册页面填写申请会员信息

（5）注册成功后，单击该页面内的"提交"按钮，即可弹出"3V.CM"网站的"管理中心"页面，如图 9-2-5 所示。从该页面可以获知您已经拥有一个 Internet 网上免费的远程服务器空间，即 Internet 网上虚拟主机的免费空间，可以自由操作自己的虚拟主机。

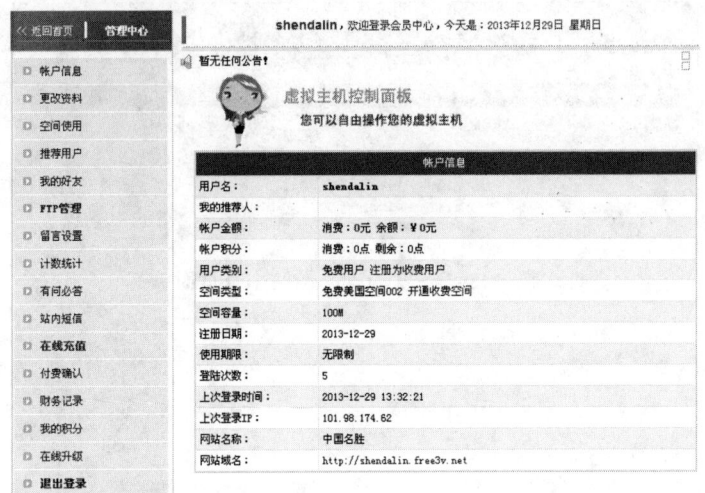

图 9-2-5　"3V.CM"网站的"管理中心"页面

从该页面还可以获知用户名是"shendalin"，空间容量为 100 MB，使用期限是"无限制"，网站域名是"http://shendalin.free3v.net"，网站名称为"中国名胜"等信息。还显示上次登录的 IP 以及时间等信息。至此，免费空间申请完毕。

（6）以后，再进入图 9-2-2 所示的"3V.CM"网站主页，可以在左上角"会员登录"栏内的"用户名"文本框中输入用户名（例如，"shendalin"），在"密码"文本框中输入密码（例如，"19471107"），再在"验证码"文本框中输入提示的验证码（例如，"4340"），如图 9-2-6 所示。然后，单击"登录"按钮，即可进入"3V.CM"网站的管理中心。

另外，在进入"3V.CM"网站管理中心后，一段时间内，如果再进入"3V.CM"网站主页，其内左上角显示如图 9-2-7 所示。直接单击"管理中心"超链接，也可以进入"3V.CM"网站的管理中心。

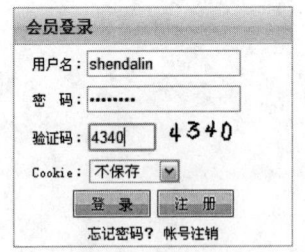

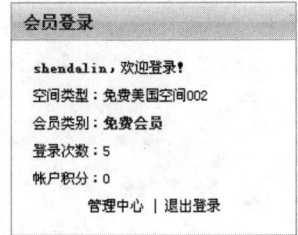

图 9-2-6　"3V.CM"网站"会员登录"栏　　　图 9-2-7　"3V.CM"网站主页登录信息

（7）单击图 9-2-5 左边栏中的"FTP 管理"超链接，会显示"FTP 管理"页面，如图 9-2-8 所示，提示 FTP 地址是"ftp.free3v.net"，FTP 账号是"shendalin"。单击"点此修改 FTP 密码"超链接，可以进入"更改 FTP 密码"页面，在该页面内可以修改密码，修改后单击"确定"按钮，回到"FTP 管理"页面。

（8）单击图 9-2-9 所示"FTP 管理"页面内的"点此查看 FTP 上传方法"超链接，可以进入"3V.CM"网站管理中心的教学网页内的"帮助：免费空间如何用 FTP 上传文件"页面。在该网页内可以学习如何使用 FTP 上传文件等内容。

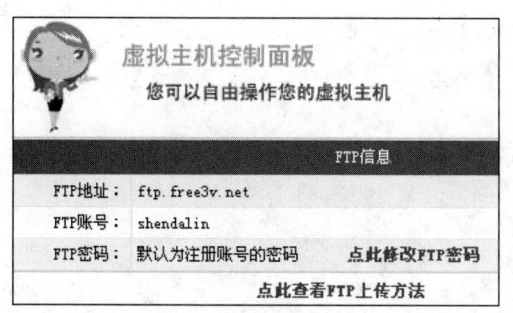

图 9-2-8 "FTP 管理"页面

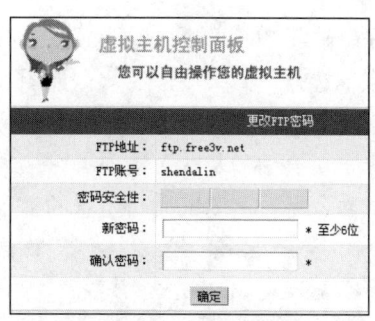

图 9-2-9 "更改 FTP 密码"页面

（9）单击"3V.CM"网站"管理中心"页面内左边栏中的"用户信息"文字，如图 9-2-5 所示。此时会显示出"上次登录 IP"为"101.98.174.82"。

### 2. 设置远程服务器和网站发布

在完成网站制作和检测，以及获得免费主页空间的网站域名、FTP 地址、FTP 上传账号、FTP 上传密码后，Dreamweaver CS6 具有 FTP 上传功能，利用 Dreamweaver CS6 设置远程服务器的具体操作步骤如下：

（1）单击"站点"→"管理站点"命令，弹出"管理站点"对话框，在"您的站点"列表框中单击"中国名胜 3"站点名称。

（2）单击"编辑当前选定的站点"按钮 🖉，弹出"站点设置对象"（站点）对话框，站点名称是"中国名胜 3"，本地站点文件夹是"F:\ZGMS3\"。

（3）单击该对话框内左边栏中的"服务器"选项，切换到服务器设置的对话框，如图 9-2-10 所示。单击 ➕ 按钮，此时的对话框如图 9-2-11 所示，在"连接方法"下拉列表框中可以设置本地站点的服务器访问方式，这里选择"FTP"选项。

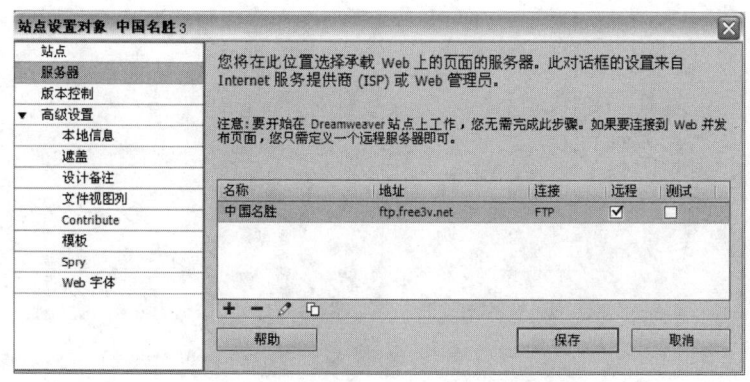

图 9-2-10 "站点设置对象"（服务器）对话框

◎ 在"服务器名称"文本框中输入服务器名称"中国名胜 3"。

◎ 在"连接方式"下拉列表框中选择"FTP"选项：通过 FTP 连接到服务器上，这是通常采用的方式。

◎ 在"FTP 地址"文本框中输入网站上传的 FTP 地址"ftp.free3v.net"。

◎ 在"用户名"文本框中输入"shendalin"；在"密码"文本框中输入"19471107"，输入的密码只显示一些星号；选中"保存"复选框，登录名称和登录密码会被自动保存；在"web URL"

文本框中输入"http://shendalin.free3v.net",这是上传站点地址,其他设置如图 9-2-11 所示。

(4)选择"高级"选项卡,如图 9-2-12 所示。在"测试服务器"选项组内的"服务器模型"下拉列表框中可以选择一种动态网页语言。

(5)切换到"基本"选项卡,接通 Internet 网,单击"测试"按钮,进行远程测试,如果测试成功,将显示测试成功信息的提示框,如图 9-2-13 所示。

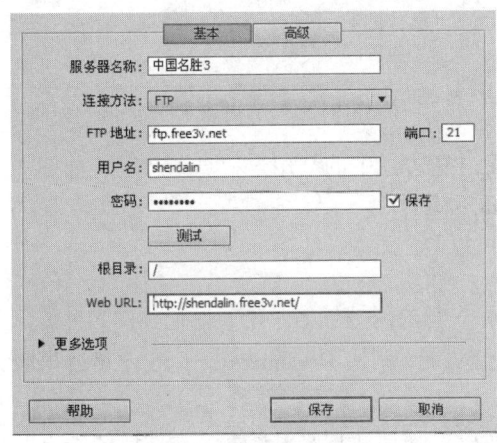

图 9-2-11 "基本"选项卡

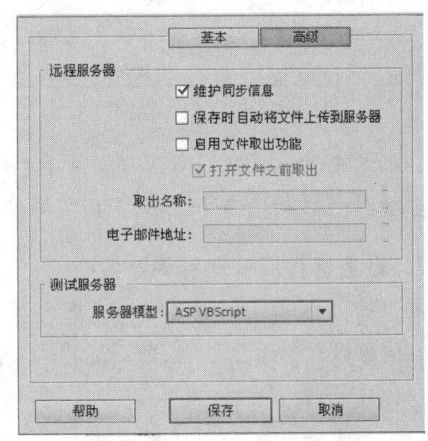

图 9-2-12 "高级"选项卡

(6)单击"确定"按钮,回到图 9-2-11 所示的服务器设置对话框"基本"选项卡,再单击"保存"按钮,保存设置,回到图 9-2-10 所示的"站点设置对象"对话框,选中该列表框中的"远程"和"测试"复选框。

(7)单击左边的"高级设置"→"本地信息"选项,"站点设置对象"对话框的"本地信息"设置如图 9-2-14 所示。

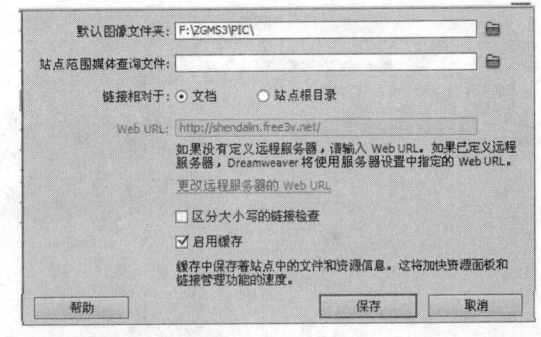

图 9-2-13 测试成功信息的提示框　　图 9-2-14 "站点设置对象"(本地信息)对话框设置

(8)单击"保存"按钮,关闭"站点设置对象"对话框,回到"管理站点"对话框。单击"完成"按钮,完成站点的设置。

(9)打开"文件"面板,在第 1 个下拉列表框中选中"中国名胜 3"选项,单击"文件"面板中的"展开以显示本地和远程站点"按钮，展开"文件"面板,单击"远程服务器"按钮，切换到"远端站点/本地文件"状态,如图 9-2-15 所示。

(10)单击"文件"面板中的"连接到远程服务器"按钮，开始连接远程服务器(在此之前应与 Internet 接通)并将本地站点上传。此时"文件"面板内"远程服务器"列将显示远程服务器的根目录文件夹，如图 9-2-16 所示。连接远程服务器成功后，按钮变成"从远程服务器断开连接"按钮，单击该按钮，会终止与远端服务器的连接。

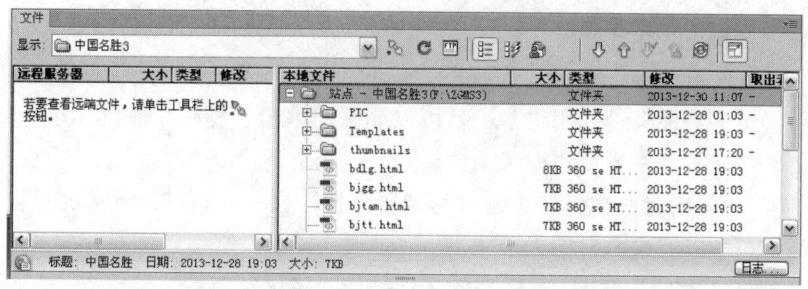

图 9-2-15　"文件"面板中的"远端站点/本地文件"状态 1

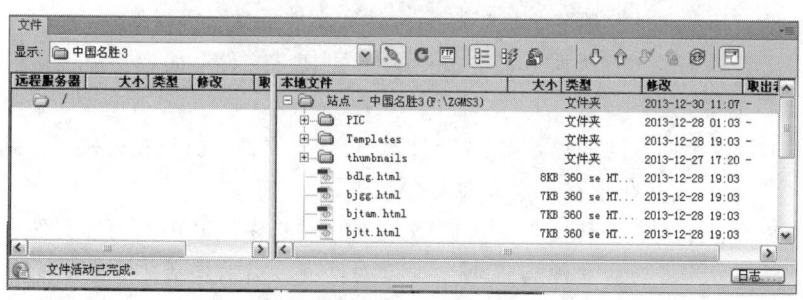

图 9-2-16　"文件"面板中的"远端站点/本地文件"状态 2

（11）在"本地文件"列中选中要上传的站点名称，即选中站点文件夹，这里选中"站点-中国名胜 3"（F:\ZGMS3）文件夹，再单击工具栏中的"上传文件"按钮，即可将选中网站中的内容文件夹和文件上传到远端主机。同时显示"后台文件活动-中国名胜 3"对话框，如图 9-2-17 所示，指示复制文件的进程。整个网站上传完后，"文件"面板如图 9-2-18 所示。

打开 Web 浏览器，在地址栏中输入网址"http://shendalin.free3v.net"，按【Enter】键，便可以在浏览器中看到"中国名胜 3"网站的首页。

图 9-2-17　"后台文件活动- 中国名胜 3"对话框

图 9-2-18　"文件"面板的"远端站点/本地文件"状态 3

## 相关知识

### 1. "文件"面板的基本操作

在完成网站各网页的制作以后，需要进行站点的设置与管理。站点管理需要使用"管理站点"对话框和"文件"面板，利用这些工具可以删除、编辑、复制、新建、导入和导出站点。下面介绍"文件"面板的主要使用方法：

（1）"文件"面板内有两栏，左边是"远端服务器"栏，右边是"本地文件"栏。拖动两栏之间的分割条，可以调整两栏的大小比例。

（2）在"文件"面板内可以进行标准的文件操作。将鼠标指针移到"文件"面板内的"本地文件"栏内并右击，弹出快捷菜单，利用该菜单可以进行创建新文件夹、创建新文件、选择文件、编辑文件、移动文件、删除文件、打开文件和文件重命名等操作。

（3）单击工具栏中的"远程服务器"按钮，可使"文件"面板左边栏切换到"远端站点"栏，"文件"面板右边仍然显示"本地文件"栏。

（4）单击工具栏中的"测试服务器"按钮，可使"文件"面板左边栏切换到"测试服务器"栏，"文件"面板右边仍然显示"本地文件"栏。

（5）单击工具栏中的"上传文件"按钮，可以将选中网站中的内容文件夹和文件上传到远端主机。同时显示"后台文件活动-×××"对话框，指示复制文件正在进行。

（6）单击工具栏中的"从远程服务器获取文件"按钮，可以将远程服务器内的文件下载到本地站点。

### 2. 预览功能设置

在 Dreamweaver CS6 中可以设置 20 种浏览器的预览功能，前提是计算机内应安装了这些浏览器。浏览器预览功能的设置步骤如下：

（1）单击"编辑"→"首选参数"命令，弹出"首选参数"对话框。在该对话框的"分类"栏内选择"在浏览器中预览"选项，此时该对话框右边部分如图 9-2-19 所示。

（2）在"浏览器"栏的显示框内列出了当前可以使用的浏览器。单击 按钮，可以删除选中的浏览器。单击 按钮，可以增加浏览器。

（3）单击 按钮，可弹出"添加浏览器"对话框，如图 9-2-20 所示。在"名称"文本框中输入要增加的浏览器的名称，在"应用程序"文本框中输入要增加的浏览器的程序路径。再设置成默认的浏览器，再单击"确定"按钮完成设置。

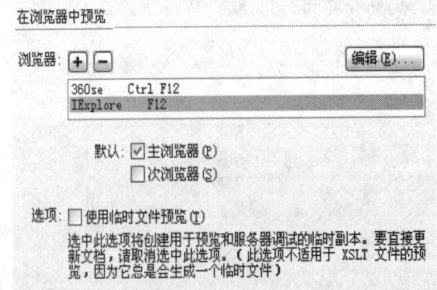

图 9-2-19 "首选参数"（在浏览器中预览）对话框

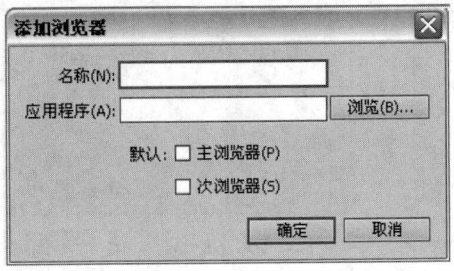

图 9-2-20 "添加浏览器"对话框

（4）完成设置后，单击"首选参数"对话框中的"确定"按钮，退出该对话框。

（5）单击"查看"→"工具栏"→"文档"命令，弹出"文档"工具栏，单击"在浏览器中预览/调试"按钮，可以看到菜单中增加了新的浏览器名称。

（6）选中"首选参数"对话框中的"使用临时文件预览"复选框，可以为预览和服务器调试创建临时复制。如果要直接更新文档，可撤销对此复选框的选择。

当在本地浏览器中预览文档时，不能显示用根目录相对路径所链接的内容（除非选中了"使用临时文件预览"复选框）。这是由于浏览器不能识别站点根目录，而服务器能够识别。若要浏览用根目录相对路径所链接的内容，可将此文件放在远程服务器上，然后单击"文件"→"在浏览器中预览"命令来查看它。在网页编辑窗口状态下，按【F12】键，可以启动第一浏览器显示网页，按【Ctrl+F12】组合键可以启动第 2 个浏览器显示网页。

### 3．文件下载和刷新

（1）文件下载：如果本地站点丢失了文件或文件夹，可将服务器中的文件下载到本地站点。在"文件"面板左边的列表框中，选中要下载的文件和文件夹。然后，单击"文件"面板内的"从远程服务器'获取文件'"按钮，或者将选中的文件和文件夹拖到"文件"面板右边列表框中。这时屏幕会显示一个提示框，询问是否将文件的附属文件一起下载，单击"是"按钮，即可下载选中的文件和文件夹到本地站点。

（2）文件刷新：当本地站点中的一些文件进行了编辑和修改后（双击要编辑的文件即可打开一个新的网页编辑窗口并显示该文件，以供编辑），可以利用刷新操作（按【F5】键）将更新后的文件上传到服务器中，使服务器中的文件与本地站点的文件一样。

## 思考与练习 9-2

1．建立一个名称为"中国饮食"的新本地站点，站点存储位置为"F:\ZGYS"，默认图像文件夹为"F:\ZGYS\TU\"。在网上申请一个免费主页空间，并将网站上传到该主页空间。

2．将远程服务器中的"中国饮食"网站中的文件下载到本地站点。修改本机站点的网站内容，然后更新网站的远程服务器内容。

3．创建一个名称为"中国传统节日"网站的本地站点，在网上申请一个免费主页空间，并进行本地信息和远程服务器设置，再进行测试。将该网站上传到免费主页空间。

## 9.3 综合实训 8 "世界名胜 2"网站

### 实训效果

"世界名胜 2"网站即"sjmsh2"网站，"index.html"网页首页如图 9-3-1 所示，它的背景由一幅鲜花和图像框架组成。网页内第 1 行左边是 LOGO 动画，中间是"世界名胜"标题文字，右边是一个风景动画，在"世界名胜"标题文字下面是导航栏。左边是立体文字"欢迎旅游"，中间是一个名称为"世界名胜图像切换"的 SWF 格式动画，右边是一个 GIF 格式的小动画。单击导航栏内的按钮，可以弹出相应的网页。单击导航栏内的"网页首页"文字按钮，即可弹出"index.html"网页（"世界名胜 2"网站的主页），如图 9-3-1 所示。

图 9-3-1 "世界名胜 2"网站内"index.html"网页的显示效果

单击导航栏内的"世界名胜简介"文字按钮，即可弹出"SJMSJJ.html"网页。该网页与"【综合实训 8】世界名胜 2"文件夹内的网页一样。单击该网页内左上角的"网页首页"文字图像，可以回到"index.html"主页，即图 9-3-1 所示的网页。

单击导航栏内的"世界名胜图像"文字按钮，即可弹出"SJMSTX.html"网页（"世界名胜图像"网页），如图 9-3-2 所示。可以看到，在该网页内与"index.html"主页内容部分一样外，还有一个名称为"图像浏览器"的 SWF 格式动画，用来浏览 10 幅世界风景图像。

图 9-3-2 "SJMSTX.html"（世界名胜图像）网页的显示效果

单击导航栏内的"世界著名建筑"文字按钮，即可弹出"SJZMJZ.html"网页，如图 9-3-3 所示。可以看到，该网页与"index.html"主页内容基本一样。3 幅世界著名建筑图像和一个"滚动图像"Flash 动画替代了原来竖排立体文字"欢迎旅游"和中间的 Flash 动画。

图 9-3-3　"SJZMJZ.html"（世界著名建筑）网页的显示效果

单击"世界著名风景"文字按钮，即可弹出"SJZMFJ.html"网页，如图 9-3-4 所示。可以看到，该网页与"index.html"主页内容基本一样。两幅世界著名风景图像、"日历"和"图像切换"Flash 动画替代了原来竖排立体文字"欢迎旅游"和中间的 Flash 动画。

图 9-3-4　"SJZMFJ.html"（世界著名风景）网页的显示效果

## 🍵 实训提示

（1）复制一份"【综合实训 8】世界名胜 2"文件夹，并重命名为"sjmsh"。创建一个"世界名胜"本地站点，它的文件夹是"F:\sjmsh"。将该文件夹内各文件夹中的图像名称改为相应的中文汉语拼音字头组成的名称。

（2）参考【案例 28】和【案例 29】网站的制作方法，制作"世界名胜"网站的"index.html"

首页网页，再制作"SJMS1.dwt"和"SJMS2.dwt"模板。

（3）利用"SJMS1.dwt"和"SJMS2.dwt"模板制作各子网页，并修改网页，网页的名称由字母和数字组成。

（4）参考【案例 30】申请免费主页空间，设置远程服务器，测试网站和上传网站文件夹和文件。

## 实训测评

| 能力分类 | 评价项目 | 评价等级 |
|---|---|---|
| 职业能力 | 创建本地站点，本地站点测试，"站点"窗口的基本操作 | |
| | 用高级方式查找和替换文本 | |
| | 申请免费主页空间，设置远程服务器和网站发布 | |
| | 文件下载和文件刷新 | |
| 通用能力 | 自学能力、总结能力、合作能力、创造能力等 | |
| 综合评价 | | |

# 第 10 章　动态网页基础

通过案例初步了解动态网页的基本概念和设计动态网页的基本方法,了解 ASP 的基本语法和特点,以及设计简单动态网页的基本方法。通过一个"简单通讯录"网页的制作,了解建立数据库连接,显示、修改、追加、删除数据库中数据的方法。

## 10.1　【案例 31】在 Windows 中安装 Web 服务器

### 案例效果

开发和测试动态网页需要一种网络程序设计语言,目前主要有 ASP、JSP 和 PHP 程序设计语言。其中,ASP 网络程序设计语言具有简单易学等优点,是比较流行的动态网页开发工具。另外,因为 ASP 文件是在 Web 服务器端运行的,所以要开发和测试动态网页,还需要一个能正常工作的 Web 服务器环境,开发和测试动态网页的计算机必须安装服务器软件才能正常浏览网页设计的效果。例如,要开发 ASP 的网页,就需要支持 Microsoft Active Server Pages 服务器的软件 Microsoft 的 IIS 或 PWS。

IIS 是 Internet Information Services 的缩写,即 Internet 信息服务管理器,它包含 FTP server 和 Gopher server,可用于 Internet 网络的 Web 服务器。IIS 意味着能发布动态网页,直接支持 ASP 服务器技术,还支持一些扩展功能。PWS 一般只作为个人学习使用,或在很小的内部网里作为 Web 服务器使用。配置 IIS 后,所进行的操作相当于在 Web 服务器上进行。

在 Windows 2000 服务器版中,安装操作系统时会默认安装 IIS;也可以在安装操作系统之后再装 IIS。而在 Windows 2000 和 Windows XP 专业版中,IIS 是 Windows 系统中的可选安装组件,默认是不安装的。在网上可以下载 IIS 5.0/6.0 等文件包,例如"飞凡软件站"网站(网址是:http://www.crsky.com/soft/22394.html)。Windows XP/ Windows 2000 系统适用 IIS 5.1 版本,Windows Server 2003 系统适用 IIS 6.0 版本,Windows Server 2008/Vista 系统适用 IIS 7.0 版本。这些服务器软件有些附加在 Windows 操作系统的光盘中,也可以从网站免费下载。

### 设计过程

但对于初学者来说,Windows 2000/XP 专业版安装 IIS 5.0 版本后可以基本满足学习阶段的要求。下面介绍在 Windows XP 环境下安装和设置 IIS 5.0 版本的操作方法，Windows 2000 专业版中 IIS 5.0 版本的安装和设置方法大体相似。

### 1. 在 Windows 2000/XP 中安装 IIS

（1）单击 Windows 任务栏中的 ▓开始▓ 按钮，弹出"开始"菜单，单击"控制面板"命令，弹出"控制面板"窗口，双击"添加或删除程序"图标，弹出"添加或删除程序"窗口。单击该窗口左边栏中的"添加/删除 Windows 组件"按钮，弹出"Windows 组件向导"对话框，如图 10-1-1 所示。在"组件"列表框中选中"Internet 信息服务（IIS）"左边的复选框。

（2）单击"详细信息"按钮，弹出"Internet 信息服务（IIS）"对话框，选中"文件传输协议（FTP）服务"复选框，这样才能将 FTP 服务安装在本地计算机中，其他采用默认设置即可。设置好的"Internet 信息服务（IIS）"对话框如图 10-1-2 所示。单击"确定"按钮，回到"Windows 组件向导"对话框。

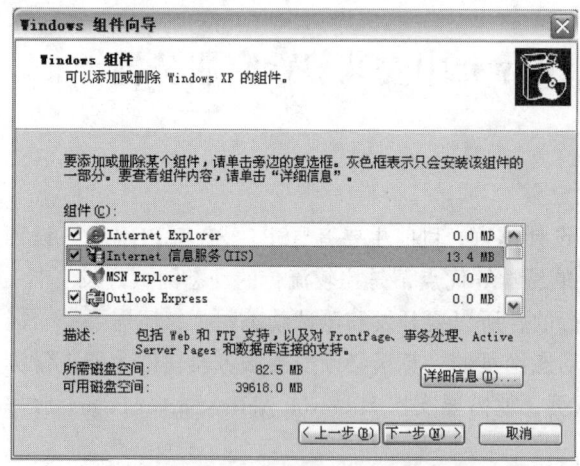

图 10-1-1 "Windows 组件向导"对话框

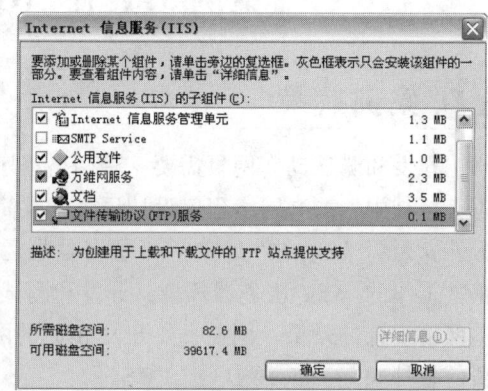

图 10-1-2 "Internet 信息服务（IIS）"对话框

（3）如果有 Windows XP 专业版的安装光盘，则将该光盘放入光驱中，根据操作提示即可安装 IIS。如果没有 Windows XP 专业版的安装光盘，可以从网上下载 IIS 5.0 版本文件。此处是将 IIS 5.0 版本文件中的"I386"文件夹保存在 F 盘的根目录下。单击"Windows 组件向导"对话框内的"下一步"按钮，运行安装程序，其间会出现"所需文件"对话框，如图 10-1-3 所示。

（4）单击"所需文件"对话框内的"浏览"按钮，弹出"查找文件"对话框，在该对话框内找到 Windows XP 安装文件的存放位置，如图 10-1-4 所示。选中需要安装的文件，单击"打开"按钮，回到"所需文件"对话框，再单击"确定"按钮，即可继续 IIS 的安装。安装中会不断弹出"所需文件"对话框，每次都在"文件复制来源"下拉列表框中输入"F:\I386"（即文件的路径），再单击"确定"按钮，即可继续 IIS 的安装。安装完 IIS 后，再单击"完成"按钮退出。

安装的文件有"I386""STAXMEM.DL_""ADMXPROX.DL_"和"FTPMIB.DL_"文件。

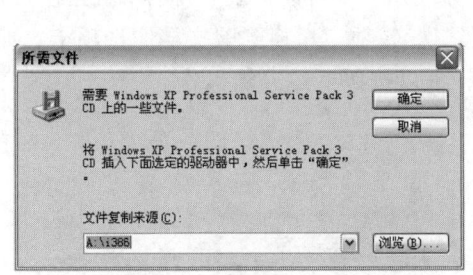

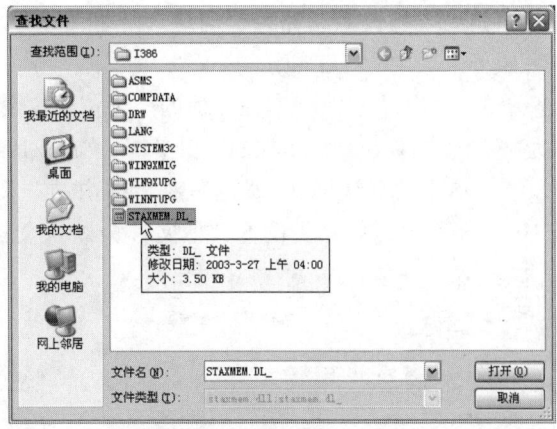

图 10-1-3　"所需文件"对话框　　　　图 10-1-4　"查找文件"对话框

（5）对 IIS 进行简单的设置：单击"开始"→"控制面板"命令，弹出"控制面板"窗口，单击"切换到经典视图"按钮，使"控制面板"切换到经典视图状态，如图 10-1-5 所示。

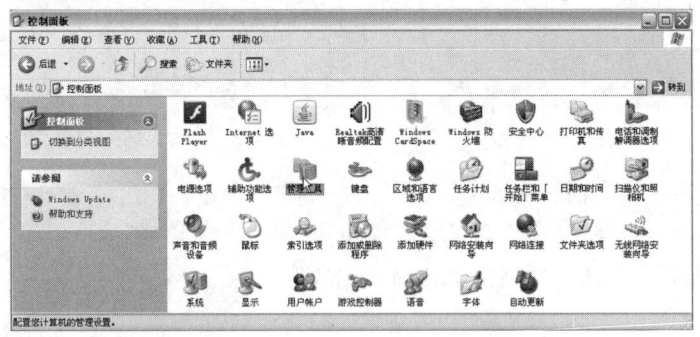

图 10-1-5　经典视图状态下的"控制面板"窗口

（6）双击"管理工具"图标，弹出"管理工具"窗口，双击"Internet 信息服务"图标，弹出"Internet 信息服务"窗口。单击左栏中的"默认网站"图标，此时的"Internet 信息服务"窗口如图 10-1-6 所示。

图 10-1-6　"Internet 信息服务"窗口

（7）单击"Internet 信息服务"窗口工具栏中的"属性"按钮，弹出"默认网站 属性"对话框。单击"主目录"标签，在"本机路径"文本框中显示的是服务器的本机默认路径"C:\Inetpub\wwwroot"，此路径为通用的网站根目录（localhost）。通常采用原来的默认路径，如果要修改默认路径，可在"本机路径"文本框中设置服务器新的本机默认路径，方法如下：

　　单击"本地路径"文本框后面的"浏览"按钮，弹出"浏览文件夹"对话框，找到一个要作为站点的文件夹，例如"F:\ASPFWQ"，如图10-1-7所示，即可设置服务器的本机路径。

　　（8）单击"默认网站 属性"对话框内的"文档"标签项，切换到"文档"选项卡，如图10-1-8所示。如果要设置其他文件为默认文档，可以按照下述方法操作。

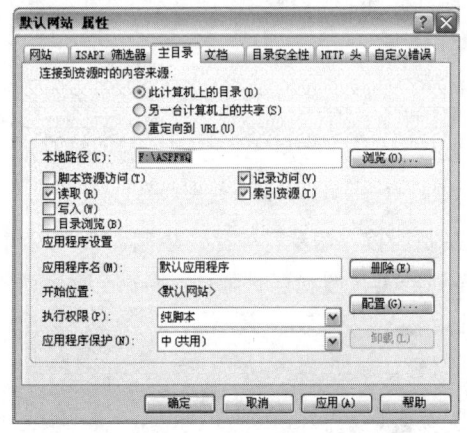

图 10-1-7　"主目录"选项卡

图 10-1-8　"默认网站属性"（文档）对话框

　　◎ 选中"启用默认文档"复选框，再单击"添加"按钮，弹出"添加默认文档"对话框，如图10-1-9所示。在"默认文档名"文本框中输入默认文档的名称（例如"index.asp"），然后单击"确定"按钮，关闭该对话框框，回到"默认网站 属性"对话框。

　　◎ 单击列表框中的"index.asp"选项，多次单击 **t** 按钮，使选中的文档名称移到最上边，其目的是为了在浏览器地址栏中输入"http://localhost/"或"http://192.168.2.175/"并按【Enter】键后，首先寻找并执行新输入的默认文档（例如"index.asp"）。

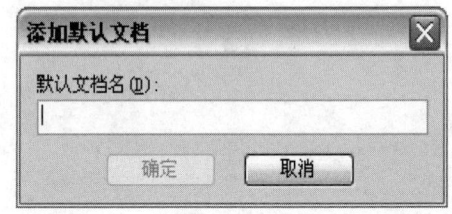

图 10-1-9　"添加默认文档"对话框

　　默认本地站点 "F:\ASPFWQ" 文件夹中网页的显示次序是 "index.asp" "index.html" "Default.htm" "Default.asp" "index.htm" "iisstart.asp" 网页文件。

　　（9）单击"默认网站 属性"对话框内的"网站"标签，切换到"网站"选项卡，在"描述"文本框中输入"ASPFWQ"，在"IP 地址"下拉列表框中选中"192.168.2.175"选项，如图10-1-10所示。该默认网站"ASPFWQ"的IP地址为"192.168.2.175"。

　　为了查看IIS设置后是否能工作正常，可以在默认本地站点"F:\ASPFWQ"文件夹中创建一个简单的"index.asp"网页（背景为黄色，显示红色"测试站点"文字），再打开浏览器，在地址栏中输入"http:// 192.168.2.175"或"http://localhost"后按【Enter】键，此时浏览器显示"index.asp"网页内容，如图10-1-11所示。

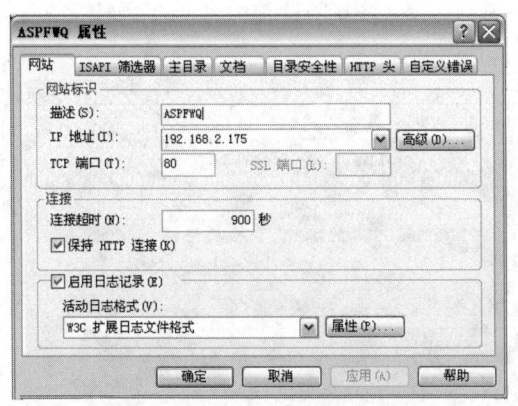 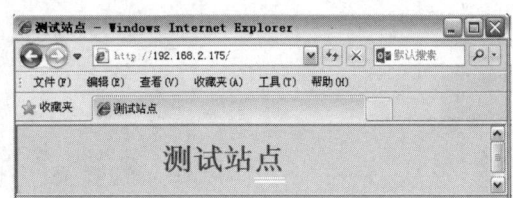

图 10-1-10　"默认网站属性"对话框"网站"选项卡　　　图 10-1-11　"index.asp"网页内容

### 2．在 Dreamweaver 中设置站点

（1）在"F:\ASPFWQ"文件夹内创建"ASPZD"文件夹，在该文件夹内创建"PIC" 文件夹和"index.htm"网页等网页文件。单击"站点"→"管理站点"命令，弹出"站点设置对象"对话框，设置站点名称为"ASPZD"，本地站点文件夹是"F:\ASPZD\"，如图 10-1-12 所示。

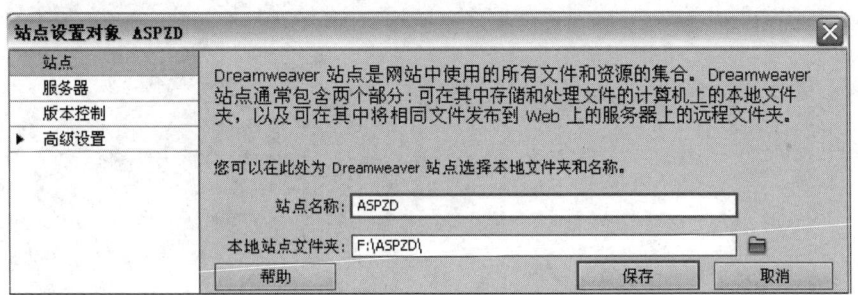

图 10-1-12　"站点设置对象"（站点）对话框

（2）单击该对话框内左栏中的"高级设置"→"本地信息"选项，设置默认图像文件夹是"F:\ASPZD\PIC\"，在"Web URL"文本框中输入上传站点 IP 地址 " http:// 192.168.2.175/"或 http://localhost/，其他设置如图 10-1-13 所示。

图 10-1-13　"站点设置对象"（高级设置-本地信息）对话框

（3）单击该对话框内左边栏中的"服务器"选项，切换到服务器设置的对话框，如图 10-1-14 所示。

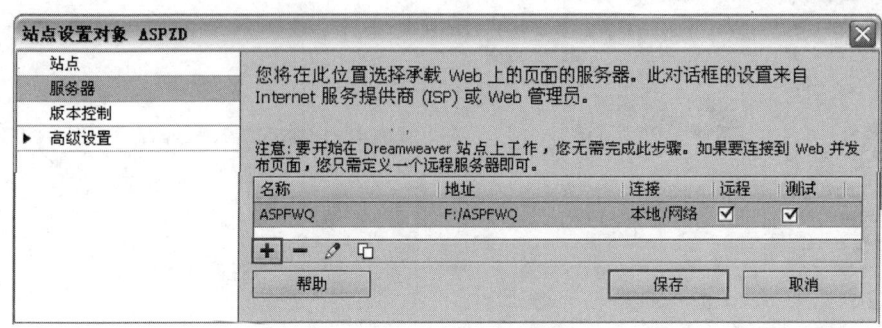

图 10-1-14 "站点设置对象"对话框

（4）单击 ➕ 按钮，弹出图 10-1-15 所示的对话框，在"服务器名称"文本框中输入"ASPFWQ"，在"连接方法"下拉列表框中选择"本地/网络"选项，在"服务器文件夹"文本框中输入"F:\ASPFWQ\"，在"Web URL"文本框中输入"http://192.168.2.175/"或"http://localhost/"，如图 10-1-15（a）所示。切换到"高级"选项卡，在"服务器模型"下拉列表框中选择"ASPABScript"选项，如图 10-1-15（b）所示。

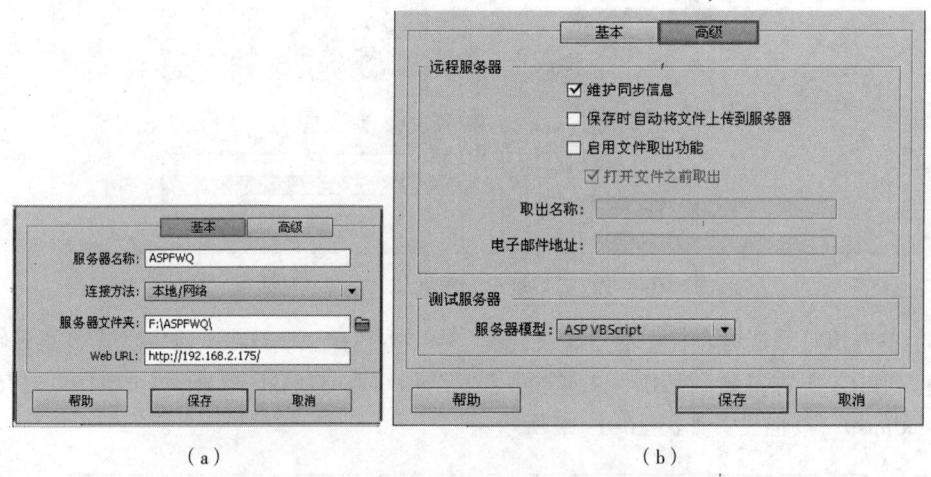

（a）                    （b）

图 10-1-15 设置测试服务器

（5）单击"保存"按钮，关闭服务器设置对话框，回到"站点设置对象"对话框，选中"远程"和"测试"复选框（见图 10-1-14）。然后，单击"保存"按钮，回到"管理站点"对话框，单击"完成"按钮，完成站点的设置。

（6）在本地根目录下建立一个名为"index.html"的文件，这便是网站的首页。打开"index.html"后简单编辑再保存。

（7）打开"文件"面板，在第 1 个下拉列表框中选中"ASZDP"选项。单击"文件"面板中的"展开以显示本地和远程站点"按钮 ⬚，展开"文件"面板，单击"远程服务器"按钮 ⬚，切换到"远端服务器/本地文件"状态，如图 10-1-16 所示。

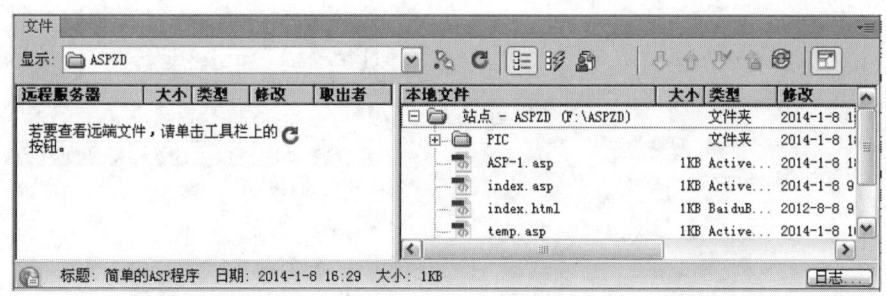

图 10-1-16　"文件"面板中的"远端站点/本地文件"状态

（8）单击"文件"面板中的"连接到测试服务器"按钮 ，与测试服务器建立连接。此时"文件"面板"远程服务器"栏内显示出远程服务器的文件夹及其内的文件，如图 10-1-17 所示（此处远程服务器的文件夹内是空的）。单击工具栏中的"向'远程服务器'上传文件"按钮 ，将选中网站中的内容文件夹和文件上传到远程服务器文件夹内。会在"F:\ASPFWQ"文件夹内看到增加的文件夹和文件。

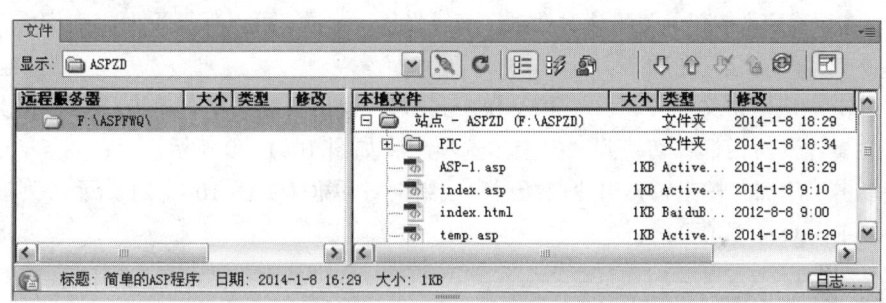

图 10-1-17　"文件"面板中的"远端站点/本地文件"状态

在浏览器窗口中输入"http://192.168.2.17"（也可以输入"http://locahost"，但有时会失败）后按【Enter】键，便可看到"index.asp"网页内容。至此，说明远程服务器工作正常，Dreamweaver CS6 中站点相关设置也是正确的。

### 3. Windows XP 操作系统下修改文件权限

在使用 Windows XP 操作系统的情况下，要保证个人计算机中安装的 Web 服务器中所有文件（本地站点文件夹内所有文件）可以被使用，必须将本地站点文件夹（例如，"F:\ASPFWQ"）和 Windows XP 操作系统临时文件夹（通常为"C:\WINDOWS\temp"）内文件的安全权限修改为所有人。具体操作方法如下：

（1）在 Windows XP 操作系统下，单击 Windows 任务栏的 按钮，弹出"开始"菜单，单击 "所有程序"→"附件"→"Windows 资源管理器"命令，弹出图 10-1-18 所示的窗口，然后选中本地网站文件夹"F:\ASPFWQ \ASPZD"。或者双击桌面上的"我的电脑"图标，在弹出的窗口中，选中本地网站"F:\ASPFWQ \ASPZD"文件夹。

（2）单击"工具"→"文件夹选项"命令，弹出"文件夹选项"对话框，切换到"查看"选项卡，取消选择"使用简单文件共享"复选框，如图 10-1-19 所示。

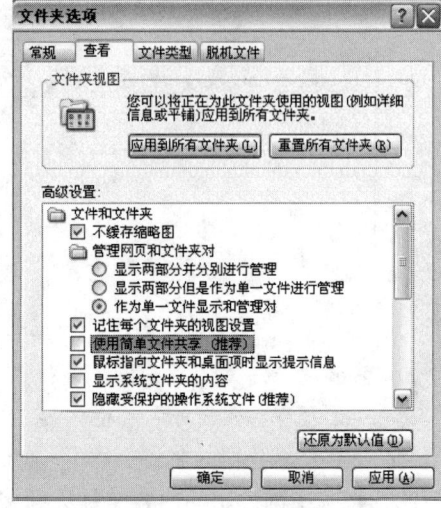

图 10-1-18　资源管理器　　　　　　　　图 10-1-19　"查看"选项卡

（3）单击"确定"按钮，关闭该对话框，完成设置。这样，可以保证下面操作中弹出的"属性"对话框中有"安全"选项卡。

（4）右击本地网站文件夹"F:\ASPFWQ\ASPZD"，弹出快捷菜单，单击"共享和安全"命令，弹出"属性"对话框，切换到"安全"选项卡，如图 10-1-20 所示。

（5）单击"添加"按钮，弹出"选择用户或组"对话框，如图 10-1-21 所示（列表框中还没有添加的 Everyone 选项）。

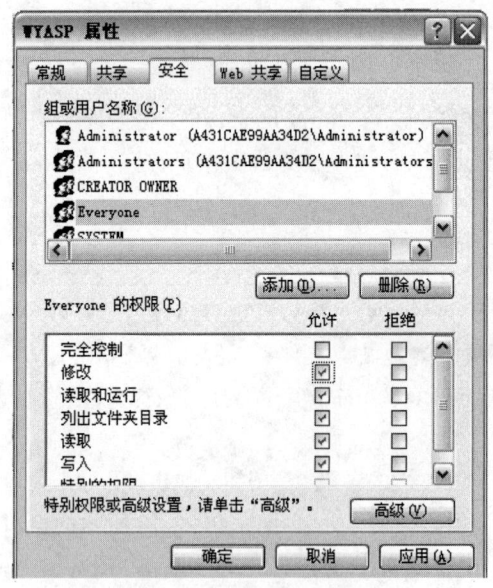

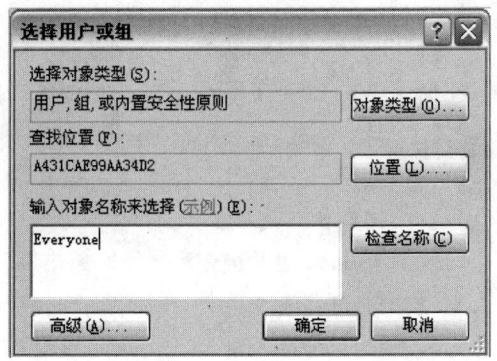

图 10-1-20　"安全"选项卡　　　　　　图 10-1-21　"选择用户或组"对话框

（6）单击"高级"按钮，弹出下一个"选择用户或组"对话框，如图 10-1-22 所示。单击"立即查找"按钮，在其列表框中列出各选项，单击 Everyone 选项，

（7）单击"确定"按钮，回到图 10-1-21 所示的"选择用户或组"对话框，其内列表框中添加了 Everyone 选项。单击"确定"按钮，关闭该对话框，回到图 10-1-20 所示的对话框。

（8）单击"属性"对话框"组或用户名称"列表框中的"Everyone"选项，在"Everyone 的权限"列表框中选中"修改"和"读取和运行"复选框，表示所有人都可以读取、修改和运行本地网站文件夹内的文件。

（9）单击"确定"按钮，完成对本地网站文件夹内文件安全权限属性的设置。

（10）右击"C:\WINDOWS\temp"文件夹（Windows XP 操作系统临时文件夹），弹出快捷菜单，单击"共享和安全"命令，弹出"属性"对话框，切换到"安全"选项卡（见图 10-1-20），以后的操作如前所述。

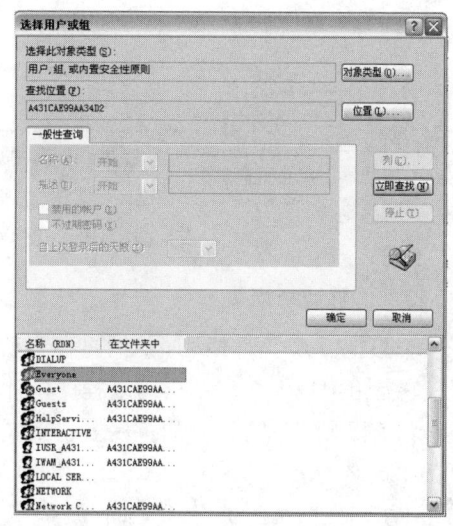

图 10-1-22　"选择用户或组"的高级对话框

## 相关知识

### 1. 服务器端和客户端

通常将网络中提供服务的一方称为服务器端，接受服务的一端称为客户端。例如，当您在浏览新浪网站的网页时，新浪网站的服务器是服务器端，您的计算机是客户端。服务器端和客户端的划分不是绝对的，因为服务器也可以接受其他服务器的服务，所以，在一个服务器接受其他服务器的服务时，这个服务器就是客户端，而为这个服务器服务的服务器就是服务器端。

服务器端安装有 Web 信息服务管理器，用来分析和执行网络程序代码，客户端安装有 Web 浏览器，用来分析和执行 HTML 文件，显示网页内容。

为了方便调试程序，可以给自己的计算机安装 Web 服务器软件（IIS 5.0 或 PWS 4.0），则这台计算机既可以作为服务器端又可以作为客户端。

### 2. 了解静态网页

一般把没有嵌入了程序脚本（Script）的网页称为静态网页，它是只由 HTML 标记组成 HTML 文件。这种网页的扩展名一般为 .htm 或 .html。静态网页一经组成，其内容在用户访问时不可以改变。只要 HTML 文件不改变，不管何时何人访问，静态网页显示的内容都是一样的。如果要改变静态网页的显示内容，必须修改 HTML 文件的源代码（即 HTML 标记），再将 HTML 文件重新上传到服务器上。

当客户端的用户在 Web 浏览器的"地址"下拉列表框中选择或输入一个网址并按【Enter】键，就向 Web 服务器端提出了一个浏览网页的要求。Web 服务器端接到请求后，会找到用户要浏览的静态网页文件，再将该文件发送给用户，如图 10-1-23 所示。

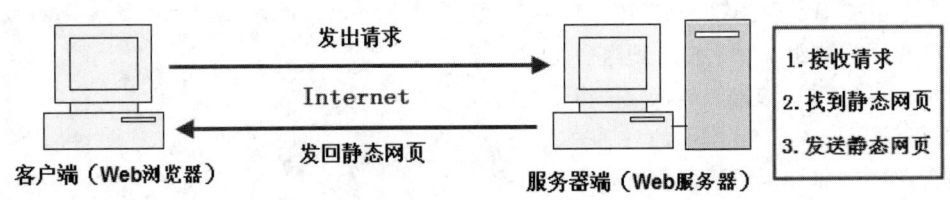

图 10-1-23　浏览静态网页的工作过程

### 3．了解动态网页

一般把嵌入了脚本程序的网页称为动态网页。这里所说的脚本，是指包含在网页中的程序段。它是由 HTML 标记和用网络程序设计语言编写的代码程序组成的文件。因采用的网络程序设计语言不同，动态网页的扩展名也不同，目前应用较多的网络程序设计语言有 ASP（动态网页的扩展名为.asp）、ASP.NET（动态网页的扩展名为.aspx）、PHP（动态网页的扩展名多为.php）和 JSP（动态网页的扩展名为.jsp）。但不要把网页扩展名作为判断一个网站采用什么技术的依据，比如一个 PHP 网站，它的开发者可以，把所有的 PHP 文件都改用“.jsp”或“.htm”作为扩展名，只要对服务器的系统设置做相应的修改，也可以正常运行。

使动态网页能够在不同时间和不同人访问时显示不同的内容，例如，常用的留言簿、聊天室等都是用动态网页来实现的。

当客户端的用户在 Web 浏览器的“地址”下拉列表框中选择或输入一个网址并按【Enter】键后，就向 Web 服务器端提出了一个访问动态网页的请求，Web 服务器根据客户的请求来查找要访问的动态网页。找到要访问的动态网页后，Web 服务器执行动态网页中的代码程序，将动态网页转换为静态网页。然后，Web 服务器将转化后的静态网页发送回 Web 浏览器，响应浏览器的请求。客户端的用户即可以在客户端的 Web 浏览器中看到转换后的静态网页。浏览动态网页的这一过程如图 10-1-24 所示。

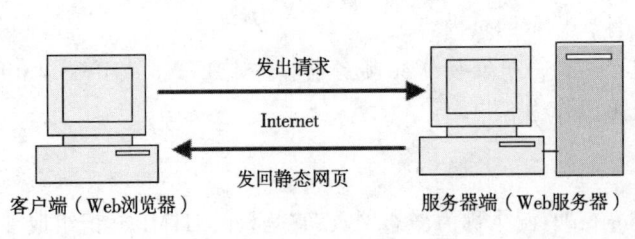

图 10-1-24　浏览动态网页的工作过程

### 4．动态网页的功能

动态页面比静态页面可以实现强大得多的功能，它不但可以实现静态页面的一切功能，而且可以实现静态页面无法实现的许多功能。动态页面的功能包括以下几个方面：

（1）使用户可以快速方便地在一个内容丰富的 Web 站点中查找各种信息。

（2）使用户可以搜索、组织、浏览和下载所需的各种信息。

（3）使用户可以收集、保存和分析用户提供的数据。

（4）使用户可以对内容不断变化的 Web 站点进行动态更新。

需要特别说明的是，动态页面强大功能的实现往往是与数据库紧密联系的，也就是说，通过动态页面可以操作数据库，将数据库的内容按照需求传送给访问数据库的用户，并在客户端的浏览器中显示出来。也就是使静态网页的内容与数据库内的数据产生链接，当数据库中的数据被更新后，页面中显示的数据也会自动更新，这种设计方式取代了传统逐页修改网页内容的方法，提升网页维护的方便性，并可大量减少所需制作的网页数量。因此也常常将与数据库链接的动态网页称为数据库网页或称交互式网页。数据库网页的传输模式如图 10-1-25 所示。数据库网页大多被应用在商务网站或数据较多的网站，例如新浪和雅虎等网站的网页。

Dreamweaver CS6 除了具有一般网页编辑的功能外，还兼具和数据库间的整合应用，可以制作很多实用的网页。这种网页通常可以依用户的操作，动态展示数据库中的数据内容，或者把用户输入的数据写入数据库中。

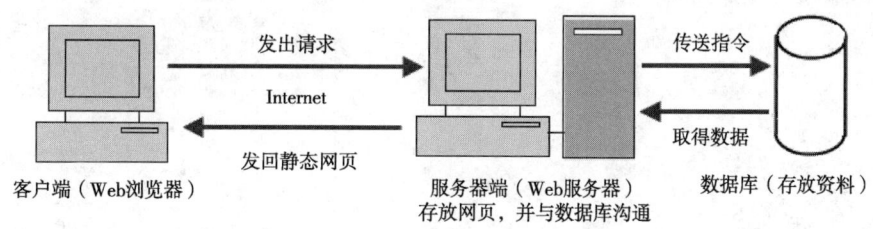

图 10-1-25　数据库网页的传输模式

动态页面与数据库进行联系需要有相应的数据库驱动程序，采用的数据库不同，所需要的驱动程序也不同。如果数据规模不大，可以使用文件类型的数据库，例如，Microsoft Access 创建的数据库；如果数据库的规模较大并且需要有良好的稳定性，则可以使用基于服务器的数据库，例如，Microsoft SQL Server、Oracle 9i 或 MySQL 创建的数据库。

## 5．添加虚拟目录

尽管在默认站点文件夹（例如，"F:\ASPFWQ"）下建立了 ASP 网页文件，但是因为学习 ASP 时会遇到一些情况（例如，要显示新的网站 "F:\ZGMS3" 网页内容），这就需要为新建的网站添加一个虚拟目录。具体方法如下：

（1）按照前面所述的方法，或者单击"开始"→"管理工具"→"Internet 信息服务"命令，弹出"Internet 信息服务"窗口（见图 10-1-6）。右击"ASPFWQ"默认网站的图标，弹出快捷菜单，单击"新建"→"虚拟目录"命令，弹出"虚拟目录创建向导"对话框，单击"下一步"按钮，弹出下一个"虚拟目录创建向导"对话框（见图 10-1-18）。

（2）在"别名"文本框中输入虚拟目录别名"中国名胜"，如图 10-1-26 所示。单击"下一步"按钮，弹出下一个"虚拟目录创建向导"对话框，在"目录"文本框中输入新站点的文件夹路径，如图 10-1-27 所示。

（3）单击"下一步"按钮，弹出下一个"虚拟目录创建向导"对话框，选中相应的复选框，如图 10-1-28 所示。再单击"下一步"按钮，弹出下一个"虚拟目录创建向导"对话框，单击"完成"按钮，关闭该对话框，完成虚拟目录的创建，在"Internet 信息服务"窗口内左边栏中新添一个名为"中国名胜"的虚拟目录默认网站，如图 10-1-29 所示。

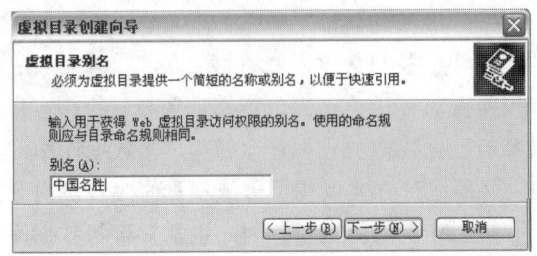
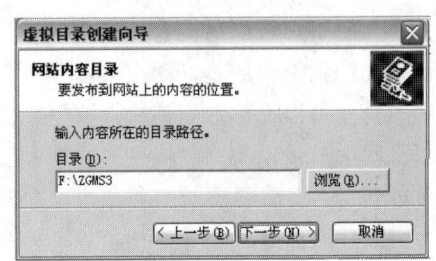

图 10-1-26　"虚拟目录创建向导"对话框 1　　　图 10-1-27　"虚拟目录创建向导"对话框 2

（4）右击该窗口内左边栏中的"中国名胜"图标，调出其快捷菜单，单击"属性"命令，弹出"中国名胜 属性"对话框，它类似图 10-1-7 所示的"默认网站属性"对话框，可以修改相应的属性。

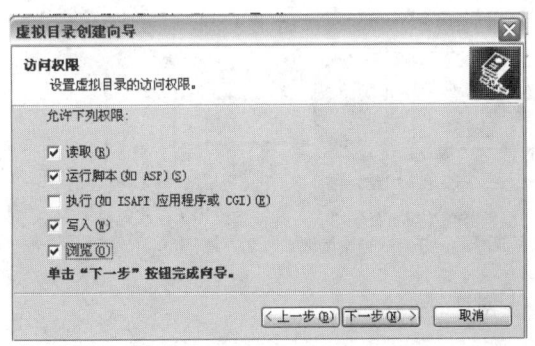

图 10-1-28　"虚拟目录创建向导"对话框 3　　　图 10-1-29　"Internet 信息服务"窗口

## 思考与练习 10-1

1. 如何在 Windows 2000 /XP/2003 环境下安装配置 IIS 5.0 Web 服务器。
2. 动态网页和静态网页有什么区别？

# 10.2　【案例 32】"显示日期和时间"网页

## 案例效果

"显示日期和时间"网页是一个非常简单的 ASP 网页，通过该案例可以掌握如何在 ASP 中使用 VBScript 脚本程序。在浏览器的地址栏中输入"http://192.168.2.175/ASP-1.asp"，按【Enter】键后，即显示图 10-2-1 所示的网页。在 Dreamweaver CS6 中，按【F12】键，打开 IE 浏览器，也可以看到网页效果。单击"查看"→"刷新"命令或按【F5】键，刷新屏幕，可看到显示的时间每刷新一次便变化一次。

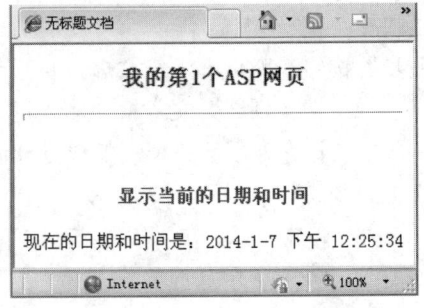

图 10-2-1　"ASP-1.asp"网页的显示效果

本例中访问位于本机的 ASP 网页，URL 为"http:// 192.168.2.175/ ASP-1.asp"，"192.168.2.175"是设置的本机服务器的 IP 地址。

## 设计过程

### 1."简单的 ASP 程序"网页

（1）在 Dreamweaver CS6 工作区内，单击"文件"→"打开"命令，弹出"打开"对话框，选择"F:\ASPZD"目录下的"test.asp"文件，再单击"打开"按钮，弹出"test.asp"文件。可以看出，这还是一个空文件。

（2）在 Dreamweaver CS6 的"文档"窗口内，单击"文档"工具栏内的"代码"按钮，进入"代码"视图状态。

（3）在代码程序区输入如下 ASP 程序：

```
<html>
<head>
    <title>简单的 ASP 程序</title>
</head>
<body><%= now() %>          '用来显示当前日期和时间
</body>
</html>
```

（4）单击"文件"→"保存"命令，保存网页，"temp.asp"ASP 网页制作完毕。

（5）单击"文件"面板中的"连接到测试服务器"按钮 <img/>，与测试服务器建立连接。单击"本地文件"栏内的"temp.asp"文件，再单击工具栏中的"向'远程服务器'上传文件"按钮 <img/>，将选中的本地网站"F:\ASPZD"文件夹内的"temp.asp"文件上传到远程服务器"F:\ASPFWQ"文件夹内。会在"F:\ASPFWQ"文件夹内看到增加的"temp.asp"文件，如图 10-2-2 所示。

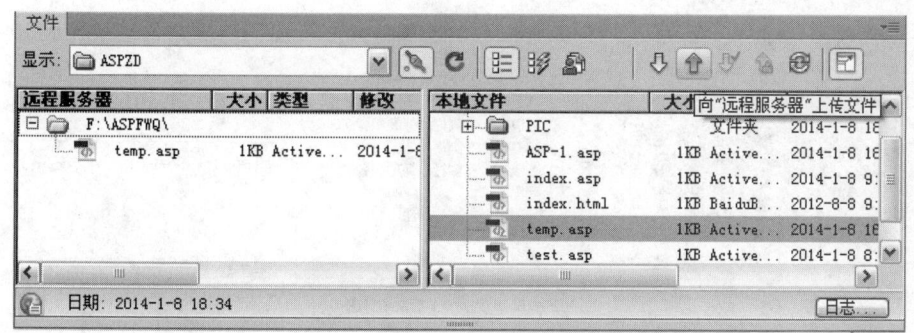

图 10-2-2　"文件"面板中的"远端站点/本地文件"状态

在浏览器的地址栏中输入"http://192.168.2.175//temp.asp"，按【Enter】键后，浏览器显示如图 10-2-3 所示。单击"查看"→"刷新"命令或按【F5】键，刷新屏幕，可看到显示的时间随刷新操作而改变。

图 10-2-3　在浏览器中显示的 test.asp 网页

**2."显示日期和时间"网页**

（1）在 Dreamweaver CS6 工作区内，单击"文件"→"新建"命令，弹出"新建文档"对话框，按照图 10-2-4 所示进行选择，然后单击"创建"按钮，在工作区内新建一个名称为"Untitled-1"、页面类型为 VBScript 的网页文件。

另外，也可以启动 Dreamweaver CS6，在欢迎界面单击"新建"栏中的"ASP VBScript"链接文字，新建一个网页文档。

（2）单击"文件"→"保存"命令，弹出"另存为"对话框中，在该对话框中，把文件保存在本地站点的"F:\ASPZD"文件夹内，文件名称的后缀必须为 ASP（此处的文件名称为"ASP-1.asp"）。单击"保存"按钮，将文件保存。此时在"文件"面板中可以看到文件的名称。文件必须保存，否则，文件会处于悬浮状态，以后插入任何内容时 ASP 的浏览会出现错误。

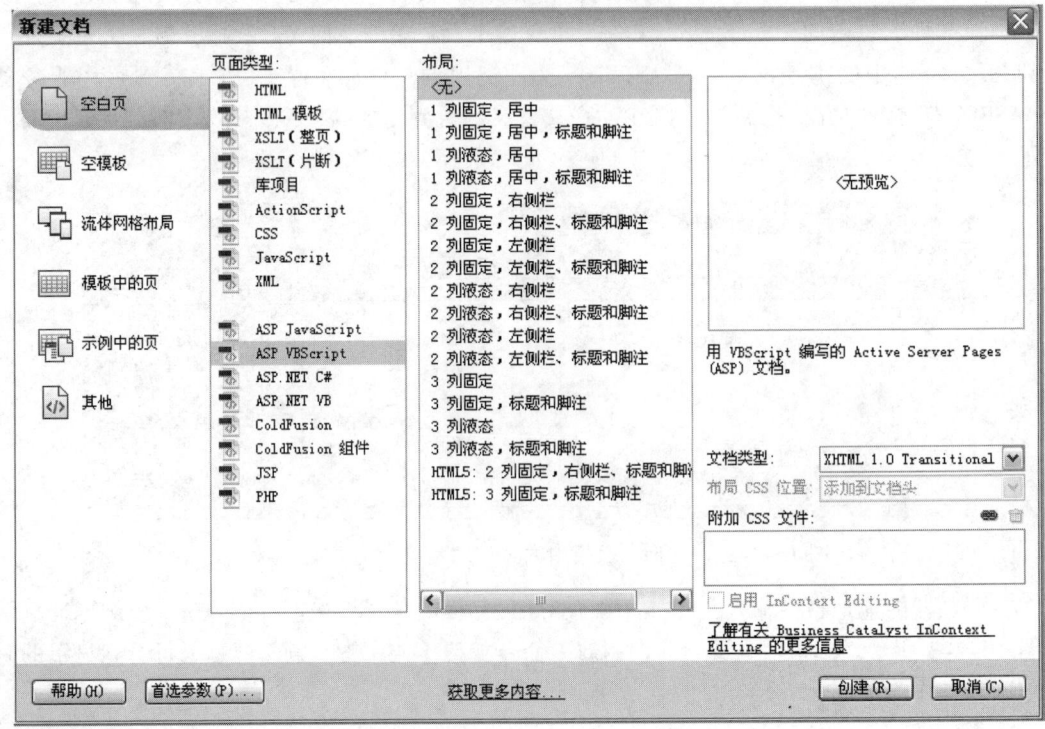

图 10-2-4　"新建文档"对话框

（3）制作界面：在 Dreamweaver CS6 的"文档"窗口内，单击"文档"工具栏内的"设计"按钮。然后，输入"我的第 1 个 ASP 网页"和"显示当前的日期和时间"文字，以及插入水平线。文档窗口如图 10-2-5 所示。

图 10-2-5　显示日期和时间网页的工作区

（4）单击"文档"工具栏内的"拆分"按钮，此时文档窗口由"设计"视图自动切换到"拆分"视图，光标应当在代码视图中。按【Enter】键，再输入如下程序：

```
<p><%  DT="现在的日期和时间是: " & now()
       Response.Write DT   %>
</p>
```

程序中，"DT="现在的日期和时间是：" & now()"语句是将字符串"现在的日期和时间是:"与当前的日期和时间连接成一个新字符串，再赋给变量 DT。"Response.Write DT"语句用来显示变量 DT 的值。

（5）单击"文件"→"保存"命令，保存网页。"ASP-1.asp" ASP 网页制作完毕。

（6）单击"文件"面板中的"连接到测试服务器"按钮 ，与测试服务器建立连接。单击"本地文件"栏内的"ASP-1.asp"文件，单击工具栏中的"向'远程服务器'上传文件"按钮 ，将选中的本地网站"F:\ASPZD"文件夹内的"ASP-1.asp"文件上传到远程服务器"F:\ASPFWQ"文件夹内，如图 10-2-6 所示。

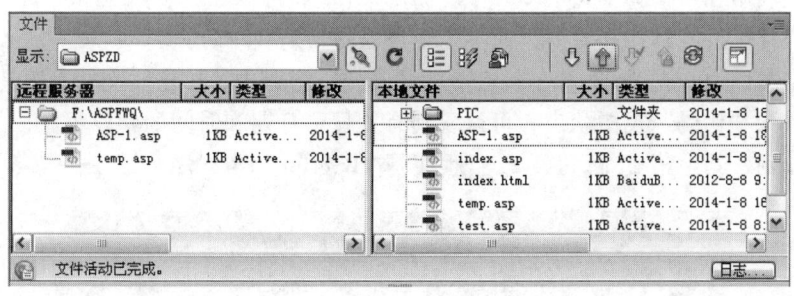

图 10-2-6　"文件"面板中的"远端站点/本地文件"状态

在浏览器的地址栏中输入"http://192.168.2.175// ASP-1.asp"，按【Enter】键后，浏览器显示如图 10-2-3 所示。单击"查看"→"刷新"命令或按【F5】键，刷新屏幕，可看到显示的时间随刷新操作而变化。

## 相关知识

### 1. 服务器和客户端的访问

网页存放在服务器，而客户端通过浏览器观看网页的内容。在只有一台计算机的情况下，在 Windows 7 中安装和设置 IIS 后，这台计算机既充当服务器，又充当客户端。为了把概念搞清楚，可以把自己的计算机想象成两台计算机，一台服务器，一台客户端。当用 Dreamweaver CS6 打开网页时，认为是在服务器端，用浏览器观看网页内容时，认为是在客户端。所以提倡养成这样的习惯：用 Dreamweaver CS6 时，只做编写或修改；看运行结果时，则使用浏览器。

通常，在学习了网页制作之后，习惯在资源管理器或 Windows 桌面的"计算机"中，直接双击网页文件观看网页内容。如果是普通的 HTML 网页，可以这样操作，但对于后缀为 ASP 的网页则不能这样操作。观看 ASP 网页的运行结果，一定要先打开浏览器后，输入正确的 URL 地址才能观看。

虽然可以在 Dreamweaver CS6 环境下直接看到某些较简单的 ASP 网页的显示效果，可以方便 ASP 程序的编写和调试，但作为整个网站的整体运行结果，仍要在浏览器中才能看到。

**2．客户端和服务器端脚本程序说明**

所谓脚本，是指小段的程序。在网页中插入的脚本程序可以分为客户端脚本程序和服务器端脚本程序两种。

（1）服务器端脚本程序：服务器端脚本程序与客户端脚本不同，服务器端脚本程序是在服务器端运行的程序。传送到客户端的仅仅是运行的结果。所以，只要服务器端能够运行，不管客户端安装的是什么操作系统，用的是什么浏览器，都不受影响，客户端关闭浏览器的脚本运行功能，也无济于事。

ASP 的服务器端脚本也可以使用 VBScript 或 JavaScript 脚本程序。该书中的案例使用的是 VBScript 脚本程序。VBScript 脚本程序语言是 VB（Visual Basic）语言的子集。学过 VB 的人，很容易掌握 VBScript 脚本程序的编程。在最新版本的 ASP.NET 中，可用 VB 或 C#（读"C Sharp"）语言。本书主要介绍 VBScript 脚本程序。

在网页中利用客户端脚本（VBScript 或 JavaScript），可以在网页内显示日期和时间，不过显示的是客户计算机的日期和时间，而不是服务器的日期和时间。

例如在本案例中，在 Dreamweaver CS6 的"文档"窗口内，单击"文档"工具栏内的"代码"按钮，进入"代码"视图状态，可以看到有关显示日期和时间的一段程序，如图 10-2-7 所示。可以看到，其中第 21 行和第 22 行程序是 VBScript 脚本程序。

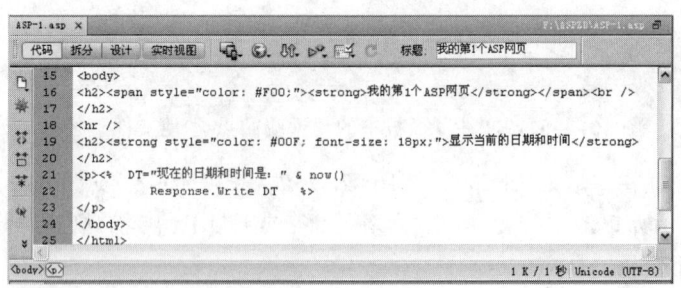

图 10-2-7　Dreamweaver CS6 的"文档"窗口内服务器端的脚本程序

右击远程服务器"F:\ASPFWQ"文件夹内的"ASP-1.asp"网页文件图标，弹出快捷菜单，单击"打开方式"→"记事本"命令，即可打开"记事本"程序，同时打开"ASP-1.asp"网页文件的程序。

（2）客户端脚本程序：客户端脚本程序是随着网页一同传送到客户端，浏览器负责解释和运行程序（这里说的“解释”是指把脚本翻译成机器语言的过程）。因此，普通用户在客户端浏览器中，通过单击“查看”→“源文件”命令，即可打开该文件的程序，看到脚本的代码。例如，本案例中的“ASP-1.asp”网页中有关显示日期和时间的一段程序如图 10-2-8 所示。

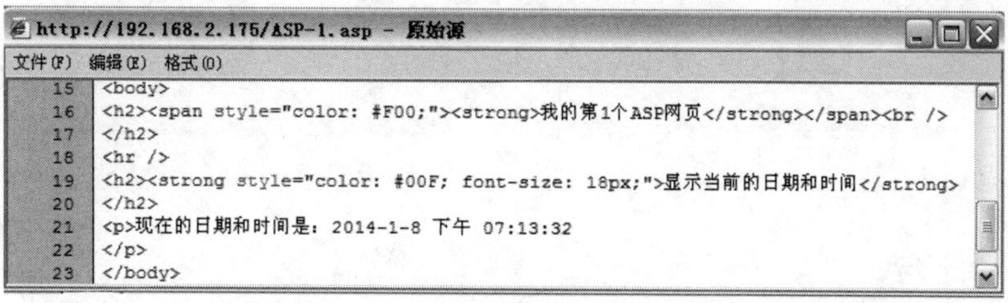

```
http://192.168.2.175/ASP-1.asp - 原始源
文件(F)  编辑(E)  格式(O)
15  <body>
16  <h2><span style="color: #F00;"><strong>我的第1个ASP网页</strong></span><br />
17  </h2>
18  <hr />
19  <h2><strong style="color: #00F; font-size: 18px;">显示当前的日期和时间</strong>
20  </h2>
21  <p>现在的日期和时间是：2014-1-8 下午 07:13:32
22  </p>
23  </body>
```

图 10-2-8　记事本中的客户端脚本程序

可以看出，第 21 行和第 22 行已经不再是原来第 21 行和第 22 行的 VBScript 脚本程序，而是“<p>现在的日期和时间是 2014-1-8　07:13:32</p>”。所以，在客户端看不到 VBScript 程序脚本，只能看到将 ASP 脚本转化成标准的 HTML 标记。客户端脚本程序通常可以用 JavaScript 或 VBScript 编写。一般来说，运行 VBScript 脚本程序，需要 Windows 平台和微软的 IE 浏览器。但在因特网上，并不知道客户使用的是什么操作系统和浏览器，也不能指定客户必须使用什么操作系统和浏览器。如果客户使用 UNIX 或 Linux 等操作系统和其他浏览器，就有可能不支持 VBScript 脚本程序。为避免这种情况的发生，客户端脚本程序一般多采用 JavaScript 来编写。

**注意：**客户端脚本程序有可能感染“病毒”。为了防止“病毒”传播到自己的计算机上，谨慎的用户会关闭浏览器上的脚本运行功能，使脚本程序不能运行。

## 思考与练习 10-2

参考【案例 32】“显示日期和时间”网页的制作方法，修改【案例 11】的“中国名胜图像欣赏 1.html”网页，使它可以显示当前的日期和时间。

# 10.3　【案例 33】用表单域传递信息

### 案例效果

前面已经讲过，在网页中常常使用表单域（Form）。有了表单域，可以将客户端的信息 ASP 程序提交到服务器端，这个例子就说明这个问题。先制作一个网页，其中含有一个表单域，通过提交表单域，将表单域中所填写的信息提交到服务器。

在浏览器的地址栏中输入“http://192.168.2.175/ASP-2.asp”，按【Enter】键后，浏览器显示如图 10-3-1 所示。在图 10-3-1 表单域页的界面中输入“用户名”和“用户密码”。单击“提交”按钮，将打开接收表单域提交的信息页面，如图 10-3-2 所示。浏览器中所显示的信息是从客户端提交到服务器，然后由服务器返回客户端显示。

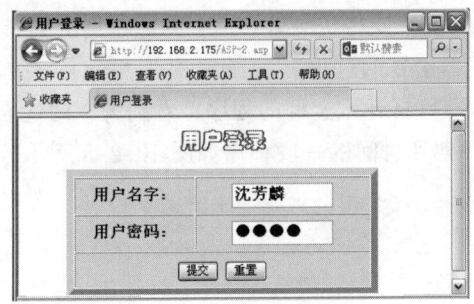
图 10-3-1　表单域页

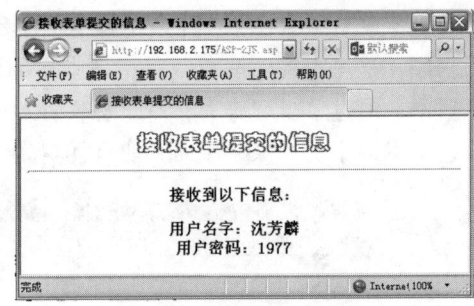
图 10-3-2　接收表单域提交的信息页面

## 设计过程

### 1. 制作表单域静态网页

（1）启动 Dreamweaver CS6，新建一个页面类型为 VBScript 的网页文件，再以名称 "ASP-2.asp" 保存在本地站点的 "F:\ASPZD" 文件夹内。单击 "CSS 样式" 面板内的 "新建 CSS 规则" 按钮，弹出 "新建 CSS 规则" 对话框，利用该对话框新建 ".STYLE1" 和 ".STYLE2" 内部 CSS 样式。切换到 "代码" 视图状态，可以看到增加了如下代码：

```
<style type="text/css">
<!--
.STYLE1 {
  font-size: 24px;
  font-weight: bold;
  font-family: "华文彩云";
  color: #F00;
}
.STYLE2 {
  color: #0000FF;
  font-family: "宋体";
  font-size: 18px;
  font-weight: bold;
}
-->
</style>
```

（2）在网页的第 1 行输入文字 "用户登录"，应用 ".STYLE1" CSS 样式。在文字的下面创建一个表单域，在表单内创建一个 3 行 2 列的表格，居中排列。在第 1 行第 1 列单元格内输入 "用户名字:" 文字，在第 2 行第 1 列单元格内输入 "用户密码:" 文字，表单域中的文字应用 ".STYLE2" CSS 样式，如图 10-3-3 所示。

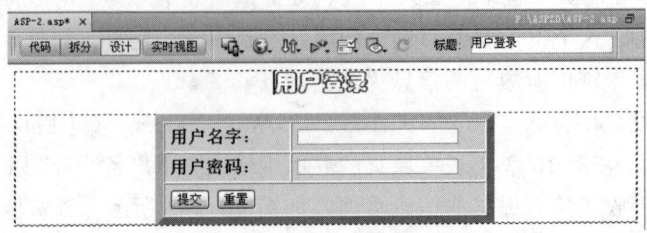
图 10-3-3　表单域页的工作区

（3）在表格的第 1 行第 2 列单元格内创建一个文本字段，命名为 UserName；在表格的第 2 行第 2 列单元格内创建一个文本字段，命名为 UserPass，在"类"下拉列表框中都选择".STYLE1"选项。"属性"面板的其他设置分别如图 10-3-4 和图 10-3-5 所示。

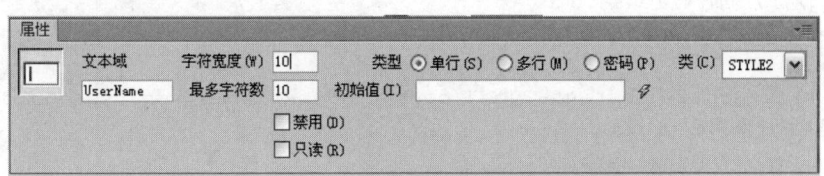

图 10-3-4  UserName 文本字段的"属性"面板设置

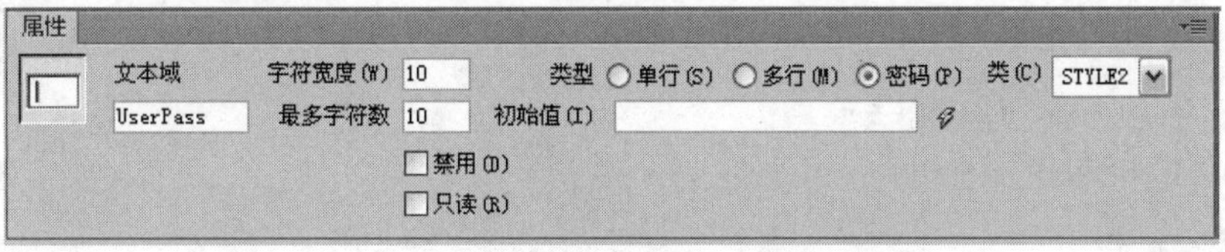

图 10-3-5  UserPass 文本字段的"属性"面板设置

（4）单击表格左边的表单域红色虚线，在"动作"文本框中输入接收信息的 ASP 网页的名字，本例中填写的是 ASP-1JS.asp，在"表单域 ID"文本框中填写表单域的名称为 form1，在"方法"下拉列表框中选择 POST，"属性"面板设置如图 10-3-6 所示。

图 10-3-6  "form1"表单域的"属性"面板设置

（5）在表格的第 3 行单元格内插入一个按钮。在"属性"面板中设置"按钮名称"为"Submit1"，在"值"文本框中输入"提交"，在"动作"选项组中选中"提交表单域"单选按钮，如图 10-3-7 所示。

图 10-3-7  "提交"按钮的"属性"面板设置

（6）在表格的第 3 行单元格内第 1 个按钮的右边插入一个按钮。在"属性"面板中设置"按钮名称"为"Submi2"，在"值"文本框中输入"重置"，在"动作"选项组中选中"重置表单域"单选按钮，如图 10-3-8 所示。

图 10-3-8  "重置"按钮的"属性"面板设置

这个网页中并不含有服务器端脚本，所以文件的扩展名可以用".htm"或".asp"。该网页的代码如下：

```
<%@LANGUAGE="VBSCRIPT" CODEPAGE="936"%>
<!DOCTYPE HTML PUBLIC "-//W3C//DTD HTML 4.01 Transitional//EN" "http://
www.w3.org/TR/html4/loose.dtd">
<html>
<head>
<meta http-equiv="Content-Type" content="text/html; charset=gb2312">
<title>用户登录</title>
<style type="text/css">
<!--
.STYLE1 {
    font-size: 24px;
    font-weight: bold;
    font-family: "华文彩云";
    color: #F00;
}
.STYLE2 {
    color: #0000FF;
    font-family: "宋体";
    font-size: 18px;
    font-weight: bold;
}
-->
</style>
</head>
<body>
<div align="center" class="STYLE1">
  <h1 class="STYLE1">用户登录
    </h1><form id="form1" name="form1" method="post" action="ASP-2JS.asp">
      <table width="355" border="8" cellspacing="1" cellpadding="5">
        <tr>
          <td width="111" height="28" bgcolor="#FFFF00" class="STYLE2">用户名字: </td>
          <td width="168" bgcolor="#FFFF00"><input name="UserName" type="text"
class="STYLE2" id="UserName" size="10" maxlength="10"> </td>
        </tr>
        <tr>
          <td bgcolor="#FFFF00" class="STYLE2">用户密码: </td>
          <td bgcolor="#FFFF00"><label>
            <input name="UserPass" type="password" class="STYLE2" id="UserPass"
size="10" maxlength="10">
          </label>       </td>
        </tr>
        <tr>
          <td colspan="2" bgcolor="#FFFF00"><label></label>
            <label>
            <input type="submit" name="Submit" value="提交">
            <input type="reset" name="Submit2" value="重置">
          </label></td>
        </tr>
      </table>
```

```
    </form>
  </div>
</body>
</html>
```

**2．接收表单域提交的信息页**

（1）新建一个页面类型为 VBScript 的网页文件，再以名称"ASP-2JS.asp"保存在本地站点的"F:\ASPZD"文件夹内，并新建".STYLE1"和".STYLE2"内部 CSS 样式。切换到"代码"视图状态，可以看到增加的代码。

（2）输入 4 行文字，第 1 行标题文字应用".STYLE1"内部 CSS 样式，其他行文字应用".STYLE2"内部 CSS 样式。

（3）切换到"代码"视图状态，对网页中的代码进行修改，代码中用"<%"和"%>"括起来的部分就是 VBScript 脚本程序。

（4）在 Dreamweaver CS6 工作区内，接收表单域提交的信息页的工作区完成后如图 10-3-9 所示。网页中的代码如下所示：

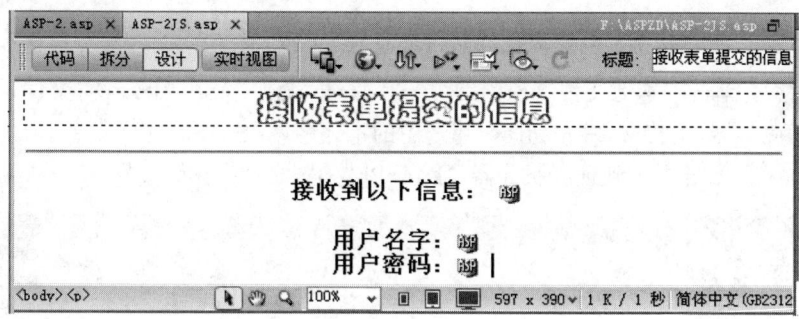

图 10-3-9　接收表单域提交的信息页的工作区

```
<%@LANGUAGE="VBSCRIPT" CODEPAGE="936"%>
<!DOCTYPE    HTML    PUBLIC    "-//W3C//DTD    HTML    4.01    Transitional//EN"
"http://www.w3.org/TR/html4/loose.dtd">
<html>
<head>
<meta http-equiv="Content-Type" content="text/html; charset=gb2312">
<title>接收表单域提交的信息</title>
<style type="text/css">
<!--
.STYLE1 {
  color: #FF0000;
  font-family: "华文彩云";
  font-size: 24px;
  font-weight: bold;
}
.STYLE2 {
  font-size: 18px;
  font-weight: bold;
  color: #0000FF;
  font-family: "宋体";
}
```

```
-->
</style>
</head>
<body>
<div align="center">
  <h1 class="STYLE1">接收表单域提交的信息</h1>
</div>
<hr>
<p align="center"><span class="STYLE2"><span class="STYLE2">接收到以下信息:
</span></span>
  <span class="STYLE2">
  <%
UserName = Request ("UserName")
UserPass = Request ("UserPass")
%>
</span></p>
<p align="center">
<span class="STYLE2"><span class="STYLE2">用户名字:</span><%=UserName%><br>
<span class="STYLE2">用户密码: </span><%=UserPass%> </span></p>
</body>
</html>
```

（5）单击"文件"面板中的"连接到测试服务器"按钮 ，与测试服务器建立连接；单击"刷新"按钮 。单击"本地文件"栏内的"ASP-2.asp"和"ASP-2JS.asp"文件，单击工具栏中的"向'远程服务器'上传文件"按钮 ，将选中的本地网站"F:\ASPZD"文件夹内的"ASP-2.asp"和"ASP-2JS.asp"文件上传到远程服务器"F:\ASPFWQ"文件夹内，如图 10-3-10 所示。

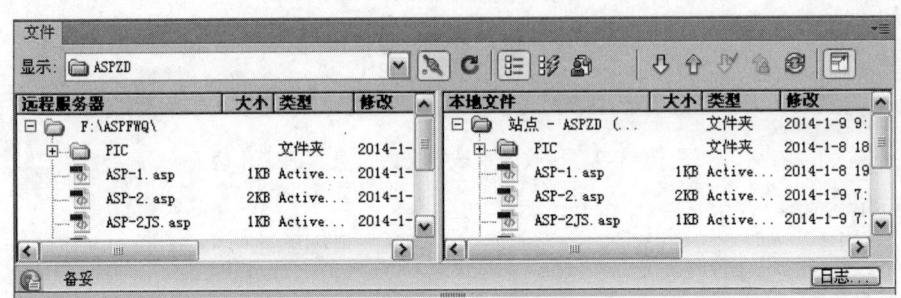

图 10-3-10　"文件"面板中的"远端站点/本地文件"状态

## 相关知识

### 1. ASP 概述

ASP（Active Server Pages，活动服务页）是微软公司推出的一种动态网页技术，用来替代 CGI 动态网页技术。在服务器端的脚本运行环境下，用户可以创建和运行动态的交互式动态网页。另外，ASP 可以利用 ADO 来方便地访问数据库，从而使得开发基于 WWW 的应用系统成为可能。ASP 最大的好处是除了可以包含 HTML 标签外，还可以直接访问数据库，并可以通过 ASP 的组件和对象技术来使用无限扩充的 ActiveX 控件来进行动态网页的开发。ASP 是在 Web 服务器端运行的，运行后将结果以 HTML 格式发送到客户端浏览器，因此比普通的脚本程序更安全。ASP 的升级版本是 ASP.NET。

### 2．ASP 文件的基本组成

可以认为 ASP 文件是在标准 HTML 文件中嵌入 VBScript 或 JavaScript 代码后形成的，在服务器端执行的网页文件。在 "<%" 与 "%>" 符号之间的内容就是 VBScript 代码。

一个简单的 ASP 文件主要由以下几部分组成：

（1）标准的 HTML 文件，也就是普通的 Web 的网页文件。

（2）服务器端的 Script 程序代码，即位于 "<%" 与 "%>" 或<Script>与</Script>符号之间的程序代码。

### 3．ASP 文件的基本规则

（1）在 ASP 文件中，使用 VBScript 语言可以在文件首行采用如下语句来说明：

```
<%@Language=VBScript%>"
```

VBScrip 是默认的编程语言，可以不用这条语句。

如果在 ASP 文件中使用 JavaScript 语言，可以在文件首行采用如下语句来说明：

```
"<%@Language=JavaScript%>"
```

（2）VBScript 编程语言是 VB 语言的子集，语法与 VB 基本相同。

（3）VBScript 编程语言对字母不分大小写，可以随意使用大小写的字母，但大小写有一定的规律，可以改善程序的可读性，方便理解和记忆。

（4）在 ASP 文件中，标点符号必须在英文输入状态下输入，否则会出现错误。在字符串中（用双引号括起来的字符）可以输入中文标点符号。

（5）通常，一条 ASP 语句必须是单独的一行，不可以在一行写多条 ASP 语句，也不可以一条 ASP 语句分多行写。如果 ASP 语句太长，可以不按【Enter】键，让它自动换行。"<%"与 "%>"符号的位置可以与 ASP 语句在一行，也可以单独成为一行。

### 4．ASP 内部对象

所谓对象（Object），就是指现实世界中可以独立存在的、可以被区分的，具有一定结构、属性和功能的 "实体"，把所有功能都封装在一起，也可以是一些概念上的实体，是代码和数据的集合。在现实生活中的实体就是对象，例如，汽车、猫、花草、计算机等。使用对象时不用考虑其内部是如何工作的，只要会使用即可。

"对象" 有它自己的属性、作用于对象的操作（即作用于对象的方法）和对象响应的事件。对象将自己的属性和方法封装成一个整体，供程序设计者使用。对象的属性（Property）是指用于描述对象的名称、位置和大小等特性。对象的方法（Method）是改变对象属性的操作。对象的事件（Event）是指由用户或操作系统引发的动作，就是发生在该对象上的事情。

ASP 提供了功能强大的内部对象和内部组件，其中常用的内部对象有 Request（从客户端获取数据信息）、Response（将数据信息送给客户端）、Session、Application、Server。QueryString 与 Form 集合是 Request 中使用得最多的两个集合，用于获取从客户端发送的查询字符串或表单域<Form>的内容。

### 5．代码解析

```
UserName=Request ("UserName")
UserPass=Request ("UserPass")
```

在上述程序语句内，在赋值运算符（"="）左边的 UserName 和 UserPass 是变量；右边括弧内引号中的 UserName 和 UserPass 是 "ASP-2JS.asp" 网页中的文本字段（Textfield）的名字。变量名与表单域中的对象名可以是一致的，也可以是不一致的，但要注意避开保留字。本例中用 "UserName" 而不是用 "Name" 来作为变量名，就是这个目的。因为 "Name" 是 VB 语言中的保留字，在 VB 中，对磁盘文件重新命名的语句就是 "Name"。

这里的 Request 是 ASP 的内置对象之一。Request 对象主要用于接收来自客户端提交到服务器的信息。例如，在常见的注册中，用户在客户端通过浏览器显示的网页中的表单输入姓名和密码等内容后，单击 "提交" 按钮即可将输入的数据传送到服务器端。

### 6. ASP 内置对象 Request 简介

Request 对象提供了 5 种集合，即获取客户端信息的方法，分别是 QueryString、Form、Cookies、ServerVariables 和 ClientCerificate。Request 对象使用格式和功能简介如下：

【格式】Request[.集合|.属性|.方法](参数)

【功能】其中，集合、属性和方法是可选的，参数就是变量或字符串。选择不同的数据集合、属性或方法时，要设置相应参数。通常，在使用 Request 来获取信息时，需要写明使用的集合、属性或方法，如果未写明，则 ASP 会自动依次按如下顺序来获取信息：QueryString→Form→Cookies→ServerVariables→ClientCerificate。

下面对 Request 对象的集合（获取方法）、属性和方法进行简单介绍。

（1）Request 对象的集合：Request 对象的集合名称及其说明如表 10-3-1 所示。其中，QueryString 与 Form 集合是 Request 中使用最多的两个集合，用于获取从客户端发送的查询字符串或表单<Form>的内容。

表 10-3-1 Request 对象的集合名称及其说明

| 集合名称 | 说明 |
|---|---|
| QueryString | 从查询字符串中获取用户提交的数据 |
| Form | 获取客户端在 < "Form" > 表单中输入的信息 |
| Cookies | 获取客户端浏览器的 Cookie 信息 |
| ServerVariables | 获取 Web 服务器环境变量的值 |
| ClientCertificate | 获取客户端浏览器的身份验证等基本信息 |

（2）Request 对象的属性：TotlBytes 是 Request 对象唯一的属性，它用于获取由客户端发出请求的数据的字节数，是一个只读属性。TotlBytes 属性很少使用，在 ASP 设计中，通常关注指定的值而不是客户端提交的整个内容。

（3）Request 对象的方法：BinaryRead 是 Request 对象唯一的方法，以二进制码方式获取客户端的 POST 数据。该方法允许访问从一个<Form>表单中传递给服务器的用户请求部分的完整内容，用于接收一个<Form>表单的未经过处理的内容。格式如下：

```
BinaryRead(count)
```

其中，参数 count 是所要读取的字节数，当数据作为<Form>表单 POST 请求的一部分发往服务器时，从客户请求中获得 count 字节的数据，返回一个 Variant 数组。如果 ASP 代码已经引用了 Request.Form 集合，BinaryRead 方法就不能再使用。同样，如果用了 BinaryRead 方法，就不能访问 Request.Form 集合。

本例是用表单域上传的信息，可用 Request 对象的 Form 数据集合来接收。所以上面两条语句也可以写为：

```
UserName=Request.Form ("UserName")
UserPass=Request.Form ("UserPass")
```

但实际上，通常采用更简单的写法，省去".Form"。省去集合名后，系统会依次在每个数据集合中查找，直到找到为止。

（4）程序中，<% = UserName %>和<% = UserPass %>的含义是把已经接收到的信息在网页中显示出来。

# 思考与练习 10-3

1. ASP 文件的基本组成是什么？ASP 文件的基本规则是什么？

2. 什么是对象？ASP 提供了功能强大的内部对象，其中常用的内部对象有哪几个？

3. Request 对象有哪 5 个数据集合，它们的作用是什么？

4. 参考【案例 33】"用表单域传递信息"介绍的方法，制作一个可以传送和接受用户姓名、电话号码、家庭地址、电子邮箱地址、工作单位的网页。

# 10.4 【案例 34】简单留言板

## 案例效果

在浏览器地址栏中输入"http://192.168.2.175/liuyan.htm"或"F:\ASPFWQ\ liuyan.htm"，按【Enter】键后，浏览器显示如图 10-4-1 所示。在"姓名"文本框中输入"沈芳麟"，在"E_mail:"文本框中输入"shendalin2002@foxmail.com"，在"留言"文本框中输入"我们一起到北京故宫参观好吗？"，单击"提交"按钮后，会自动弹出远程服务器"F:\ASPFWQ\"文件夹内"shoudao.asp"网页（显示接收的留言的"接收留言"网页）的界面，如图 10-4-2 所示。

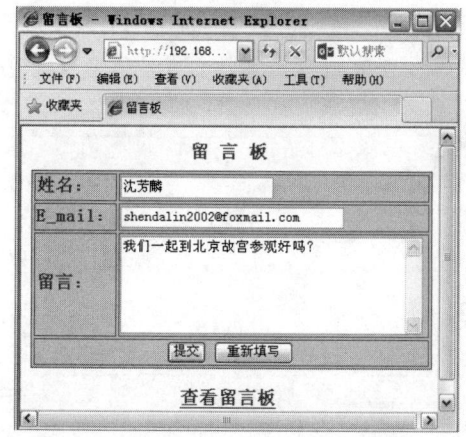

图 10-4-1 "写留言"网页界面（liuyan.htm）

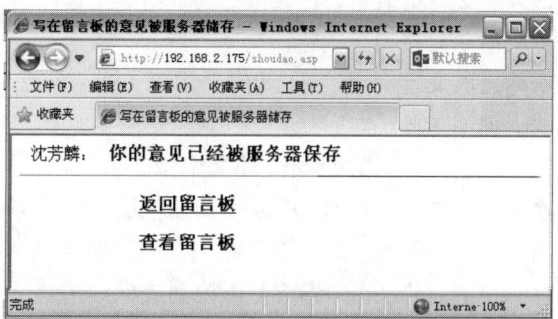

图 10-4-2 "接收留言"网页界面（shoudao.asp）

在接收留言页的界面中，单击"查看留言板"超链接，会自动弹出远程服务器"F:\ASPFWQ\"文件夹内 "chakan.asp" 网页（显示查看留言页）的界面，如图 10-4-3 所示。

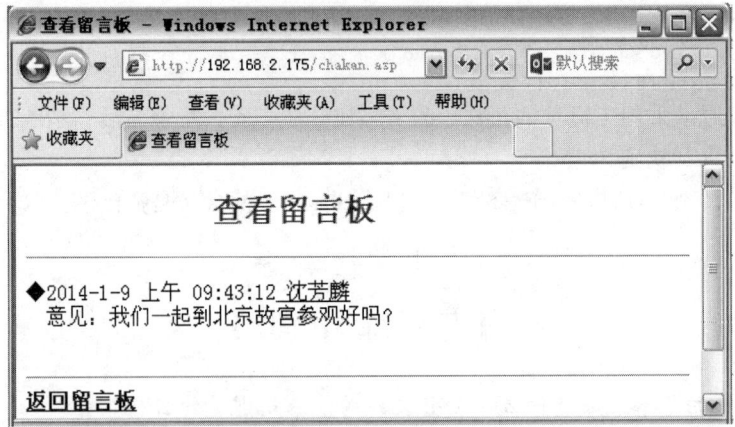

图 10-4-3 "查看留言"网页界面（chakan.asp）

本例是利用表单域来传送用户的留言，在服务器端接收后，保存在一个文本文件（留言板）中，还可以再将文本文件内的留言信息显示出来。这个例子只作为学习者初学 ASP 的示例，实际应用中，留言板一般多用数据库保存，比文本文件更易于管理和维护。这个简单的留言板共由 3 个网页文件组成："写留言"网页（liuyan.htm）、"接收留言"网页（shoudao.asp）和"查看留言"网页（chakan.asp）。

## 设计过程

### 1."写留言"网页设计

（1）启动中文 Dreamweaver CS6，新建一个网页文件，以名称"liuyan.htm"保存在本地站点的"F:\ASPZD"文件夹内，它是"写留言"网页文件。单击"CSS 样式"面板内的"新建 CSS 规则"按钮，弹出"新建 CSS 规则"对话框，利用该对话框新建".STYLE1"内部 CSS 样式。设置文字字体为宋体，字大小为 18 px，颜色为红色，加粗。

（2）在 Dreamweaver CS6 工作区内，输入居中的标题文字"留 言 板"，创建一个表单域，在表格下边居中的位置输入文字"查看留言板"文字。再在表单域内创建一个背景色为浅蓝色的 4 行 2 列的表格，在表格的前 3 行、左边一列的单元格内分别输入文字，然后，将所有输入的文字应用".STYLE1"内部 CSS 样式，如图 10-4-4 所示。

（3）单击表单域红线，即选中该表单域。在表单域的"属性"面板，内设置表单域"ID"为"form1"，在"动作"文本框中输入"shoudao.asp"，在"方法"下拉列表框中选中"POST"选项，如图 10-4-5 所示。

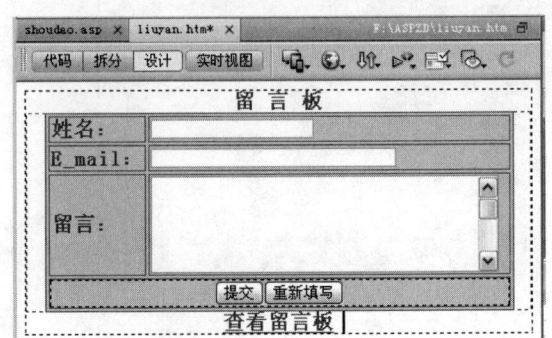

图 10-4-4 "写留言"网页（liuyan.htm）

图 10-4-5　表单域的"属性"面板设置

（4）在表单域内的前 3 行、右边一列的单元格内分别创建一个文本域（即文本字段）。设置第 1 个文本域的名称为"nam"（没有用 name 是为了避开保留字），在"字符宽度"文本框中输入 20，"类型"中选择"单行"单选按钮。

（5）设置第 2 个文本域的名称为"email"（中间不可以用减号，确有必要可用下画线代替，其他设置与第 1 个文本域的设置一样，只是在"字符宽度"文本框中输入"30"。

（6）设置第 3 个文本域的名称为"liuyan"，"类型"中选择"多行"单选按钮，"字符宽度"文本框中输入"40"，"行数"文本框中输入"6"，如图 10-4-6 所示。

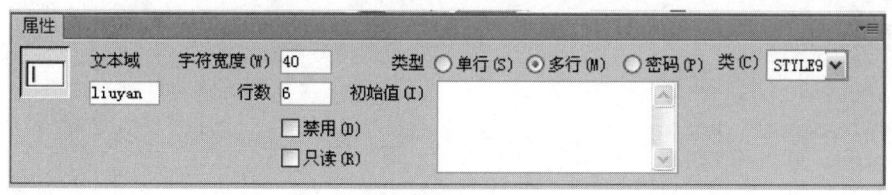

图 10-4-6　文本域的"属性"面板设置

（7）选中"查看留言板"文字，在它的"属性"（HTML）面板"链接"文本框中输入"chakan.asp"。

（8）在第 4 行单元格内创建两个按钮，它们的属性设置与【案例 33】中两个按钮的属性设置基本一样。

## 2."接收留言"网页设计

"接收留言"网页（shoudao.asp）是接收"写留言"网页（liuyan.htm）所提交的信息，并把留言保存到一个位于服务器端"F:\ASPZD"文件夹内的"ideas.txt"文本文件中。制作该网页的方法简介如下：

（1）新建一个页面类型为 VBScript 的网页文件，以名称"shoudao.asp"保存在本地站点的"F:\ASPZD"文件夹内，它是"接收留言"网页文件。单击"CSS 样式"面板内的"新建 CSS 规则"按钮 ，弹出"新建 CSS 规则"对话框，利用该对话框新建".STYLE1"内部 CSS 样式。设置文字字体为宋体，字大小为 18 px，颜色为蓝色，加粗。

（2）输入 3 行文字，分别给文字应用".STYLE1"内部 CSS 样式，制作好的"接收留言"网页文件界面如图 10-4-7 所示。

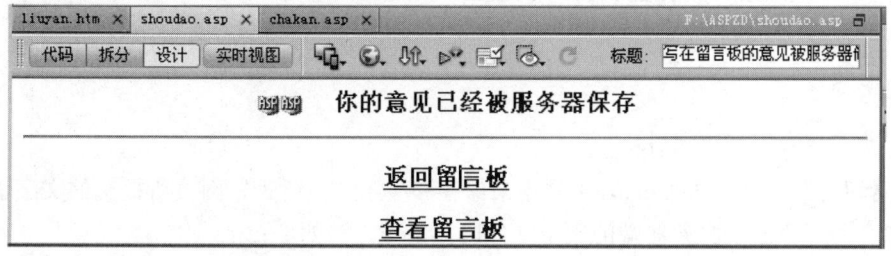

图 10-4-7　"接收留言"网页（shoudao.asp）

（3）选中"返回留言板"文字，在它的"属性"（HTML）面板"链接"文本框中输入"liuyan.htm"。选中"查看留言板"文字，在它的"属性"（HTML）面板"链接"文本框中输入"chakan.asp"。

（4）"接收留言"网页（shoudao.asp）应用了 ASP 内置对象及 VBScript 脚本程序，它的代码如下：

```
<%@LANGUAGE="VBSCRIPT" CODEPAGE="936"%>
<!DOCTYPE HTML PUBLIC "-//W3C//DTD HTML 4.01 Transitional//EN" "http://
www.w3.org/TR/html4/loose.dtd">
<html>
<head>
<meta http-equiv="Content-Type" content="text/html; charset=gb2312">
<title>写在留言板的意见被服务器储存</title>
<style type="text/css">
<!--
.STYLE1 {
    font-size: 18px;
    font-family: "宋体";
    font-weight: bold;
    color: #0000FF;
}
-->
</style>
</head>
<body>
<center>
<%
nam=Request("nam")
email=Request("email")
liuyan=Request("liuyan")
Set fo=Server.CreateObject("Scripting.FileSystemObject")
fn=Server.MapPath("ideas.txt")
Set f1=fo.OpenTextFile(fn,8,TRUE)
f1.WriteLine "◆" & Date & " " & Time & "<a href='mailto:" & email &"'>"
f1.WriteLine nam & "</a><br> 意见: " & liuyan & "<br><br>"
f1.close()
%>
<%= nam %><span class="STYLE1">你的意见已经被服务器保存</span>
<hr>
  <p><a href="liuyan.htm" class="STYLE1">返回留言板</a></p>
  <p>  <a href="chakan.asp" class="STYLE1">查看留言板</a>   </p>
</center>
</body>
</html>
```

### 3. "查看留言"网页设计

"查看留言"网页（chakan.asp）是用来保存和显示"写留言"网页所提交的文字信息，并把留言保存到一个位于服务器端的文本文件内。制作方法如下：

（1）新建一个页面类型为 VBScript 的网页文件，以名称"chakan.asp"保存在本地站点的

"F:\ASPZD"文件夹内,它是"接收留言"网页文件。单击"CSS 样式"面板内的"新建 CSS 规则"按钮 ⬛,弹出"新建 CSS 规则"对话框,利用该对话框新建".STYLE1"内部 CSS 样式。设置文字字体为宋体,字大小为 24 px,颜色为红色,加粗;再新建".STYLE2"内部 CSS 样式。设置文字字体为宋体,字大小为 18 px,颜色为蓝色,加粗。

(2)输入 2 行文字,在两行文字之间插入 2 条水平线对象,在 2 条水平线对象间插入一个空行。然后,给第 1 行文字应用".STYLE1"内部 CSS 样式,给第 2 行文字应用".STYLE2"内部 CSS 样式。制作好的"接收留言"网页文件界面如图 10-4-8 所示。

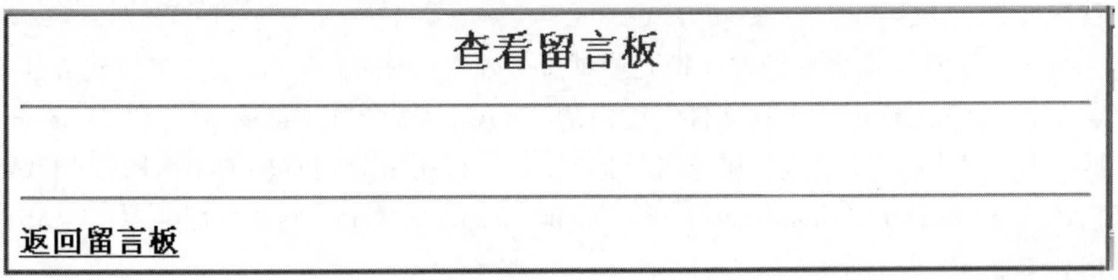

图 10-4-8　"查看留言"网页(chakan.asp)

(3)选中"返回留言板"文字,在它的"属性"(HTML)面板"链接"文本框中输入"liuyan.htm"。

(4)"查看留言"网页(chakan.asp)应用了 ASP 内置对象及 VBScript 脚本程序,它的代码如下:

```
<%@LANGUAGE="VBSCRIPT" CODEPAGE="936"%>
<!DOCTYPE HTML PUBLIC "-//W3C//DTD HTML 4.01 Transitional//EN" "http://www.w
3.org/TR/html4/loose.dtd">
<html>
<head>
<meta http-equiv="Content-Type" content="text/html; charset=gb2312">
<title>查看留言板</title>
<style type="text/css">
<!--
.STYLE1 {
    color: #FF0000;
    font-family: "宋体";
    font-size: 24px;
    font-weight: bold;
}
.STYLE2 {
    color: #0000FF;
    font-size: 18px;
    font-weight: bold;
    font-family: "宋体";
}
-->
</style>
</head>
<body>
<h2 align="center" class="STYLE1">查看留言板</h2>
```

```
<hr>
<p><!--#include file="ideas.txt"--></p>
<hr>
<a href="liuyan.htm" class="STYLE2">返回留言板</a>
<p> </p>
</body>
</html>
```

这里只添加了一条语句"`<p><!--#include file="ideas.txt"--></p>`"。其中，Include 是包含命令，用来将"liuyan.htm"网页提交保存在服务器端"F:\ASPZD"文件夹内的"ideas.txt"文本文件内容显示出来。

（5）单击"文件"面板中的"连接到测试服务器"按钮 ，与测试服务器建立连接；单击"刷新"按钮 。选中"本地文件"栏内的"liuyan.htm""shoudao.asp"和"chakan.asp"文件，单击工具栏中的"向'远程服务器'上传文件"按钮 ，将选中的本地网站"F:\ASPZD"文件夹内的"liuyan.htm""shoudao.asp"和"chakan.asp"文件上传到远程服务器"F:\ASPFWQ"文件夹内，如图 10-4-9 所示。

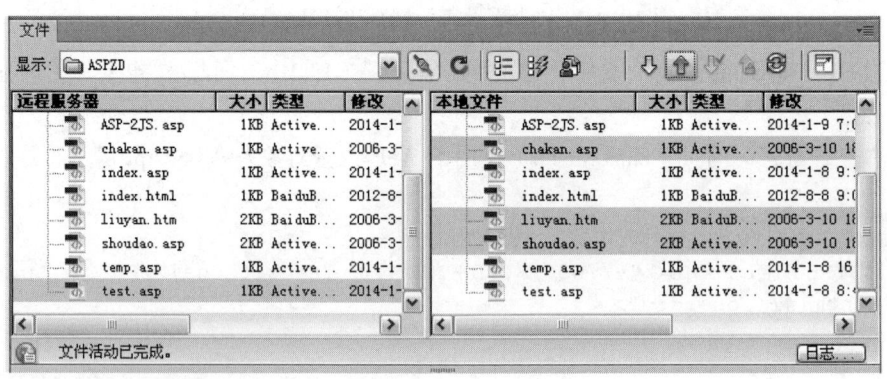

图 10-4-9　"文件"面板中的"远端站点/本地文件"状态

## ☕ 相关知识

### 1．"接收留言"网页代码解析

（1）接收从客户端上传的信息的脚本程序如下：

```
nam=Request("nam")              '接收姓名
email=Request("email")          '接收 E-mail 地址
liuyan=Request("liuyan")        '接收留言
```

（2）建立一个文件系统对象的程序如下：

```
Set fo=Server.CreateObject("Scripting.FileSystemObject")
```

程序说明：这里 fo 是文件系统对象的名称。Set 是给对象赋值的语句，有 Set 才说明 fo 是对象，如果没有 Set，则 fo 就是变量了。Server 是 ASP 的内置对象之一，它提供的 CreateObject 是建立对象的"方法"。这里所说的"方法"，相当于某些语言中的"函数"。有了这条语句才可以访问文件系统。

（3）获取文本文件"ideas.txt"的真实路径的程序如下：

```
fn=Server.MapPath("ideas.txt")     '文件"ideas.txt"的路径
```

程序说明：文本文件"ideas.txt"是一个位于服务器端"F:\ASPFWQ"文件夹内的文本文件，客户端所传输上来的留言文字保存到该文本文件内。程序中，fn 是变量的名称，里面存储一串字符串。MapPath 是 Server 对象提供的方法，它可以将虚拟路径转换为真实路径，从而获取文件"ideas.txt"的真实路径。

（4）打开文件的程序如下：

```
Set f1=fo.OpenTextFile(fn,8,TRUE)
```

程序说明：这里 f1 是被打开文件对象的名称，Set 用于对象。OpenTextFile 是文件系统 fo 对象的"方法"，它有以下 3 个参数：

◎ 第 1 个参数 fn 是要打开文件的真实完整路径。

◎ 第 2 个参数是文件打开方式，1 表示读文件，2 表示写文件，8 表示添加方式写文件。

◎ 第 3 个参数用"TRUE"表示，如果该文件不存在，就会自动建立该文件。若设置成"FALSE"，则当文件不存在时，会产生错误，这个参数可以省略，表示覆盖原文件。

（5）写文件的程序如下：

```
f1.WriteLine "◆" & Date & " " & Time & " <a href='mailto:" & email & "'> "
```

程序说明：方法 WriteLine 完成写的功能。这里 Date 和 Time 是日期和时间，均是 VBScript 的函数，可以直接调用。

（6）继续写文件和关闭文件的程序如下：

```
f1.WriteLine nam & "</a><br> 意见: " & liuyan & "<br><br>" '继续写文件
f1.close()               '关闭文件
```

## 2．ASP 内置对象 Response 简介

Response 对象用来根据客户端的不同请求输出相应的信息，控制发送给客户端的信息，包括直接发送信息给浏览器、重定向浏览器到另一个 URL 或设置 Cookie 的值。Response 对象还提供了一系列用于创建输出页的方法，例如前面多次用到的 Response.Write 方法。

Response 对象只有一个集合——Cookies，该集合设置希望放置在客户系统上的 Cookie 的值，它对应于 Request.Cookies 集合。Response 对象的 Cookies 集合用于在当前响应中，将 Cookies 值发送到客户端，该集合访问方式为只写。

Response 对象提供了一系列的属性，这些属性通常由服务器设置，不需要客户设置它们。在某些情况下，可以读取或修改这些属性，使响应能够适应请求。

Response 对象提供了一系列的方法，方便直接处理为返回给客户端而创建的页面内容。Response 对象的常用方法介绍如下：

（1）Write 方法：

【格式】Response.Write(变量或字符串)或 Response.Write 变量或字符串

【功能】它是 Response 对象中使用得最多的方法，它将信息直接从服务器端发送到客户端，在客户端动态显示内容。Response.Write 后面是要发送到客户端所显示的信息，可以用括号包含，也可以直接书写（与 Response.Write 之间有空格）。如果发送的是字符串信息，需要用引号包含，可以用&符号来连接字符串变量和字符串。举例如下：

```
<%
  Response.Write("a="& a & "和" & "b=" & b)
%>
```

再举例如下：

```
<%
    Response.Write username &"祝您生日快乐！"     'username 是 VB 变量，存储姓名
    Response.Write "目前的日期和时间是: " & now()
%>
```

Write 方法有一种省略的写法，其语法格式如下：

```
<% 变量或字符串 %>
```

例如：

```
<%= username & "祝您生日快乐!" %>
<%= "目前的日期和时间是: " & now() %>
```

这里的等号（=）可以看作是 Response.Write 的简写。

**注意**：使用 Write 方法的省略写法时，必须在变量或字符串两边分别加入"<%"和"%>"字符。

同样，其他的 ASP 内容也可以通过 Response.Write 方法输送到客户端，例如，动态输出的表格、数据库记录等。

（2）Redirect 方法：

【格式】Response.Redirect("url")

【功能】指示浏览器根据字符串 url 下载相应地址的页面。停止当前页面的编译或输出，转到指定的页面。例如，执行"Response.Redirect("http://www.sina.com.cn")"语句后，将停止当前网页的编译或输出，跳转到新浪网首页（http://www.sina.com.cn）。

（3）End 方法：

【格式】Response.End

【功能】让 ASP 结束处理页面的脚本，并返回当前已创建的内容，然后放弃页面的任何进一步处理，停止页面编译，并将已经编译的内容输出到浏览器。举例如下：

```
<%
    response.write time()
    response.end        '程序执行显示到此结束
    response.write time()
%>
```

（4）BinaryWrite 方法

【格式】Response.BinaryWrite(safeArray)

【功能】在当前的 HTTP 输出流中写入 Variant 类型的 SafeArray，而不经过任何字符转换。BinaryWrite 方法对于写入非字符串的信息，例如，定制的应用程序请求的二进制数据或组成图像文件的二进制字节，是非常有用的。

（5）Clear 方法

【格式】Response.Clear()

【功能】当 Response.Buffer 为 True 时，Clear 方法从 IIS 响应缓冲中删除现存的缓冲页面内容（所有 HTML 输出），但不删除 HTTP 响应的报头，可用来放弃部分完成的页面。Clear 方法和 End 方法类似相反，End 是到此结束返回上面的结果，而 Clear 却是清除上面的执行结果。例如：

```
<%
  response.write time()
  response.clear              '以上程序到此全部被清除
  response.write time()
%>
```

## 思考与练习 10-4

1. Response 内置对象有几种常用的方法？它的 Write 方法具有什么功能？它的书写格式是什么？举例说明。

2. 参考【案例 34】网页的制作方法，制作另一个"简单留言板"网页。

## 10.5　综合实训 9 "Form 和 QueryString 集合应用"网页

### 实训效果

该综合实训需要完成两项实训任务，一个是制作"Form 集合应用"网页，一个是制作"QueryString 集合应用"网页，分别用来验证 Form 集合与 QueryString 集合应用方法。

#### 1. "Form 集合应用"网页

"Form 集合应用"网页由两个网页页面组成，一个是"输入数据"网页，名称为"ASP-3-1.asp"；另一个是"显示传送数据的计算结果"网页，名称为"ASP-3-2.asp"。

在浏览器的地址栏中输入"http:// 192.168.2.175/ASP-3-1.asp"，按【Enter】键后，浏览器显示如图 10-5-1 所示。在网页内的两个文本框中分别输入"40"和"60"，再单击"计算结果"按钮，即可弹出"ASP-3-2.asp"网页，其内显示"ASP-3-1.asp"网页中传输的两个正整数 40 和 60 的和 100，如图 10-5-2 所示。

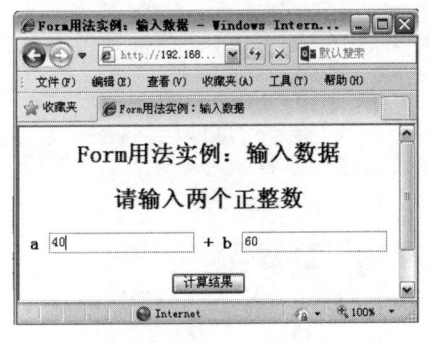

图 10-5-1　"ASP-3-1.asp"网页

图 10-5-2　"ASP-3-2.asp"网页

#### 2. "QueryString 集合应用"网页

"QueryString 集合应用"网页也由两个网页页面，一个是"传送信息"网页，名称为"ASP-4-1.asp"；另一个是"显示传送来的信息"网页，名称为"ASP-4-2.asp"。

在浏览器的地址栏中输入"http://192.168.2.175/ASP-4-1.asp"，按【Enter】键后，浏览器

显示如图 10-5-3 所示。单击网页内的"显示"超链接，即可弹出"ASP-4-2.asp"网页，其内显示"ASP-4-1.asp"网页中要传输的信息，如图 10-5-4 所示。

图 10-5-3 "ASP-4-1.asp"网页

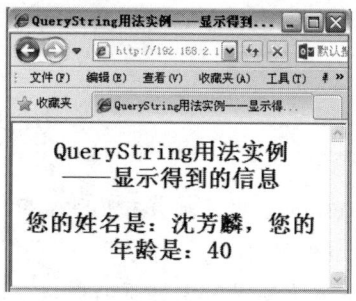

图 10-5-4 "ASP-4-2.asp"网页

## 实训提示

### 1. "Form 集合应用"网页的制作提示

（1）启动 Dreamweaver CS6，新建一个页面类型为 VBScript 的网页文件。设置该网页文档的标题为"Formg 用法实例——输入数据"，将网页文件以名称"ASP-3-1.asp"保存在本地站点"F:\ASPZD"文件夹内。

（2）将光标定位在第 1 行，输入蓝色、宋体、大小为 18 px、居中分布的文字"Formg 用法实例——输入数据"，在下一行再输入同样属性的文字"请输入两个正整数"。

（3）将光标定位在第 3 行，在光标处创建一个表单域。在表单域内输入蓝色、宋体、大小为 18 px 文字"a""+""b"，再创建两个文本域，它的"名称"分别为"a"和"b"，a 文本字段的"属性"面板如图 10-5-5 所示。

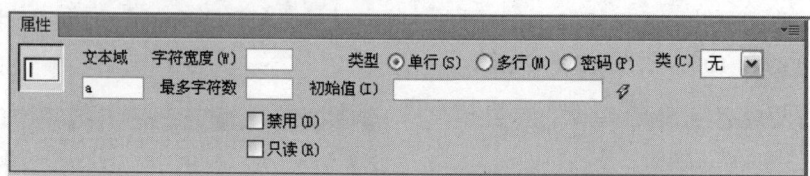

图 10-5-5 文本域"a"的"属性"面板

（4）按【Enter】键，将光标定位在下一行，在光标处创建一个名称为"提交"的按钮，它的 ID 为 an，"属性"面板的设置如图 10-5-6 所示。

图 10-5-6 按钮"an"的"属性"面板

（5）选中表单，在"属性"面板"表单 ID"和"动作"文本框中分别输入"forml"和"ASP-3-2.asp"，在"方法"下拉列表框中选中"POST"选项，如图 10-5-7 所示。

图 10-5-7　表单的"属性"面板

（6）单击"文档"工具栏内的"代码"按钮，切换到"代码"视图状态，将其中的代码程序进行修改，即创建"ASP-3-1.asp"网页，其内的代码程序如下：

```
<html>
<head>
<title>Form 用法实例：输入数据</title>
</head>
<body style="color: #00F; text-align: center; font-size: 18px; font-weight:
bold;">
<h2 align="center">Form 用法实例：输入数据</h2>
<h2 align="center">请输入两个正整数</h2>
    <form id="form1" name="form1" method="post" action="ASP-3-2.asp">
    <p>
      <label>a
        <input type="text" name="a" id="a" />
      </label>
      +
      <label>b
        <input type="text" name="b" id="b" />
      </label>
    </p>
    <p>
      <input type="submit" name="an" id="an" value="计算结果" />
    </p>
  </form>
  <p align="center"> </p>
</body>
</html>
```

（7）创建一个网页文件，其内的代码程序如下所示。将该网页文件以名称"ASP-3-2.asp"保存在本地站点"F:\ASPZD"文件夹内。

```
<html>
<head>
<title>Form 用法实例：显示计算结果</title>
</head>
<body style="color: #00F; text-align: center; font-size: 18px; font-weight:
bold;">
    <h2 align="center"> Form 用法实例：显示计算结果</h2>
    <h2 align="center">
    <%
    Dim a,b,sum
    a=Request.Form("a")          '返回 a 的值
    b=Request.Form("b")          '返回 b 的值
    c=CInt(a)+CInt(b)
    Response.Write  CInt(a) & "+"& CInt(b) & "=" & CInt(c)
```

```
%>
    </h2>
</body>
</html>
```

该程序中，"<%"和"%>"标示符之间的程序是 VBScrip 语言程序，倒数第 5 行的程序是将变量 a 的值连接"+"、连接变量 b 的值、连接"+"，再连接变量 c 的值，然后显示出来。因为原来传送来的变量 a 和 b 的数据类型是字符型，要进行计算，需要将它们转换为数值型，CInt()函数就是用来将字符型数据转换为数值型数据的。

### 2．"QueryString 集合应用"网页的制作提示

（1）创建一个页面类型为 VBScript 的网页文件，其内的代码程序如下所示。将该网页文件以名称"ASP-4-1.asp"保存在本地站点"F:\ASPZD"文件夹内。

```
<html>
<head>
<title>QueryString 用法实例——准备传送的信息</title>
</head>
<body style="color: #00F; text-align: center; font-size: 18px; font-weight:
bold;">
    <h2 align="center"> QueryString 用法实例<br>
    ——准备传送的信息</h2>
    <h2 align="center">请单击下面的超级链接文字</h2>
    <h2 align="center">
    <a href="ASP-4-2.asp?name=沈芳麟&age=40">显示</a></h2>
</body>
</html>
```

该程序中倒数第 3 行语句中的"href="ASP-4-2.asp?name=沈大麟&age=30">显示"用来将"沈大麟"文字通过变量 name，30 通过变量 age，传送到"ASP-4-2.asp"网页。

（2）创建一个网页文件，其内的代码程序如下所示。将该网页文件以名称"ASP-4-2.asp"保存在本地站点"F:\ASPZD"文件夹内。

```
<html>
<head>
<title>QueryString 用法实例——显示得到的信息</title>
</head>
<body style="color: #00F; text-align: center; font-size: 18px; font-weight:
bold;">
    <h2 align="center" > QueryString 用法实例<br>
    ——显示得到的信息</h2>
    <h2 align="center" >
    <%
    Dim name1,age1
    name1=Request.QueryString("name")        '返回姓名
    age1=Request.QueryString("age")          '返回年龄
    Response.Write "您的姓名是: "& name1 & "，您的年龄是: " & age1
    %>
    </h2>
</body>
</html>
```

该程序中使用 Request.QueryString 集合获取 name 的值"沈大麟"，再赋给变量 name1；获取 age 的值"30"，再赋给变量 age1。Response.Write 语句用来显示其后边的字符串数据，即"您的姓名是："name1 的值"沈大麟""，""您的年龄是："和"30"连接后的字符串"您的姓名是：沈大麟，您的年龄是：30"。

注意：最后，要将本地网站"F:\ASPZD"文件夹内新创建的"ASP-3-1.asp"……"ASP-4-2.asp"4 个网页文件上传到远程服务器"F:\ASPFWQ"文件夹内。

### 3. Request 对象的 Form 集合简介

在网页中经常会遇到填写注册信息的界面（见图 10-3-1）。这可以通过 Form 表单来实现，填写完后单击"提交"按钮或"确定"按钮就可以将输入的信息传送到服务器上，服务器就可以调用程序来处理这些信息（将信息存在文本文件或数据库中）。Form 集合的常用格式及其功能如下：

【格式】Request.Form(Parameter)[(Index).Count]

【功能】Form 集合用于获取客户端一个页面内表单<Form>中所有元素的内容，并传送到另一个页面中。其中，Parameter 是 HTML 表单中某一元素的名称。例如，下面的语句将用户以 POST 方式所提交的表单中名称为 pwd 的对象内容赋值给 strpwd。

```
strpwd=Request.Form("pwd")
```

表单上传的信息用 Request 对象的 Form 集合来接收。在 ASP 程序中常用如下语句来获取网页传递的信息：

```
UserName=Request.Form ("UserName")
UserPass=Request.Form ("UserPass")
```

程序中，可以使用"<% = UserName %>"和"<% = UserPass %>"语句来把已经接收到的信息在网页中显示出来。

程序中，赋值运算符（"="）左边的 UserName 和 UserPass 是变量，右边括弧内引号中的 UserName 和 UserPass 是网页中文本字段（Textfield）的名字。变量名与表单中的对象名可以是一致的，也可以是不一致的。但要注意避开保留字。在本例中，用 UserName 而不是用 Name 来作为变量名，就是这个目的。

实际中，通常采用更简单的写法（省去".Form"），如下面的程序所示。省去集合名后，系统会依次在每个数据集合中查找，直到找到为止。

```
UserName=Request ("UserName")
UserPass=Request ("UserPass")
```

### 4. Request 对象的 QueryString 集合简介

QueryString 获取方法可以获取标识在 URL 后面所有返回的变量和值。它是获取查询字符串的变量值的集合。

【格式】Request.QueryString(Varible)[(Index).Count]

【功能】Varible 是在查询字符串中变量的名称。当某个变量具有多个值时，使用 Index。当某一变量具有多个值时，Count 指明值的个数。例如：

下面的语句将用户提交的查询字符串中变量 name 的值赋给 strname：

```
strname=Request.QueryString("name")
```

下面的语句将统计用户提交的查询字符串中变量 like 值的个数：

```
likecount=Request.QueryString("like").Count
```

 **实训测评**

| 能力分类 | 评价项目 | 评价等级 |
|---|---|---|
| 职业能力 | 了解服务器端和客户端、静态网页和动态网页 | |
| | 了解服务器和客户端的访问，客户端和服务器端脚本程序 | |
| | 了解 ASP 语法、基本组成和规则 | |
| | 了解 ASP 内置对象 Request，以及它的集合、属性和方法 | |
| | 了解 ASP 内置对象 Response 的 Write 等方法 | |
| | 了解对象 Response 的 Form QueryString 集合的应用方法 | |
| 通用能力 | 自学能力、总结能力、合作能力、创造能力等 | |
| 综合评价 | | |

# 第 **11** 章　数据库网页基础

通过案例初步了解建立数据库连接，显示、修改、追加、删除数据库中数据的方法等。

动态 Web 站点需要一个内容源，在将数据显示在网页上之前，动态 Web 站点需要从一个数据源来获取数据，这些内容源可以是数据库、请求变量、服务器变量、表单变量或预存过程。Dreamweaver CS6 支持多种不同的数据库，如 SQL Server、Access、Oracle 等。本案例使用的是 Access 数据库。在一些中小企业或个人网站的数据库 Web 应用中，Microsoft Access 数据库使用得较多。Microsoft Access 是 Microsoft Office 的组件之一，在安装 Microsoft Office 可以一并安装。

## 11.1　【案例 35】"简单通讯录系统"网页

### 案例效果

"简单通讯录系统"网页在浏览器中的显示效果如图 11-1-1 所示。它可以浏览数据库 "TXL.mdb"（简单通讯录系统）中的所有内容。在表格内第 1 行显示字段名称，第 2、3 行显示两条记录内容，单击表格下面的连接文字，可以改变显示的记录，最下面显示数据库中的总记录数字和当前显示的记录号。

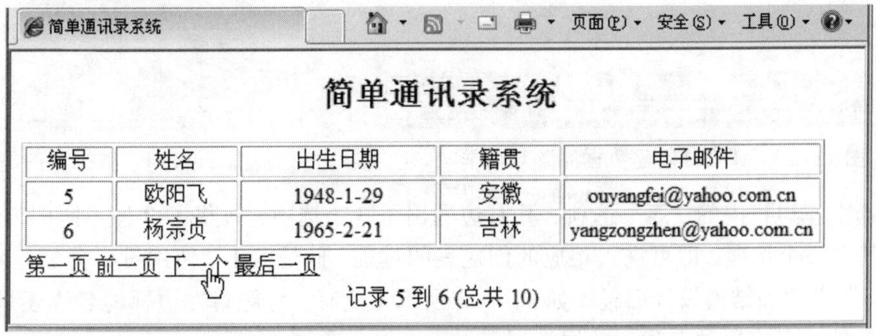

图 11-1-1　"简单通讯录"网页在浏览器中的显示效果

在该案例中用 Microsoft Access 建立一个只有一个表的数据库文件，命名为 "TXL.mdb"，数据库表如图 11-1-2 所示。将该数据库存放在任何位置都可以（但要保证任何用户都可以读写控制数据库文件，最好是在 FAT32 分区的磁盘下），这里存放在 "F:\ASPZD" 目录下。使用 Access 数据库作为内容源，操作相对简单，容易实现。

| | 编号 | 姓名 | 出生日期 | 籍贯 | 电子邮箱 |
|---|---|---|---|---|---|
| ▶ | 1 | 李志华 | 1947-02-01 | 湖南 | lizhihua@yahoo.com.cn |
| | 2 | 章孝贵 | 1950-10-21 | 湖北 | zhangxiaogui@yahoo.com.cn |
| | 3 | 王美琦 | 1951-11-20 | 上海 | wangmeiqi@yahoo.com.cn |
| | 4 | 赵一麦 | 1945-03-06 | 北京 | zhaoyimai@yahoo.com.cn |
| | 5 | 古明珠 | 1960-02-09 | 黑龙江 | gumingzhu@yahoo.com.cn |
| | 6 | 封金儒 | 1965-02-10 | 内蒙 | fengjinru@yahoo.com.cn |
| | 7 | 霍恩如 | 1953-01-20 | 辽宁 | huoenru@yahoo.com.cn |
| | 8 | 艾伦 | 1966-07-21 | 山东 | ailun@yahoo.com.cn |
| * | (自动编号) | | | | |

记录: |◀ ◀ 1 ▶ ▶| ▶* 共有记录数: 8

图 11-1-2　Access 数据库表 "简单通讯录系统.mdb"

 设计过程

### 1. 创建数据库

（1）启动 Microsoft Office Access 2003，单击 "文件" → "新建" 命令，弹出 "新建文件" 任务窗格，单击 "空数据库" 选项，弹出 "文件新建数据库" 对话框，如图 11-1-3 所示。

（2）在 "文件新建数据库" 对话框的 "保存位置" 下拉列表框中找到数据库保存的位置，此处选择 ""F:\ASPZD" 目录，在 "保存类型" 下拉列表框中选择保存类型为 "Microsoft Office Access 数据库"，在 "文件名" 文本框中输入数据库的名字 "TXL.mdb"（提示：最好不用中文名称），然后单击 "创建" 按钮，即可创建一个空的数据库，同时进入数据库的编辑窗口，如图 11-1-4 所示。

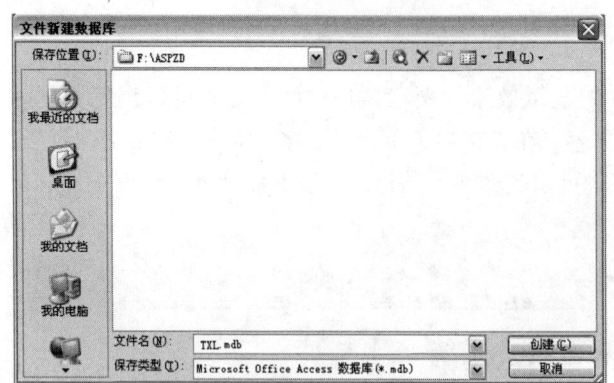

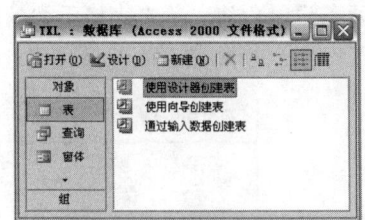

图 11-1-3　"文件新建数据库" 对话框　　　　图 11-1-4　数据库的编辑窗口

（3）选中左边栏内的 "表" 选项，其右边列出了 3 个选项，提供了 3 种不同的创建表的方法。双击其中一个选项，即可进入相应的创建表的过程。此处双击 "使用设计器创建表" 图标，进入 "表 1" 表的表结构设计面板，如 11-1-4 所示（此时，标题栏左边标的名称还是 "表 1"，其内还没有输入各字段的名称和数据类型等）。

（4）在 "表 1" 表的表结构设计面板内设计表的结构，此处设置表的第 1 个字段名称是 "编号"，数据类型为 "自动编号"，设置该字段为 "主键" 字段。"TXLB" 表的表结构中，其他字段的名称和数据类型如图 11-1-5 所示。右击 "编号" 行，弹出快捷菜单，单击 "主键" 命令，设置 "编号" 字段为主键，完成后，"编号" 行最左边的图标 变为，如图 11-1-5 所示。

（5）单击表结构设计面板右上角的"关闭"按钮⊠，关闭表结构设计面板，弹出一个"Microsoft Office Access"保存提示对话框，如图 11-1-6 所示。

图 11-1-5　"表 1"表的表结构设计面板　　　　　图 11-1-6　保存提示对话框

（6）单击"是"按钮，关闭该对话框，弹出"另存为"对话框，在"表名称"文本框中输入"TXLB"，如图 11-1-7 所示。单击"确定"按钮，关闭"另存为"对话框，创建"TXL.mdb"数据库的"TXLB"表，同时弹出"TXLB"表的设计视图。

（7）在数据库"TXL.mdb"数据库的"TXLB"表的设计视图中的第 1 条记录行"编号"字段单元格内输入 1；按【Enter】键，光标自动定位到第 1 条记录行"姓名"字段单元格内，输入"李刚"；按【Enter】键，光标自动定位到第 1 条记录行"姓名"字段单元格内，输入"1945-11-10"。按照上述方法，再输入其他字段内容，最后按【Enter】键，光标会自动定位到下一条记录的"编号"字段单元格内。

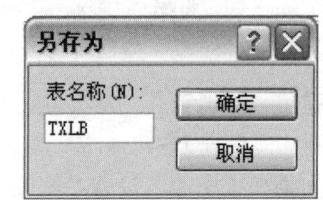

图 11-1-7　"另存为"对话框

（8）按照上述方法添加 10 条记录，如图 11-1-8 所示。单击"TXLB"表设计视图右上角的"关闭"按钮⊠，关闭"TXLB"表设计视图，此时数据库编辑窗口内右边栏内会增加一个"TXLB"表的图标 ▦ TXLB，如图 11-1-9 所示。

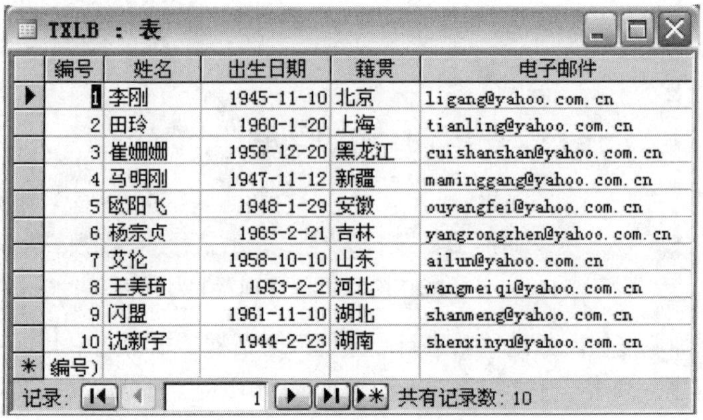

| 编号 | 姓名 | 出生日期 | 籍贯 | 电子邮件 |
|------|------|----------|------|----------|
| 1 | 李刚 | 1945-11-10 | 北京 | ligang@yahoo.com.cn |
| 2 | 田玲 | 1960-1-20 | 上海 | tianling@yahoo.com.cn |
| 3 | 崔姗姗 | 1956-12-20 | 黑龙江 | cuishanshan@yahoo.com.cn |
| 4 | 马明刚 | 1947-11-12 | 新疆 | maminggang@yahoo.com.cn |
| 5 | 欧阳飞 | 1948-1-29 | 安徽 | ouyangfei@yahoo.com.cn |
| 6 | 杨宗贞 | 1965-2-21 | 吉林 | yangzongzhen@yahoo.com.cn |
| 7 | 艾伦 | 1958-10-10 | 山东 | ailun@yahoo.com.cn |
| 8 | 王美琦 | 1953-2-2 | 河北 | wangmeiqi@yahoo.com.cn |
| 9 | 闪盟 | 1961-11-10 | 湖北 | shanmeng@yahoo.com.cn |
| 10 | 沈新宇 | 1944-2-23 | 湖南 | shenxinyu@yahoo.com.cn |

记录：|◀ ◀ 　1 ▶ ▶| ▶* 共有记录数：10

图 11-1-8　"TXLB"表的通讯录内容

（9）双击"TXLB"表的图标，弹出"TXLB"表的设计视图，进行各条记录各字段内容的修改。单击记录行左边的图标▇，选中该行记录，右击记录，弹出快捷菜单，如图 11-1-10 所示，单击"新记录"命令，可以增加一条空的新记录；单击"删除记录"命令，可以删除选中的一行记录。

到这里，Access 数据库的创建和数据的输入已经完成，关闭数据库，退出 Access。

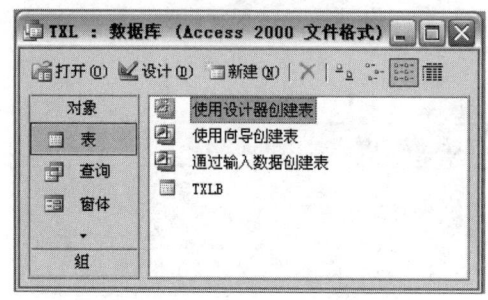

图 11-1-9　数据库编辑窗口

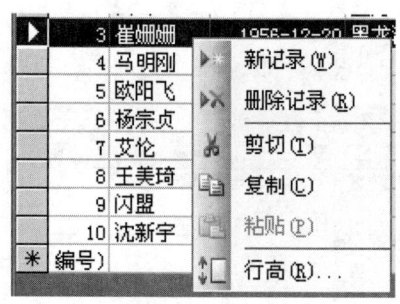

图 11-1-10　"记录"快捷菜单

### 2．数据库来源设置

如果没有建立数据库与应用服务器的连接，Dreamweaver CS6 将无法找到数据库或不知道如何与数据库联系，也就无法使用采用数据库的内容源。要让网页读取数据库中的数据，就应该知道数据库来源在哪儿，所以设置数据库来源是使网页与数据库产生关联的第一步。数据库来源设置的操作步骤如下：

（1）单击"开始"→"控制面板"命令，弹出"控制面板"窗口，双击"管理工具"图标，弹出"管理工具"窗口，双击"数据源（ODBC）"图标，弹出"ODBC 数据源管理器"对话框。单击"系统 DSN"标签，切换到"系统 DSN"选项卡。单击列表框中的系统数据源的名称标签，如果列表框中还没有系统数据源的名称标签，需要添加系统数据源，如图 11-1-11 所示。

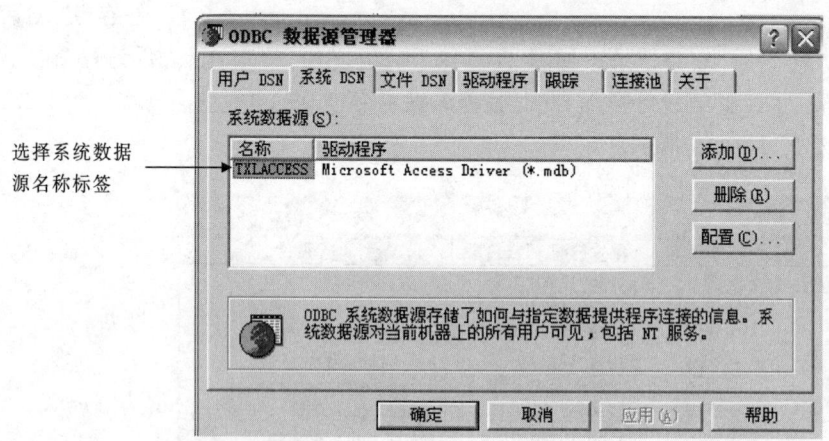

图 11-1-11　"ODBC 数据源管理器"对话框

（2）单击"添加"按钮，弹出"创建新数据源"对话框，单击选中其内"选择您想为其安装数据源的驱动程序"列表框中的"Microsoft Access Driver（*mdb）"数据源驱动程序选项，如图 11-1-12 所示。

（3）单击"完成"按钮，关闭"创建新数据源"对话框，弹出"ODBC Microsoft Access 安装"对话框，在两个文本框中输入相应的文字，设置数据源名称为"TXLACCESS"，如图 11-1-13 所示。

（4）单击"选择"按钮，弹出"选择数据库"对话框，选择数据库所存放的磁盘驱动器，接着选择文件夹，再选择数据库文件"TXL.mdb"，如图 11-1-14 所示。

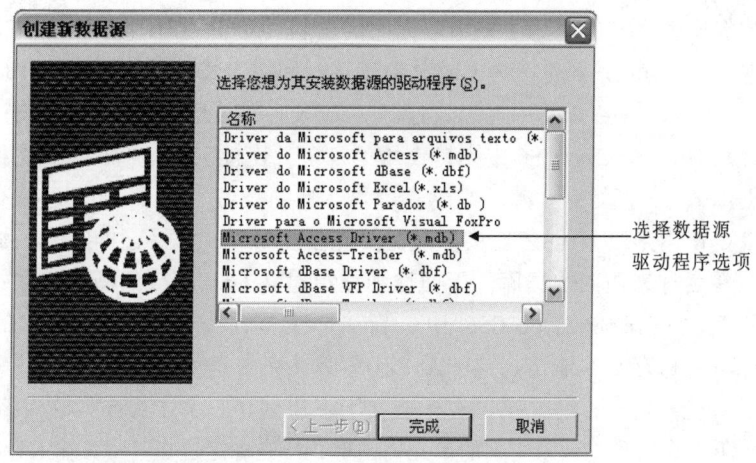

图 11-1-12　"创建新数据源"对话框

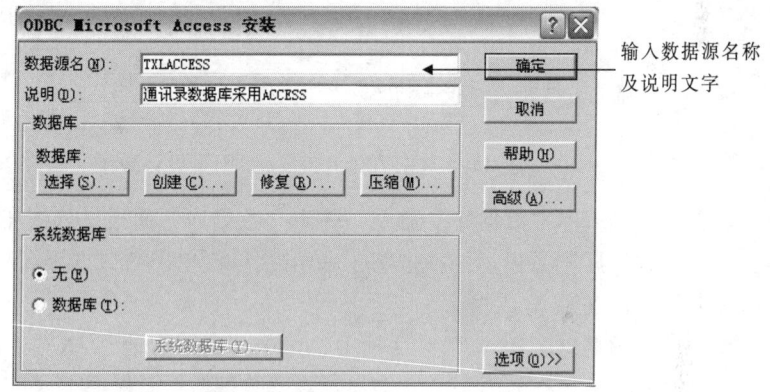

图 11-1-13　"创建新数据源"对话框

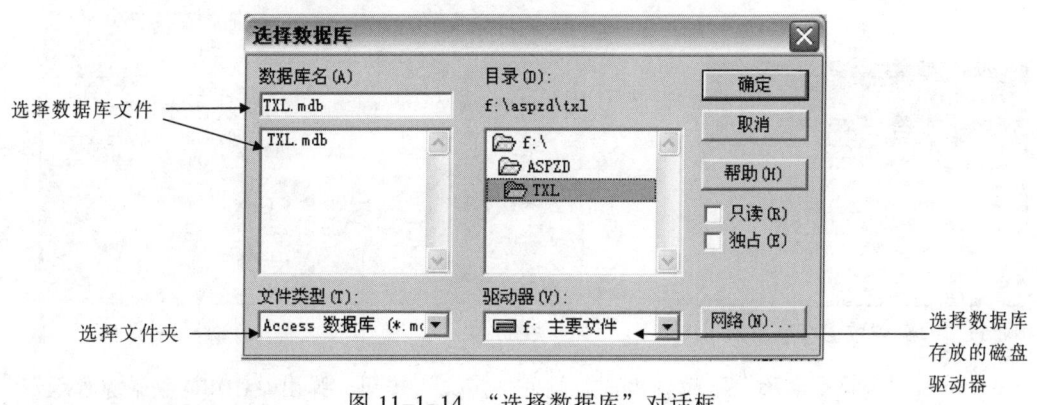

图 11-1-14　"选择数据库"对话框

（5）单击"确定"按钮，关闭"选择数据库"对话框，回到"ODBC Microsoft Access 安装"对话框。再单击"确定"按钮，关闭该对话框，回到"ODBC 数据源管理器"对话框，单击"确定"按钮，完成数据库来源设置。

### 3. 建立数据库连接

如果没有建立数据库与应用服务器的连接，Dreamweaver CS6 将无法找到数据库或不知道如何与数据库联系，也就无法使用数据库的内容。对于 ASP 应用程序来说，必须通过开放式数据库连接（ODBC）驱动程序（或对象链接）和嵌入式数据库（OLE DB）提供程序连接到数据库。在 Dreamweaver CS6 中可以通过建立 DSN（数据源名称）连接和定义连接字符串来连接数据库。在 Dreamweaver CS6 中支持使用"自定义连接字符串"和"数据源名称（DSN）"来连接到数据库。

　　如果是使用 DSN 来创建连接，则需要先创建 DSN 数据源，再在 Dreamweaver CS6 中通过 DSN 数据源名称来访问数据库。下面详细介绍建立 DSN 连接的操作步骤：

　　（1）启动 Dreamweaver CS6 中，新建一个页面类型为 VBScript 的网页文件，以名称 "TXLXT.asp"保存在本地站点"F:\ASPZD"文件夹内。然后，在"设计"视图窗口内创建"简单通讯录系统"蓝色标题文字，在标题文字下边创建一个 2 行 5 列的表格。

　　（2）单击表格第 1 行第 1 列的单元格内部，使光标定位在其中，输入蓝色、18 px 大小的宋体文字"编号"。按照上述方法，在第 1 行其他单元格内部分别输入其他文字，如图 11-1-15 所示。

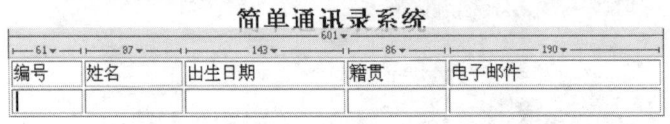

图 11-1-15　"TXLXT.asp"网页设计效果

　　（3）单击"窗口"→"数据库"命令，弹出"数据库"面板，如图 11-1-16 所示。

　　（4）单击"数据库"面板上的 ✚ 按钮，弹出菜单，单击"数据源名称（DSN）"命令，弹出"数据源名称（DSN）"对话框。

　　（5）在"数据源名称（DSN）"对话框中，选中"使用本地 DSN"单选按钮，在"连接名称"文本框中输入连接名称"TXL"（它会显示在"数据库"面板内）。在"数据源名称（DSN）"下拉列表框中选中前面设置的数据库来源名称"TXLACCESS"选项，如图 11-1-17 所示。

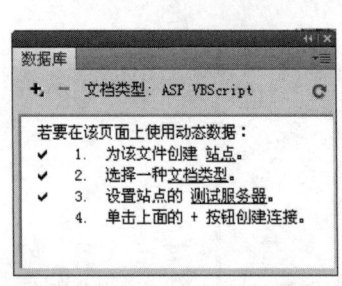

图 11-1-16　"数据库"面板

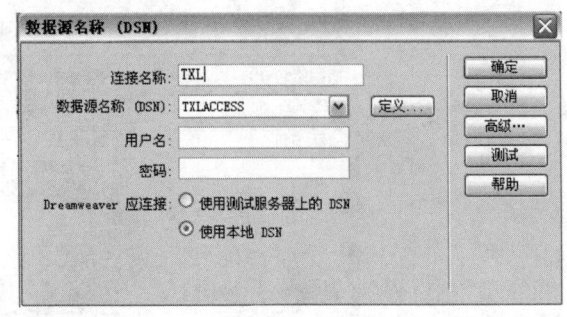

图 11-1-17　"数据源名称（DSN）"对话框

　　（6）单击"数据源名称"下拉列表框右侧的"定义"按钮，弹出"ODBC 数据源管理器"对话框，利用该对话框可以设置新的数据库源。

　　（7）单击"数据源名称（DSN）"对话框内的"测试"按钮，成功完成测试后会显示如图 11-1-18 所示的提示框，提示"成功创建连接脚本"。单击"确定"按钮，即可在"数据库"面板中出现相应的数据库连接，如图 11-1-19 所示。完成"TXLXT.asp"ASP 网页与数据库来源名称 "TXLACCESS"指示的数据库文件"TXL.mdb"的连接。

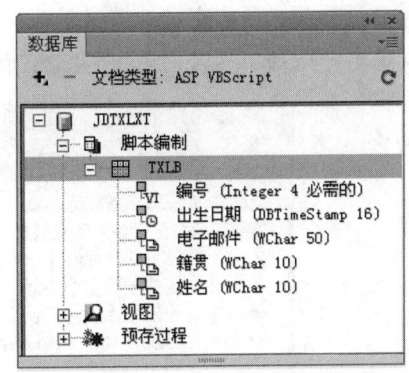

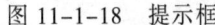

图 11-1-18　提示框　　　　　　　　　图 11-1-19　创建数据库连接后的"数据库"面板

需要说明的是，每建立一个 ASP 网页与数据库的连接后，在"F:\ASPZD"网站根目录文件夹下会自动生成一个名称为"Connections"的文件夹，其内自动生成一个与连接名称相同的名为"TXL.asp"的文件，该文件内主体程序如下，用来完成连接数据库的代码：

```
<%
Dim MM_TXL_STRING
MM_TXL_STRING="dsn=TXLACCESS;"
%>
```

另外，建立一个 ASP 网页与数据库的连接还可以通过"自定义连接字符串"的方式进行。如果在 Windows XP 操作系统下，在网页内添加显示数据库中数据的功能时，需要用"自定义连接字符串"的方式建立一个 ASP 网页与数据库的连接。最简单的方法是在"Connections"文件夹内"TXL.asp"网页文件内添加一条代码语句：

```
<%
Dim MM_TXL_STRING
MM_TXL_STRING = "dsn=TXLACCESS;"
MM_TXL_STRING ="Provider=microsoft.jet.oledb.4.0;data source=" & server.MapPath("txl.mdb")
%>
```

重复上述步骤可以建立多个数据库连接，这样在站点中就可以使用多个数据库。还要说明的是，每建立一个数据库连接，实际上都会在本地站点的"Connections"文件夹中添加一个与连接名称相同的 asp 文档，正是它起着真正的连接作用。

### 4．绑定记录集

将数据库用作动态网页的内容源时，必须创建一个要在其中存储检索数据的记录集。记录集在存储内容的数据库和生成网页的应用程序服务器之间起到一种桥梁作用。当服务器不再需要记录集时，就会将其关闭，以回收其所占用的存储空间。

记录集本身是从指定数据库中检索到的数据的集合。它可以包括完整的数据库表格，也可以包括表格的行和列的子集。这些行和列通过在记录集中定义的数据库查询进行检索。数据库查询是用结构化查询语言（SQL）编写的。使用 Dreamweaver CS6 附带的 SQL 创建器，用户可以在不了解 SQL 的情况下创建简单查询。网页和数据库连接后，可以用 Dreamweaver 建立记录集，将数据库中的数据取出使用，操作步骤如下：

（1）单击"窗口"→"绑定"命令，弹出"绑定"面板，如图 11-1-20（a）所示。在该面板内提示的前三项均完成的情况下（左边有 ✔），单击 ➕ 按钮，弹出菜单，如图 11-1-20（b）所示。单击"记录集（查询）"命令，弹出"记录集"对话框，如图 11-1-21 所示。

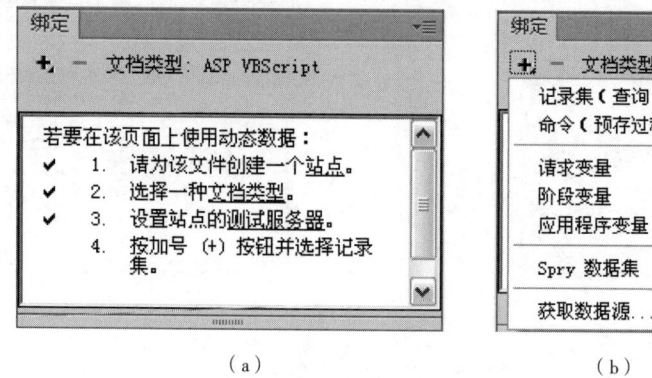

（a）　　　　　　　　　　　　　（b）

图 11-1-20　"绑定"面板

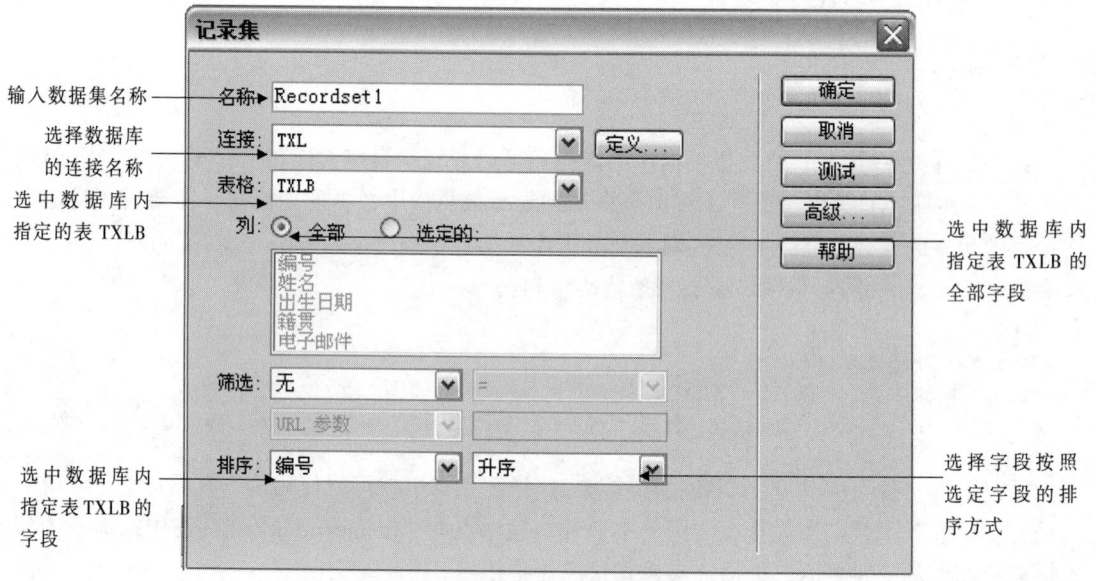

图 11-1-21　"记录集"对话框的设置

（2）在"记录集"对话框内，首先为记录集命名，默认情况下系统会将其命名为 Recordset1，如果要更改，在"名称"文本框中输入即可。在"连接"下拉列表框中选择"TXL"选项，确定连接已经创建的"TXL.mdb"数据库。

（3）在"表格"列表框中列出了连接的数据库中指定的表，选中"TXLB"选项，选中"TXL.mdb"数据库中的"TXLB"表。选中"全部"单选按钮，表示选中全部字段；选中"选定的"单选按钮，表示可以选中部分字段。在"排序"下拉列表框中选中"编号"选项，在其右边的下拉列表框中选中"升序"选项，表示按照"编号"字段进行生序排序查询。

（4）另外，在"筛选"下拉列表框中可以选择一个字段名称，则"筛选"栏内的 4 个下拉列表框会变为有效，如图 11-1-22（a）所示。在"筛选"栏第 2 个下拉列表框中可以选择筛选的条件，如图 11-1-22（b）所示。

以上仅仅是利用 Dreamweaver CS6 附带的 SQL 创建器来创建记录集，且是在不太了解 SQL 语言的情况下创建简单的查询。

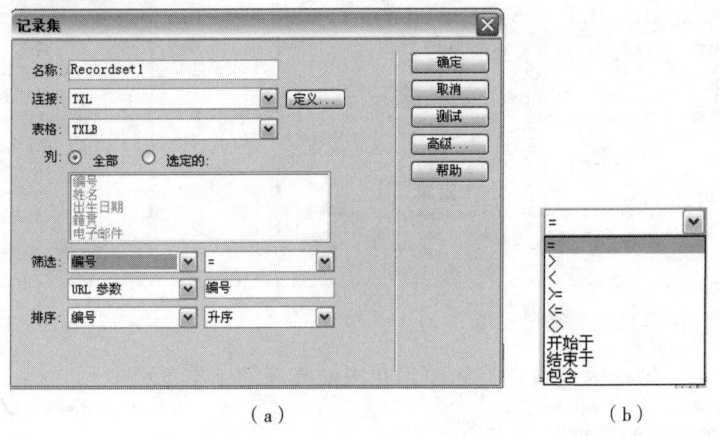

（a）　　　　　　　　　（b）

图 11-1-22 "记录集"（简单）对话框和"筛选"栏第 2 个下拉列表框

（5）单击"记录集"对话框中的"高级"按钮，切换到高级状态的"记录集"对话框，如图 11-1-23 所示。在"SQL"列表框中可以手动编写复杂的 SQL 语句，进行更高级的查询。

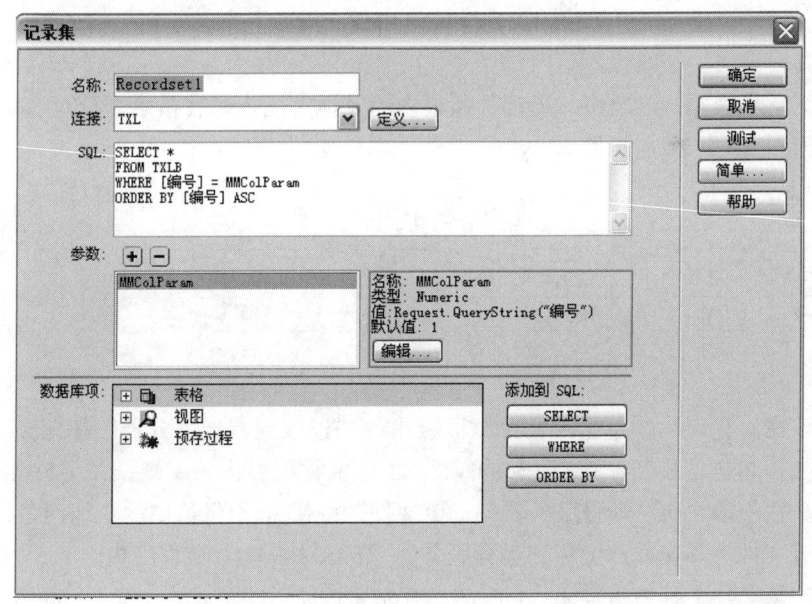

图 11-1-23 "记录集"（高级）对话框

单击"简单"按钮，可切换到简单状态的"记录集"对话框，如图 11-1-22（a）所示。

（6）对于记录集最后的查询效果，可以单击"记录集"对话框内的"测试"按钮，预览效果如图 11-1-24 所示。如果预览的效果与所预期的不一致，可以再进行更改。

（7）单击"确定"按钮，回到"绑定"面板中，可以看到所创建的记录集，如图 11-1-25 所示。重复上述步骤可以为当前动态网页建立多个"记录集"。

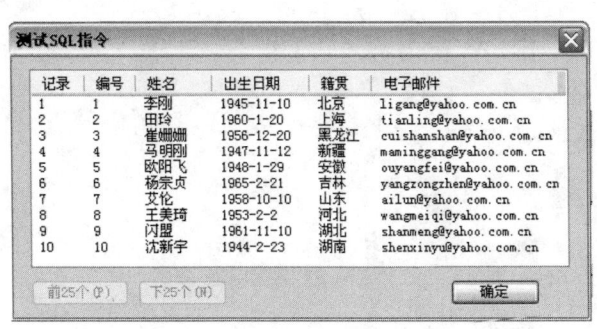

图 11-1-24　测试记录集

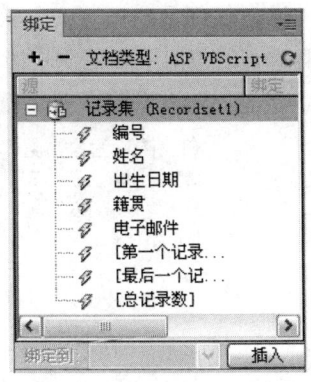

图 11-1-25　"绑定"面板

需要注意，每次创建的记录集只能使用在当前打开的动态页面中。

### 5．显示数据库中的数据

记录集建好之后，就可以在网页中添加动态内容了，具体方法如下：

（1）单击表格第 2 行第 1 列的单元格内部，使光标定位在其中，选择"绑定"面板中展开的"编号"字段名称，单击"插入"按钮，即可将"编号"字段内容插入到表格的第 2 行第 1 列单元格内。另外，还可以直接将"绑定"面板内的"编号"字段拖到表格的第 2 行第 1 列单元格内，在其内生成一个图标。

（2）重复上步操作，依次将"绑定"面板内的其他字段拖到表格第 2 行对应的单元格中，最后的效果如图 11-1-26 所示。

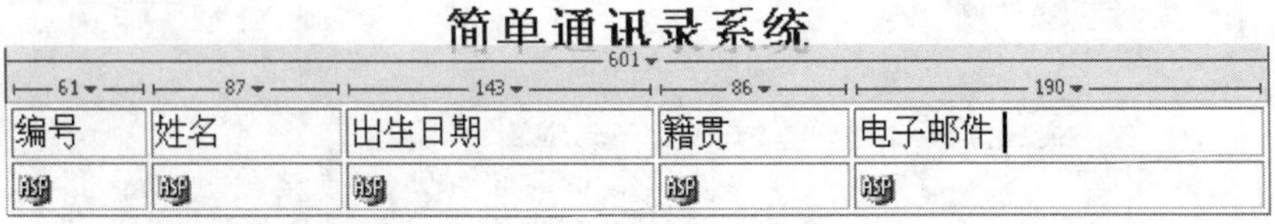

## 简单通讯录系统

| 编号 | 姓名 | 出生日期 | 籍贯 | 电子邮件 |
| --- | --- | --- | --- | --- |
|  |  |  |  |  |

图 11-1-26　完成动态文本插入后的效果

（3）将该网页保存后，单击"文件"面板中的"连接到测试服务器"按钮，与测试服务器建立连接；单击"刷新"按钮。单击"本地文件"栏内的本地网站"F:\ASPZD"文件夹，单击工具栏中的"向'远程服务器'上传文件"按钮，将选中的本地网站"F:\ASPZD"文件夹内所有文件夹和文件都上传到远程服务器"F:\ASPFWQ"文件夹内。

然后，在浏览器地址栏中输入"http://192.168.2.175/TXLXT.asp"，按【Enter】键后，浏览器显示如图 11-1-27 所示。会发现数据库中的内容已只显示第一条记录，如图 11-1-27 所示。为了将更多的记录都显示在页面中，还需要添加服务器行为来帮助显示其他的记录。

另外，在将该网页保存后，按【F12】键，可以直接完成将本地网站"F:\ASPZD"文件夹内有关文件上传到远程服务器"F:\ASPFWQ"文件夹内，浏览器地址栏中输入"http://192.168.2.175/TXLXT.asp"，并按【Enter】键，浏览器显示如图 11-1-27 所示。

（4）单击"窗口"→"服务器行为"命令，弹出"服务器行为"面板，如图 11-1-28 所示。将鼠标指针移到页面中表格第 2 行的左边，选中页面中表格的第 2 行，再单击"服务器行为"面板中的➕按钮，弹出菜单，单击"重复区域"命令，弹出"重复区域"对话框，设置如图 11-1-29 所示，在文本框中输入希望显示的行数。

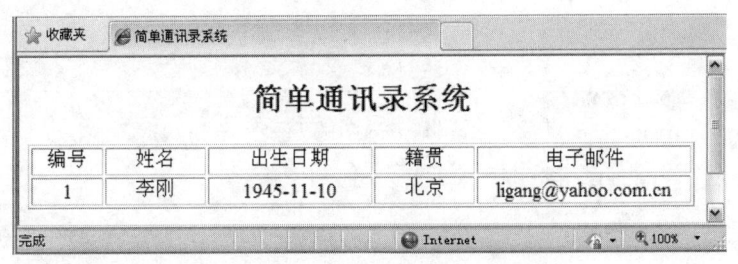

图 11-1-27 完成动态文本插入后的效果

（5）单击"确定"按钮完成设置。此时，在"服务器行为"面板内会增加一个名为"重复区域"的行为，在页面中，表格的第 2 行被灰线包围，并在左上角显示"重复"字样，如图 11-1-30 所示。这样就实现了多条记录在页面中的显示。

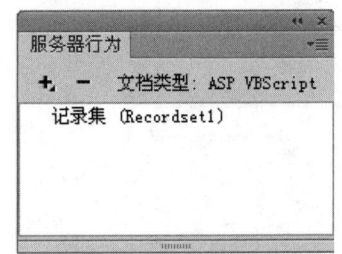  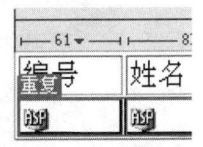

图 11-1-28 "服务器行为"面板　　图 11-1-29 "重复区域"的设置　　图 11-1-30 "重复"字样

（6）按【F12】键浏览网页，可以看到页面中显示出 10 条新闻记录，如图 11-1-31 所示。双击"服务器行为"面板中的"重复区域"名称，重新调出"重复区域"对话框，将"记录"文本框中的数值改为"2"。单击"确定"按钮，关闭"重复区域"对话框，设置显示两行记录。再按【F12】键，浏览网页，可以看到页面中显示出两条新闻记录，如图 11-1-32 所示。

图 11-1-31 显示出 10 条新闻记录　　　　图 11-1-32 显示出两条新闻记录

（7）如果数据库表中记录很多，可以在页面中加入导航条进行导航，以方便浏览数据。使光标的位置处于表格的右边，单击"插入"→"数据对象"→"记录集分页"命令，弹出"记录集分页"子菜单，如图 11-1-33 所示。单击"记录集导航条"命令，弹出"记录集导航条"对话框，如图 11-1-34 所示。

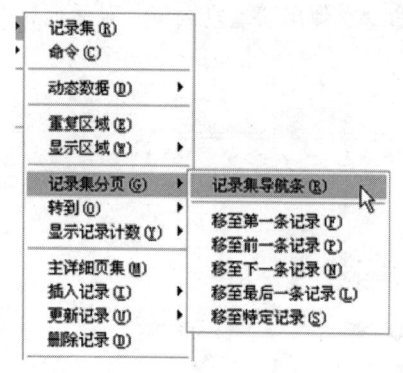

图 11-1-33 "记录集分页"菜单

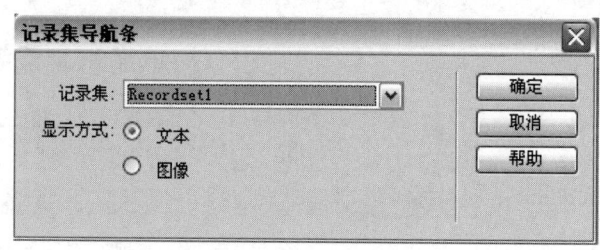

图 11-1-34 "记录集导航条"对话框

（8）在"记录集导航条"对话框内选择记录集和显示方式（此处采用默认值），单击"确定"按钮关闭该对话框。此时，页面效果如图 11-1-35 所示。

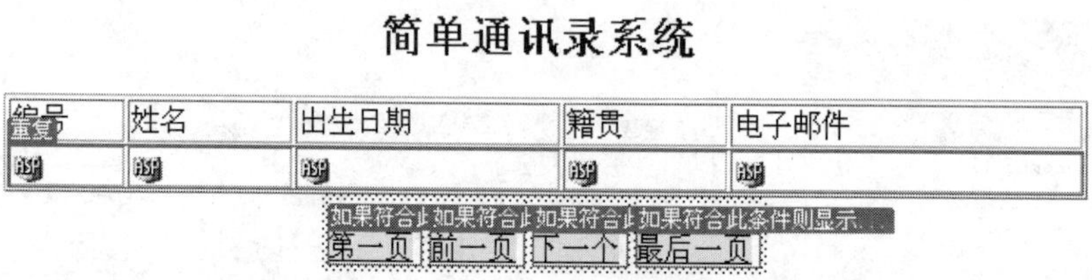

## 简单通讯录系统

| 编号 | 姓名 | 出生日期 | 籍贯 | 电子邮件 |
|------|------|----------|------|----------|
| ASP | ASP | ASP | ASP | ASP |

如果符合此 如果符合此 如果符合此 如果符合此条件则显示…
第一页 前一页 下一个 最后一页

图 11-1-35 在页面中加入导航条后的效果

此时，在"服务器行为"面板中添加了多个服务器行为，如图 11-1-36 所示。如果需要修改，可以双击相应的行，弹出相应的对话框进行修改。至此，"简单通讯录系统"页面"TXLXT.asp"网页文档设计完成，保存该文档。

按【F12】键，页面显示如图 11-1-37 所示。单击"下一页"链接文字，页面显示如图 11-1-38 所示。可以看到，显示的是下两条记录，下面的链接文字改为"第一页""前一页""下一页"和"最后一页"。

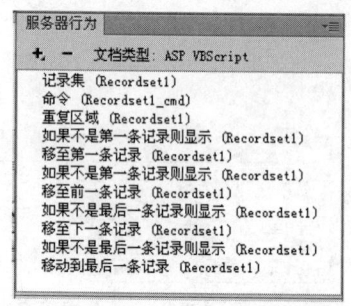

图 11-1-36 "服务器行为"面板

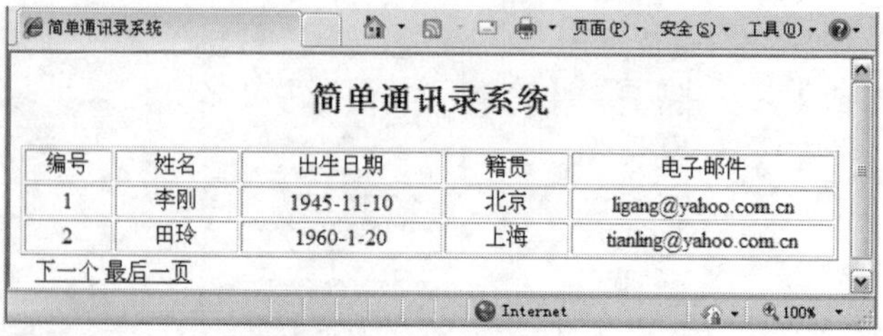

| 简单通讯录系统 | | | | 页面(P) · 安全(S) · 工具(O) · ② · |

### 简单通讯录系统

| 编号 | 姓名 | 出生日期 | 籍贯 | 电子邮件 |
|------|------|----------|------|----------|
| 1 | 李刚 | 1945-11-10 | 北京 | ligang@yahoo.com.cn |
| 2 | 田玲 | 1960-1-20 | 上海 | tianling@yahoo.com.cn |

下一个 最后一页

图 11-1-37 "通讯录"页面显示

（9）还可以采用相似方法在页面内显示出导航状态来。单击"插入"→"数据对象"→"显示记录计数"→"记录集导航状态"命令，弹出"记录集导航状态"对话框，如图 11-1-39 所示。单击"确定"按钮，页面效果如图 11-1-40 所示。

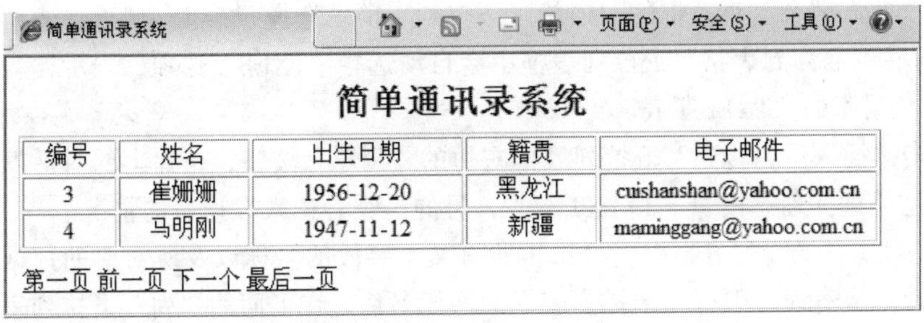

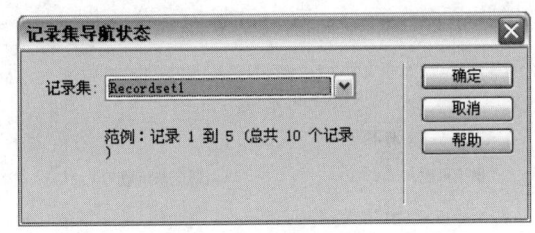

图 11-1-38　"通讯录"页面显示

此时，在"服务器行为"面板中添加了多个服务器行为，双击相应的行为，可以进行必要的修改。至此，一个相对完整的数据库显示的动态页面制作完成。

按【F12】键，在浏览器中可以看到该网页的显示效果（见图 11-1-1）。还可以修改插入的文本，改变文本的字形、大小、颜色等相关属性。

图 11-1-39　"记录集导航状态"对话框

简单通讯录系统

图 11-1-40　在页面中加入导航条和导航状态后的效果

## ☕ 相关知识

### 1. 向数据库中添加数据

在 Dreamweaver CS6 中，可以很容易地通过动态网页向数据库中添加数据。不过向数据库中添加数据需要提供用户输入数据的界面，这可以通过创建包含表单域的页面来实现。具体操作步骤如下：

（1）在前面操作的基础上，新建一个页面类型为 VBScript 的网页文件，以名称"insert.asp"保存在本地站点"F:\ASPZD"文件夹内。添加表单域，它的名称为"form1"，其内输入一些蓝色文字，添加 4 个文本字段和两个按钮，如图 11-1-41 所示。注意，为了便于区分不同的文本字段对象，可以更改每个文本字段对象的名称与其前面的文字提示一致，将第 1 个文本字段的名称更改为"姓名 1"，第 2、3、4 个文本字段的名称分别更改为"生日""籍贯 1"和"电邮"。两个按钮的名称分别为"Submit"和"Submit2"，它们的值分别为"提交"和"重置"。

（2）单击"服务器行为"面板中的 ⊞ 按钮，弹出菜单，单击"插入记录"命令，弹出"插入记录"对话框。

（3）在"插入记录"对话框的"连接"下拉列表框中选择"TXT"选项，表示连接数据库"TXL.mdb"。在"插入到表格"下拉列表框中会自动选择"TXLB"选项，表示输入的数据插入"TXL.mdb"数据库的"TXLB"表。

（4）单击"插入后，转到"下拉列表框右边的"浏览"按钮，在弹出的对话框中选择要打开的网页，这里选择动态网页"TXLXT.asp"，目的是查看插入数据后的情况。

◎ 在"表单元素"列表框中，列出了所有文本字段的名称以及所对应的数据库的字段名称，如果发现对应有误，则可以选择列表中的字段名后，在下面的"列"下拉列表中选择正确的表格字段，另外还可以在"提交为"下拉列表框中选择提交数据的类型。

◎ 最终的设置如图 11-1-42 所示，单击"确定"按钮，可看到在"服务器行为"面板中增加了一个行为，双击该行为，弹出图 11-1-42 所示的对话框，可再进行修改。

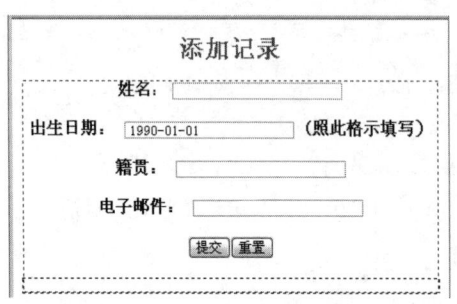

图 11-1-41 "insert.asp"网页页面

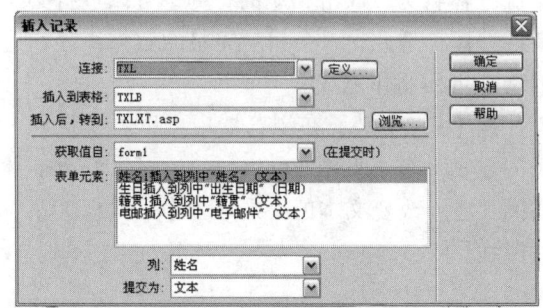

图 11-1-42 "插入记录"对话框

（5）将保存后的文件都上传到远端站点文件夹下，再在浏览器地址栏中输入"http://192.168.2.175/insert.asp"，按【Enter】键，即可观察该网页的内容，然后在网页内输入要添加的记录的各字段数据，如图 11-1-43 所示。

（6）单击"提交"按钮，会弹出"TXLXT.asp"网页，单击"最后一页"链接文字，即可看到图 11-1-44 所示的页面，说明数据被成功添加。

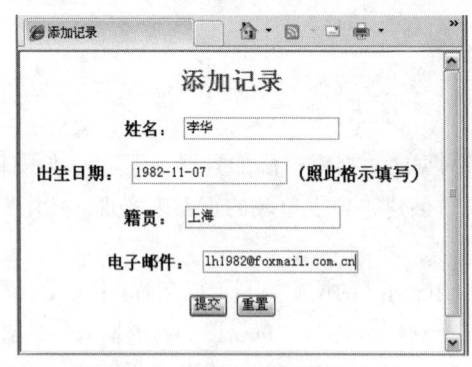

图 11-1-43 输入要添加的内容

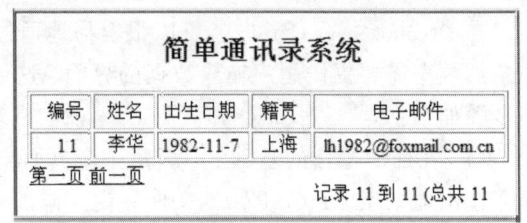

图 11-1-44 在数据库表格中成功添加了记录

另外，还可以将数据显示页和数据添加页做在同一个页面中，实现连续输入数据，而且可以同时看到数据添加后的效果。

### 2．限制添加相同姓名的记录

在添加记录数据时，往往需要限制新添加的用户名不能与数据库中已经有的重名，例如，在申请电子邮箱时，别人已经使用的名字就不能再用。具体操作步骤如下：

（1）新建一个页面类型为 VBScript 的网页文件，以名称"msg.asp"保存在本地站点"F:\ASPZD"文件夹内。

（2）输入两行文字，第 1 行是红色、格式为"标题 2"文字"重名了！"；第 1 行是蓝色、格式为"标题 3"文字"再来"。选中文字"再来"，在其"属性"面板内的"链接"文本框中输入"insert.asp"（见图 11-1-45），表示单击"再来"链接文字后，弹出"insert.asp"网页，重新添加新记录。此时，设计的页面如图 11-1-46 所示。

图 11-1-45　文字"再来"的"属性"面板　　　图 11-1-46　设计的页面

（3）打开"insert.asp"网页，弹出"服务器行为"面板，单击 ⊞ 按钮，弹出快捷菜单，单击"用户身份验证"→"检查新用户名"命令，弹出"检查新用户名"对话框。

（4）在"用户名字段"下拉列表框中选择新添加的记录中不允许重名的字段，这里选择"姓名"。在"如果已存在，则转到"文本框中输入"msg.asp"，如图 11-1-47 所示。

（5）单击"确定"按钮，关闭该对话框，完成设置。此时，"服务器行为"面板中增加了一个名为"检查新用户名"的服务器行为。这样，如果用户在添加一条记录时，如果与数据库表格中"姓名"字段的某一条记录"姓名"字段的内容重复，则会弹出"msg.asp"网页，图 11-1-48 所示。这个页面是用来提示用户重名的，要求重新输入。

（6）单击"msg.asp"网页页面内的"再来"链接文字，会弹出"insert.asp"网页，可以重新输入记录内容。

图 11-1-47　"检查新用户名"对话框　　　图 11-1-48　"msg.asp"网页

# 思考与练习 11-1

1．什么是记录集，它可以包括哪些内容？

2．建立一个"学生学籍管理.mdb"数据库，该数据库中有学号、姓名、性别、年龄、籍贯、电话等字段，有 8 条记录。使它具有保存、修改、查询、删除记录的功能。

3．采用两种方法建立"学生学籍管理.mdb"数据库与应用服务器的连接。

4．创建一个"学生成绩管理"网页，它可以管理"学生成绩管理系统.mdb"数据库，还可以显示当前的日期和时间。"学生成绩管理系统.mdb"数据库中有学号、姓名、物理、语文、数学、政治、体育、外语、生物、计算机、平均分和总分等字段，以及 10 条记录。该网页可以浏览"学生成绩管理系统.mdb"数据库中的记录。

# 11.2 综合实训 10 "论坛帖子列表"网页

## 实训效果

"论坛帖子列表"网页在浏览器中的显示效果如图 11-2-1 所示,可用于显示论坛中所发表的帖子名称、发表时间和作者等相关信息。

### 论坛帖子列表

| 编号 | 帖子 | 作者 | 更新日期 |
|---|---|---|---|
| 1 | 游戏项目开发需求分析范例 | 张强 | 2013-11-18 |
| 2 | WAP游戏和客户端游戏不同的么?! | 张强 | 2013-12-11 |
| 3 | JAVA程序员面试32问,你能回答多少题? | 李明 | 2013-12-11 |
| 4 | ASP的注册网页 | 李明 | 2013-10-19 |
| 5 | 请教各位大虾~~ | 李明 | 2013-11-20 |

下一页 最后一页

记录 1到5条, 总共(8条)

图 11-2-1 "论坛帖子列表"网页在浏览器中的显示效果

## 实训提示

### 1. 创建数据库

(1)在"F:"盘内新建一个名称为"ASP_pro"的文件夹,建立本地站点,目录为"F:\ASP_pro",名称为"论坛帖子列表"。在"F:\ASP_pro"文件夹内新建一个名为"database"的文件夹,以便将创建的 Access 数据库保存在该目录中。

(2)新建一个名称为"BSDdata.mdb"的数据库,保存到"F:\ASP_pro\database"文件夹内。在该数据库内新建一个表,表的结构如图 11-2-2 所示。在字段添加完成后,在 id 行上右击,弹出快捷菜单,单击"主键"命令,设置 id 字段为主键,完成后,数据表结构如图 11-2-2 所示。

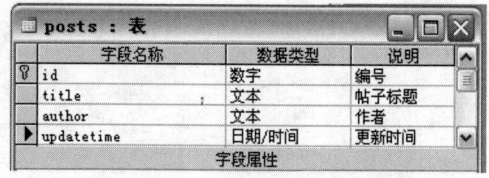

图 11-2-2 表结构的设计视图

(3)关闭数据表结构的"设计视图",弹出"另存为"对话框。在"另存为"文本框中输入表名"posts",单击"确定"按钮,完成"BSDdata.mdb"数据库"posts"表的创建和保存。

(4)打开"posts"表,输入若干新闻信息的记录,如图 11-2-3 所示。至此,Access"BSDdata.mdb"数据库和"posts"表的创建和数据的输入已经完成,关闭数据库,退出 Access。

### 2. 设置数据库来源和建立数据库连接

(1)按照本章案例介绍的方法,设置数据库来源,数据源名称为"BSD"。

(2)在本地网站"F:\ASP_pro"文件夹内创建一个名为"index.asp"的文件,输入标题文字,在标题文字下面创建一个 6 行 4 列的表格,参看图 11-2-1 所示。

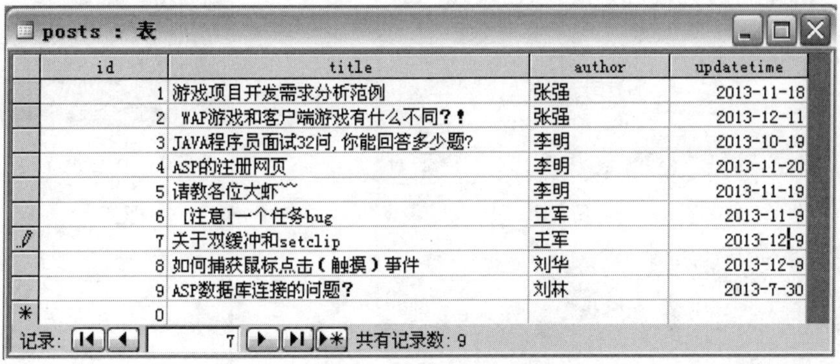

| | id | title | author | updatetime |
|---|---|---|---|---|
| | 1 | 游戏项目开发需求分析范例 | 张强 | 2013-11-18 |
| | 2 | WAP游戏和客户端游戏有什么不同？！ | 张强 | 2013-12-11 |
| | 3 | JAVA程序员面试32问,你能回答多少题？ | 李明 | 2013-10-19 |
| | 4 | ASP的注册网页 | 李明 | 2013-11-20 |
| | 5 | 请教各位大虾~~ | 李明 | 2013-11-19 |
| | 6 | [注意]一个任务bug | 王军 | 2013-11-9 |
| | 7 | 关于双缓冲和setclip | 王军 | 2013-12-9 |
| | 8 | 如何捕获鼠标点击（触摸）事件 | 刘华 | 2013-12-9 |
| | 9 | ASP数据库连接的问题？ | 刘林 | 2013-7-30 |
| * | 0 | | | |

记录: 7 共有记录数: 9

图 11-2-3　输入数据后的数据表

（3）单击"窗口"→"数据库"命令，弹出"数据库"面板，单击"数据库"面板上的按钮，单击弹出菜单内的"数据源名称（DSN）"命令，弹出"数据源名称（DSN）"对话框。

（4）在该对话框中，选中"使用本地 DSN"单选按钮，在"连接名称"文本框中输入连接名称"bsdsite"，在"数据源名称（DSN）"下拉列表框中选中前面设置的数据库来源名称"BSD"选项，如图 11-2-4 所示。单击"测试"按钮，成功完成测试后会显示一个提示"成功创建连接脚本"的提示框，单击"确定"按钮，即可在"数据库"面板中出现相应的数据库连接，如图 11-2-5 所示。完成"index.asp"ASP 网页与数据库来源名称"BSD"指示的数据库文件"BSDdata.mdb"的连接。

图 11-2-4　"数据源名称（DSN）"对话框

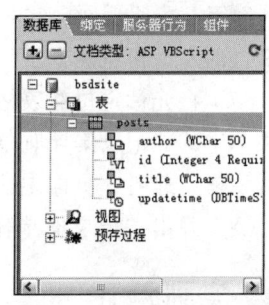

图 11-2-5　"数据库"面板

### 3. 邦定记录集和显示数据库中的数据

（1）打开需要使用记录集的 ASP 网页"index.asp"。

（2）单击"窗口"→"绑定"命令，在弹出的"绑定"面板中单击按钮，单击弹出菜单中的"记录集（查询）"命令，弹出"记录集"对话框，设置如图 11-2-6 所示。如果选择"全部"单选按钮，则表示要对表格中所有的列进行查询，如果选择"选定的"单选按钮，则可以配合【Ctrl】键选择所需要查询的列，还可以对查询进行筛选和排序。

（3）对于"记录集"最后的查询效果，可以随时单击"记录集"对话框上的"测试"按钮进行预览。

（4）单击"确定"按钮后，可以看到"绑定"面板中出现了定义的"记录集"，如图 11-2-7 所示。该"记录集"只能使用在当前打开的页面中。

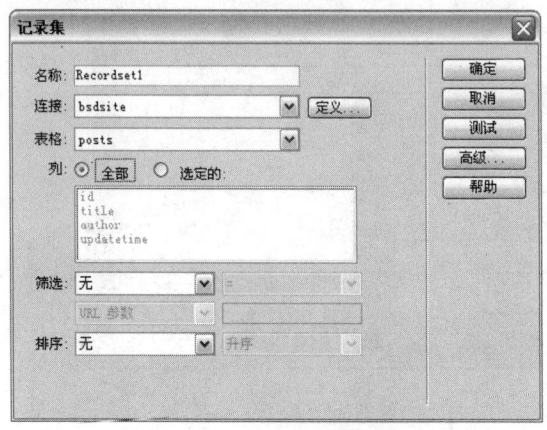

图 11-2-6 "记录集"对话框

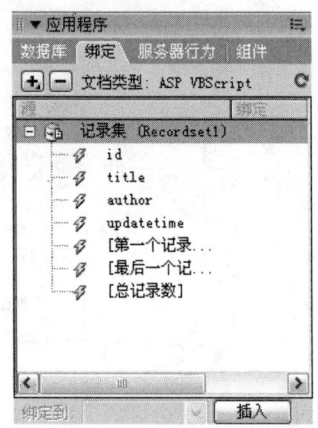

图 11-2-7 "绑定"面板

（5）依次将"绑定"面板中的"id""title""author"和"updatetime"字段直接拖到相应的表格单元格内。

（6）弹出"服务器行为"面板。选中页面中表格的第 2 行，再单击"服务器行为"面板中的➕按钮，在下拉菜单中单击"重复区域"命令，弹出"重复区域"对话框，在文本框中输入希望显示的数量，如图 11-2-8 所示，单击"确定"按钮返回。此时，页面中被选中的第 2 行的左上角也加上了"重复"标签。

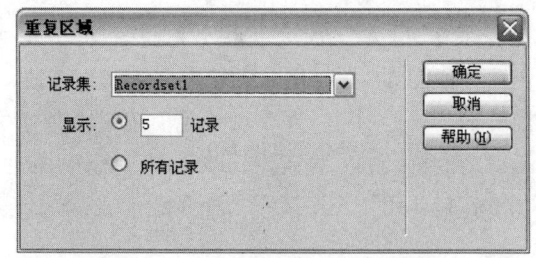

图 11-2-8 "重复区域"的设置

（7）将光标定位在表格下面，单击"数据"工具栏内的"记录集分页"按钮 ⟨⟩ ▾，单击弹出菜单中的"记录集导航条"命令，弹出"记录集导航条"对话框。单击"确定"按钮，关闭该对话框。此时，页面中已加入了导航条。

（8）弹出"记录集导航状态"对话框，单击"确定"按钮。

## ▶ 实训测评

| 能力分类 | | 评价项目 | 评价等级 |
|---|---|---|---|
| 职业能力 | | 掌握利用 Microsoft Access 软件创建数据库，创建数据库表的方法 | |
| | | 了解数据库来源设置，建立数据库连接，绑定记录集的方法 | |
| | | 了解显示数据库表内记录数据的方法 | |
| | | 了解数据库中添加数据的基本方法 | |
| 通用能力 | | 自学能力、总结能力、合作能力、创造能力等 | |
| 综合评价 | | | |